中国石油科技进展丛书（2006—2015 年）

三元复合驱油技术

主　　编：程杰成

副主编：吴军政　罗　凯　白文广　王红庄

石油工业出版社

内 容 提 要

本书系统介绍了中国石油 2006—2015 年在三元复合驱油方面的主要技术进展,包括三元复合驱油机理研究、表面活性剂设计及合成、三元复合驱配方优化及方案设计、三元复合驱跟踪调整及综合评价、三元复合驱采油工艺和地面工艺技术等。在此基础上,介绍了强碱三元复合驱、弱碱三元复合驱、微生物与三元复合驱结合、水平井三元复合驱等经典矿场试验实例,展望了三元复合驱油技术未来的发展趋势。

本书可供从事油气田开发工程及提高采收率技术等相关专业的研究人员及三次采油技术人员参考。

图书在版编目(CIP)数据

三元复合驱油技术 / 程杰成主编 . —北京:石油
工业出版社,2019.6
(中国石油科技进展丛书 . 2006—2015 年)
ISBN 978-7-5183-3397-4

Ⅰ . ①三… Ⅱ . ①程… Ⅲ . ①化学驱油 – 研究
Ⅳ . ① TE357.46

中国版本图书馆 CIP 数据核字(2019)第 092084 号

出版发行:石油工业出版社
　　　　　(北京安定门外安华里 2 区 1 号 100011)
　　　　　网 址:www.petropub.com
　　　　　编辑部:(010)64523546 图书营销中心:(010)64523633
经　　销:全国新华书店
印　　刷:北京中石油彩色印刷有限责任公司

2019 年 6 月第 1 版 2019 年 6 月第 1 次印刷
787×1092 毫米 开本:1/16 印张:20.75
字数:530 千字

定价:170.00 元
(如出现印装质量问题,我社图书营销中心负责调换)

《中国石油科技进展丛书（2006—2015 年）》
编 委 会

主　任：王宜林

副主任：焦方正　喻宝才　孙龙德

主　编：孙龙德

副主编：匡立春　袁士义　隋　军　何盛宝　张卫国

编　委：（按姓氏笔画排序）

于建宁	马德胜	王　峰	王卫国	王立昕	王红庄
王雪松	王渝明	石　林	伍贤柱	刘　合	闫伦江
汤　林	汤天知	李　峰	李忠兴	李建忠	李雪辉
吴向红	邹才能	闵希华	宋少光	宋新民	张　玮
张　研	张　镇	张子鹏	张光亚	张志伟	陈和平
陈健峰	范子菲	范向红	罗　凯	金　鼎	周灿灿
周英操	周家尧	郑俊章	赵文智	钟太贤	姚根顺
贾爱林	钱锦华	徐英俊	凌心强	黄维和	章卫兵
程杰成	傅国友	温声明	谢正凯	雷　群	蔺爱国
撒利明	潘校华	穆龙新			

专 家 组

成　员：刘振武　童晓光　高瑞祺　沈平平　苏义脑　孙　宁
　　　　高德利　王贤清　傅诚德　徐春明　黄新生　陆大卫
　　　　钱荣钧　邱中建　胡见义　吴　奇　顾家裕　孟纯绪
　　　　罗治斌　钟树德　接铭训

《三元复合驱油技术》编写组

主　　编：程杰成

副 主 编：吴军政　罗　凯　白文广　王红庄

编写人员：（按姓氏笔画排序）

丁玉敬	么世椿	王　广	王　研	王　强	王　鑫
王云超	王庆国	王茂盛	王国庆	王明信	王洪卫
王梓栋	艾广智	古文革	叶　鹏	司淑荣	朱　焱
朱友益	伍晓林	刘向斌	刘建发	刘春天	刘崇江
李　洁	李　娜	李红宇	李学军	杨志刚	吴　迪
吴国鹏	何树全	张　东	张　凯	张　群	张天琪
张世东	张宏奇	张德兰	陈　国	陈忠喜	苑登御
罗　庆	罗美娥	周万富	赵　嵩	赵立成	赵昌明
赵忠山	胡俊卿	钟连彬	侯兆伟	姜振海	宣英龙
聂春林	莫爱国	贾　庆	徐国民	徐清华	高　峰
高光磊	郭春萍	黄　梅	龚晓宏	彭树锴	韩　宇
富　源	楚艳萍	蔡　萌	管公帅		

序

习近平总书记指出，创新是引领发展的第一动力，是建设现代化经济体系的战略支撑，要瞄准世界科技前沿，拓展实施国家重大科技项目，突出关键共性技术、前沿引领技术、现代工程技术、颠覆性技术创新，建立以企业为主体、市场为导向、产学研深度融合的技术创新体系，加快建设创新型国家。

中国石油认真学习贯彻习近平总书记关于科技创新的一系列重要论述，把创新作为高质量发展的第一驱动力，围绕建设世界一流综合性国际能源公司的战略目标，坚持国家"自主创新、重点跨越、支撑发展、引领未来"的科技工作指导方针，贯彻公司"业务主导、自主创新、强化激励、开放共享"的科技发展理念，全力实施"优势领域持续保持领先、赶超领域跨越式提升、储备领域占领技术制高点"的科技创新三大工程。

"十一五"以来，尤其是"十二五"期间，中国石油坚持"主营业务战略驱动、发展目标导向、顶层设计"的科技工作思路，以国家科技重大专项为龙头、公司重大科技专项为抓手，取得一大批标志性成果，一批新技术实现规模化应用，一批超前储备技术获重要进展，创新能力大幅提升。为了全面系统总结这一时期中国石油在国家和公司层面形成的重大科研创新成果，强化成果的传承、宣传和推广，我们组织编写了《中国石油科技进展丛书（2006—2015年）》（以下简称《丛书》）。

《丛书》是中国石油重大科技成果的集中展示。近些年来，世界能源市场特别是油气市场供需格局发生了深刻变革，企业间围绕资源、市场、技术的竞争日趋激烈。油气资源勘探开发领域不断向低渗透、深层、海洋、非常规扩展，炼油加工资源劣质化、多元化趋势明显，化工新材料、新产品需求持续增长。国际社会更加关注气候变化，各国对生态环境保护、节能减排等方面的监管日益严格，对能源生产和消费的绿色清洁要求不断提高。面对新形势新挑战，能源企业必须将科技创新作为发展战略支点，持续提升自主创新能力，加快构筑竞争新优势。"十一五"以来，中国石油突破了一批制约主营业务发展的关键技术，多项重要技术与产品填补空白，多项重大装备与软件满足国内外生产急需。截至2015年底，共获得国家科技奖励30项、获得授权专利17813项。《丛书》全面系统地梳理了中国石油"十一五""十二五"期间各专业领域基础研究、技术开发、技术应用中取得的主要创新性成果，总结了中国石油科技创新的成功经验。

《丛书》是中国石油科技发展辉煌历史的高度凝练。中国石油的发展史，就是一部创业创新的历史。建国初期，我国石油工业基础十分薄弱，20世纪50年代以来，随着陆相生油理论和勘探技术的突破，成功发现和开发建设了大庆油田，使我国一举甩掉贫油的帽子；此后随着海相碳酸盐岩、岩性地层理论的创新发展和开发技术的进步，又陆续发现和建成了一批大中型油气田。在炼油化工方面，"五朵金花"炼化技术的开发成功打破了国外技术封锁，相继建成了一个又一个炼化企业，实现了炼化业务的不断发展壮大。重组改制后特别是"十二五"以来，我们将"创新"纳入公司总体发展战略，着力强化创新引领，这是中国石油在深入贯彻落实中央精神、系统总结"十二五"发展经验基础上、根据形势变化和公司发展需要作出的重要战略决策，意义重大而深远。《丛书》从石油地质、物探、测井、钻完井、采油、油气藏工程、提高采收率、地面工程、井下作业、油气储运、石油炼制、石油化工、安全环保、海外油气勘探开发和非常规油气勘探开发等15个方面，记述了中国石油艰难曲折的理论创新、科技进步、推广应用的历史。它的出版真实反映了一个时期中国石油科技工作者百折不挠、顽强拼搏、敢于创新的科学精神，弘扬了中国石油科技人员秉承"我为祖国献石油"的核心价值观和"三老四严"的工作作风。

《丛书》是广大科技工作者的交流平台。创新驱动的实质是人才驱动，人才是创新的第一资源。中国石油拥有21名院士、3万多名科研人员和1.6万名信息技术人员，星光璀璨，人文荟萃、成果斐然。这是我们宝贵的人才资源。我们始终致力于抓好人才培养、引进、使用三个关键环节，打造一支数量充足、结构合理、素质优良的创新型人才队伍。《丛书》的出版搭建了一个展示交流的有形化平台，丰富了中国石油科技知识共享体系，对于科技管理人员系统掌握科技发展情况，做出科学规划和决策具有重要参考价值。同时，便于科研工作者全面把握本领域技术进展现状，准确了解学科前沿技术，明确学科发展方向，更好地指导生产与科研工作，对于提高中国石油科技创新的整体水平，加强科技成果宣传和推广，也具有十分重要的意义。

掩卷沉思，深感创新艰难、良作难得。《丛书》的编写出版是一项规模宏大的科技创新历史编纂工程，参与编写的单位有 60 多家，参加编写的科技人员有 1000 多人，参加审稿的专家学者有 200 多人次。自编写工作启动以来，中国石油党组对这项浩大的出版工程始终非常重视和关注。我高兴地看到，两年来，在各编写单位的精心组织下，在广大科研人员的辛勤付出下，《丛书》得以高质量出版。在此，我真诚地感谢所有参与《丛书》组织、研究、编写、出版工作的广大科技工作者和参编人员，真切地希望这套《丛书》能成为广大科技管理人员和科研工作者的案头必备图书，为中国石油整体科技创新水平的提升发挥应有的作用。我们要以习近平新时代中国特色社会主义思想为指引，认真贯彻落实党中央、国务院的决策部署，坚定信心、改革攻坚，以奋发有为的精神状态、卓有成效的创新成果，不断开创中国石油稳健发展新局面，高质量建设世界一流综合性国际能源公司，为国家推动能源革命和全面建成小康社会作出新贡献。

2018 年 12 月

丛书前言

石油工业的发展史，就是一部科技创新史。"十一五"以来尤其是"十二五"期间，中国石油进一步加大理论创新和各类新技术、新材料的研发与应用，科技贡献率进一步提高，引领和推动了可持续跨越发展。

十余年来，中国石油以国家科技发展规划为统领，坚持国家"自主创新、重点跨越、支撑发展、引领未来"的科技工作指导方针，贯彻公司"主营业务战略驱动、发展目标导向、顶层设计"的科技工作思路，实施"优势领域持续保持领先、赶超领域跨越式提升、储备领域占领技术制高点"科技创新三大工程；以国家重大专项为龙头，以公司重大科技专项为核心，以重大现场试验为抓手，按照"超前储备、技术攻关、试验配套与推广"三个层次，紧紧围绕建设世界一流综合性国际能源公司目标，组织开展了 50 个重大科技项目，取得一批重大成果和重要突破。

形成 40 项标志性成果。（1）勘探开发领域：创新发展了深层古老碳酸盐岩、冲断带深层天然气、高原咸化湖盆等地质理论与勘探配套技术，特高含水油田提高采收率技术，低渗透／特低渗透油气田勘探开发理论与配套技术，稠油／超稠油蒸汽驱开采等核心技术，全球资源评价、被动裂谷盆地石油地质理论及勘探、大型碳酸盐岩油气田开发等核心技术。（2）炼油化工领域：创新发展了清洁汽柴油生产、劣质重油加工和环烷基稠油深加工、炼化主体系列催化剂、高附加值聚烯烃和橡胶新产品等技术，千万吨级炼厂、百万吨级乙烯、大氮肥等成套技术。（3）油气储运领域：研发了高钢级大口径天然气管道建设和管网集中调控运行技术、大功率电驱和燃驱压缩机组等 16 大类国产化管道装备，大型天然气液化工艺和 20 万立方米低温储罐建设技术。（4）工程技术与装备领域：研发了 G3i 大型地震仪等核心装备，"两宽一高"地震勘探技术，快速与成像测井装备、大型复杂储层测井处理解释一体化软件等，8000 米超深井钻机及 9000 米四单根立柱钻机等重大装备。（5）安全环保与节能节水领域：

研发了 CO_2 驱油与埋存、钻井液不落地、炼化能量系统优化、烟气脱硫脱硝、挥发性有机物综合管控等核心技术。（6）非常规油气与新能源领域：创新发展了致密油气成藏地质理论，致密气田规模效益开发模式，中低煤阶煤层气勘探理论和开采技术，页岩气勘探开发关键工艺与工具等。

取得 15 项重要进展。（1）上游领域：连续型油气聚集理论和含油气盆地全过程模拟技术创新发展，非常规资源评价与有效动用配套技术初步成型，纳米智能驱油二氧化硅载体制备方法研发形成，稠油火驱技术攻关和试验获得重大突破，井下油水分离同井注采技术系统可靠性、稳定性进一步提高；（2）下游领域：自主研发的新一代炼化催化材料及绿色制备技术、苯甲醇烷基化和甲醇制烯烃芳烃等碳一化工新技术等。

这些创新成果，有力支撑了中国石油的生产经营和各项业务快速发展。为了全面系统反映中国石油 2006—2015 年科技发展和创新成果，总结成功经验，提高整体水平，加强科技成果宣传推广、传承和传播，中国石油决定组织编写《中国石油科技进展丛书（2006—2015 年）》（以下简称《丛书》）。

《丛书》编写工作在编委会统一组织下实施。中国石油集团董事长王宜林担任编委会主任。参与编写的单位有 60 多家，参加编写的科技人员 1000 多人，参加审稿的专家学者 200 多人次。《丛书》各分册编写由相关行政单位牵头，集合学术带头人、知名专家和有学术影响的技术人员组成编写团队。《丛书》编写始终坚持：一是突出站位高度，从石油工业战略发展出发，体现中国石油的最新成果；二是突出组织领导，各单位高度重视，每个分册成立编写组，确保组织架构落实有效；三是突出编写水平，集中一大批高水平专家，基本代表各个专业领域的最高水平；四是突出《丛书》质量，各分册完成初稿后，由编写单位和科技管理部共同推荐审稿专家对稿件审查把关，确保书稿质量。

《丛书》全面系统反映中国石油 2006—2015 年取得的标志性重大科技创新成果，重点突出"十二五"，兼顾"十一五"，以科技计划为基础，以重大研究项目和攻关项目为重点内容。丛书各分册既有重点成果，又形成相对完整的知识体系，具有以下显著特点：一是继承性。《丛书》是《中国石油"十五"科技进展丛书》的延续和发展，凸显中国石油一以贯之的科技发展脉络。二是完整性。《丛书》涵盖中国石油所有科技领域进展，全面反映科技创新成果。三是标志性。《丛书》在综合记述各领域科技发展成果基础上，突出中国石油领先、高端、前沿的标志性重大科技成果，是核心竞争力的集中展示。四是创新性。《丛书》全面梳理中国石油自主创新科技成果，总结成功经验，有助于提高科技创新整体水平。五是前瞻性。《丛书》设置专门章节对世界石油科技中长期发展做出基本预测，有助于石油工业管理者和科技工作者全面了解产业前沿、把握发展机遇。

《丛书》将中国石油技术体系按 15 个领域进行成果梳理、凝练提升、系统总结，以领域进展和重点专著两个层次的组合模式组织出版，形成专有技术集成和知识共享体系。其中，领域进展图书，综述各领域的科技进展与展望，对技术领域进行全覆盖，包括石油地质、物探、测井、钻完井、采油、油气藏工程、提高采收率、地面工程、井下作业、油气储运、石油炼制、石油化工、安全环保节能、海外油气勘探开发和非常规油气勘探开发等 15 个领域。31 部重点专著图书反映了各领域的重大标志性成果，突出专业深度和学术水平。

《丛书》的组织编写和出版工作任务量浩大，自 2016 年启动以来，得到了中国石油天然气集团公司党组的高度重视。王宜林董事长对《丛书》出版做了重要批示。在两年多的时间里，编委会组织各分册编写人员，在科研和生产任务十分紧张的情况下，高质量高标准完成了《丛书》的编写工作。在集团公司科技管理部的统一安排下，各分册编写组在完成分册稿件的编写后，进行了多轮次的内部和外部专家审稿，最终达到出版要求。石油工业出版社组织一流的编辑出版力量，将《丛书》打造成精品图书。值此《丛书》出版之际，对所有参与这项工作的院士、专家、科研人员、科技管理人员及出版工作者的辛勤工作表示衷心感谢。

人类总是在不断地创新、总结和进步。这套丛书是对中国石油 2006—2015 年主要科技创新活动的集中总结和凝练。也由于时间、人力和能力等方面原因，还有许多进展和成果不可能充分全面地吸收到《丛书》中来。我们期盼有更多的科技创新成果不断地出版发行，期望《丛书》对石油行业的同行们起到借鉴学习作用，希望广大科技工作者多提宝贵意见，使中国石油今后的科技创新工作得到更好的总结提升。

2018 年 12 月

前　言

世界油田依靠天然能量和水驱开发，一般最终采收率为33%，仅我国陆上油田采收率每提高1个百分点就相当于探明一个10×10^8t地质储量的大油田，所以提高采收率始终是世界石油工业共同关注的重大科技难题。20世纪70年代，美国学者首先提出适合砂岩油藏水驱后大幅度提高原油采收率的三元(碱、聚合物、表面活性剂)复合驱油方法，室内实验可比水驱提高采收率20个百分点以上，但由于其理论研究和工程化难度极大，国外长期停留在实验室和井组试验阶段。

从"八五"开始，经过多年的试验研究，特别是"十一五""十二五"期间的科技攻关与实践，中国石油在三元复合驱提高采收率技术方面取得了显著的成就。主要是创新一项理论，研发出两种驱油用表面活性剂，创建了三元复合驱方案设计、跟踪调整、防垢举升、地面工艺等主体工程技术和标准，形成了低成本、高效益新一代大幅度提高采收率技术，使我国成为世界上唯一拥有三元复合驱油成套技术并工业化应用的国家。这些成果显著提升了我国在石油开发领域的核心竞争力，对保障国家能源安全具有重大战略意义。

本书由大庆油田有限责任公司(以下简称大庆油田)负责编写，技术资料主要取自大庆油田和中国石油所属研究及油气生产单位的科技成果及公开发表的文献。本书汇集了中国石油在三元复合驱油方面的主要技术进展，重点介绍了"十一五""十二五"期间的重大科技成果，从油藏工程、采油工程、地面工程三个方面，详细分析了三元复合驱未来技术需求及发展方向，为三元复合驱技术成为更加成熟、更加高效、更加经济的油田开发主导技术，指明了研究方向，其中包括三元复合驱油机理研究进展、表面活性剂设计及合成、配方优化及方案设计、跟踪调整及综合评价、采油工艺和地面工艺等主体技术的进展。在此基础上，介绍了强碱三元复合驱、弱碱三元复合驱、微生物与三元复合驱结合、水平井三元复合驱等经典矿场试验实例，展望了三元复合驱油技术未来的发展。

（1）三元复合驱油藏工程技术。

大庆油田三元复合驱驱油机理阐述了低酸值原油组分对界面张力的影响，揭示了低酸值原油与三元复合体系形成超低界面张力的主控因素，明确了色谱分离对三元复合体系性能的影响规律，给出了三元复合体系性能与驱油效率的量化关系，阐明了三元复合驱前后岩心微观孔隙结构变化特征，为保证复合驱效果提供了理论依据。

由于表面活性剂在三元复合驱提高采收率中起着关键性作用，随着驱油用表面活性剂研究逐步深入，在表面活性剂分子结构设计、合成等方面取得了长足的进步。其中全面介绍了表面活性剂与原油的匹配关系，以及驱油用烷基苯磺酸盐、石油磺酸盐、甜菜碱表面活性剂及一些新型表面活性剂的分子结构设计、合成原料、工艺、设备等，并且介绍了这些表面活性剂改善后的性能。

三元复合驱油技术在大庆油田的矿场试验和推广应用取得了较好的开发效果，本书详细论述了三元复合驱开发效果的主控因素，包括地质因素、剩余油分布、化学驱时间影响、三元复合体系性能等；三元复合驱井网井距与层系组合，包括注采井网的选择、注采井距的选择、层系优化组合；三元复合驱注入方式优化方法，包括前置聚合物段塞、三元复合体系主段塞、三元复合体系副段塞、后续聚合物段塞的设计；并且根据近年来对三元复合驱最新的理论研究认识成果，建立了模拟功能完善的三元复合驱数值模拟技术，满足三元复合驱实验和生产的实际需要。

大庆油田根据三元复合驱动态开发规律设计了三元复合驱跟踪调整、效果评价方法，从大庆油田三元复合驱矿场试验来看，三元复合驱在开采过程中扩大波及体积与提高驱油效率的作用显著，但是由于油藏条件、方案设计、跟踪管理的不同，各区块、单井间含水率、压力、注采能力、采出化学剂浓度等动态变化特征存在一定的差异，同时也对开发效果产生了一定的影响。采取综合措施调整是改善复合驱注采能力、提高动用程度、促进含水率下降的有效手段。

（2）三元复合驱采油工艺技术。

油田开发是一项庞大而复杂的系统工程，采油工艺是其中重要的组成部分和实施的核心，是油田开采过程中根据开发目标对采出井和注入井采取的各项工程技术的总称。

水、聚合物驱注入液为中性，与储层岩石矿物不发生反应，因在注入过程中状态相对比较稳定，而三元复合驱注入液中的碱与储层岩石矿物发生溶蚀反应，采出液性质在驱替过程中不断发生变化，现场试验过程中出现三元复合驱注入液低效无效循环、注入井堵塞、采出井结垢等问题。三元复合驱采油工艺技术主要是解决上述问题，保障三元复合驱的开发效果。

以采出端为例，三元复合驱驱油过程中，随着三元复合体系主段塞的注入，采出端开始出现结垢的现象，垢的产生主要是因为三元复合驱体系中的碱在注入地层后，对岩石的溶蚀作用，致使大量的钙、镁、铝、硅、钡、锶等元素以离子的形式进入地下流体，随着地下流体一起运移。运移过程中，由于流体热力学、动力学和介质条件的改变，流体中的溶解的这些物质在进入采出井的井筒后，会形成钙硅混合垢，附着在井下采出设备上，造成机采井因垢卡检泵作业，为此，需开展三元复合驱采出井结垢特征、成垢机理以及化学清防垢技术方面的研究。

目前国内外仅大庆油田开展了三元复合驱矿场试验及工业化应用，相关技术均未见其他油田和研究机构报道，且实际研究过程中发现，三元复合驱采油工艺涉及的技术面更广、综合性更强、难度更大。

（3）三元复合驱地面工艺技术。

大庆油田三元复合驱地面工艺经历了室内研究、矿场试验、工业示范开发等阶段，已形成了配注、采出液处理、采出水处理、药剂等主体工艺技术系列。针对化学剂的性质、调配、输送、升压、注入直至采出液的集输处理全过程，通过开展系统攻关，形成了适合不同三次采油方法的现场试验和工业化推广应用的地面工艺配套技术，对高含水油田深度挖潜、进一步提高采收率，起到了强力支撑作用。

在配注工艺方面，根据开发要求，在先导性试验阶段，根据化学剂配伍性研究结果确定了三元复合体系配制方法，开发了满足现场驱油试验的"目的液"配注工艺。在工业性试验阶段，开发了"单剂单泵单井"配注工艺，聚合物母液、碱溶液、表面活性剂通过三联泵升压完成注入，满足了单井三种化学剂浓度都可调整的要求，建设了南五区注入站、北一断东三元区块注入站、北二西东部二类油层三元区块等注入站。在工业化推广应用阶段，开发了单独建站的"低压三元高压二元"配注工艺，以及适应大面积推广的"集中配制、分散注入"工艺流程，建设了北一区断西西块、西区二类、东区二类、南一区东块、南四区东部、北三东、北二区东部等三元工程。开发了组合式静态混合器和低剪切流量调节器，研制了碳酸钠分散配制装置等关键设备，实现了主要设备的国产化，并为三元配注工艺进一步优化简化奠定了基础。

在采出液处理方面，从采出液的稳定机制研究入手，系统地研究了采出液含驱油化学剂后对乳状液存在形态、成分、特性、油水沉降分离特性、电脱水特性、污水中悬浮固体特征的影响。在室内外试验的基础上，确定三元复合驱采出液的稳定机制，研制了 SP 系列三元复合驱采出液破乳剂、填料可再生游离水脱除器、新型组合电极电脱水器及其配套供电系统，在现场化学剂含量条件下，采用二段脱水工艺，实现了三元复合驱采出液的有效脱水，满足脱后油中含水率 ≤ 0.3% 的指标要求；针对采出水悬浮固体含量高，去除困难的问题，研制了基于螯合机理的 WS 系列水质稳定剂，与二段沉降二级过滤的采出水处理工艺联合应用，实现了含油污水的有效处理，处理后水质达到了回注高渗透层的水质指标。

"十二五"以来，依托重大项目攻关模式，三元复合驱地面工艺技术集中攻关，稳步推进，形成了基本满足工业化应用的技术系列，工业化区块共新（扩）建转油放水站、污水处理站等大中型工业站场 58 座，新建注入站、计量间等小型工业站场 143 座，形成了配制注入、原油集输脱水、采出污水处理等比较完善的地面工程系统，保障了工业化的顺利实施。

本书共八章，第一章由伍晓林、侯兆伟、楚艳萍、吴国鹏、徐清华、郭春萍、高峰编写，第二章由王海峰、朱友益、王强、张群、丁玉敬编写，第三章由叶鹏、朱焱、李洁、钟连彬、王广、刘春天、么世椿、王茂盛、陈国编写，第四章由姜振海、张东、罗庆、王云超、苑登御、聂春林编写，第五章由周万富、赵立成、王研、张宏奇、徐国民、王鑫、赵昌明、罗美娥、王庆国、王国庆、管公帅、张世东、刘向斌、富源、张德兰、蔡萌、刘崇江、高光磊、杨志刚、韩宇编写，第六章由龚晓宏、李学军、刘建发、王明信、王梓栋、吴迪、赵忠山、张凯、李红宇、李娜、古文革、艾广智、贾庆、何树全编写，第七章由王洪卫、赵嵩、宣英龙、黄梅、张天琪、司淑荣编写，第八章由吴军政、白文广、莫爱国、胡俊卿、彭树锴编写。吴军政、罗凯、白文广、王红庄担任副主编，负责全书的具体组织和审查工作；程杰成担任主编，负责全书的组织和系统审定工作。

在本书的编写过程中，大庆油田多位有关专家参加了资料整理和编写工作，中国石油咨询中心罗治斌，中国石油勘探与生产分公司王连刚、王正茂，中国石油勘探开发研究院罗健辉、欧阳坚等专家审阅了全书，提出了许多宝贵的意见。编写组同仁在此向所有参与本书编写和审阅的专家表示真诚的谢意！

由于本书技术性强、涉及面广，是一项综合性的技术基础工作，加之编者经验不足、水平有限，错误在所难免，恳请读者批评指正。

目 录

第一章 三元复合驱驱油机理

三元复合驱驱油机理对驱油剂设计合成、配方体系优选、注入方式优化、矿场跟踪调整都具有十分重要的指导意义。"十二五"期间，通过系统攻关研究，揭示了低酸值原油与三元复合体系形成超低界面张力的主控因素，明确了色谱分离对三元复合体系性能的影响规律，阐明了三元复合驱后岩心孔隙结构变化特征，为保证复合驱效果提供了理论依据。

第一节 化学驱油类型及主要机理

凡是向注入水中加入化学剂，以改变驱替流体性质，从而提高采收率的方法，均属于化学驱范畴，其包括采用单一化学剂的碱水驱、表面活性剂驱、聚合物驱等，以及在上述三种方法基础上发展起来利用碱、表面活性剂和聚合物协同效应的三元复合驱等。

一、碱水驱

早在 20 世纪 20 年代，人们就提出了碱水驱的方法，即在油田开发的注入水中加入一定量的碱性物质，如 $NaOH$、Na_2CO_3 等，在油层内与原油中的有机酸反应生成表面活性剂，以降低油水界面张力，产生乳化、润湿性反转，提高原油采收率。碱水驱主要应用于原油酸值较高的油层。因此，原油酸值一般要达到 0.2mg KOH/g 以上才能采用碱水驱；当原油酸值达到 0.5mg KOH/g 时，碱水驱成功的可能性会大大增加。碱水驱过程中，碱除了与原油中的有机酸反应外，还能与岩石相互作用造成碱耗，缩小形成低界面张力的碱浓度范围，使碱水驱过程难于控制，并易在井筒中结垢，同时碱水驱还受到地层水中二价阳离子含量的限制，使其在现场应用中成功的案例很少。

二、表面活性剂驱

表面活性剂驱是利用表面活性剂亲水亲油的性质，大幅度降低驱替相与被驱替相之间界面张力，毛细管阻力减小使残余油易于启动；同时低界面张力也能促进原油与水相形成稳定的乳状液，增加原油在水中的分散程度，使原油被携带采出；表面活性剂在岩石表面吸附后，岩石表面润湿性变得亲水，使吸附在岩石表面的油膜被剥离采出。从技术上来看，除了一定程度上受温度和矿化度限制外，表面活性剂驱可以获得很高的采收率。但表面活性剂价格昂贵，投资成本高、风险大，是制约其应用的主要因素。随着化学分子设计及合成技术的不断进步，新型表面活性剂不断被研发出来，表面活性剂用量减少，成本降低，使其应用范围拓宽。

三、聚合物驱

聚合物驱是在注入水中加入水溶性聚合物，通过增加水相黏度，一方面控制水淹层段中水相流度，改善流度比，提高层内的波及效率，另一方面缩小高、低渗透率层段间水线推进速度差，调整吸水剖面，提高层间波及系数，进而提高原油采收率。目前广泛使用的聚合物是部分水解聚丙烯酰胺，但其还存在盐敏效应、化学降解、剪切降解等问题，当油层温度达到75℃以上，盐敏效应增加，部分水解聚合物增黏效果变差，甚至会产生沉淀。因此，聚合物驱往往会受温度、矿化度的影响，使其在高温、高矿化度油藏中的应用受限。近些年，亦开发出了许多新型耐温、抗盐聚合物，扩大了聚合物驱的应用范围。

四、三元复合驱

三元复合驱是将碱驱、表面活性剂驱、聚合物驱联合使用的方法，聚合物起到了流度控制和调剖的作用，碱和表面活性剂起到了降低油水界面张力、改变岩石润湿性的作用，同时碱还具备降低表面活性剂吸附损耗的牺牲剂功能。因此，三元复合体系既具有较高的黏度，又可与原油形成超低界面张力，能够在扩大波及体积的同时大幅度提高驱油效率，从而提高原油采收率。由于碱、表面活性剂、聚合物具有各自的作用与优势，相互之间能够发挥协同效应，因此三元复合驱驱油效果明显优于采用单一化学剂的碱水驱、表面活性剂驱、聚合物驱。

第二节　低酸值原油组分对界面张力的影响

三元复合体系超低界面张力是三元复合驱提高采收率的重要机理之一。20世纪70年代，国外学者在系统考察碱与原油中酸组分之间的相互作用对油水界面张力的影响时发现，碱与原油中酸性组分反应生成石油羧酸盐，可与外加表面活性剂协同作用降低油水界面张力，大幅度提高驱油效率。以往超低界面张力影响因素的研究大多针对高酸值原油[1-3]，研究重点主要是无机盐与表面活性剂之间的相互作用及对界面张力的影响机理。由于无机盐压缩双电层，削弱电排斥力，明显增大离子型表面活性剂在界面上的吸附量，从而大幅度降低界面张力。

在此基础上，国外学者给出的三元复合驱适用原油酸值界限为不小于0.2mg KOH/g，按照此理论，低酸值原油不适合三元复合驱。而大庆原油酸值低，仅为0.01mg KOH/g左右，按照传统理论，其并不适合三元复合驱。针对大庆低酸值原油，开展了低酸值原油组分对界面张力影响的研究，评价了百余种表面活性剂，发现有3种磺酸盐类产品能够与大庆低酸值原油在很窄的碱浓度范围形成超低界面张力，说明酸值并不是形成超低界面张力的唯一条件。大庆低酸值原油中还存在其他组分，如胶质、沥青质、酚酯类化合物和含氮杂环类化合物等组分，也可通过协同效应进一步降低油水界面张力。

将原油按照族组成进行分离，研究结果表明族组成对降低界面张力的贡献为胶质＞沥青质＞芳烃＞饱和烃，如图1-1所示。针对将有机酸混合物分离成单一结构有机酸的难题，设计了一套原油中酸性活性组分的分离方法。将原油按照族组成分离，对各个族组成进行酸性活性组分的提取和测定，分别得到了不同极性的酸性活性组分，分离过程如图1-2所示。

如前面所述，胶质、沥青质是原油中的天然活性组分，胶质和沥青质中除酸性活性组分之外，还含有大分子含氮杂环化合物，这些化合物对油水体系界面张力的影响规律和作用机理尚不清楚，有必要对其进行提取分离和表征，并开展相应的物化性质研究。由于含氮化合物结构复杂、极性范围宽，在原油中含量低，因而对其进行定性定量分析之前需要进行富集。采用络合法富集含氮组分后,其含氮量相比于原油中的含氮量增加了 10 余倍,富集过程如图 1-3 所示。

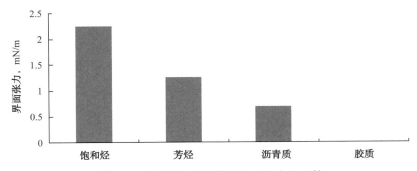

图 1-1 大庆原油组分降低界面张力的贡献

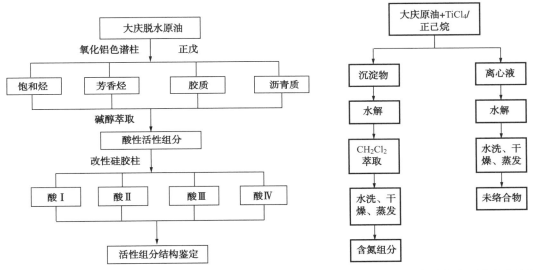

图 1-2 酸性活性组分的分离流程图　　　　图 1-3 络合法富集含氮杂环化合物流程图

　　按酸组分和含氮杂环组分在原油中所占比例与煤油混合,测定其与三元复合体系的界面张力,实验结果如图 1-4 所示。通过界面张力实验发现,在碱性条件下,含氮杂环化合物与特定结构的表面活性剂同样存在明显的协同效应,可以形成超低界面张力。该发现为低酸值原油应用三元复合驱技术提供了理论依据[4-9]。

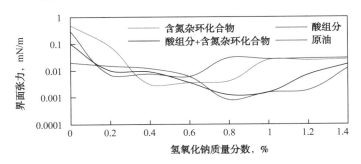

图 1-4 含氮杂环化合物组分和酸组分对界面张力的影响

第三节　三元复合体系色谱分离

三元复合驱过程中会发生色谱分离现象[10, 11]。室内及矿场试验研究结果表明[12-15]，表面活性剂、碱、聚合物的色谱分离直接影响驱油效率。"十二五"期间，设计了7.2m的填砂管模型，系统研究了三元复合体系在驱替过程中化学剂浓度及体系性能随运移距离的变化规律，为三元复合体系配方设计取得好的驱油效果奠定了基础。

一、填砂管模型设计

设计长度7.2m、带有多个取样点的填砂管模型，跟踪分析不同注入阶段三元复合体系中化学剂浓度及体系性能的变化规律。

（1）实验模型：ϕ5cm×720cm长管模型，填充物为天然油砂，黏土含量为7%~11%，渗透率为980mD，在距离模型注入端14%、33%、60%、86%的位置设计4个取样点。

（2）实验油水：模拟油，黏度为10mPa·s；模拟水，矿化度分别为6778mg/L和4456mg/L。

（3）注入体系：烷基苯磺酸盐质量分数为0.3%；NaOH质量分数为1.2%；大庆炼化公司生产的2500×10^4分子量聚合物质量浓度为1600mg/L；三元复合体系界面张力为$4.21×10^{-3}$mN/m，黏度为46.1mPa·s。

二、色谱分离对三元复合体系性能的影响

1. 三元复合体系化学剂浓度变化规律

填砂管驱油实验采出液分析结果表明（图1-5），三元复合体系化学剂采出顺序为聚合物、碱、表面活性剂[12-16]；从化学剂采出浓度来看，聚合物采出浓度最高，碱其次，表面活性剂采出浓度最低。这与三元复合驱矿场试验采出端化学剂分析结果一致（图1-6）。

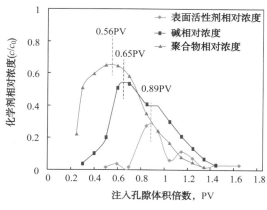

图1-5　填砂管化学剂浓度检测曲线

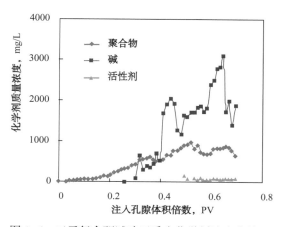

图1-6　三元复合驱试验区采出化学剂浓度曲线

整个实验过程中，聚合物质量浓度损失较小，在岩心中的峰值质量浓度基本都维持在1000mg/L以上（图1-7）。

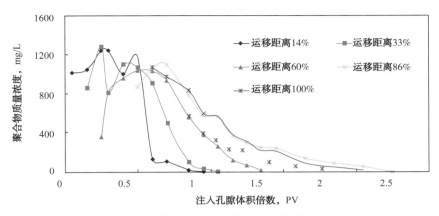

图 1-7 三元复合驱阶段各取样点聚合物质量浓度变化

随着段塞的推进，对应各取样点的碱、表面活性剂质量分数逐渐上升到峰值，然后逐渐下降，并且峰值质量分数依次降低（图 1-8、图 1-9）。

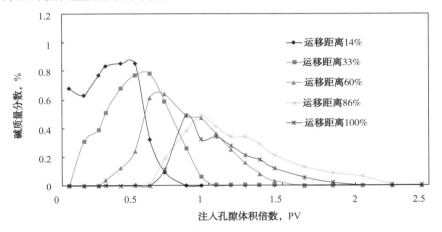

图 1-8 三元复合驱阶段各取样点碱质量分数变化

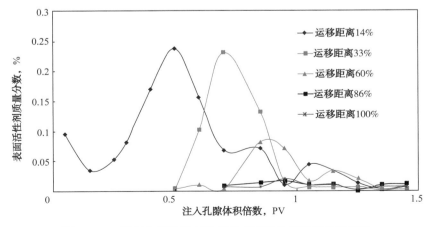

图 1-9 三元复合驱阶段各取样点表面活性剂质量分数变化

与聚合物和碱的损耗相比，表面活性剂在岩心中损耗最大，主要原因是表面活性剂进入油相和在岩心中大量吸附滞留，图1-10是在油相中检测到表面活性剂的情况。因此，对于黏土矿物较多的油层，应通过加入牺牲剂或提高表面活性剂性能来减少表面活性剂的吸附量。

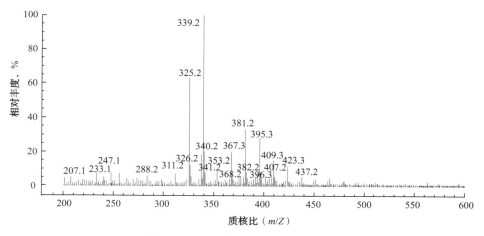

图1-10　油相中表面活性剂的检测

2. 三元复合体系黏度变化规律

图1-11为采出端的聚合物质量浓度及三元复合体系黏度测定结果。由图1-11可以看出，随着注入孔隙体积倍数的增加，三元复合体系黏度先增大而后逐渐减小。运移过程中聚合物质量浓度损失较小，各取样点的聚合物黏度峰值均大于注入的三元复合体系黏度。这主要是因为在运移初期，聚合物与碱混合，碱使聚合物分子双电层被压缩、分子链发生蜷缩，导致三元复合体系黏度降低；随着三元复合体系段塞的不断运移，聚合物与碱发生色谱分离，聚合物分子链恢复舒展，三元复合体系黏度上升，导致注采能力一定程度下降。因此，三元复合体系中聚合物浓度设计不应过高。

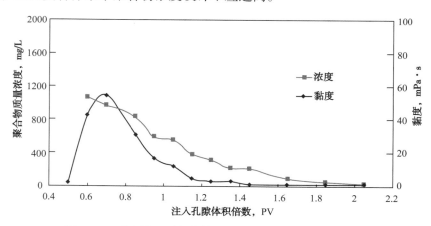

图1-11　采出端三元复合体系黏度及聚合物质量浓度曲线

3. 三元复合体系界面张力性能变化规律

三元复合体系在注入端至岩心长度的1/3处之间都能保持与原油形成超低界面张力。但随着三元复合体系继续向采出端运移，界面张力逐渐上升（图1-12）。从烷基苯磺酸盐产品吸附前和吸附后的 LC–MS 分析对比中可以看出，表面活性剂存在着色谱分离，各组成含量发生变化（图 1–13、图 1–14），导致三元复合体系界面张力达不到超低。因此，三元复合体系性能优化时，可通过扩大超低界面张力范围或研制组分相对单一的表面活性剂，增大三元复合体系在油层中的超低界面张力作用距离，进一步提高驱油效率。

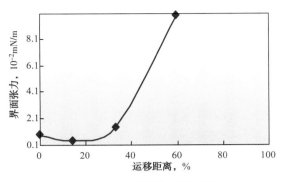

图 1–12　各取样点体系界面张力

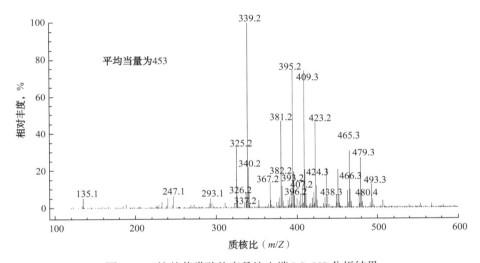

图 1–13　烷基苯磺酸盐产品注入端 LC–MS 分析结果

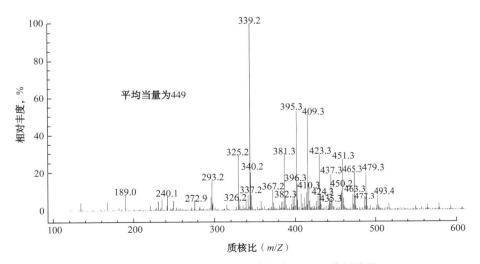

图 1–14　烷基苯磺酸盐产品采出端 LC–MS 分析结果

第四节　三元复合体系性能与驱油效率的量化关系

三元复合体系涉及碱、表面活性剂、聚合物等多种组分，作用机理复杂、影响因素众多。在原有三元复合体系界面张力、乳化和吸附等各性能定性研究的基础上，进一步量化了三元复合体系界面张力性能、乳化性能和吸附性能与驱油效率的关系。

一、三元复合体系界面张力与驱油效率的量化关系

通过研究三元复合体系平衡界面张力和动态界面张力，给出了超低界面张力作用指数，建立了三元复合体系界面张力性能与驱油效率的量化关系。

（1）三元复合体系平衡界面张力与驱油效率关系。

筛选了 4 种代表性三元复合体系，界面张力平衡值数量级不同，四种体系三元复合驱驱油效率平均值分别为 14.62%、20.68%、24.45%、26.27%（表 1-1）。对比分析可以看出，平衡界面张力数量级越低，三元复合驱驱油效率平均值越大，但驱油效率增幅变小。

表 1-1　界面张力平衡值为不同数量级的三元复合体系物理模拟实验结果

体系编号	界面张力平衡值 mN/m	三元复合驱驱油效率平均值 %	三元复合驱驱油效率增幅 %
1	1.03×10^{-1}	14.62	—
2	1.08×10^{-2}	20.68	6.06
3	1.01×10^{-3}	24.45	3.77
4	2.43×10^{-4}	26.27	1.82

（2）三元复合体系动态界面张力与驱油效率关系。

三元复合体系油水动态界面张力往往存在最低值。物理模拟实验数据表明，三元复合体系平衡界面张力值近似条件下，动态界面张力最低值越低，三元复合驱驱油效率平均值越大（表 1-2）。

表 1-2　界面张力平衡值近似、动态界面张力最低值不同的三元复合体系物理模拟实验结果

体系编号	界面张力最低值 mN/m	超低界面张力作用时间 min	界面张力平衡值 mN/m	三元复合驱驱油效率平均值 %
5	2.58×10^{-3}	45	2.87×10^{-2}	22.85
6	2.69×10^{-4}	120	1.21×10^{-2}	25.27

综合考虑动态界面张力最低值、界面张力平衡值及超低界面张力作用时间等界面张力因素对驱油效率的影响，建立了评价三元复合体系界面张力的综合指标，即超低界面张力作用指数（S）：

$$S = \left(IFT_{最低}^{-1} - IFT_{超低}^{-1} \right) \times \Delta t \qquad (1-1)$$

式中　$IFT_{最低}$——界面张力最低值，mN/m；

　　　$IFT_{超低}$——超低界面张力值，mN/m；

　　　Δt——超低界面张力作用时间差值，min。

通过超低界面张力作用指数（S）及相对应驱油效率数据拟合，得到了式（1-2）：

$$E=0.9772\ln S+13.241 \qquad (1-2)$$

式中　E——三元复合体系驱油效率值，%。

由式 1-2 可见，E 与 S 的自然对数呈线性关系。S 越大，E 越高。三元复合驱驱油效率值为 20%，S 需大于 1000。

二、三元复合体系乳化性能与驱油效率的量化关系

乳化性能对三元复合驱效果至关重要。三元复合体系与原油作用后形成油包水型和水包油型两种类型乳状液，可分别用油相含水率、水相含油率来表征。通过多元回归实验数据，定量研究了三元复合体系乳化性能。

将三元复合驱油体系与原油按所需比例加入具塞比色管中，采用均质器混合匀化，把装有匀化后乳状液的具塞比色管垂直静置于恒温烘箱中，分别在不同时间记录乳状液总体积、上相体积、中相体积和下相体积，直至上下相的体积不再变化。通过冷冻、萃取、标定标准曲线及测定吸光度值等实验，实现水相含油率、油相含水率的数值化表征。

开展了不同乳化性能三元复合体系物理模拟实验，研究乳化性能对三元复合驱驱油效率的影响（表 1-3）。

表 1-3　三元复合体系乳化性能指标及驱油效率

样品编号	水相含油率%	水相含油率增幅%	油相含水率%	油相含水率增幅%	三元复合驱驱油效率均值%	三元复合驱驱油效率增幅%
1	0.0714	—	11.16	—	19.65	—
2	0.1560	0.0846	14.50	3.34	21.35	1.70
3	0.1843	0.1129	20.00	8.84	23.30	3.65
4	0.3256	0.2542	27.11	15.95	25.51	5.86
5	0.4224	0.3510	35.06	23.90	27.85	8.20

总结归纳三元复合体系驱油效率增幅、水相含油率增幅及油相含水率增幅数据，通过多元回归方法拟合实验数据，确定三元复合体系乳化性能与驱油效率量化公式为：

$$\Delta E=1.09\Delta X^{0.69}+0.252\Delta Y^{1.0} \qquad (1-3)$$

式中　ΔE——三元复合驱驱油效率增幅，%；

　　　ΔX——乳状液水相含油率，%；

　　　ΔY——乳状液油相含水率，%。

根据油相含水率、水相含油率与采收率增幅的关系，进一步建立了乳化贡献程度 D_E，见式（1-4）：

$$D_E=\frac{\Delta E}{\Delta E+E}\times100\%=\frac{1.09\Delta X^{0.69}+0.252\Delta Y^{1.0}}{1.09\Delta X^{0.69}+0.252\Delta Y^{1.0}+E}\times100\% \qquad (1-4)$$

式中　D_E——乳化贡献程度，%。

结合 FRENCH 提出的乳化性能分类，乳化性能弱及较弱体系对驱油效率贡献程度小于 10%，乳化性能较强及强体系对驱油效率贡献程度大于 20%（表 1-4）。

表 1–4　乳化性能不同的三元复合体系对驱油效率贡献程度

样品编号	三元复合驱驱油效率均值 %	三元复合驱驱油效率增幅 %	贡献程度 %
1	19.65	—	—
2	21.35	1.70	7.96
3	23.30	3.65	15.67
4	25.51	5.85	22.94
5	27.85	8.20	29.15

但在不同储层条件下，乳化会对渗流能力产生不同影响，所以三元复合体系存在最佳乳化程度。物型模拟实验结果表明，均质岩心条件下，渗透率越高，与之相匹配的乳化程度越强。非均质岩心同样存在最佳乳化程度，渗透率相同时，岩心非均质性越强，匹配的乳化程度越高（表 1–5）。

表 1–5　不同人造岩心中三元复合体系乳化性能与驱油效率的关系

体系	弱	较弱	中	较强	强	最佳乳化程度
均质岩心 K=1.2D	15.64	16.31	18.94	22.98	21.59	较强
均质岩心 K=0.8D	16.90	17.60	19.60	22.13	17.76	较强
均质岩心 K=0.3D	15.92	20.11	17.18	17.34	16.33	较弱
非均质岩心 K=0.8D 变异系数为 0.59	26.36	27.75	22.13	23.00	24.00	较弱
非均质岩心 K=0.8D 变异系数为 0.68	23.05	24.12	25.61	27.97	20.85	较强

利用三元复合体系乳化程度与储层特性匹配关系研究成果，实现乳化性能的个性化设计，保证三元复合驱取得最佳驱油效果[17–19]。

三、三元复合体系吸附性能与驱油效率的量化关系

三元复合驱过程中，化学剂会发生吸附损耗。如果化学剂在油层岩石上吸附速度过快，将导致驱油体系配方组分损失迅速，偏离最初设计的体系配方，最终降低三元复合驱驱油效率。

根据大庆油田油层实际情况，采用 80~120 目净油砂，对二元体系（碱—表面活性剂）及三元复合体系进行多次吸附实验。多次吸附后碱、表面活性剂浓度见表 1–6。

表 1–6　多次吸附后三元复合体系表面活性剂、碱质量分数变化情况

吸附 次数	三元复合体系表面 活性剂质量分数 %	三元复合体系 碱质量分数 %	二元体系表面活性剂质量 分数 %	二元体系 碱质量分数 %
0	0.2788	1.1	0.2788	1.18
1	0.2010	1.02	0.1581	1.03
2	0.1700	1.00	0.1122	0.97
3	0.1428	1.00	0.0986	0.99

吸附次数	三元复合体系表面活性剂质量分数 %	三元复合体系碱质量分数 %	二元体系表面活性剂质量分数 %	二元体系碱质量分数 %
4	0.1156	0.93	0.0680	0.89
5	0.0646	0.92	0.0476	0.76
6	0.0408	0.78	0.0357	0.65
7	0.0255	0.71	0.0255	0.56

多次吸附后，根据三元复合体系驱油效率及驱油效率变化幅度（与原液体系驱油效率之比）的数据可以看出，吸附次数越多，三元复合体系驱油效率越低，体系性能变差。吸附2次后，驱油效率程度下降趋势明显（表1-7）。

表1-7　多次吸附后三元复合体系驱油效率及其变化幅度

吸附次数	吸附后三元复合驱驱油效率，%	三元复合驱驱油效率变化幅度，%
0	24.9	—
1	24.7	99.2
2	24.2	97.2
3	23.5	94.4
4	20.4	81.9
5	17.7	71.1
6	16.1	64.7
7	14.1	56.6

第五节　三元复合驱前后岩心微观孔隙结构变化特征

储层的微观孔隙结构是指岩石所具有的孔隙和喉道的几何形状、大小、分布、相互连通情况，以及孔隙与喉道间的配置关系等。它反映了储层中各类孔隙与孔隙之间连通喉道的组合，是孔隙与喉道发育的总貌，不仅控制了石油的运移和储集，而且对储层的产油能力、驱油效率以及最终采收率有较大影响。从三元复合驱矿场试验注采能力来看，三元复合驱采出端离子浓度变化明显，说明碱与储层和流体发生了复杂的物理化学反应，导致了微观孔隙结构变化。

一、储层微观孔隙结构检测分析技术

1. 储层微观孔隙结构的影响因素和成因分析

储层微观孔隙结构受多因素影响[17]，成因分析是储层孔隙结构研究的最基本的内容，它能帮助研究者从深层次准确把握储层孔隙结构的特征，因而受到研究者的高度重视。

1）地质作用对储层微观孔隙结构的影响

储层物性受沉积作用、成岩作用、构造作用的共同控制[18-20]。沉积作用对碎屑岩结构、分选、磨圆、杂基含量等起到明显的控制作用，不同的沉积环境对碳酸盐岩的结构组分影响很大。从沉积物脱离水环境之后，随着埋藏深度的不断加深，一系列的成岩作用使得储层物性进一步复杂化。一般而言，压实作用、压溶作用、胶结作用对储层物性起破坏性作用；交代作用、重结晶作用、溶蚀作用对储层物性起到建设性作用。而构造作用产生的裂缝等对物性的改造有较为显著的影响，使储层的非均质性更加明显，而这一点在碳酸盐岩储层中尤为突出。

2）油气田开发对储层微观孔隙结构的影响

储层孔隙结构影响着储层的注采开发，同时，随着注水、压裂、三元复合驱油等一系列油气田开发增产措施的实施，储层孔隙结构也相应发生了变化。王美娜等[21]研究了注水开发对胜坨油田坨断块沙二段储层性质的影响，发现注水开发一定程度上改善了储层孔隙结构；唐洪明等[22]以辽河高升油田莲花油层为例，研究了蒸汽驱对储层孔隙结构和矿物组成的影响，结果表明，蒸汽驱导致储层孔隙度、孔隙直径增大，喉道半径、渗透率减小，增强了孔喉分布的非均质性。三元复合驱对储层孔隙结构影响还处于研究阶段。

2. 储层微孔隙结构检测分析方法

1）成岩作用方法

该方法通过对各种成岩作用在储层孔隙结构演化中的作用进行梳理，从而了解储层孔隙结构对应发生的变化。该方法的优点是可以对孔隙结构的成因有比较深入的认识，缺点是偏向于定性分析，难以有效地定量化表征[18-20]。

2）铸体薄片观察法

该方法是将带色的有机玻璃或环氧树脂注入岩石的储集空间中，待树脂凝固后，再将岩心切片放在显微镜下观察，用以研究岩心薄片中的面孔率、孔喉类型、连通性、孔喉配位数以及碎屑组分等。该方法的优点是成本低廉，铸体薄片数据简单直观，且对于砂岩和碳酸盐岩等来说，数据容易获取；缺点是研究对象受限制，薄片的有限研究尺度不能满足砾岩的研究需要，对于泥岩和裂缝发育的脆性较高的岩石难以制成薄片，具有一定的局限性[21-23]。

3）毛细管压力曲线法

实验室测定毛细管压力的方法主要有半渗透隔板法、压汞法和离心机法等，其中压汞法由于其快速、准确，可以定性、半定量地研究储层的孔隙结构，从毛细管曲线上获取能够反映孔喉大小、连通性和渗流能力的参数，是目前测定岩石毛细管压力的主要手段[23]。

随着一些复杂油气田的开发，常规压汞技术已不能满足生产的需要，而恒速压汞技术在实验进程上逼近于准静态的进汞过程，接触角 θ 更接近于静态接触角，测试得到的喉道半径与真实的喉道半径比较接近，也可以将孔隙与喉道区别开来，实现了对喉道数量的测量，从而克服了常规压汞方法的不足[24-26]。

4）扫描电子显微镜技术

扫描电镜（SEM）的原理是利用一束精细聚焦的电子束聚焦在样品表面，由于高能电子束与样品物质的交互作用，得到二次电子、背散射电子、吸收电子、X 射线、俄歇电子、阴极发光和透射电子等不同类型信号随测量样品表面形态不同而发生变化的信息。

场发射扫描电镜（FSEM）能做各种固态样品表面形貌的二次电子像、反射电子像观察及图像处理。配备高性能 X 射线能谱仪，能同时进行样品表层的微区点线面元素的定性、半定量及定量分析，具有形貌、化学组分的综合分析能力，是微米—纳米级孔隙结构测试和形貌观察的最有效仪器之一。

环境扫描电镜（ESEM）的原理和扫描电镜一样，它们的差别主要在样品室，环境扫描电镜的样品室在工作中有高真空、低真空和环境 3 种模式。除了具有常规扫描电镜的分析能力外，还能观察分析含水的、含油的、已污染的、不导电的样品。对岩样原始状态下的孔隙结构及油气赋存状态进行观察，结合能谱分析，可以验证赋存流体的性质，能对致密储层接近原始状态的孔隙结构进行研究。

5）CT 扫描法

CT 成像的原理是物体对 X 射线的吸收存在差异。岩心 CT 扫描能够提供岩石孔喉分布、连通性以及物性参数等。CT 扫描法的优点是在对岩心无损伤的条件下，能够快速观测整块岩心内部结构状况，其缺点是测量方法复杂，且费用较高。

微纳 CT 成像系统大致由五个主要子系统组成，分别是射线源子系统、探测器子系统、扫描控制子系统、数据采集传输子系统和计算机辅助子系统。微纳级 CT 扫描可实现岩石原始状态无损三维成像，确定致密砂岩、叶岩等致密储层纳米级孔喉的分布、大小和连通性等，并对任意断层虚拟成像进行展示。利用该技术对岩心进行显微 CT 扫描实验可获得微米级别 CT 切片图像，并重构 3D 微观孔隙结构，统计微观孔隙结构的相关性质。

6）三维孔隙结构模拟

目前建立三维孔隙结构模型的方法有三类：切片组合法、X 射线成像法和基于薄片分析的图像重建法。切片组合法需要花费很长时间来制备大量的岩心切片，且很难获得具有代表性的非均质岩石的体积图像，因而极少被采用。基于薄片分析的图像重建法只需要极少量岩石切片的扫描图像，其获取较为方便且比较经济。该方法首先是对选取的岩石切片进行扫描并获得扫描图像，再利用不同的数学方法对岩石三维孔隙网络进行模拟，达到观察岩石立体孔隙结构的目的。X 射线成像法需借助 X 射线微观成像仪 Micro-CT，受设备和技术条件所限，我国在这一基础性研究领域还处于起步阶段，目前国内只有少数学者能够获取真实岩心的三维 CT 图像。

二、三元复合驱前后孔隙结构变化特征

在三元复合驱开始及结束时，分别钻取各三元复合驱对应层段各厚层河道砂体上、中、下部相互连通的天然岩心，制作相关检测薄片及样品，系统开展岩心检测分析，明确不同注采部位、沉积模式、不同水洗状况下储层微观孔隙结构的变化特征。

1. 储层矿物变化特征

三元复合驱后骨架矿物有溶蚀和重结晶现象，泥质含量减少。从元素检测结果来看（表 1-8），主要易溶蚀沉淀矿物元素含量都有小幅变化。其中，三元复合驱后，注采中部（喇北东）钙元素含量增加明显，达 19.7 个百分点，硅元素、镁元素、铝元素含量小幅增加，受黏土矿物溶蚀及运移影响，铁含量降低；而采出端（北一断东）钙元素、镁元素、铁元素含量大幅增加，受结垢及黏土矿物迁移聚集影响，铁元素含量增幅达 31.5 个百分点；受溶蚀影响，硅元素、铝元素含量小幅降低。

表1-8 三元复合驱前后取心井储层常见元素含量对比

试验区	注采阶段	SiO_2, %	CaO, %	MgO, %	Al_2O_3, %	FeO, %
喇北东 （注采中部）	三元复合驱前	72.63	0.53	0.48	14.53	1.47
	三元复合驱后	74.08	0.66	0.50	14.59	1.37
	增幅	2.0	19.7	4.0	0.4	−7.3
北一断东 （采出端）	三元复合驱前	71.71	1.21	0.69	16.15	1.63
	三元复合驱后	71.35	1.35	0.81	15.61	2.38
	增幅	−0.5	10.4	14.8	−3.5	31.5

从扫描电镜看（图1-15），采出端（北一断东）骨架颗粒溶蚀较严重，长石、石英颗粒都有溶蚀现象，在强水洗层段，岩心较疏松；注采中部（喇北东）骨架颗粒变化不大，局部有长石溶蚀和石英重结晶现象。

(a) 矿物溶蚀现象   (b) 矿物重结晶现象   (c) 厚层底部疏松岩心

图1-15 三元复合驱后储层岩心变化

2. 黏土矿物变化特征

三元复合驱后储层内部黏土绝对含量下降（图1-16），其中伊利石、绿泥石、伊/蒙混层含量减少，但高岭石相对含量增加。

(a) 三元复合驱前岩心扫描电镜图   (b) 三元复合驱后岩心扫描电镜图

图1-16 三元复合驱前后储层孔隙内黏土含量变化特征

从黏土绝对含量看（图1-17），三元复合驱前后黏土绝对含量下降幅度较大，其中北一断东由6.8%下降到3.1%；喇北东由7.7%下降到4.0%。

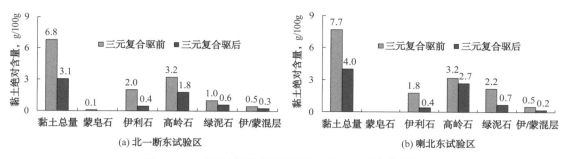

图 1-17 三元复合驱前后储层黏土绝对含量变化特征

3. 储层孔隙内结垢分布特征

通过三元复合驱前后取心井 40 块岩心 CT 扫描图观测（图 1-18），在单元的下段（强水洗段），灰度为白色的麦穗状晶质矿物含量较三元复合驱前明显增加，主要分布在泥质含量较高或孔喉交接部位；上段存在灰度为白色非晶质碳酸盐胶结物，含量与三元复合驱前相当。

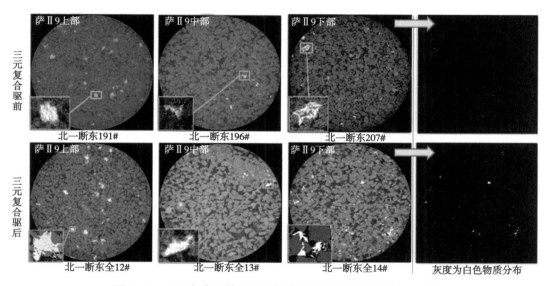

图 1-18 三元复合驱前后三元复合驱层系下部单元岩心 CT 图

通过综合检测分析，新增麦穗状晶质矿物成分主要为 SiO_2、$FeCO_3$、$CaCO_3$、$MgCO_3$、$Al_2(CO_3)_3$ 等垢质成分（图 1-19），其中以硅垢为主，其相对含量在北一断东和喇北东分别为 36.1%、48.8%；碳酸盐垢中以麦穗状 $FeCO_3$ 为主，其相对含量在北一断东和喇北东分别达到 29.9%、19.1%；其余几种垢质成分含量在 8.1%~14% 之间。

4. 储层孔隙半径变化特征

三元复合驱后储层平均孔隙度渗透率增加，河道砂中下部增加明显。从压汞资料分析看（图 1-20），三元复合驱后孔隙半径增加，其中采出端（北一断东）孔隙半径增加幅度较大，最大孔隙半径由 14.5μm 增加到 20.3μm，平均孔隙半径从 6.6μm 增加到 8.6μm，孔隙半径中值由 6.5μm 增加到 9.1μm，孔隙分布峰位由 8.3μm 增加到 11.4μm，各项孔隙参数变化较大；注采中部（喇北东）孔隙半径变化较稳定，最大孔隙半径由 19.4μm 增加到

22.2μm，平均孔隙半径从 9.0μm 增加到 9.1μm，孔隙半径中值由 9.0μm 增加到 9.4μm，孔隙分布峰位由 10.9μm 增加到 11.0μm，各项参数变化幅度不大。

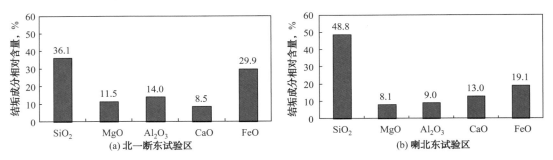

图 1-19　三元复合驱后岩心孔隙内垢质成分相对含量柱状图

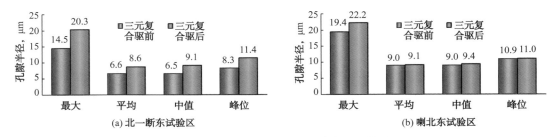

图 1-20　三元复合驱前后储层孔隙半径变化对比

三元复合驱后孔隙度与渗透率变化趋势相当，其中分流河道中下部（北一断东为主）孔渗度、渗透率增加幅度较大，曲流河道（喇北东为主）储层孔渗度、渗透率变化较小（图 1-21），但曲流河沉积储层物性较分流河沉积储层物性好。

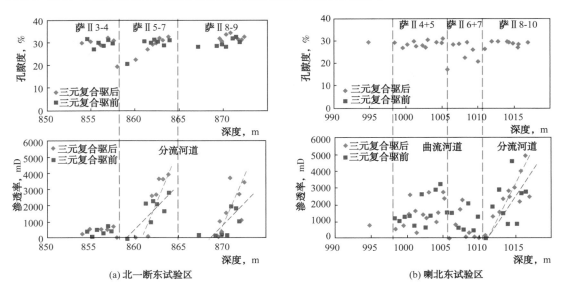

图 1-21　三元复合驱前后储层全直径岩心孔渗度、渗透率变化对比

5. 孔隙分选变化特征

从压汞资料分析看，三元复合驱后孔隙分选系数和相对分选系数都小幅降低，有利

于提高驱油效率（分选系数值越小，表示喉道分选程度越好，相同或相似的条件下，储层孔隙喉道分选性好，则驱油效率高，否则反之），其中采出端（北一断东）降低幅度较大（图1-22），注采中部（喇北东）变化不明显（图1-23）。

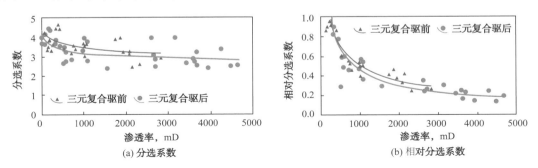

图1-22　采出端（北一断东）三元复合驱前后储层分选系数对比

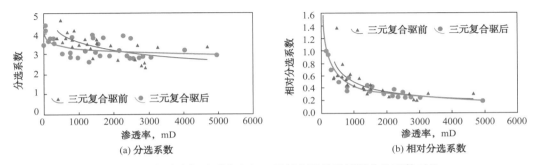

图1-23　注采中部（喇北东）三元复合驱前后储层分选系数对比

6. 孔隙连通性变化特征

三元复合驱后黏土矿物堵塞孔喉，孔隙结构系数增加，渗流迂曲度增大，但受溶蚀及颗粒运移影响，整体上渗透率增大。

从薄片观测可见，高岭石主要分布在孔隙喉道交接处、长石溶蚀颗粒及附近，在孔隙内黏土分布较少（图1-24）。高岭石是硅铝酸盐矿物，是长石的蚀变产物，呈书页状、蠕虫状、手风琴状，多以孔隙充填的形式存在于粒间孔隙。其晶间结构比较松，在流体的冲刷下容易随流体移动，堵塞、分割孔隙和喉道，尤其在细小喉道中，影响很大，是重要的速敏矿物。

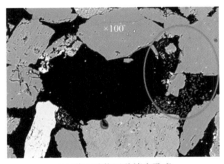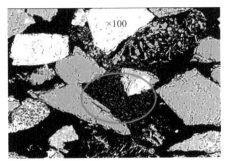

(a) 黏土矿物运移堵塞孔喉　　　　　(b) 长石溶蚀生成高岭石堵塞孔喉

图1-24　三元复合驱后黏土堵塞孔喉示意图

从 3D 无损孔隙结构 CT 扫描分析看（图 1-25、图 1-26），三元复合驱后采出端（北一断东）孔喉比降低，有利于提高驱油效率，但配位数变小，局部剩余油驱替难度加大，而注采中部（喇北东）变化不明显。

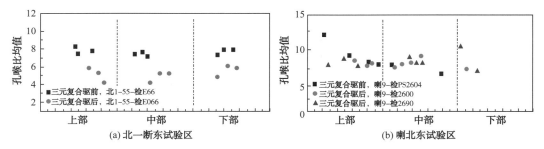

图 1-25　三元复合驱前后 3D 孔隙网络结构孔喉比平均值对比

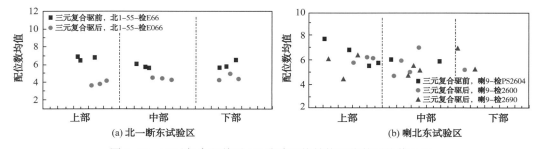

图 1-26　三元复合驱前后 3D 孔隙网络结构配位数平均值对比

从压汞资料分析看，三元复合驱后强碱试验区孔隙结构系数有小幅增加（图 1-27），迂曲度增加（结构系数越大，孔隙迂曲度越大，对渗滤越不利）。但在采出端（北一断东）溶蚀较严重，渗透率增加幅度大，对渗滤影响不大；注采中部储层物性较稳定，结构系数变化幅度较小，溶蚀程度低，渗透率变化不大。

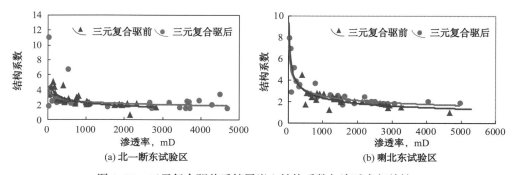

图 1-27　三元复合驱前后储层岩心结构系数与渗透率相关性

综上所述，受溶蚀、颗粒运移、结垢、化学残留物等影响，三元复合驱后储层孔隙结构发生了不同程度的变化，溶蚀现象主要发生在采出端，导致采出端渗透率增大幅度较大，同时也是流体运移聚集区域，黏土矿物及垢质成分在相对孔喉较小部位聚集，孔隙配位数降低，导致局部孔隙结构不利于渗滤，但从元素变化统计可知硅铝元素比例降低，溶蚀作用强度相对大于黏土矿物及结垢的堵塞作用，孔喉比降低，总体上空气渗透率增加（图 1-28）。

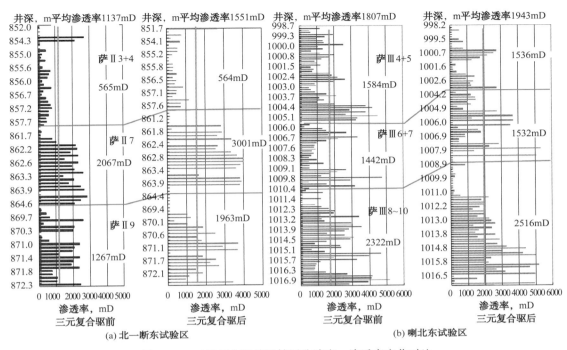

图1-28　三元复合驱前后储层孔隙度、渗透率变化对比

参 考 文 献

［1］郭兰磊．孤东油田有机碱与原油相互作用界面张力变化规律［J］．油气地质与采收率，2013，20（4）：62-64．

［2］郭继香，李明远，林梅钦．大庆原油与碱作用机理研究［J］．石油学报（石油加工），2007，23（4）：20-24．

［3］翟会波，林梅钦，徐学芹，等．大庆油田三元复合驱碱与原油长期作用研究［J］．大庆石油地质与开发，2011，30（4）：114-118．

［4］Arla D，Sinquin A，Palermo T，Hurtevent C. Influence of pH and Water Content on the Type and Stability of Acidic Crude Oil Emulsions［J］．Energy Fuels，2007，21：1337-1342．

［5］Liu Z Y，Li Z Q，Song X W. Dynamic Interfacial Tensions of Binary Nonionic-Anionic and Nonionic Surfactant Mixtures at Water-Alkane Interfaces［J］．Fuel，2014，135：91-98．

［6］Poteau S，Argillier J F，Langevin D，et al. Influence of pH on Stability and Dynamic Properties of Asphaltenes and other Amphiphilic Molecules at the Oil-water Interface［J］．Energy Fuels，2005，19（4）：1337-1341．

［7］伍晓林，楚艳苹．大庆原油中酸性及含氮组份对界面张力的影响［J］．石油学报（石油加工），2013，29（4）：681-686．

［8］伍晓林，侯兆伟，陈坚，等．采油微生物发酵液中有机酸醇的GC-MS分析［J］．大庆石油地质与开发，2005，24（1）：93-95．

［9］程杰成，吴军政，胡俊卿．三元复合驱提高原油采收率关键理论与技术［J］．石油学报，2014，35（2）：310-318．

［10］H K 范波伦.提高原油采收率的原理［M］.唐养吾，杨贵珍，译.北京：石油工业出版社，1983：125-153.

［11］特留申斯.三元复合驱提高原油采收率［M］.杨普华，译.北京：石油工业出版社，1988，98-123.

［12］王凤兰，伍晓林，陈广宇，等.大庆油田三元复合驱技术进展［J］.大庆石油地质与开发，2009，28（5）：154-162.

［13］李建路，何先华，高峰，等.三元复合驱注入段塞组合物理模拟实验研究［J］,石油勘探与开发，2004，31（4）：126-128.

［14］彭树锴.三元复合驱填砂管实验中表面活性剂性能［J］,大庆石油地质与开发，2013，32（4）：118-120.

［15］王伟，李明研，卢祥国，等.三元复合体系黏度对各组分色谱分离的影响［J］.大庆石油地质与开发，2012，31（5）：148-155.

［16］孙龙德，伍晓林，周万富，等.大庆油田三元复合驱提高采收率技术［J］.石油勘探与开发，2018（4）：5-6.

［17］Karambeigi M S，Abbassi R，Roayaei E，et al. Emulsion Flooding for Enhanced Oil Recovery：Interactive Optimization of Phase Behavior，Microvisual and Core-flood Experiments［J］. J IndEngChem，2015，29（2）：382-391.

［18］郭春萍.三元复合体系界面张力与乳化性能相关性研究［J］.石油地质与工程，2010（4）：107.

［19］耿杰，陆屹，李笑薇，等.三元复合体系与原油多次乳化过程中油水界面张力变化规律［J］.应用化工，2015，（12）：2170-2171.

［20］陈欢庆，曹晨，梁淑贤，等.储层孔隙结构研究进展［J］.天然气地球科学，2013，24（2）：227-237.

［21］刘林玉，曹青，柳益群，等.白马南地区长81砂岩成岩作用及其对储层的影响［J］.地质学报，2006，80（5）：712-717.

［22］Patricia S，Nora P.Processes Controlling Porosity and Permeability in Volcanic Reservoirs from the Austral and Neuque basins，Argenta［J］.AAPG Bulletin，2007，91（1）：115-129.

［23］兰叶芳，黄思静，吕杰.储层砂岩中自生绿泥石对孔隙结构的影响——来自鄂尔多斯盆地上三叠统延长组的研究结果［J］.地质通报，2011，30（1）：134-140.

［24］王美娜，李继红，郭召杰，等.注水开发对胜坨油田坨30断块沙二段储层性质的影响［J］.北京大学学报：自然科学版，2004，40（6）：855-863.

［25］唐洪明，赵敬松，陈忠，等.蒸汽驱对储层孔隙结构和矿物组成的影响［J］.西南石油大学学报，2000，22（2）：11-14.

［26］马旭鹏.储层物性参数与其微观孔隙结构的内在联系［J］.勘探地球物理进展，2010，33（3）：216-219.

第二章 表面活性剂设计及合成技术

表面活性剂在三元复合驱提高采收率中起着关键性作用。表面活性剂往往受到原料来源、合成工艺及界面性能等多因素的制约，研发难度较大。"十二五"期间，随着驱油用表面活性剂研究逐步深入，在表面活性剂分子结构设计、合成等方面取得了长足的进步，成功研制、生产出驱油用烷基苯磺酸盐、石油磺酸盐、甜菜碱表面活性剂及一些新型表面活性剂，为三元复合驱技术的发展奠定了基础。

第一节 表面活性剂与原油的匹配关系

"十二五"期间，设计合成了不同结构的烷基苯磺酸盐表面活性剂，明确了烷基苯磺酸盐表面活性剂结构与界面张力性能关系。在此基础上，设计了具有不同当量、不同当量分布的烷基苯磺酸盐表面活性剂，经过大量实验和理论分析，研究并提出了低酸值原油条件下表面活性剂与原油的匹配关系理论，为表面活性剂的设计提供了理论基础。

一、烷基苯磺酸盐结构与界面张力的关系

以脂肪酰氯和卤代烷等为烷基原料，以苯、甲苯、（邻、间、对）二甲苯、乙苯和异丙苯等为芳烃原料，经烷基化后，制备出高纯度的不同结构烷基苯，再经磺化、中和，合成了结构单一、分子量确定的烷基苯磺酸盐系列同分异构体[1]，研究了烷基苯磺酸盐表面活性剂结构与界面张力的关系。

十二烷基二甲基苯磺酸钠异构体的界面张力测定结果表明：芳基位置越靠近烷基链中部，界面张力降低幅度越大，表面活性剂降低界面张力的效能越高（图2-1）。

通过不同结构烷基苯磺酸盐（图2-2）与界面张力关系研究，结果表明：苯环上取代基数量多，界面排列分子数减少，形成超低界面张力的碱浓度低，碱浓度范围宽（表2-1）。

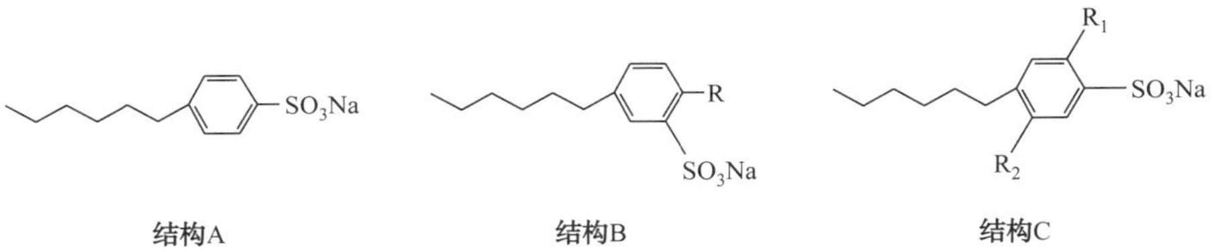

图 2-1 芳基位置与界面张力的关系

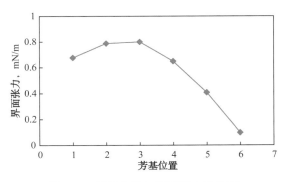

结构A　　　　　　　结构B　　　　　　　结构C

图 2-2 不同结构烷基苯磺酸盐示意图

表 2-1　不同结构烷基苯磺酸盐界面张力性能

类型	结构 A	结构 B	结构 C
取代烷基数	0	1	2
超低界面张力碱浓度最低值，%	无	0.8	0.3
超低界面张力碱浓度跨度，%	无	0.3	0.5
超低界面张力最低值，mN/m	3.6×10^{-2}	4.75×10^{-4}	3.01×10^{-4}

二、烷基苯磺酸盐当量对界面张力的影响

基于分子设计，精细合成出了平均当量分别为 390、404、418、432、446 的 5 组烷基苯磺酸盐体系，每组平均当量的磺酸盐体系均由 5 种结构明确的烷基苯磺酸盐组成。5 组烷基苯磺酸盐体系的组成分布分别设计为递增分布、递减分布、均匀分布、正态分布和反正态分布 5 种分布。图 2-3 给出的是平均当量为 390 的体系的 5 种组成分布设计。

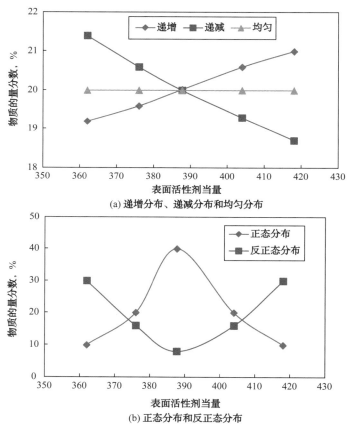

(a) 递增分布、递减分布和均匀分布

(b) 正态分布和反正态分布

图 2-3　平均当量为 390 的表面活性剂体系组成分布设计

研究表明，当平均当量大于 404 时，磺酸盐体系的临界胶束浓度（cmc）值随着平均当量的增加而减小；在平均当量为 432 时，cmc 值最低；平均当量为 446 时 cmc 值有所回升。磺酸盐体系平均当量相同时，递增分布和反正态分布体系的 cmc 值最低，高当量的磺酸盐组分对降低临界胶束浓度的贡献大（图 2-4）。

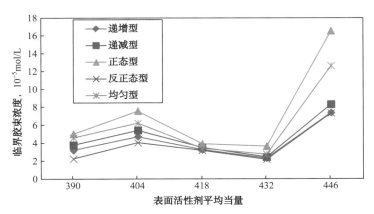

图 2-4　烷基苯磺酸盐临界胶束浓度与当量关系曲线

随着磺酸盐浓度的增加，不同平均当量的反正态分布体系的界面张力变化趋势都是先下降后增加，即存在一个界面张力最低值（图 2-5）。但不同平均当量体系达到最低值所需要的磺酸盐浓度不同，磺酸盐浓度为 2.5×10^{-3} mol/L 时，随着体系平均当量的增大，界面张力值逐渐降低。平均当量为 432 时，界面张力值最低达到 8.06×10^{-4} mN/m；当平均当量为 446 时，界面张力值增大，这是由于磺酸盐平均当量增大，其水溶性变差，一些高当量磺酸盐分子进入油相，使得界面活性变差。

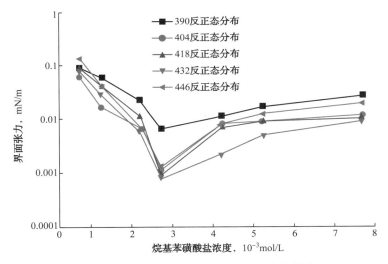

图 2-5　烷基苯磺酸盐浓度对界面张力的影响

图 2-6 是平均当量为 390 的磺酸盐体系与正构烷烃的界面张力。可以看出反正态分布和递增分布体系与正构烷烃的界面张力最低，递减分布和正态分布体系与正构烷烃的界面张力相对较高，其他 4 种平均当量磺酸盐分布体系也表现出相似的规律。这是由于高当量的磺酸盐组分对降低界面张力的贡献更大。

三、表面活性剂与原油匹配关系理论

在原油组成研究的基础上，根据表面活性剂亲水亲油平衡理论，对于单组分的烃类，当与之对应的单组分表面活性剂在油水界面亲油亲水达到平衡时，可形成超低界面张力，表面活性剂当量与油相分子量存在最佳对应关系。同理，对于多种烃类混合物组成的油相，依据同系表面活性剂的亲水亲油平衡值的加和性以及同系烷烃作用的协同效应，可以推导出表面活性剂当量分布与油相分子量分布形态相似、表面活性剂的平均当量与油相的平均分子量相匹配时，表面活性剂与油相间可形成超低界面张力。

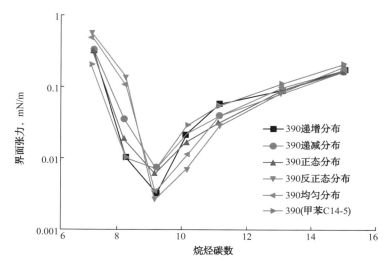

图 2-6　烷基苯磺酸盐（平均当量 390）与正构烷烃的界面张力

　　基于上述原理，通过不同当量表面活性剂与不同平均分子量原油界面张力实验，结合原油中不同组分对界面张力关系，进一步确定了非极性组分与极性组分的校正系数，建立了表面活性剂当量与低酸值原油的匹配关系，如（式（2-1）所示，建立低酸值原油三元复合驱驱油理论。

$$Na = \frac{\sum (X_{si} \times S_i)}{a \times \sum (X_{ofi} \times O_{fi}) + b \times \sum (X_{oji} \times O_{ji})} \quad (2-1)$$

式中　Na——匹配系数；

　　　　S_i——表面活性剂组分 i 的当量；

　　　　X_{si}——表面活性剂组分 i 在表面活性剂体系中的百分含量，%；

　　　　O_{fi}——原油中非极性 i 组分分子量；

　　　　X_{ofi}——原油中非极性 i 组分百分含量，%；

　　　　a——原油中非极性组分贡献系数；

　　　　O_{ji}——原油中极性 i 组分分子量；

　　　　X_{oji}——原油中极性 i 组分百分含量，%；

　　　　b——原油中极性组分贡献系数。

　　当原油平均分子量为 419，表面活性剂的平均当量为 419 时，表面活性剂的平均当量与原油的平均分子量具有较好的匹配关系，两者可形成较宽的超低界面张力范围（图2-7）。在表面活性剂与原油匹配关系理论的指导下，针对长垣不同地区原油，通过选择合适当量及当量分布的表面活性剂，可以实现表面活性剂配方个性化设计。

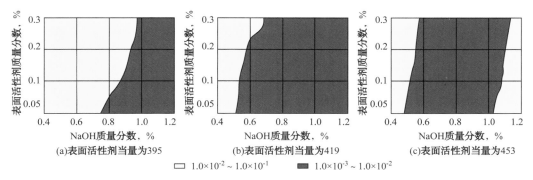

图 2-7　不同当量表面活性剂的界面活性图（原油平均分子量 419）

第二节　磺酸盐生产工艺及设备

磺酸盐工业生产中采用的磺化剂主要为发烟硫酸和气体三氧化硫。采用的磺化剂不同，所用的工艺及设备亦不相同。采用发烟硫酸作为磺化剂，反应过程中生成硫酸，该反应是可逆反应；为了提高转化率，需要加入过量的发烟硫酸，会产生大量需要处理的废酸。与发烟硫酸相比，采用气体三氧化硫磺化具有不产生废酸、产品中无机盐含量低等优点，目前工业磺化主要采用气体三氧化硫磺化工艺，工业生产设备主要为釜式磺化反应器和膜式磺化反应器。

一、釜式磺化工艺及设备

早期的磺酸盐磺化合成一般采用釜式磺化，以三氧化硫为磺化剂时还常需加入稀释剂，三氧化硫稀释气体从反应釜中设置的多孔盘管中喷出，与富含芳烃的有机物料进行磺化反应。使用种类不同的磺化器，其工艺过程亦存在差异。下面着重介绍 Ballestra 连续搅拌罐组式釜式磺化设备。

意大利巴莱斯特（Ballestra）公司于 20 世纪 50 年代末首先成功研制罐组式釜式磺化技术，并于 60 年代初将成套装置销售到世界各地；其单套生产能力从 50~6000kg/h（以 100% 活性物计）有 10 余种规格，在目前磺化生产中仍占有一定的比例。

罐组式釜式磺化反应器是一组依次串联排列的搅拌釜，该反应器结构较简单，是典型的釜式搅拌反应器，每个反应器内均装有导流筒和高速涡轮式搅拌桨以分散气体和混合、循环反应器中的有机液相。由于内循环好，系统内各点温度均一，无高温区，因此酸雾生成量也较少。根据磺化反应的特点，应及时排除反应热，故需冷却装置，在该反应器内，冷却则通过反应器内的冷却盘管和反应器外的冷却夹套进行。考虑磺酸的腐蚀性，反应器一般用含钼不锈钢制成，如图 2-8 所示。罐组式釜式磺化工艺由多个反应器串联排列而成，生产上为减少控制环节，便于操作，反应器个数不宜太多，一般以 3~5 个为宜，其大小和个数由生产能力确定。对于大生产能力的装置来说，最好采用减小反应器尺寸、增加反应器个数的方法进行设计。反应器之间有一定的位差，以阶梯形式排列，反应按溢流置换的原理连续进行。图 2-9 为罐组式釜式磺化工艺流程图。

原料通过定量泵进入第一反应器的底部，依次溢流至最后一个反应器，另有少量原料引入最后一个反应器，以便调节反应终点。SO_3/空气按一定比例从各个反应器底部的分布器平稳地通入。一般情况下，第一个反应器中 SO_3 通入量最多，而后面反应器中通入量较少，这可使大部分反应在介质黏度较低的第一反应器中进行，有利于总的传热传质效率，反应热由反应器的夹套和盘管中的冷却水带走。反应器中出来的磺化产物一般需经老化器补充磺化。尾气由各反应器汇总到尾气分离器进行初步分离后，由尾气风机送入尾气处理系统进一步处理。尾气中含有空气、未转化的 SO_2 及残余的 SO_3。由于罐组式反应器气体流速小，故酸雾极少，不需设高压静电除雾器。

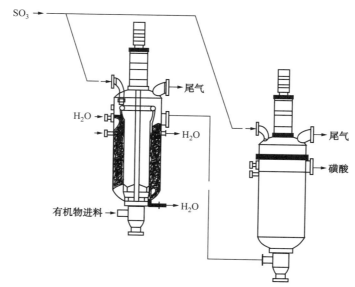

图 2-8　Ballestra 连续搅拌罐组式釜式磺化反应器

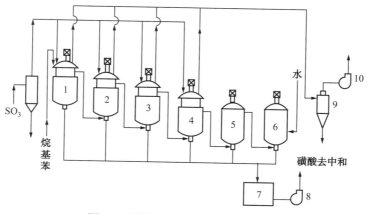

图 2-9　罐组式釜式磺化工艺流程图

1，2，3，4—磺化反应器；5—老化罐；6—加水罐；7—磺酸暂存罐；8—磺酸输送泵；9—磺化尾气分离器；10—尾气风机

在 Ballestra 连续搅拌罐组式釜式磺化反应器系统中，SO_3/空气加入量在各反应器中是依次递减的，转化率主要由前面几个反应器来实现。然而，加入反应器的气体量必须受到限制以免涡轮搅拌器产生液泛力度，否则会发生反应气体对有机液体的雾沫夹带。罐组式反应装置适宜于用较高 SO_3 气体浓度（6%~7%，体积分数）进行生产。

罐组式磺化反应器容量大，操作弹性大，开停车容易，可省去 SO_3 吸收塔，反应过程中不产生大量酸雾，因而净化尾气设备简单；系统阻力小，操作压力不超过 $4.9 \times 10^4 Pa$，可用罗茨鼓风机，耗电少；三氧化硫气体浓度比膜式磺化高，可以减少空气干燥装置的负荷；反应器组中如一组发生故障，可以在系统中隔离开来进行检修而不影响生产，故比较灵活；整套装置投资费用较低。但该釜式磺化系统有较多的搅拌装置，反应物料停留时间长，物料返混现象严重，副反应机会多，反应器内有死角，易造成局部过磺化、结焦，因而产品质量稳定性差，产品色泽较差且含盐量较高。

二、膜式磺化工艺及设备

自 20 世纪 60 年代中期后，随着降膜式磺化反应器的研制成功和工业应用，使 SO_3/空气连续磺化工艺得到迅速发展和普遍应用。工业化生产装置主要有两类：一类为双膜降膜式反应器，另一类为多管降膜式反应器[2]。

双膜降膜式反应器由两个同心不同径的反应管组成，在内管的外壁和外管的内壁形成两个有机物料的液膜，SO_3 在两个液膜之间高速通过，SO_3 向界面的扩散速度快，同时气体流速高使有机液膜变薄，有利于重烷基苯的磺化；但由于是双膜结构，一旦局部发生结焦将影响液膜的均匀分布，使结焦迅速加剧，阻力降增加，停车清洗频繁，比多管式磺化操作周期短，给生产带来一定的麻烦。因此，双膜降膜式反应器如果能通过调整磺化器的结构和操作参数，适当降低双膜部分的反应程度，同时通过加强循环速度增加物料的混合程度来增加全混室的反应程度，才既能够保证磺化的效果又能够阻止双膜部分的结焦速度。

多管降膜式反应器内部结构如图 2-10 所示。磺化反应主要是在一个垂直放置的界面为圆形的细长反应管进行。有机物料通过头部的分布器在管壁上形成均匀的液膜。降膜式磺化反应器的上端为有机物料的均布器。有机物料经过计量泵计量，通过均布器沿磺化器的内壁呈膜式流下；三氧化硫/干燥空气混合气体从位于磺化器中心的喷嘴喷出，使有机物料与三氧化硫在磺化器的内壁上发生膜式磺化反应。在磺化器的内壁与三氧化硫喷嘴之间引入保护风，使三氧化硫气体只能缓慢向管壁扩散进行反应。这使磺化反应区域向下延伸，避免了在喷嘴处反应过分剧烈，消除了温度高峰，抑制了过磺化或其他副反应，从而实现了等温反应。同时，膜式磺化反应器的设计增强了气液接触的效果，使反应充分进行。反应器的外部为夹套结构，冷却水分为两段进入夹套，以除去磺化反应放出的大量反应热。总之，膜式磺化反应器可使有机物料分布均匀，热量传导顺畅，有

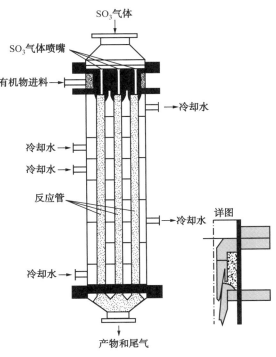

图 2-10　多管降膜式反应器结构示意图

效实现了瞬时和连续操作，得到良好的反应效果。同时，SO_3/空气与有机物料并流流动，SO_3径向扩散至有机物料表面发生磺化反应。反应器头部无 SO_3/空气均布装置。当气体以一定速度通过一个长度固定的管子时，会产生一定的压降。当烷基苯磺化转化率高时，液膜的黏度增加，液膜厚度增加，气体流动的空间减小，压力降增大。反应器中有一个共同的进料室和一个共同的出料室，因此每根管子的总压降是恒定的。转化率高的反应管内液膜黏度高、液膜厚、阻力大、压降大；转化率低的反应管内液膜黏度低、液膜薄、阻力小、压降小。在总压降相同的条件下，前者的 SO_3/空气流量减少，后者的流量增加。这种"自我补偿"作用可使每根反应管中的有机物料达到相同的转化率。由于自身结构，多管降膜式反应器可以维持系统的压力平衡，可防止过磺化，延缓反应器的结焦，即使有一根管因结焦对其他管的液膜厚度和气体流速稍有影响，也不会影响反应器的正常工作，结焦不会迅速在反应器内蔓延。在保证中和值的前提条件下，通过工艺条件的优化，可控制磺化中的副反应程度，避免结焦。通过及时清洗反应器，还可进一步延长操作周期。

大庆油田化工有限公司已建成生产能力 6×10^4t/a 的多管降膜式反应装置用于烷基苯磺酸盐工业生产[3]，截至 2016 年底，累计生产驱油用烷基苯磺酸盐表面活性剂 32×10^4t。

采用膜式磺化反应器进行磺化合成石油磺酸盐，由于原料（富芳烃原油或原油馏分）黏度较大，一般需要在原油中加入稀释剂使反应物和反应产物保持均匀的分散状态，并使 SO_3、原料油和添加剂的混合物、热交换表面和反应器壁之间在反应条件下实现均匀的热交换和温度控制，减少不期望的氧化、焦化和多磺化等反应，降低磺化产物中副产物的量，但溶剂后续处理难度较大。大庆炼化公司通过对膜式磺化反应器的结构及工艺进行优化[4]，建成了用于石油磺酸盐生产的国产化的多管膜式磺化反应器，采用两套磺化反应器交替生产，石油磺酸盐年产量达到 12.5×10^4t。

第三节　烷基苯磺酸盐表面活性剂

前期，以重烷基苯为原料研制出了三元复合驱用烷基苯磺酸盐表面活性剂并完成了工业放大。"十二五"期间，通过攻关，实现了烷基苯磺酸盐表面活性剂的规模化工业生产，通过组分调控，进一步改善了烷基苯磺酸盐产品性能。

一、烷基苯原料

工业上使用的烷基苯有两种。一种是支链烷基苯，另一种是直链烷基苯。支链烷基苯由于生物降解性差，已很少生产。自 20 世纪 70 年代后期以来，直链烷基苯的生产主要采用美国 UOP 公司的 PACOL 烷烃脱氢 –HF 烷基化工艺。原油经过常减压精馏得到的煤油（或柴油），经精制得到正构烷烃并脱氢获得单烯烃，再与苯进行烷基化而得到烷基苯。在正构烷烃脱氢与烷基化反应的同时也发生一些副反应，如深度脱氢、异构化、芳构化、聚合、断链歧化等反应，从而产生一系列副产物，这些副产物由于沸点较高在精馏过程中最终从烷基苯中分离出来，在塔底即得到副产品——重烷基苯[5,6]。在烷基苯生产过程中，制取烷基苯的方法、烷基化反应条件的不同，产物中的异构体分布会存在差异。同时，受温度等反应条件的影响，通常会伴随着脱氢、环化、异构化、裂解等许多副反应的发生，从而导致重烷基苯具有组分繁多、结构复杂以及不同组分间性能差别较大的特点。

三元复合驱用烷基苯磺酸盐的原料主要来自烷基苯厂的十二烷基苯精馏副产物——重烷基苯。以抚顺 0# 重烷基苯为例,通过分析明确了重烷基苯的性能和各组分结构及含量(表 2-2)。

表 2-2 抚顺 0# 重烷基苯的性能指标

参 数	指 标
相对密度(15.6℃)	0.865
分子量	327.7
黏度,s(38℃,以秒计算通用黏度)	136.6
闪点,℃	185
赛氏色泽	< 16
单烷基苯含量,%	18.3
二苯基烷含量,%	5.7
二烷基苯含量,%	56
重二烷基苯含量,%	20.0

单烷基苯、二烷基苯、多烷基苯是重烷基苯产品中的主要组分,占总量的 3/4 左右,在一定条件下均可与三氧化硫发生磺化反应,在苯环上引入一个磺酸基,经过中和后得到性能优良,有较好当量分布且性能稳定的烷基苯磺酸盐产品。

二苯烷、多苯烷由于其自身的结构特点,使得它们易与三氧化硫反应,磺化反应产物分子中带有两个或多个磺酸基,致使中和后所得产品平均当量过低,对烷基苯磺酸盐的表面及界面性能有不良影响。

在重烷基苯原料中,虽然茚满和萘满含量较少,但由于烷基的诱导效应与共轭作用,其比烷基苯更容易磺化,生成的磺酸盐颜色较深。茚萘满属杂环化合物,在磺化过程中易发生氧化反应,生成不同程度的醚键,在碱性条件下发生慢速水解,从而对产品的稳定性有较大的影响。

极性物泥脚不但不易磺化,同时在酸性、碱性条件下存在较多的化学不稳定因素,如果该类物质混入磺化产品中,会在较大程度上影响产品的界面及稳定性能。

根据烷基苯原料不同组分的特性,通过减压精馏去除重烷基苯中不理想组分及杂质,提高重烷基苯原料质量。以抚顺 0# 重烷基苯为例,通过减压精馏,收取 70%~80% 的馏分。通过对减压精馏处理前后的重烷基苯各组分的分析比较(图 2-11 和图 2-12),精馏处理后重烷基苯的平均分子量由原来的 308.78 降为 300.42。这表明通过精馏处理,除去了重烷基苯中沸点较高且不利于表面活性剂产品性能的组分;精馏处理后原料的分子量比精馏处理前更趋近于正态分布,而且更接近于原油的分子量分布。因此,以精馏处理后的烷基苯为原料研制出的表面活性剂,不但平均当量可更好地与原油的平均分子量相匹配,而且具有更好的化学稳定性,为驱油用烷基苯磺酸盐类表面活性剂的研制打下了较好的原料基础。

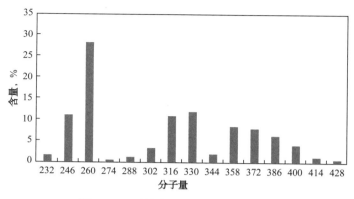

图 2-11　原料减压精馏前的组成分布

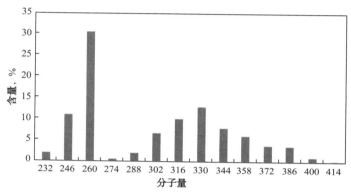

图 2-12　原料减压精馏后的组成分布

二、烷基苯磺酸盐合成

烷基苯磺化为亲电取代反应。烷基苯上取代基较大时，受空间位阻效应的影响，取代反应主要发生在对位，基本不在邻位上发生取代反应。三氧化硫磺化的放热量为 170kJ/mol，烷基苯采用三氧化硫磺化是一个放热量大、反应速度极快的反应，如控制不慎，就会造成局部过热，副反应增加，产品质量下降。因此，采用三氧化硫磺化时，应严格控制三氧化硫的浓度以及物料比，强化反应物料的传质传热过程，将反应温度控制在一个合适数值。

在磺化反应过程中，由于烷基苯原料质量和性质的不同、磺化剂的不同，以及工艺、设备的不同，还会伴随发生一些副反应：

（1）生成砜。当反应温度较高、酸烃摩尔比过大、SO_3 气体浓度过高时，均易发生生成砜的副反应。砜是黑色、有焦味的物质，对磺酸的色泽影响较大，而且不与碱反应，使最终产物的不皂化物含量增加，影响产品界面活性。

（2）生成磺酸酐。当 SO_3 过量太多，反应温度过高时，易反应生成磺酸酐。磺酸酐生成以后，通过加入工艺水，可以使其分解，然后中和，得到烷基苯磺酸盐。若中和以后的单体中含有酸酐，则易发生返酸现象，使不皂化物增加，影响产品界面活性。

（3）生成多磺酸。在磺化剂用量过大、反应时间过长或温度过高时，也会发生部分多磺化。多磺酸盐的水溶性较好，但表面活性较差。

（4）氧化反应。苯环（尤其是多烷基苯）容易被氧化，当反应温度过高时，更容易被氧化。通常得到黑色醌型化合物。烷基链较苯环更易氧化，并常伴有氢转移、链断裂、放出质子及环化等副反应，可生成羧酸等，尤其是有叔碳原子的烷烃链，会产生焦油状的黑色硫酸酯，影响产品界面活性。

以上副反应较多，但如果提高烷基苯质量，控制适当的反应条件，可使副反应控制在较低的水平。

鉴于烷基苯原料中组分复杂，在烷基苯磺化工艺参数优化过程中，仅以酸值和活性物含量为主要指标控制原料磺化转化率，会导致多组分原料整体转化率低，为此，建立匹配度概念：

$$M = \sum_{i=1}^{m} \frac{a_i}{b_i} X_i \qquad (2\text{-}2)$$

式中　M——烷基苯磺酸盐产品与原料的匹配度；

　　　a_i/b_i——i 组分转化率；

　　　X_i——i 组分在原料中的摩尔分数。

通过匹配度控制每一组分转化量，实现多组分均衡磺化，结合活性物含量，通过多种工艺优化磺化工艺参数，最佳匹配度提高至 95% 以上，进一步提高驱油用烷基苯磺酸盐表面活性剂产品性能。

通过烷基苯磺酸盐表面活性剂原料性能控制、产品定量分析方法、磺化工艺、中和复配一体化等配套技术研究，实现了烷基苯磺酸盐表面活性剂规模化工业生产。

三、烷基苯磺酸盐表面活性剂性能及改善

1. 烷基苯磺酸盐表面活性剂性能

（1）界面张力性能。图 2-13 为烷基苯磺酸盐表面活性剂产品的界面活性图。结果表明，该产品均有较大的超低界面张力区域；在低碱、低活性剂浓度范围内，也表现出较好的界面张力性能。

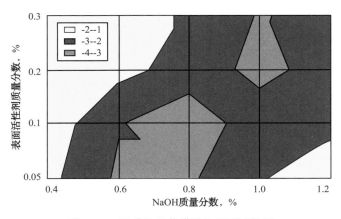

图 2-13　强碱烷基苯磺酸盐界面活性图

（2）复合体系稳定性。随着对表面活性剂研究的不断深入，对活性剂体系界面张力稳

定性的认识也越来越清晰。研究认为，强碱条件下，活性剂体系的化学稳定性决定着该体系的界面张力稳定性。为此，在烷基苯磺酸盐的研制过程中从原料的处理、磺化工艺参数确定以及复配等每个环节都尽量消除化学不稳定因素，从而使该产品具备了较好的界面张力稳定性[5]。

图 2-14 为 45℃恒温条件下三元体系稳定性的评价结果。结果表明，在 98d 的考查时间内，该产品的三元体系保持了较好的界面张力稳定性以及较好的黏度指标，三个月后黏度仍能保持在 30mPa·s 以上。

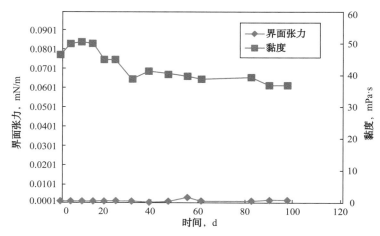

图 2-14　复合体系界面张力稳定性

（3）乳化性能。将体积比为 1 ∶ 1 的大庆油田采油四厂脱水油与表面活性剂产品的二元和三元体系放入具塞比色管中，剧烈振荡后，置于 45℃恒温箱中，每天观察上、中、下相体积及状态。从单一表面活性剂乳化实验（图 2-15）可以看出，该表面活性剂产品与 ORS-41 乳化能力相同，即下相、上相体积没有明显变化，中间为灰白色薄膜。

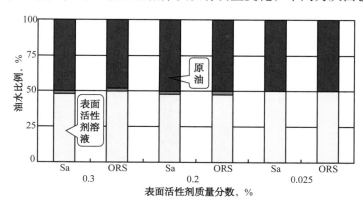

图 2-15　表面活性剂与碱的二元水溶液与原油乳化的结果

两种表面活性剂的三元体系上、下相体积没有变化，中间仍为灰白色薄膜（图 2-16），说明两种表面活性剂的三元体系乳化能力相同，同属不稳定的乳化液。

三元复合体系组成：

1 号　Sa（0.3%）+ NaOH（1.2%）+ HPAM（1200mg/L）

2 号　Sa（0.2%）+ NaOH（1.0%）+ HPAM（1200mg/L）

3 号　Sa（0.1%）+ NaOH（1.0%）+ HPAM（1200mg/L）

4 号　Sa（0.05%）+ NaOH（1.0%）+ HPAM（1200mg/L）

5 号　Sa（0.025%）+ NaOH（1.0%）+ HPAM（1200mg/L）

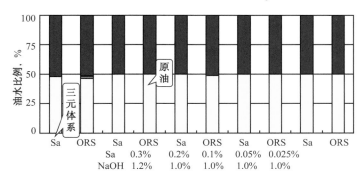

图 2-16　三元复合体系与原油乳化的结果

（4）吸附性能。在 60~100 目净油砂上测定了该表面活性剂产品的吸附量，并与 ORS-41 进行了对比。实验结果表明，两者吸附量基本相同（图 2-17）。

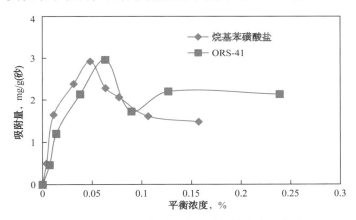

图 2-17　烷基苯磺酸盐表面活性剂油砂吸附量

（5）驱油性能。采用天然岩心物理模拟驱油实验，考查烷基苯磺酸盐表面活性剂三元体系驱油性能。实验结果如表 2-3 所示。结果表明，选择合适的体系段塞及注入方式，烷基苯磺酸盐表面活性剂三元体系驱油可比水驱提高采收率 18 个百分点以上。

表 2-3　烷基苯磺酸盐三元复合体系天然岩心驱油实验结果

序号	气测渗透率 10^{-3} mD	含油饱和度 %	水驱采收率 %	化学驱采收率 %	总采收率 %
1	898	73.0	46.8	20.3	67.1
2	843	71.7	44.2	21.6	65.8
3	827	72.6	48.3	18.7	67.0
4	791	69.9	41.3	20.1	61.4

注：注入方式为 0.3PV 三元主段塞（$S_{有效}$=0.3%，A=1.2%，η=40mPa·s）+0.2PV 聚合物段塞（η=40mPa·s）。

2. 烷基苯磺酸盐表面活性剂性能改善

在前期烷基苯磺酸盐结构与性能关系研究的基础上，以 α–烯烃为原料经烷基化、磺化、中和后得到了组成结构明确且界面性能优越的烷基苯磺酸盐表面活性剂产品[7]，与强碱烷基苯磺酸盐表面活性剂工业产品复配，在改善强碱烷基苯磺酸盐表面活性剂产品界面性能的同时，还可以实现强碱烷基苯磺酸盐表面活性剂工业产品的弱碱化。

性能改善后的烷基苯磺酸盐表面活性剂界面张力性能评价结果如图 2–18、图 2–19 所示。评价结果表明，改善后的烷基苯磺酸盐表面活性剂产品在表面活性剂质量分数 0.05%~0.3%，碱质量分数 0.3%~1.2% 的范围内可与原油形成超低界面张力，具有较宽的超低界面张力范围。

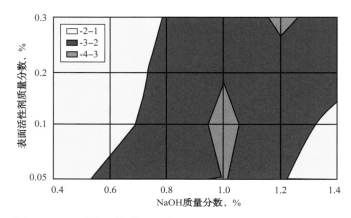

图 2–18　强碱烷基苯磺酸盐表面活性剂性能改善后界面活性图

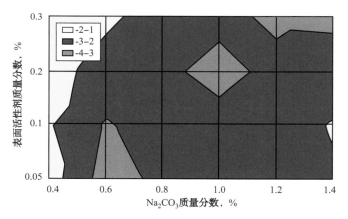

图 2–19　弱碱烷基苯磺酸盐表面活性剂界面活性图

性能改善后的烷基苯磺酸盐表面活性剂多次吸附实验结果如图 2–20 所示。实验结果表明，性能改善后的烷基苯磺酸盐表面活性剂产品经过油砂 7 次吸附后，仍可与原油形成超低界面张力，产品的抗色谱分离性能得到明显改善。

贝雷岩心驱油实验结果如表 2–4 所示。实验表明，性能改善后的烷基苯磺酸盐表面活性剂产品具有较高的驱油效率，强碱烷基苯磺酸盐表面活性剂产品驱油平均可比水驱提高采收率 30.77 个百分点，弱碱烷基苯磺酸盐表面活性剂产品驱油平均可比水驱提高采收率

29.24 个百分点。

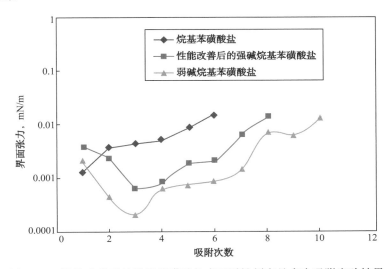

图 2-20　性能改善后的烷基苯磺酸盐表面活性剂产品多次吸附实验结果

表 2-4　烷基苯磺酸盐表面活性剂性能改善后贝雷岩心驱油实验结果

名称	气测渗透率 mD	含油饱和度，%	水驱采收率，%	化学驱采收率，%	总采收率，%	化学驱平均采收率，%
性能改善后的强碱活性剂产品	396	66.67	38.45	30.95	69.40	30.77
	330	67.84	36.52	31.46	67.98	
	348	68.50	37.87	29.90	67.77	
弱碱烷基苯磺酸盐	309	70.03	35.87	26.63	62.50	29.24
	316	70.00	38.44	30.56	69.00	
	317	70.85	36.53	30.53	67.06	

注：注入方式为 0.3PV 三元主段塞（$S_{有效}$=0.3%，A=1.2%，η=40mPa·s）+0.2PV 聚合物段塞（η=40mPa·s）。

第四节　石油磺酸盐表面活性剂

石油磺酸盐是由富含芳烃的原油、馏分油或脱蜡油用发烟硫酸或三氧化硫进行磺化反应，然后用碱溶液中和得到的产物，其主要成分是芳烃化合物的单磺酸盐，其中芳烃化合物有一个芳环的烷基苯，一个芳环与几个五元环稠合在一起的多环芳香烃，也有两个芳环的烷基萘，两个芳环与一个或几个五元环稠合在一起的多环芳香烃，其余的则为脂肪烃和脂环烃的磺化物或氧化物。

石油磺酸盐的主要活性物是高分子量的磺酸盐。早期的石油磺酸盐是提炼白油的副产品，在白油生产中利用磺化工艺，除掉原料油中的芳烃及其他活性组分，得到的产物是白油或黄矿油及存在于另一相中的石油磺酸盐。这类石油磺酸盐的平均分子量在400~580之间，为过磺化物质，作为化学驱提高采收率技术中的驱油剂，其还需要得到一定的调整。近年来，主要采用石油炼化厂的减压二线馏分油或反序脱蜡油为原料，采用三氧化硫气体磺化，氢氧化钠溶液中和，得到的石油磺酸盐的平均分子量在 430~530 之间[7, 8]。

石油磺酸盐产物一般呈棕色或棕黑色，对其相应的原油具有优良的界面活性，且合成工艺简单、价格低廉，因此它是一种有广泛应用前景的驱油用表面活性剂。此外，其碱土金属盐，如石油磺酸钙、石油磺酸钡、石油磺酸镁等除用于采油外，还可以作为防锈剂或润滑油清净添加剂等，有着广泛的工业用途。

石油磺酸盐在国内外已用于提高原油采收率。例如美国 Marathon 公司用罗宾逊油田的富芳原油（含芳烃高达 70.2%），在罗宾逊炼厂直接磺化、中和生产的石油磺酸盐，已大量用于现场胶束、微乳液驱油。国内大庆炼化公司采用减压二线反序脱蜡油为主要原料（芳烃含量大于 35%），采用三氧化硫气体膜式磺化、氢氧化钠溶液中和，得到的石油磺酸盐产品已经应用于大庆油田弱碱三元复合驱，取得了提高采收率 20% 以上的良好效果。

一、石油磺酸盐的合成反应

石油磺酸盐的磺化合成方法与烷基苯磺酸盐的合成基本相同，一般采用石油炼化厂的高沸点的减二线、减三线馏分油为原料，经磺化反应和碱中和反应得到。早期磺化反应常采用以 20%~60% 的发烟硫酸为磺化剂的釜式磺化。近年来，采用以三氧化硫气体为磺化剂的膜式磺化或喷射式磺化。三元复合驱用石油磺酸盐的合成与白油生产中的副产品不同，需要控制磺化深度，在磺化过程中磺化剂一般是过量的。石油馏分中原已存在的芳香核最易磺化，而其他组分在硫酸或 SO₃ 存下可能发生异构化、脱氢、环化、歧化、重排、氧化等副反应，因此一般都需要控制磺化温度（60~65℃左右）。物料黏度大时，还需要加入适量的稀释剂或溶剂，如二氯甲烷、二氯乙烯、石脑油等，这样可以避免过磺化或氧化，并使酸渣减到最低程度。最终的磺化产物中既有原来存在的芳烃分子的磺化物，也有重排的烃分子的磺化物。石油磺酸盐产物的活性物含量一般为 30%~60%，含饱和烃 10%~40%，含水 10%~25%，含盐 2%~8%；但也可以制成活性物含量高达 80% 和低至 20% 左右的产品供直接使用。

石油磺酸盐合成的主要反应包括富芳烃原油或原油馏分的磺化与磺酸的中和两个主要步骤。

（1）富芳烃原油或馏分中芳烃的磺化：

$$R \text{—} \bigcirc + SO_3 \longrightarrow R \text{—} \bigcirc^{SO_3H}$$

（2）磺酸与 NaOH 等碱的中和反应：

$$R \text{—} \bigcirc^{SO_3H} + NaOH（或 Na_2CO）\longrightarrow R \text{—} \bigcirc^{SO_3Na}$$

随合成原料和合成工艺的不同，石油磺酸盐产品性能有很大不同。目前，石油磺酸盐的工业生产大部分都采用三氧化硫气相磺化合成工艺。环烷基原油中芳烃含量高，合成的石油磺酸盐产品中副产物少，易获得与原油能形成超低界面张力的产品。石蜡基原油中芳烃含量少（＜15%），石油磺酸盐生产中副产物含量高达 60% 以上。如果脱除未磺化油副产物，生产成本高，在经济方面及副产品的处理方面受到了限制，且脱除副产物时部分油溶性的石油磺酸盐也同时脱除，会影响石油磺酸盐产品的界面活性。针对石蜡基原油中芳烃含量低的问题，大庆炼化公司参照大连石化的减压馏分油加工工艺，对馏分油先进行酮苯脱蜡，得到反序脱蜡油，其芳烃含量达到 30%~40%，以减压二线的反序脱蜡油为主要原料合成石油磺酸盐，得到的产品活性物含量提高（35%~38%），不需要脱除未磺化油，合成工艺简化、成本降低，且产品具有良好的界面活性。大庆炼化公司、新疆克拉玛依炼化厂、胜利油田助剂厂分别采用大庆油田、新疆克拉玛依油田和胜利油田的原油均能生产出价廉、高效的石油磺酸盐产品。

二、石油磺酸盐性能

将石油磺酸盐适当分离可以得到一系列的不同分子量的组分，所分离的各组分仍然是混合物，只是分子量分布变窄。一般高分子量部分具有较高的界面活性，可以显著地降低油水界面张力，但是在水中溶解性不好、耐盐性差，而低分子量部分在水中极易溶解，对高分子量组分在水中具有增溶作用，因此有时出于磺酸盐性能优化方面的考虑（如溶解性、抗盐性、界面张力及其在油藏岩石上的吸附量），将不同分子量的石油磺酸盐按一定的比例混合起来，使得混合物某些方面的性能更好。这一点与烷基苯磺酸盐等表面活性剂的性质类似。

20 世纪 70 年代，无论是基础研究还是矿场试验，所使用的表面活性剂主要是石油磺酸盐，它具有低界面张力、最佳相态、较高的增溶能力。

在低张力"油—盐水—活性剂"体系和表面活性剂水溶液体系的研究中，发现石油磺酸盐水溶液体系直到形成表面活性剂胶束之前，界面张力是随石油磺酸盐浓度的增加而降低的（图 2-21）。从图上看出，当界面张力降到某一个值后，随着活性剂浓度的增加，界面张力不再有明显的降低。当水中添加适量的电解质 NaCl 时，可以降低油水间的界面张力，例如 TSD-8 质量分数为 1%、NaCl 质量分数为 1.5% 的水溶液与不同碳数烷烃的界面张力曲线（图 2-22）。从图上看出，石油磺酸盐 TSD-8 与正十二烷的界面张力达到了0.42mN/m；同时，还看出该样品只与正十二烷的界面张力较低，而与其他烷烃的界面张力则较高。

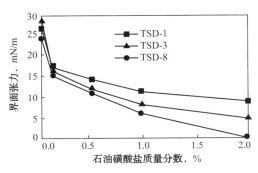
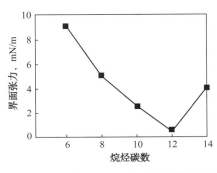

图 2-21　石油磺酸盐质量分数与界面张力的关系　图 2-22　TSD-8（1.5%NaCl）与烷烃的界面张力

表 2-5 为大庆炼化采用反序脱蜡油原料生产的石油磺酸盐工业产品的活性物含量及其他成分分析结果。表 2-6 为石油磺酸盐工业产品对大庆采油三厂油水的弱碱三元体系界面张力测定结果，由表中数据可知，石油磺酸盐产品可以在较宽的活性剂浓度和碱浓度范围使油水界面张力达到超低。

表 2-5　大庆炼化石油磺酸盐产品组分含量分析结果（重量法）

产品	活性物含量，%	未磺化油含量，%	无机盐含量，%	挥发物质含量，%	收率，%
DPS-1	34.70	43.90	3.17	17.12	98.89
DPS-2	34.69	44.90	3.56	14.72	97.87
DPS-3	40.40	37.25	7.52	15.10	100.27

表 2-6　石油磺酸盐样品 DPS-3 与大庆油水的界面张力　　　单位：mN/m

表面活性剂质量分数	Na_2CO_3 质量分数					
	0.2%	0.4%	0.6%	0.8%	1.0%	1.2%
0.3%	4.43×10^{-3}	1.71×10^{-3}	1.76×10^{-3}	2.16×10^{-3}	2.29×10^{-3}	3.37×10^{-3}
0.2%	2.52×10^{-3}	1.21×10^{-3}	1.95×10^{-3}	1.63×10^{-3}	1.69×10^{-3}	1.46×10^{-3}
0.1%	1.29×10^{-2}	2.27×10^{-3}	2.69×10^{-3}	1.71×10^{-3}	1.53×10^{-3}	1.47×10^{-3}
0.05%	3.26×10^{-2}	3.36×10^{-3}	4.33×10^{-3}	2.16×10^{-3}	8.36×10^{-3}	5.76×10^{-3}

注：聚合物浓度为 1200mg/L。

　　图 2-23 是采用胜利油田馏分油合成的石油磺酸钠在不同碱浓度下对孤岛原油的界面张力，采用富含芳烃的馏分油，并控制馏分组成合成的石油磺酸盐对相应的原油可以在较宽碱浓度范围内使油水界面张力达到超低。图 2-24 是采用新疆克拉玛依油田环烷基原油中的常三线、减二线馏分油磺化合成的石油磺酸盐与克拉玛依原油的界面张力，表面活性剂质量分数均为 0.2%。由图可知，KPS-1 和 KPS-3 可以在较低的弱碱浓度下与原油具有良好的界面活性。

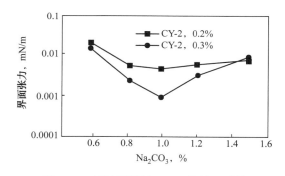

图 2-23　石油磺酸钠 CY-2 的界面活性

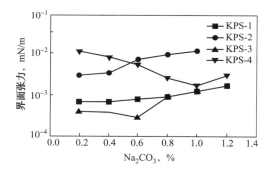

图 2-24　石油磺酸钠 KPS 系列的界面活性

　　在微乳液驱油配方的研究中发现，石油磺酸盐平均当量增加时，其对油的增溶作用也增加；反之，对水的增溶作用增强。当石油磺酸盐的平均当量在某一适当范围内，可以获得最佳的增溶参数。增溶作用的大小与增溶剂（石油磺酸盐）和增溶物的结构、胶团数目有关。油相（增溶物）基本上被增溶于胶团内部，增溶量一般与胶团尺寸有关，形成的胶团越大或其聚集数越多，则增溶量也越大。当石油磺酸盐的平均当量增加时，即增加了磺酸盐疏水端的碳链长度，根据同系物碳原子效应，形成的胶团尺寸随碳链长度增加而增大，于是增溶作用亦随之而增强。

　　图 2-25 是石油磺酸盐的平均当量与增溶参数的关系，当石油磺酸盐的平均当量为

400~450 时，其体系有较高的增溶参数。

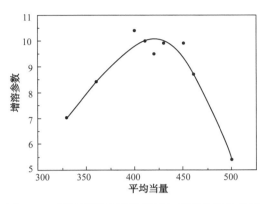

图 2-25　石油磺酸盐平均当量与增溶参数的关系

第五节　甜菜碱型表面活性剂

　　甜菜碱型表面活性剂是一种两性离子表面活性剂，由于分子结构中同时含有阴离子基团和阳离子基团，分子呈电中性，因而具有良好的耐盐性及耐硬水性，刺激性低，生物降解性好，与其他类型表面活性剂具有较好的配伍性。近年来研究表明，甜菜碱表面活性剂因其较小的亲水基面积，可以在油水界面实现紧密排列，因而具有优异的降低油水界面张力的能力与效率，从而受到了广泛关注。

一、甜菜碱型表面活性剂分子设计

　　国内外学者通过系统的结构性能关系研究表明，表面活性剂降低油水界面张力的效率与效能是与表面活性剂分子在界面上的排列紧密程度、亲油基与原油的相似性以及表面活性剂体系的亲水亲油平衡有关。表面活性剂分子在油水界面上排列的紧密程度又取决于分子间的排斥力和空间位阻。Huibers 通过量子力学计算认为，甜菜碱型表面活性剂的极性基团电性斥力小于硫酸酯盐、磺酸盐及阳离子极性基团电性斥力；另一方面甜菜碱型表面活性剂在较大的 pH 值范围内都呈电中性，分子间的斥力小，利于紧密排列。

　　中国石油勘探开发研究院在烷基链中引入高活性的芳基基团，合成出了芳基烷基甜菜碱型表面活性剂。图 2-26 是常规的烷基甜菜碱型表面活性剂与芳基烷基甜菜碱型表面活性剂的结构示意图。从表 2-7 中可以看出，高活性芳基基团的引入可使体系界面张力降低一个数量级。这表明，高活性芳基基团的引入没有对表面活性剂分子的空间排列产生位阻，而是使其与原油性质相似，降低了表面活性剂亲油

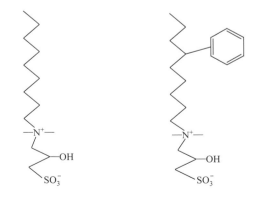

(a) 烷基甜菜碱表面活性剂　　(b) 芳基烷基甜菜碱表面活性剂

图 2-26　甜菜碱表面活性剂分子结构示意图

基与原油组分的斥力，大大提高体系界面性能[8]。

表 2-7 不同结构甜菜碱型表面活性剂的界面张力

甜菜碱型表面活性剂质量分数，%	0.025	0.05	0.1	0.2	0.25
烷基甜菜碱型表面活性剂界面张力，mN/m	3.23×10^{-3}	7.39×10^{-3}	1.15×10^{-2}	2.82×10^{-2}	1.34×10^{-2}
芳基烷基甜菜碱型表面活性剂界面张力，mN/m	1.76×10^{-3}	1.95×10^{-3}	2.39×10^{-3}	1.49×10^{-3}	4.61×10^{-3}

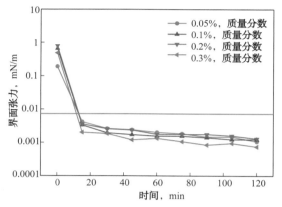

图 2-27 芳基烷基甜菜碱型表面活性剂二元体系与大庆油田油水动态界面张力（聚合物分子量为 1900×10^4，质量浓度为 2000mg/L）

针对不同性质的油和水，通过调节芳基烷基甜菜碱型表面活性剂分子的分子量，使其体系亲水亲油平衡达到最佳，提高表面活性剂分子在油水界面上的吸附效率。图 2-27 为芳基烷基甜菜碱型表面活性剂体系典型的动态界面张力测定结果。从动态界面张力曲线可以发现，大约 15min 左右界面张力即达到 10^{-3}mN/m，并始终维持在 10^{-3}mN/m 数量级，充分显示了芳基烷基甜菜碱型表面活性剂优异的界面活性。

此外，相比于烷基苯磺酸盐和石油磺酸盐，芳基烷基甜菜碱型表面活性剂还具有以下优点：

（1）结构较单一、质量稳定，因而其在地层运移过程中，色谱分离效应较弱。

（2）在无碱条件下可与原油达到超低界面张力；而重烷基苯磺酸盐和石油磺酸盐均需要与碱复配，通过协同效应，实现超低界面张力。

（3）基础原料为油酸甲酯，不但绿色环保、刺激性低、生物降解性好，而且廉价易得，经济性好。

（4）由于两性离子表面活性剂对金属离子有螯合作用，因而耐高矿化度和二价阳离子能力强，而重烷基苯磺酸盐与石油磺酸盐在二价离子含量较高的地层水中会出现沉淀。

二、芳基烷基甜菜碱型表面活性剂合成

甜菜碱型表面活性剂原料来源于油酸甲酯，经过烷基化、加氢、胺化、季铵化而得，此四步工艺均具有成熟的工业化生产工艺。与烷基甜菜碱型表面活性剂相比，芳基烷基甜菜碱型表面活性剂的合成关键是烷基化反应和长链叔胺的季铵化反应。

1. 烷基化反应

油酸甲酯与烷基苯或苯在 110~130℃的条件下，在质子酸的催化下发生傅氏烷基化反应，得到芳基烷基羧酸酯。

$$CH_3(CH_2)_mCH\!=\!CH(CH_2)_nCOOCH_3 \xrightarrow{\quad R_1 \bigcirc R_2 \quad} \begin{array}{c} CH_3(CH_2)_mCH(CH_2)_nCOOCH_3 \\ R_1 \bigcirc R_2 \end{array}$$

目前主要的制备工艺包括间歇式釜式工艺及固定床连续反应工艺。传统釜式生产工艺

中使用的是腐蚀性催化剂 HF 酸、无水 $AlCl_3$、甲磺酸、磷酸、硫酸等，这会带来残渣难于处理、设备腐蚀和环境污染等一系列问题。为了寻求更好的无毒、无腐蚀、对环境友好的新型催化剂，国内外众多公司、研究机构及科研院校先后对此投入大量的人力物力进行研究开发，研制出氟化硅铝和杂多酸负载等多种高效固体酸催化剂，进而推动生产效率的提高与成本的大幅降低。

1）氟化硅铝催化剂

由 UOP 公司和 Petresa 公司联合开发的固体酸催化工艺 Detal 最近实现了工业化，由其所申请的专利来推测，其催化剂可能是将复合 $SiO_2-Al_2O_3$ 用 HF 或 NH_4F 处理而得到的氟化硅铝。在各种催化剂组成中，$m_{(SiO_2)}:m_{(Al_2O_3)}=75:25$，含氟质量分数为 2.5%时具有最好的催化性能。

2）杂多酸

在对各种 SiO_2 载体负载 PW 催化剂的性能系统研究的基础上，通过筛选适宜的载体、用氟化物和金属离子改性等方法对负载杂多酸催化剂进行了改进，研制出 PW-F/H 负载杂多酸，并且对催化剂的寿命、失活原因及再生方法进行了研究。结果表明，PW-F/H 催化剂具有较长的单程寿命，在反应釜中可使用 50 次以上，在固定床反应器中单程寿命达到 400h。

2. 长链叔胺季铵化反应

将烷基化反应得到的芳基烷基羧酸酯通过成熟的工业化工艺加氢、胺化得到芳基烷基叔胺，然后再与 3- 氯 -2- 羟基丙磺酸钠在溶剂中发生反应生成羟磺基甜菜碱。

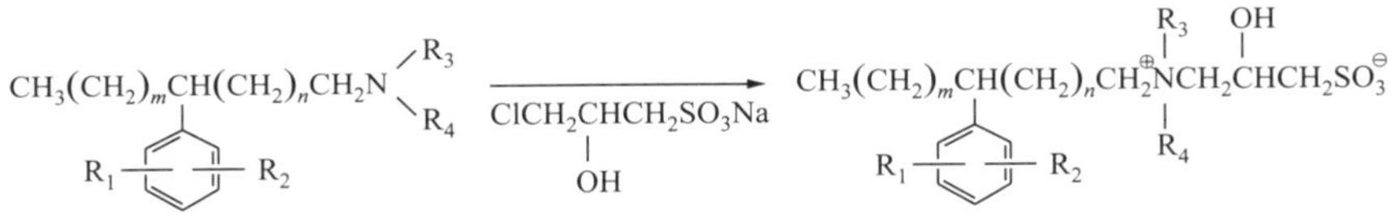

与烷基甜菜碱型表面活性剂的季铵化反应相比，芳基烷基甜菜碱型表面活性剂由于碳链的增加使得季铵化反应原料的极性相差较大，往往采用甲醇或者丙二醇等短链醇作为溶剂，或者加入相转移催化剂，来提高反应转化率。

三、芳基烷基甜菜碱型表面活性剂作用机理

为了从理论上阐明甜菜碱型表面活性剂分子在油水及岩石界面的吸附作用机制，精细合成了如图 2-28 所示的甜菜碱型表面活性剂。在系统的表 / 界面 QSAR 研究基础上，提出甜菜碱型表面活性剂分子在表 / 界面的排列及聚集模型，揭示了芳基烷基甜菜碱型表面活性剂作用机理。

1. 超低界面张力机理

ASB 和 BSB 平衡界面张力和浓度等温线如图 2-29 所示。相关参数在表 2-8 中列出。

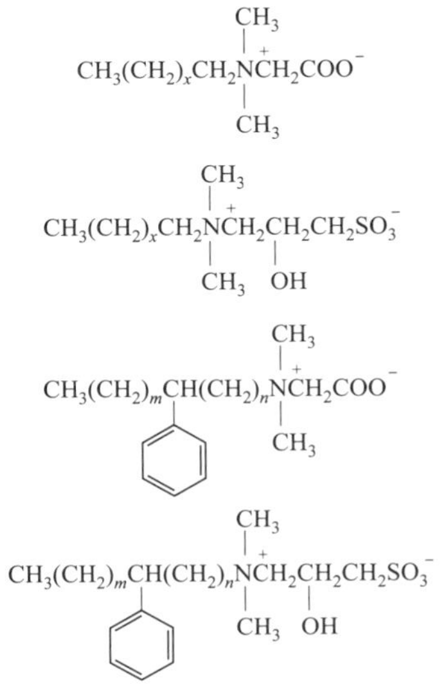
ACB，x=16
ASB，x=16
BCB，$m+n$=16
BSB，$m+n$=16

图 2-28　甜菜碱型表面活性剂模型化合物结构简式

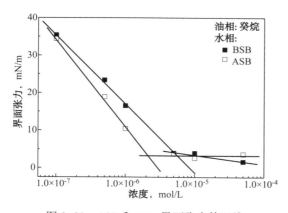

图 2-29　ASB 和 BSB 界面张力等温线

ASB 和 BSB 的 cmc 值分别是 4.95×10^{-6} mol/L 和 2.16×10^{-6} mol/L，相应的界面张力是 3.9mN/m 和 3.6mN/m。ASB 和 BSB 类似的临界胶束浓度和界面张力值表明他们相似的界面活性。BSB 的分子最小占有面积大于 ASB，这是由于 BSB 分子含有苯环，存在空间位阻效应。

ASB 和 BSB 界面扩张流变结果如图 2-30 所示。从图中可以看出，ASB 与 BSB 界面模量达 80mN/m，较常规表面活性剂增加明显，界面具有一定黏弹性，证明了甜菜碱型表面活性剂分子在界面紧密排列。

表 2-8　ASB 和 BSB 临界胶束浓度及头基面积

样品名称	临界胶束浓度，10^{-6}mol/L	界面张力，mN/m	分子截面积，nm^2
BSB	4.95	3.90	1.03
ASB	2.16	3.60	0.81

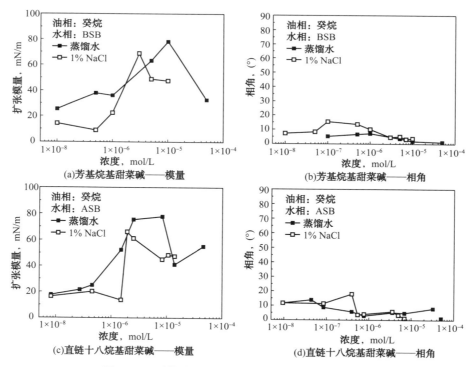

(a)芳基烷基甜菜碱——模量　　(b)芳基烷基甜菜碱——相角

(c)直链十八烷基甜菜碱——模量　　(d)直链十八烷基甜菜碱——相角

图 2-30　甜菜碱型表面活性剂界面扩张模量与相角

　　不同碳链长度脂肪酸的含量对平衡界面张力的影响结果如图 2-31 所示。从中可以看出，不同碳链长度脂肪酸对甜菜碱型表面活性剂有协同作用，有利于形成超低界面张力。从图 2-32 的界面排布示意图可以看到，产生这种现象的关键是甜菜碱型表面活性剂界面排布的结构，甜菜碱型表面活性剂与酸性物在界面的相互作用，以及酸性物在界面上的竞争吸附。

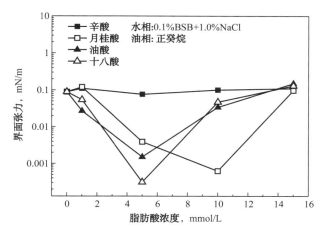

图 2-31 脂肪酸含量对平衡界面张力的影响

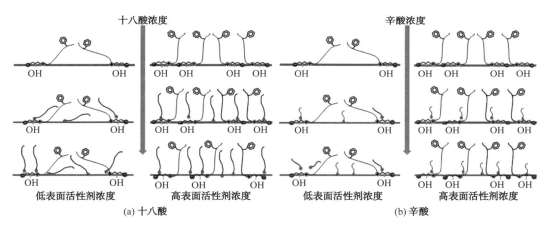

图 2-32 不同链长及用量的脂肪酸与甜菜碱型表面活性剂界面的竞争吸附简图

采用 GROMACS 4.5 软件，选用 GROMOS 96 力场进行了模拟计算得到原子构型参数 S_z。

$$S_z = \frac{3}{2}\cos^2\theta - \frac{1}{2} \qquad (2-3)$$

式中　S_z—— 原子构型参数；

θ—— 连线与垂直界面的夹角，(°)。

θ 表示原子之间的连线与垂直界面方向的夹角。若 $S_z=1$，则表示连线与垂直界面方向的夹角为 0°；若 $S_z=-1/2$，则表示连线与垂直界面方向的夹角为 90°。因此，其值越大，分子在界面上越直立。图 2-33 是分子模拟计算结果。研究发现 S_z 在 –0.5 附近，亲水基采用近似平躺构型在界面上排列。阴阳离子头之间连接基团中的羟基亲水、丙基疏水，导致亲水基团平铺在界面上，进而导致单独甜菜碱型表面活性剂界面活性不够强。

同时，对甜菜碱型表面活性剂体系进行等效烷烃碳数测定，图 2-34 分别是芳基烷基甜菜碱型表面活性剂、直链十八烷基甜菜碱型表面活性剂与模拟油及酸性模拟油的测定结果。从中可以看出，脂肪酸的引入对甜菜碱体系烷烃碳数（ACN）影响不大。甜菜碱型表面活性剂与脂肪酸形成强烈的正相互作用，通过界面的混合吸附，达到超低界面张力。从甜菜碱型表面活性剂独特的界面排布方式看出，酸性物质与甜菜碱型表面活性剂在适应条件下的协同作用是获得油水超低界面张力的关键。

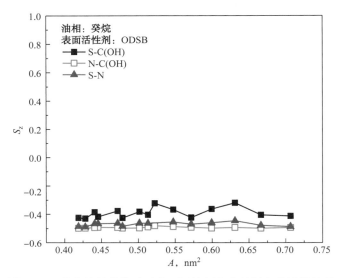

图 2-33　芳基烷基甜菜碱型表面活性剂亲水基键方位计算结果

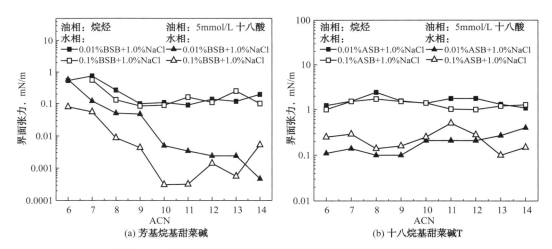

图 2-34　甜菜碱型表面活性剂与烷烃及酸性模拟油测定结果

2. 界面吸附机理

甜菜碱型表面活性剂在油藏岩石表面的吸附一方面会增大吸附损耗，另一方面润湿性的改变也会对驱油过程产生影响。因此，在不影响使用性能的前提下，必须控制甜菜碱型表面活性剂在油藏岩石表面的吸附。接触角可以反映出甜菜碱型表面活性剂分子在宏观固体表面的静态吸附量，通过表面张力和接触角与甜菜碱型表面活性剂浓度的定量关系分析，阐明了甜菜碱型表面活性剂在界面的吸附机理。

1）固体表面吸附

液滴在固体表面的状态如图 2-35 所示，其平衡接触角与三个界面自由能有关，可由杨氏方程描述如下：

$$\gamma_{sv} - \gamma_{sl} = \gamma_{lv} \cos\theta \qquad (2-4)$$

式中　γ_{sv}——固—气的界面自由能，J/mol；

$\quad\quad\ \gamma_{sl}$——固—液的界面自由能，J/mol；

$\quad\quad\ \gamma_{lv}$——气—液的界面自由能，J/mol。

固体的 γ_{sv} 和 γ_{sl} 是评价固体表面润湿性能的重要参数。通常 γ_{sv} 和 γ_{sl} 的差值被定义为表面活性剂在固体表面的黏附张力，它体现了固—液之间的黏附能力。根据杨氏方程，黏附张力能够通过 θ 和 γ_{lv} 计算，其值为 $\gamma_{lv}\cos\theta$。为了得到表面活性剂分子在固—气、固—液和气—液界面上的吸附关系，Lucassen-Reynders 结合杨氏方程和 Gibbs 公式，提出了通过 $\gamma_{lv}\cos\theta$-γ_{lv} 关系研究界面相对吸附的经验方法，其公式如下：

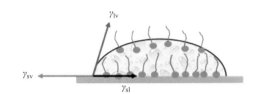

图 2-35　液滴在固体表面的受力分析

$$\frac{\mathrm{d}(\gamma_{lv}\cos\theta)}{\mathrm{d}\gamma_{lv}} = \frac{\Gamma_{sv} - \Gamma_{sl}}{\Gamma_{lv}} \qquad (2-5)$$

式中　Γ_{sv}——固—气的界面吸附量，mmol/g；

$\quad\quad\ \Gamma_{sl}$——固—液的界面吸附量，mmol/g；

$\quad\quad\ \Gamma_{lv}$——气—液的界面吸附量，mmol/g。

一般情况下，假设 $\Gamma_{sv}=0$（固—气界面没有与溶液接触，不存在表面活性剂吸附），那么通过对 cmc 之前 $\gamma_{lv}\cos\theta$-γ_{lv} 曲线拟合，能得到表面活性剂的 Γ_{sl}/Γ_{lv} 值。同时通过斜率与 Γ_{lv} 值能计算出 Γ_{sl}，进而计算表面活性剂在固体表面的吸附面积。

2）甜菜碱型表面活性剂固体表面吸附机理

表面活性剂吸附在固—液界面上会改变固—液界面张力，但尚未有直接的测定方法。利用 OWRK 方法可测得给定的固体表面张力，再测定溶液的表面张力以及溶液与给定固体表面的接触角，利用杨氏方程即可计算出固—液界面张力。图 2-36 所示为 ACB、ASB、BCB 和 BSB 的石英—水界面张力随浓度变化曲线，利用 Gibbs 吸附公式，可由斜率计算得到各阶段的吸附量。

不同结构甜菜碱型表面活性剂的接触角、表面张力和黏附张力随浓度变化趋势如图 2-37 所示。从图中可以看出，ACB 和 BCB 的黏附参数随浓度变化可以分为四个区域，而 ASB 和 BSB 只存在三个区域。以 ACB 为例，其在石英表面的吸附机制如图 2-38 所示：

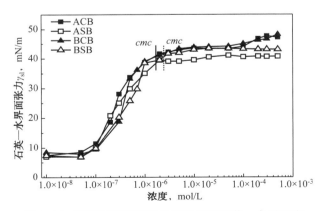

图 2-36　甜菜碱型表面活性剂浓度对石英—水界面张力的影响

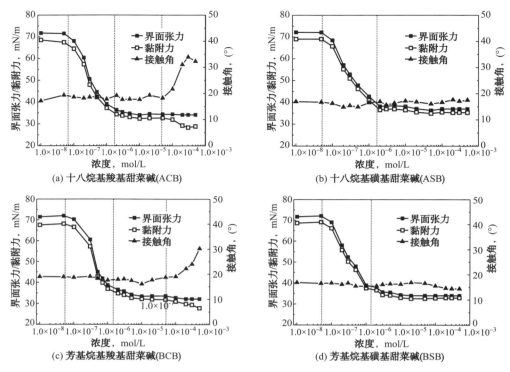

图 2-37 甜菜碱型表面活性剂在石英表面的吸附参数与浓度的关系

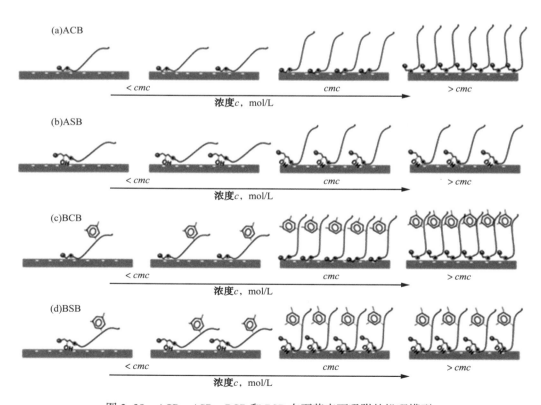

图 2-38 ACB、ASB、BCB 和 BSB 在石英表面吸附的机理模型

区域一（ $1 \times 10^{-8} \sim 5 \times 10^{-8}$ mol/L），表面活性剂分子在气—液界面和固—液界面吸附均较少，表面张力变化不大，接触角和黏附张力随浓度几乎不变。

区域二（ 5×10^{-8} mol/L $\sim cmc$ ），由于表面活性剂分子在气—液界面和固—液界面吸附并形成不饱和吸附层，表面张力随浓度增加明显降低。同时，表面活性剂分子通过范德华作用力吸附在石英表面，使石英表面越来越疏水，黏附张力降低。由于此时的接触角小于90°，表面张力的降低会导致接触角减小；另一方面，黏附张力的降低会造成接触角增大。两方面因素的竞争结果使此阶段的接触角保持不变。

区域三（ $cmc \sim 5 \times 10^{-5}$ mol/L），当体相浓度超过其 cmc 值后，表面活性剂分子在气—液界面形成了饱和吸附层，γ_{lv} 保持不变。另一方面，与阳离子表面活性剂不同的是，ACB表面活性剂分子并没有直接在PTFE表面继续吸附，而是形成了暂时的饱和吸附层，γ_{sl} 保持不变。因此表面张力、接触角和黏附张力等参数在这个阶段随浓度几乎不变。

区域四（ $5 \times 10^{-5} \sim 5 \times 10^{-4}$ mol/L），体相浓度进一步增加，表面活性剂在体相中形成胶束，在气液界面上吸附饱和，γ_{lv} 仍然保持不变；但表面活性剂通过分子中正电部分与石英表面负电部分的静电作用继续在石英－液界面上吸附。与阳离子表面活性剂不同的是，甜菜碱表面活性剂再次吸附的表面活性剂分子并不会形成吸附双层，主要是因为在甜菜碱型表面活性剂分子结构中同时存在正电部分以及负电部分，其正电部分与石英表面的静电作用并不足以形成紧密的吸附单层，因而无法通过疏水部分作用形成双层结构。同时，随着体相浓度增加，表面活性剂分子逐渐直立，吸附量明显增加，γ_{sl} 再次降低，黏附张力再次增大。由于此时只有造成接触角增大的因素起作用，因此接触角陡增。

对于ASB，并不存在图中的区域四，接触角在整个实验浓度范围内保持不变，同时黏附张力在 cmc 后也保持不变。这说明不同于ACB，ASB在浓度超过 cmc 后并不会再次吸附。从表面活性剂结构式可以看出，ASB中同时存在着较大的亲水极性头以及—OH基团，因此ASB在石英表面的吸附特点更为复杂：一方面，较大的亲水基导致空间位阻作用明显，使表面活性剂分子在石英表面吸附的量较少，黏附张力增加的幅度较ACB有所减弱，故接触角随浓度降低的幅度较ACB明显减弱；另一方面，羟基的存在能在ASB与石英表面形成氢键，使分子在石英表面排列得更为紧密，表面活性剂分子的吸附量增加，从而使ASB改变石英表面润湿能力较ACB明显增强。但是，实验结果却显示ACB在石英表面的吸附能力更强，这说明亲水基带来的空间位阻作用对ASB在石英表面的吸附影响更大，造成其在高浓度时并不能再次吸附。

BCB和BSB在石英表面的吸附行为分别与ACB和ASB类似，吸附参数变化曲线如图2-37所示，吸附机理模型如图2-38所示。值得注意的是，BCB中苄基的引入会存在空间位阻，造成高浓度时再次吸附的吸附量较ACB的略低。因此，ACB具有更强的改变石英表面润湿性的能力。

四、芳基烷基甜菜碱型表面活性剂性能

采用大庆油田井口脱水原油及联合站回注污水，对芳基烷基甜菜碱型表面活性剂二元体系界面张力进行了测定，结果如图2-39所示。对于大庆采油一厂、大庆采油六厂油水二元体系在活性剂质量分数为0.025%~0.3%的范围内均形成超低界面张力。当表面活性剂质量分数为0.05%~0.3%时，在15min左右，就能达到超低界面张力，与烷基苯磺酸盐

三元体系形成 10^{-3}mN/m 的速度几乎相同，界面张力稳定，一直保持在 2×10^{-3}mN/m 左右。由此可见，芳基烷基甜菜碱型表面活性剂具有优异降低界面张力的能力和效率[9]。

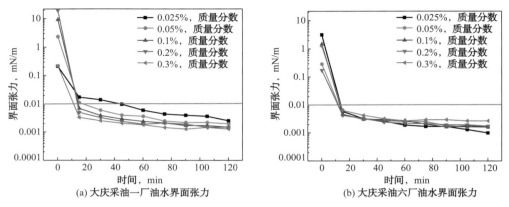

(a) 大庆采油一厂油水界面张力　　(b) 大庆采油六厂油水界面张力

图 2-39　甜菜碱二元体系大庆油田井口油—污水界面张力

（聚合物分子量为 1900×10^4，质量浓度为 2000mg/L）

驱油体系吸附性能是其能在较大作用距离内保持良好洗油效率的关键因素。采用静态吸附次数近似模拟这种动态的吸附过程表征其吸附性能，结果如图 2-40 所示。可以看出，芳基烷基甜菜碱型表面活性剂体系对大庆采油一厂油水吸附 11 次、大庆采油六厂油水体系吸附 12 次后界面张力仍然达到超低，抗吸附性能较优异。

ASP 三元复合体系由于碱的存在，具有较好的抗吸附性能，二元复合体系要达到三元复合体系的抗吸附性能则对表面活性剂提出了较高的要求。芳基烷基甜菜碱型表面活性剂二元复合体系优异的抗吸附性能主要源于以下几方面因素：（1）此芳基烷基甜菜碱型表面活性剂界面性能优异，在很低的质量分数下（0.025%）界面张力即可达到超低；（2）芳基烷基甜菜碱型表面活性剂配方体系组分单一，克服了由于活性剂配方复杂引起的色谱分离，保持了配方体系的稳定；（3）近似电中性的芳基烷基甜菜碱型表面活性剂也可能减少由于岩石静电位的吸附产生的吸附损失。

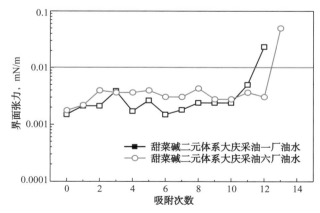

图 2-40　芳基烷基甜菜碱型表面活性剂二元复合体系吸附次数对界面张力的影响

（表面活性剂质量分数 0.2%，聚合物分子量为 1900×10^4，质量浓度为 2000mg/L）

采用大庆二类储层天然岩心对芳基烷基甜菜碱型表面活性剂二元复合体系驱油效率进

行了评价，结果如表2-9所示。可以看出，芳基烷基甜菜碱型表面活性剂二元复合体系在水驱采收率为40%左右的基础上，可提高采收率18个百分点以上。

表2-9　芳基烷基甜菜碱型表面活性剂二元复合体系天然岩心驱油实验结果

序号	岩心渗透率 mD	含油饱和度 %	水驱采收率 %	化学驱采收率 %	总采收率 %
1	370	62.55	39.60	19.60	61.90
2	556	66.15	35.47	18.02	63.80
3	513	65.00	40.64	21.46	62.09
4	395	65.20	40.16	18.45	58.61
平均	459	64.73	38.97	19.38	61.60

注：聚合物分子量为 1900×10^4，聚合物有效质量分数为0.05%~0.30%，总用量不大于1000mg/L·PV；表面活性剂有效质量分数为0.15%~0.30%，总用量不大于900mg/L·PV。

芳基烷基甜菜碱型表面活性剂具有与烷基苯磺酸盐同等优秀的动态界面张力与平衡界面张力性能；优异的抗吸附性能可以保证驱油体系在岩心较长的作用距离下仍能保持这种超低界面张力，超低界面张力使得毛细管数大大增加，大幅提高洗油效率；芳基烷基甜菜碱型表面活性剂二元复合体系具有较好的乳化性能，不但能通过乳化夹带驱替残余油，同时能通过乳化增黏提高注入压力，扩大波及效率；芳基烷基甜菜碱型表面活性剂二元复合体系还完整地保存了聚合物的黏弹性能，使得水驱后残余油能够以油丝和乳状液形式被携带和运移。基于以上因素，使芳基烷基甜菜碱型表面活性剂二元复合体系具有较好的驱油性能。

大量的室内实验及现场应用表明，复合驱油体系乳化性能是取得高效驱油效果的重要保障。以芳基烷基甜菜碱型表面活性剂体系为主体，通过加入乳化剂，得到了具有不同乳化效果的二元复合驱油体系。不同乳化效果二元复合驱油体系的采收率如表2-10所示。由表中可以看出，采用芳基烷基甜菜碱型表面活性剂质量分数为0.3%，聚合物分子量为 970×10^4、质量浓度为2000mg/L的二元复合体系，在贝雷岩心中进行驱替时，改变乳化剂类型增强乳化效果，可使二元驱采收率增幅由20.04%提高到27.00%；将甜菜碱活性剂＋强化EO类乳化剂质量分数由0.3%提高到0.35%时，可使二元驱采收率增幅由27.00%提高到32.15%。随着乳化效果的增强，二元复合驱驱油体系采收率大幅度增加。

表2-10　不同乳化效果二元复合体系贝雷岩心驱油实验结果

二元复合体系	乳化剂	岩心编号	二元驱采收率增幅，%
基础二元复合体系 0.3%甜菜碱活性剂＋970×10^4、2000mg/L聚合物	无	130927-9-3	19.25
		130927-9-4	20.82
		平均	20.04
乳化二元复合体系 0.3%（活性剂＋乳化剂）＋970×10^4、2000mg/L聚合物	常规EO类Ⅰ	130927-9-5	19.42
	常规EO类Ⅱ	130927-9-15	23.78
	强化EO类	130927-9-2	27.00
强乳化高浓度二元复合体系 0.35%（活性剂＋强化乳化剂）＋970×10^4、2000mg/L聚合物	强化EO类	130927-9-7	33.22
		130927-9-11	31.07
		平均	32.15

第六节 其他类型的表面活性剂

一、烷醇酰胺及其衍生物

烷醇酰胺属非离子型表面活性剂，是由脂肪酸与烷基醇胺缩合制得。烷醇酰胺及其衍生物生产原料丰富可再生、生产工艺简单且具有较好的界面活性，同时具有较强的耐盐性和一定的耐温性，可适用于中低温、中高矿化度油藏条件。

烷醇酰胺的工业生产路线主要包括脂肪酸法、脂肪酸甲酯法和油脂法。其中，脂肪酸法以脂肪酸与二乙醇胺在催化剂作用下直接反应制备烷醇酰胺[10]。此反应是可逆的，须及时把生成的水移出体系。该反应方程式如下：

$$\text{RCOOH+HN} \diagup^{CH_2CH_2OH}_{\diagdown CH_2CH_2OH} \longrightarrow \underset{\underset{\diagdown CH_2CH_2OH}{\overset{\overset{O}{\parallel}}{R-C-N} \diagup^{CH_2CH_2OH}}}{} +H_2O$$

该法工艺较简单，不过产品纯度不高。反应除生成烷醇酰胺外，二乙醇胺、烷醇酰胺上的羟基还可同时与脂肪酸反应分别生成醇胺单酯和醇胺双酯、酰胺单酯和酰胺双酯。

Ernst（美国专利 3024260）采用两步法使脂肪酸与二乙醇胺进行反应以提高产品纯度。第一步脂肪酸和二乙醇胺反应生成醇胺酯和酰胺酯；第二步添加催化剂使未反应的二乙醇胺与第一步的产物反应制备脂肪酸二乙醇酰胺。小山基雄对两步法做了进一步研究，发现第二步反应时，酰胺单酯和酰胺双酯在 100℃下经数小时即可转化为烷醇酰胺，而醇胺单酯和醇胺双酯要经过几天甚至几周才能转化为烷醇酰胺。因此，为抑制醇胺酯的生成，在第一步反应中减少醇胺用量使反应只生成酰胺酯，在两步反应中分别使用醇胺。采用该改进的两步法可通过短时间反应制得高纯度脂肪酸二乙醇酰胺。

大庆石油学院以混合脂肪酸和二乙醇胺为反应原料，采用改进的一步法合成了烷醇酰胺（NOS）[11]。由 NOS、氢氧化钠和聚合物组成的三元体系与大庆原油间界面张力可达到 10^{-3} mN/m 数量级。室内岩心实验表明，NOS 三元体系在水驱采收率为 30.1% 的基础上提高采收率 21.5%。西安交通大学[12]使用植物油脚采用常压多段水解工艺获得混合脂肪酸，再以脂肪酸与二乙醇胺在添加催化剂和甲醇的条件下，通过改进的一步反应制得烷醇酰胺。合成产物与弱碱 Na_2CO_3 复配后，在质量分数为 0.3% 时可与原油达到超低界面张力范围。冯茹森[13]研究了混合型烷醇酰胺复杂组成对油/水界面张力的作用机制。采用气质联用仪分析了混合型烷醇酰胺的组成，并研究了不同链长烷醇酰胺在大庆原油条件下研究了表面活性剂组成对油/水界面张力的影响规律，发现十四酸二乙醇酰胺/十二酸二乙醇酰胺（C14DEA/C12DEA）相对含量是影响界面活性的关键因素；适量月桂酸和二乙醇胺助剂的加入对体系降低界面张力有一定的促进作用。

此外，烷醇酰胺与甜菜碱表面活性剂、阴离子—非离子表面活性剂复配也表现出较好的协同效应。中国石油大学（华东）[14]研究了羧基甜菜碱—烷醇酰胺复配体系的界面性能，发现二者具有明显的协同效应。在两种表面活性剂以 1∶1 和 2∶1 复配时，在表面活性剂总质量分数 0.005%~0.2% 范围内，油水界面张力可降至 10^{-4} mN/m 数量级，界面活性优异。而单一的羧基甜菜碱或烷醇酰胺与原油间界面张力均达不到超低。由烷醇酰胺和阴离子－非离子型磺酸盐表面活性剂组成的复配表面活性剂体系用于马寨油田高温高矿化度油藏调驱试验研究[15]。室内天然岩心驱油实验表明，在平均水驱采收率为 54.7% 的基础上，添加了螯合剂与碳酸钠的复配表面活性剂驱油体系提高采收率 13.9%。

烷醇酰胺分子中的羟基可再进行聚氧乙烯化、硫酸酯化和磷酸酯化等反应，生成烷醇酰胺聚氧乙烯醚、烷醇酰胺硫酸盐和烷醇酰胺磷酸盐等非离子表面活性剂和非离子－阴离子表面活性剂衍生物，从而赋予产品新的性能。大庆油田勘探开发研究院以天然油脂为原料先生产出脂肪酸甲酯，再经酰胺化和乙氧基化两步反应制得烷醇酰胺聚氧乙烯醚表面活性剂。通过调节分子中亲油基的大小以及亲水基聚氧乙烯醚的聚合度，使其适应不同类型的油水条件。该表面活性剂在无碱条件具有较好的界面活性、抗吸附性能达到 5 次；室内天然岩心驱油实验表明，表面活性剂 / 聚合物二元体系在水驱采油率为 41% 的基础上提高采收率 18.6%。

二、渣油磺酸盐

渣油磺酸盐阴离子表面活性剂以渣油为生产物料，通过磺化、中和两步反应制得。该类表面活性剂生产原料廉价、来源广泛；产品降低油水界面张力的能力较强；分子结构稳定且含有磺酸基，因而具有较好的耐温性能。不过，由于原料渣油结构复杂，导致渣油磺酸盐表面活性剂为结构复杂的混合物，产品质量易于随原料的改变而波动。

以沸点大于 500℃ 的塔底大庆渣油馏分为原料，使用 SO_3 为磺化剂通过磺化、老化和中和制得渣油磺酸盐 OCS 表面活性剂。该产品大致组成为：活性物含量 50.0%、未磺化油 17.8%、挥发成分 30.2%、无机盐 2.0%。评价结果表明：在 NaOH 存在条件下，OCS 表面活性剂能在较宽的碱浓度范围内与大庆采油四厂原油间界面张力达到 10^{-3}mN/m 数量级；在 Na_2CO_3 存在条件下，能在较宽的碱浓度范围内使大庆采油四厂原油、华北油田古一联原油及胜利孤东原油的油水界面张力降至 10^{-3}mN/m 数量级。无碱条件下，0.1% OCS 表面活性剂与大港油田枣园 1256 断块原油间界面张力可达超低范围。使用天然岩心和大庆油田采油四厂原油进行的驱油试验结果表明[16]，OCS 表面活性剂、NaOH 和聚合物组成的三元复合体系在水驱采收率为 44% 的基础上提高采收率 20% 以上。

对于使用渣油磺酸盐的含碱三元体系，强碱（NaOH）体系比弱碱（ Na_2CO_3 ）体系更容易形成超低界面张力，即体系达到超低界面张力的时间较短；高碱浓度体系比低碱浓度体系更容易形成超低界面张力；部分水解聚丙烯酰胺（HPAM）的引入使得不同体系达到超低界面张力的时间延长[17]。

以渣油磺酸盐表面活性剂为主体并引入耐盐基团制得 ROS 驱油表面活性剂，应用于华北油田晋 45 断块高温高矿化度油藏调驱现场试验[18]。晋 45 试验区油藏温度 117℃、地层水矿化度 38774mg/L，属典型高温高矿化度油藏。室内评价表明，0.20%ROS 表面活性剂在无碱条件下可与晋 45 原油达到超低界面张力，且老化 8d 后仍能维持超低界面张力。人造岩心驱油实验结果表明，0.3PV 表面活性剂 ROS 在水驱采收率为 60% 的基础上可提高采收率 13% 以上。调驱现场试验实施近 2 年，16 口油井见效 12 口，累计增油 16549t，取得较好的效果[19]。

三、石油羧酸盐

石油羧酸盐是石油馏分经高温氧化，再皂化、萃取分离制得的产物。石油羧酸盐属饱和烃氧化裂解产物，组成复杂，主要含有烷基羧酸盐及芳基羧酸盐。生产石油羧酸盐的主要原料为常四线及减二线馏分油，以气相氧化或液相氧化法生产。气相氧化工艺以空气中的氧为氧化剂，在 325℃以油酸镉为催化剂，氧 / 烃比为 2.20，H_2O/ 烃比为 25~50。反应产物用 NaOH 皂化后，除去油相得到产品，有效物含量约 10% 左右。液相氧化工艺是在气相氧化工艺基础上发展起来的新方法，采用液相氧化剂在 180℃反应，石油羧酸盐收率可提高至 20%。

黄宏度以石油馏分在液相条件下催化氧化制备出石油羧酸盐表面活性剂，与重烷基苯磺酸盐或石油磺酸盐复配可以增强体系界面活性、增加体系的稳定性、提高抗稀释性和与碱的配伍性。此外，阴离子磺酸盐、阳离子表面活性剂十六烷基三甲基溴化铵与石油羧酸盐组成的复配体系均存在协同效应，可提高单一石油羧酸盐体系的界面活性[20, 21]。不过，羧酸盐易于和二价阳离子形成沉淀，在岩石上的吸附量大，不适用于高矿化度油藏，这是石油羧酸盐用作驱油剂的主要缺点。

四、非离子—阴离子型表面活性剂

阴离子型和非离子型表面活性剂是化学驱中应用较多的两类产品，但这两类表面活性剂均不可在高温高矿化度油藏单独使用。阴离子表面活性剂耐高矿化度、耐二价离子能力差；非离子表面活性剂存在浊点导致耐温性能差。因此，在同一个分子上同时联接非离子基团和阴离子基团，得到非离子—阴离子型驱油用表面活性剂，使其兼具非离子型和阴离子型表面活性剂的优点，具有良好的耐温耐盐性能。该类型表面活性剂在高温高矿化度油藏具有广阔的应用前景。

按阴离子基团的不同，非离子—阴离子型表面活性剂可分为：非离子—硫酸酯盐型、非离子—磺酸盐型、非离子—羧酸盐型和非离子—磷酸酯盐型等。

醇醚硫酸酯盐表面活性剂由于引入了聚氧乙烯链，不但可以调节表面活性剂在水中的溶解度，而且具有较强的抗盐和抗硬水能力，在不加助表面活性剂的情况下可与油相形成超低界面张力和中相微乳液。

以异构脂肪醇或 Guerbet 醇为起始物料，通过与环氧乙烷或环氧丙烷进行聚醚化反应，再酯化、中和可得脂肪醇聚氧乙烯醚硫酸酯盐表面活性剂。沙索公司（Sasol）系列 Alfoterra 产品为异构脂肪醇聚氧丙烯醚硫酸酯盐，包括不同疏水基碳数和聚氧丙烯醚聚合度。贝雷岩心驱油实验表明[22]，0.2% 的表面活性剂 Alfoterra 23 可将水驱后残余油饱和度降低约一半。

中科院理化所[23]以正庚醇为原料，利用 Pt-C 催化剂通过 Guerbet 反应合成出 Guerbet 十四醇（2- 戊基 -1- 壬醇）；以氢溴酸和浓硫酸将 Guerbet 醇转变为溴化物，再和多缩乙二醇钠进行 Williamson 合成制得均质 Guerbet 十四醇聚氧乙烯醚醇；最后以氯磺酸磺化得到目的产物 Guerbet 十四醇聚氧乙烯醚硫酸钠。其中聚氧乙烯聚合度为 4 的产物 $C_{14}GA（EO）_4S$ 的 Krafft 点在 0℃以下，γ_{cmc} 为 25.3mN/m，cmc 为 1.2×10^{-3} mol/L。

美国得州大学奥斯汀分校[24, 25]分别以 Guerbet 醇聚醚羧酸盐和 Guerbet 醇聚醚硫酸酯盐与内烯烃磺酸盐（IOS）组成复配表面活性剂体系。相行为评价表明，复配体系可与原油形成中相微乳液，具有很高的加溶系数、增溶原油的能力很强。岩心驱油实验表明，复配表面活性剂体系可大幅降低水驱后残余油饱和度。

壬基酚聚氧乙烯醚羧酸 NPC-3 能在一定盐浓度下使油水界面张力达到超低，而 NPC-9 与石油磺酸盐 KPS 复配后，在较宽的复配比例（8：2~2：8）范围内均能使油水界面张力达到超低[26]。用该复配表面活性剂进行的化学驱室内驱油实验表明，注入 0.2PV 复合表面活性剂段塞、注入孔隙体积倍数为 12PV 时，可使原油采收率比水驱采收率增加 34%。

中国石化开发了醇醚磺酸盐、月桂酸聚醚磺酸盐[27]等非离子—阴离子表面活性剂。其中，高温高矿化度油藏条件下，月桂酸聚醚磺酸盐二元体系物理模拟实验提高采收率 15.6%。

五、烷基糖苷及其衍生物

烷基糖苷（APG）又称烷基多苷，是由葡萄糖的半缩醛羟基和脂肪醇的羟基在酸催化下失去一分子水得到的混合物。

烷基糖苷是一种温和的非离子表面活性剂，但它兼具阴离子表面活性剂的特点。由于该类表面活性剂具有良好的表面活性，能与各种表面活性剂复配且有良好的协同效应，无毒、生物降解迅速彻底，且属于再生资源，因此烷基糖苷被称为"新一代世界绿色表面活性剂"，是一种极具发展前景的非离子型表面活性剂。

1893 年德国人 Emil Fisher 首次报道了烷基糖苷的合成，主要利用甲醇、乙醇和丙三醇等与糖反应生成低碳链的糖苷。后来人们以碳链为 C_8~C_{16} 的脂肪醇为原料合成了长碳链烷基糖苷，也就是现在为人熟知的 APG（Alkyl Polyglycosides）。APG 的合成方法包括 Koenings-knorr 法、酶催化法、乙酰化醇解法、糖缩酮物醇解法、转糖苷法和直接糖苷法。世界上生产 APG 的主要技术路线是转糖苷化法（两步法）和直接糖苷化法（一步法）。由于一步法工艺简单、产品质量好、色泽浅、无异味，并且没有低碳醇的损失，成本明显低于两步法，因此有广阔的发展前景[28]。

烷基糖苷可降低油水界面张力、增溶乳化原油，在三次采油领域具有应用潜力。中国石油大学（华东）研究发现，C_8~C_{14} 的 APG 表面活性剂弱碱（Na_2CO_3）体系可与辽河原油达到超低界面张力。岩心驱油实验显示，该体系在水驱基础上可提高采收率 27% 以上。烷基糖苷还可与石油磺酸盐及重烷基苯磺酸盐组成复配表面活性剂驱油体系[29]。烷基糖苷 – 重烷基苯磺酸盐（APG-HABS）二元体系能与大庆采油四厂原油达到超低界面张力，人造岩心二元复合体系驱油实验结果表明，在水驱采收率为 44.65% 的基础上，二元体系提高采收率 21.55%。

六、孪连表面活性剂

孪连表面活性剂（又名双子表面活性剂）是一类带有两个疏水链、两个离子基团和一个桥联基团的化合物，类似于两个普通表面活性剂通过一个桥梁联接在一起。联接基可以是亲水性的，也可以是疏水性的，可以靠近亲水部位，也可以是联结着两个亲水基。根据亲水基种类，孪连表面活性剂可分为阴离子型、非离子型、阳离子型和两性离子型等。孪连表面活性剂具有较低的临界胶束浓度、较高的表面活性、与其他表面活性剂间较好的配伍性。因此，孪连表面活性剂被称为 20 世纪 90 年代的新型表面活性剂。

谭中良[30] 以长链环氧烷与短链二醇合成了系列中间体孪连长链二醇，再与 1, 3- 丙烷磺酸内酯反应得到了阴离子孪连表面活性剂。该表面活性剂可与中原油田高温超高矿化度油藏原油在无碱条件达到超低。

范海明[31] 合成了一种新型阴离子孪连表面活性剂——二油酰胺基胱氨酸钠并评价了其界面性能。结果表明，0.10% 表面活性剂添加 NaOH 后与大庆原油间界面张力达到 10^{-2} mN/m 数量级。尽管该孪连阴离子表面活性剂疏水基碳数达到了 36，但其两个羧基由于联接基的存在不能在界面上形成紧密排列，因而其界面性能未达到预期。长江大学[32] 合成了双烷基乙氧基二硫酸盐孪连阴离子表面活性剂并研究了其在油砂上的吸附规律。评价结果表明，合成的孪连阴离子表面活性剂与原油间界面张力最低可达 2.71×10^{-3} mN/m；双十二烷基乙氧基二硫酸酯钠盐（GA12-2-12）在油砂上的吸附等温线服从 Langmuir 等温方程，相同浓度下其吸附量低于常规单链表面活性剂——十二烷基硫酸钠[33]。

七、生物表面活性剂

生物表面活性剂是生物细胞内及代谢出的两亲物质，具有合成表面活性剂所没有的结构特征和性能。该类表面活性剂通过发酵制得，可一次大量培养，且成本低廉、易于降解、对环境污染小。作为一种很有潜力的驱油体系，生物表面活性剂被广泛研究[18]。根据亲水基的类型，生物表面活性剂可分为：糖脂类生物表面活性剂、酰基缩氨酸类生物表面活性剂、磷脂类生物表面活性剂、脂肪酸类生物表面活性剂、高分子生物表面活性剂。

大庆油田采油七厂以鼠李糖酯复配驱油体系进行了生物表面活性剂现场试验。室内筛选评价发现[34]，以鼠李糖酯与脂肪酰胺磺基顺丁烯二酸单酯钾盐组成的复配体系可与大庆葡北原油达到超低界面张力。通过岩心实验优化出了复配体系注入方案，在大庆葡北三断块进行了 2 注 9 采现场试验。13 个月累计增油 2014 t，单井平均增油 224 t，投入产出比 1 : 2.4。

参 考 文 献

[1] 程杰成，王德民，李柏林，等 . 一类烷基苯磺酸盐、其制备方法以及烷基苯磺酸盐表面活性剂及其在三次采油中的应用 [P]. ZL 200410037801.1.

[2] 朱友益，沈平平 . 三次采油复合驱用表面活性剂合成、性能及应用 [M]. 北京：石油工业出版社，2002.

[3] 陈卫民 . 用于驱油的以重烷基苯磺酸盐为主剂的表面活性剂的工业化生产 [J]. 石油化工，2010（1）：81-84.

[4] 翟洪志，冷晓力，卫健国，等 . 石油磺酸盐表合成技术进展 [J]. 日用化学品科学，2014（9）：15-18.

[5] 曹凤英，白子武，郭奇，等 . 驱油用烷基苯合成技术研究 [J]. 日用化学品科学，2015（2）：28-30.

[6] 刘良群，张轶婷，周洪亮，等 . 一种驱油用表面活性剂原料——重烷基苯 [J]. 日用化学品科学，2015（9）：40-41.

[7] 郭万奎，杨振宇，伍晓林，等 . 用于三次采油的新型弱碱表面活性剂 [J]. 石油学报，2006，27（50）：75-78.

[8] 中国石油勘探与生产分公司 . 聚合物－表面活性剂二元驱技术文集 [M]. 北京：石油工业出版社，2014.

［9］张帆，王强，刘春德，等．羟磺基甜菜碱的界面性能研究［J］．日用化学工业，2012（2）：104-106.

［10］白亮，杨秀全．烷醇酰胺的合成研究进展［J］．日用化学品科学，2009（4）：15-19.

［11］单希林，康万利，孙洪彦，等．烷醇酰胺型表面活性剂的合成及在EOR中的应用［J］．大庆石油学院学报，1999（01）：34-36，111.

［12］罗明良，蒲春生，卢凤纪，等．利用植物油下脚料制备烷醇酰胺型驱油剂［J］．石油学报：石油加工，2002（02）：6-13.

［13］冯茹森，蒲迪，周洋，等．混合型烷醇酰胺组成对油/水动态界面张力的影响［J］．化工进展，2015，34（08）：2955-2960.

［14］李瑞冬，仇珍珠，葛际江，等．羧基甜菜碱-烷醇酰胺复配体系界面张力研究［J］．精细石油化工，2012，29（04）：8-12.

［15］付美龙，罗跃，伍家忠，等．马寨油田卫95块PCS调驱试验的驱油剂研究［J］．江汉石油学院学报，2000（03）：59-60，64.

［16］郭东红，辛浩川，崔晓东，等．以大庆减压渣油为原料的高效、廉价驱油表面活性剂OCS的制备与性能研究［J］．石油学报：石油加工，2004（02）：47-52.

［17］郭东红，辛浩川，崔晓东，等．OCS表面活性剂驱油体系与大庆原油间的动态界面张力研究［J］．精细石油化工进展，2007（04）：1-3，7.

［18］郭东红，辛浩川，崔晓东，等．ROS驱油表面活性剂在高温高盐油藏中的应用［J］．精细石油化工，2008，25（05）：9-11.

［19］郭东红，关涛，辛浩川，等．耐温抗盐驱油表面活性剂的现场应用［J］．精细与专用化学品，2009，17（10）：13-14.

［20］黄宏度，吴一慧，王尤富，等．石油羧酸盐和磺酸盐复配体系的界面活性［J］．油田化学，2000（01）：69-72.

［21］黄宏度，何归，张群，等．非离子、阳离子表面活性剂与驱油表面活性剂的协同效应［J］．石油天然气学报，2007（04）：101-104，168.

［22］Wu Y, Shuler P, Blanco M, et al. 2004. A Study of Branched Alcohol Propoxylate Sulfate Surfactants for Improved Oil Recovery［C］. SPE 2015 Annual Technical Conference and Exhibition held in Dallas, Texas, USA. 9-12 October. SPE-95404-MS.

［23］靳志强，王涵慧，俞稼镛．格尔贝特十四醇硫酸钠的合成与表面活性［J］．日用化学工业，2002，（05）：4-7.

［24］Adkins S, Liyanage P, Arachchilage G, et al. 2010. A New Process for Manufacturing and Stabilizing High-Performance EOR Surfactants at Low Cost for High-Temperature, High-Salinity Oil Reservoirs［C］. SPE Improved Oil Recovery Conference held in Tulsa, Oklahoma, USA. 24-28 April. SPE-129923-MS.

［25］Lu J, Goudarzi A, Chen P, et al. 2012. Surfactant Enhanced Oil Recovery from Naturally Fractured Reservoirs［C］. SPE Annual Technical Conference and Exhibition Held in Antonio, Texas, USA. 8-10 October. SPE-159979-MS.

［26］王业飞，赵福麟．醚羧酸盐及其与石油磺酸盐和碱的复配研究［J］．油田化学，1998，15（4）：340-343.

［27］沙鸥，张卫东，陈永福，等．以月桂酸为起始剂合成聚醚磺酸盐型驱油剂［J］．油气地质与采收率，

2008，（03）：79-81，116.

［28］刘洋，张春峰，王丰收，等．烷基糖苷的最新研究进展［J］.日用化学品科学，2016，39（04）：25-29.

［29］姜汉桥，孙传宗.烷基糖苷与重烷基苯磺酸盐复配体系性能研究［J］.中国海上油气，2012，24（02）：44-46.

［30］谭中良，韩冬.阴离子孪连表面活性剂的合成及其表/界面活性研究［J］.化学通报，2006，（07）：493-497.

［31］范海明，孟祥灿，康万利，等.新型 Gemini 表活剂的合成及其降低油水界面张力性能［J］.断块油气田，2013（03）：392-395.

［32］岳泉，唐善法，朱洲，等.油气开采用新型硫酸盐型 Gemini 表面活性剂［J］.断块油气田，2008（02）：52-53.

［33］唐善法，田海，岳泉，等.阴离子双子表面活性剂在油砂上吸附规律研究［J］.石油天然气学报，2008，30（06）：313-317，395.

［34］乐建君，伍晓林，马亮亮，等.鼠李糖脂的复配驱油体系及现场试验［J］.中国石油大学学报：自然科学版，2012，36（02）：168-171.

第三章　三元复合驱驱油方案设计

　　三元复合驱油技术在大庆油田的矿场试验和推广应用取得了较好的开发效果，但区块间提高采收率差别较大，造成这一差别的影响因素较多。在深入研究影响提高采收率效果因素的基础上，通过对三元复合驱开发层系井网的优化、注入方式及注入参数优化，最大幅度地降低不利影响，充分发挥三元复合驱提高驱油效率和扩大波及体积的效能，以取得最大幅度地提高采收率的效果。

第一节　三元复合驱开发效果的主控因素

　　三元复合驱油技术在大庆油田的矿场应用开始于 20 世纪 90 年代。1994—2004 年先后在不同地区开展的 6 个先导性矿场试验，比水驱提高采收率 19.4~25.0 个百分点，区块间相差 5.6 个百分点。2000 年以来开展的 6 个工业性矿场试验效果差别也较大，比水驱提高采收率 18.0~25.8 个百分点，区块间相差 7.8 个百分点。同一区块内不同单井之间的受效差异更大。单井含水下降幅度有的不到 10 个百分点，有的却达到 63.9 个百分点，单井化学驱阶段采出程度有的不到 5%，有的却达到 40% 以上。

　　在矿场应用中，影响三元复合驱驱油效果的因素很多，其中较为主要的影响因素有地质因素、剩余油分布、化学驱时机、三元复合体系性能等方面。

一、地质因素

　　在地质因素中，对开发效果影响较大的有地质构造、储层非均质性、渗透率等。

1. 地质构造影响

　　大庆长垣喇萨杏油田是一北北东向的大型背斜构造，被划分成若干个区块开发，从已开发的区块效果看，位于构造顶部的区块，三元复合驱效果好于翼部的区块；特别是离构造顶部越远、越接近油水过渡带的区块，复合驱效果越差。造成这一影响的原因有两个：

　　（1）因为从构造顶部到翼部原油黏度增大。根据数值模拟研究结果（图 3-1），对于同一黏度的三元驱替体系，地下原油黏度越高，三元复合驱效果越差。地下原油黏度由 $7mPa \cdot s$ 增加到 $15mPa \cdot s$，三元复合驱提高采收率值降低 2.3~3.0 个百分点。

　　（2）因为由顶部到翼部油层倾角增大。大庆油田在背斜的顶部区块，油层平缓，倾角一般低于 2°，往翼部倾角增大至 6° 以上。根据来弗里特方程，油层倾角越大，开采时油井含水上升速度越快，最终开采效果越差。

2. 储层非均质性影响

1）层内非均质性

　　根据大庆油田三元复合驱工业化试验区块单井统计，随着单井渗透率变异系数的增大，三元复合驱阶段采出程度降低（图 3-2）。

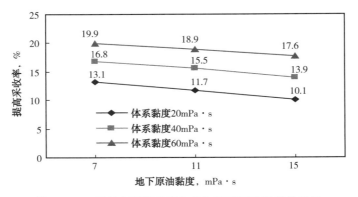

图 3-1　三元复合驱提高采收率与地下原油黏度关系图

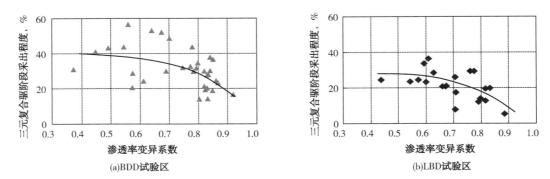

图 3-2　试验区单井三元复合驱阶段采出程度与渗透率变异系数关系图

建立 1 注 4 采纵向三层非均质地质模型，层间无隔层。模拟计算不同渗透率变异系数条件下，即不同层内非均质强度下，三元复合驱提高采收率情况。由模拟计算结果（图 3-3）看出，采用不同黏度的三元复合体系，层内非均质性对驱油效果的影响规律是不同的。

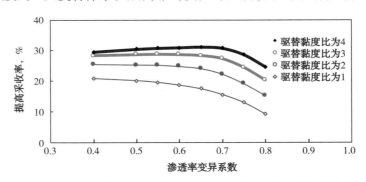

图 3-3　不同驱替黏度比条件渗透率变异系数与提高采收率关系

当三元复合体系黏度较低，驱替黏度比（地下工作黏度与地层原油黏度之比）低于 2 时，随着油层非均质性增强，三元复合驱效果逐渐变差，且驱替黏度比越小，非均质程度对驱油效果的影响越大。

当三元复合体系黏度较高，驱替黏度比达到 3 及以上时，则表现出与低黏体系条件下不同的情形：随着渗透率变异系数的增大，非均质性增强，驱油效果先变好再变差，出现驱替黏度比与渗透率变异系数最佳匹配点；非均质程度越强，所需的最佳匹配黏度比越高。当渗透率变异系数为 0.60 时，最佳驱替黏度比为 3；当渗透率变异系数为 0.65 时，最佳驱替黏度比为 4；若渗透率变异系数继续增大，最佳驱替黏度比也随之增大。这种情形近似于聚合物驱的特点，实际上是当三元复合体系黏度较高时，不但提高了驱油效率，也发挥了较强的调剖作用；而当三元复合体系黏度较低时，其驱油效果以提高驱油效率为主，调剖作用较弱，便不显现近似于聚合物驱的特点。

对于非均质性较强的油层，必须提高黏度比，在充分扩大波及体积的前提下，提高驱油效率。大庆油田在非均质性较强的二类油层开展的三元复合驱工业化试验均采用了较高体系黏度，驱替黏度比达到 3~5，均取得了较好的阶段开发效果，提高采收率达到 20 个百分点以上。

2）层间非均质性

根据大庆油田三元复合驱矿场资料统计，随着层间渗透率级差增大，相对差油层动用比例降低。NLQ 区块发育最好的单元油层动用厚度比例为 93.6%，其他单元与该层的渗透率级差分别是 1.2、2.5、3.0、4.0、4.9、5.5、7.2、7.7，对应的油层动用厚度比例分别是 91.6%、69.8%、58%、25.9%、14.5%、12.2%、4.8%、1.9%。单井三元复合驱阶段采出程度也同样随渗透率级差的增大而下降（图 3-4）。

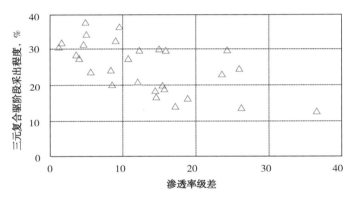

图 3-4　BDD 试验区单井渗透率级差与采出程度关系

建立三层非均质地质模型，层间有隔层。模拟计算不同渗透率级差条件下，三元复合驱提高采收率情况。由模拟计算结果（图 3-5）看出，随着渗透率级差增大，受效提前，但含水率下降幅度减小，提高采收率降低（图 3-6）。

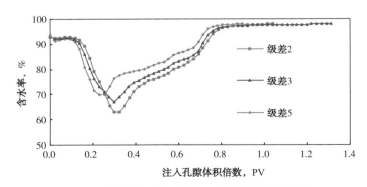

图 3-5　数值模拟渗透率级差与含水变化关系图

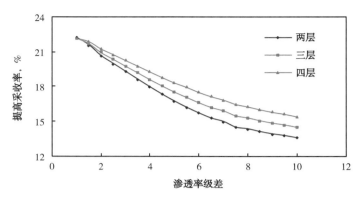

图 3-6　渗透率级差与提高采收率关系图

3）三元复合驱控制程度影响

大庆油田三元复合驱主要目的层为二类油层，其河道变窄，低渗透薄差层和尖灭区发育，造成井网对油层的控制程度降低；又由于三元复合体系中存在较大几何尺寸聚合物分子，难以进入那些低渗透小孔隙的油层，从而进一步缩小了三元复合体系在油层内的波及程度，也可理解为降低了三元复合体系对目的油层的控制程度。为此，引入"三元复合驱控制程度"这一概念，以表征在一定井网、井距条件下，注入由一定分子量聚合物配置的三元复合体系时，对目的油层的控制程度。"三元复合驱控制程度"的计算公式为：

$$\eta_{\mathrm{asp}} = \frac{V_{\mathrm{asp}}}{V_{\mathrm{t}}} \tag{3-1}$$

$$V_{\mathrm{asp}} = \sum_{j=1}^{m} \left[\sum_{i=1}^{n} (S_{\mathrm{asp}ji} \cdot H_{\mathrm{asp}ji} \cdot \phi) \right] \tag{3-2}$$

式中　η_{asp}——三元复合驱控制程度，%；

　　　V_{asp}——三元复合体系中聚合物分子可进入油层孔隙体积，m^3；

　　　$S_{\mathrm{asp}ji}$——第 j 层第 i 井组三元复合驱井网可控制面积，m^2；

　　　$H_{\mathrm{asp}ji}$——第 j 层第 i 井组三元复合体系中聚合物分子可进入的注采井连通厚度，m；

　　　V_{t}——总孔隙体积，m^3；

　　　ϕ——孔隙度。

三元复合驱控制程度主要与油层静态参数、砂体平面连通情况以及注入体系中聚合物分子量密切相关。要达到较高的三元复合驱控制程度，必须具备油层平面砂体连通程度较高并且选择与油层条件相匹配的聚合物分子量这两个条件。

对单井组三元复合驱控制程度与阶段提高采收率的关系统计结果表明，三元复合驱控制程度越高，三元复合驱阶段采出程度越高（图 3-7）。

建立平面非均质地质模型，模拟计算三元复合驱控制程度对驱油效果的影响。从数值模拟结果来看，三元复合驱控制程度越高，驱油效果越好。三元复合驱控制程度在 80% 以下时，控制程度的变化对驱油效果影响较大，控制程度从 60% 增加到 80%，三元复合驱提高采收率值从 15.0 个百分点增加到 20.4 个百分点，增加了 5.4 个百分点。控制程度达到 80% 以上后，对驱油效果影响变小，控制程度从 80% 增加到 100%，三元复合驱控制程度同样是提高了 20 个百分点，采收率提高值仅增加了 1.7 个百分点。要使三元复合驱提高采收率达到 20% 以上，三元复合驱控制程度必须达到 80% 以上。

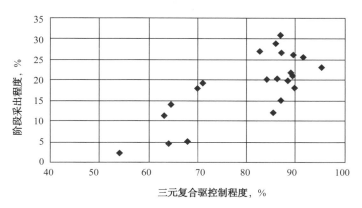

图 3-7 单井组三元复合驱控制程度与阶段采出程度关系图

3. 渗透率影响

根据对单井资料的统计，有效渗透率低于 300mD 的井开采效果明显变差；区块间比较，低渗透油层射开比例较大的区块，开采效果也明显变差。为此用大庆油田天然岩心开展了物理模拟实验。实验结果表明，气测渗透率 600mD（有效渗透率 300mD 左右）以下的岩心，水驱采收率与三元复合驱提高采收率明显变低，三元复合驱提高采收率不能达到 18 个百分点（图 3-8）。

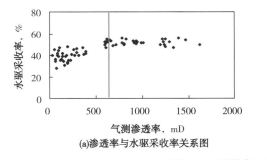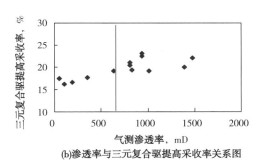

图 3-8 天然岩心渗透率与采收率关系图

二、剩余油分布

1. 矿场资料统计

统计 NWQ 一类油层强碱三元复合驱试验区、BDD 和 LBD 两个二类油层强碱三元复合驱试验区的实际资料，都表明剩余油饱和度越高、化学驱初始含水率越低，三元复合驱的效果越好。

NWQ 试验区受效最好的井是位于两排基础井网水井排中间位置剩余油饱和度较高区域的井；BDD 试验区受效最好的井是位于试验区北部剩余油饱和度较高区域的井。

图 3-9 是 NWQ、BDD、LBD 及 BEX 试验区中心采油井水驱剩余油饱和度与化学驱阶段采出程度的关系图，可以看到 4 个区块有相同的规律。同一区块内水驱剩余油饱和度越高的井，化学驱阶段采出程度越高；水驱剩余油饱和度越低的井，化学驱阶段采出程度也越低。

图 3-10 是 NWQ、BDD 及 LBD 试验区中心采油井化学驱初始含水与化学驱阶段采出

程度的关系，可以看到3个区块有相同的规律。同一区块内化学驱初始含水率越高的井，化学驱阶段采出程度越低；化学驱初始含水率越低的井，化学驱阶段采出程度越高。

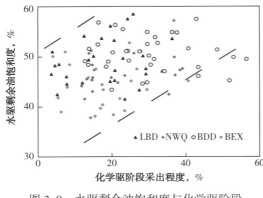

图3-9　水驱剩余油饱和度与化学驱阶段　　　　图3-10　化学驱初始含水率与化学驱阶段
　　　　采出程度的关系　　　　　　　　　　　　　　采出程度的关系

化学驱初始含水率的高低间接反映剩余油的多少，因此以上两点说明：剩余油越多，三元复合驱效果越好，剩余油是取得较好驱油效果的物质基础。

2. 数值模拟结果

建立单层均质模型，有效厚度为3.0m，有效渗透率为500mD，网格数9×9，一注一采，注采井距125m。分别水驱至含水率90%、94%、98%后进行化学驱。先注入0.06PV聚合物前置段塞，再注入0.3PV三元复合体系主段塞、0.15PV三元复合体系副段塞，最后注入0.2PV后续聚合物段塞。在90%、94%、98%三种含水率条件下进行化学驱，其提高采收率分别为22.3个百分点、20.2个百分点、18.2个百分点。提取注入0.10PV、0.15PV、0.20PV、0.25PV、0.30PV、0.40PV的含水饱和度场（图3-11），可以看到化学驱前含水率越低，即越早转为化学驱，水驱剩余油饱和度越高，形成的油墙规模越大，油墙到达采出井的时间越早，且突破时间越晚。这与矿场实际资料的统计结果一致，即初始含水率低、剩余油饱和度高的井见效早，含水率下降幅度大，低含水期持续时间长，提高采收率值高，开采效果好。

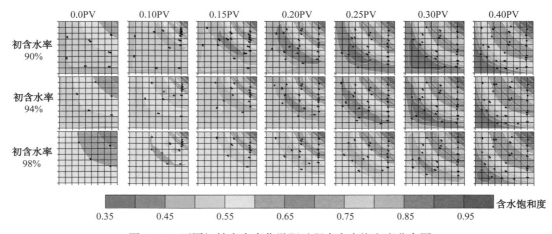

图3-11　不同初始含水率化学驱过程中含水饱和度分布图

三、化学驱时机影响

1. 矿场资料统计

随着越来越多的区块投入开发，注入时机对三元复合驱效果的影响表现得也越来越明显。一个区块水驱时间越长，采出程度越大，采出液含水率越高，进行三元复合驱的效果会越差。为了同时反映水驱采出程度和含水率的影响，将两者乘积作为一项因素考虑，计作 $f \cdot ew$（用小数形式表示）；用 Ep 表示每注入 0.1PV 化学剂的提高采收率值。以 $f \cdot ew$ 作横坐标、Ep 作纵坐标作图

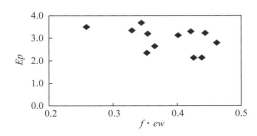

图 3-12　Ep 与 $f \cdot ew$ 关系图

3-12，可以看到：随着水驱含水率和采出程度的提高，每注入 0.1PV 化学剂的提高采收率值呈现下降的趋势。这说明较早进行三元复合驱会取得更好的提高采收率效果。

从区块单井化学驱初始含水率与开采效果的对比结果看，同样显示出与上述结论相同的规律：化学驱初始含水率相对低的井，受效期含水率下降幅度大，化学驱阶段采出程度高。

2. 物理模拟实验

实验采用人造长条三层非均质岩心（尺寸为 4.5cm × 4.5cm × 30cm，孔隙度 25% 左右，渗透率为 800mD 左右，非均质系数为 0.72），模拟了不同含水率条件下进行三元复合驱的提高采收率效果。

实验结果表明：化学驱越早，含水率和水驱采出程度越低，化学驱含水率下降幅度越大，阶段采出程度越高，最终采收率也越高。说明在水驱含水率达到 75% 以后进行三元复合驱时，化学驱越早，阶段开发效果和最终开发效果越好（表 3-1）。

表 3-1　三层非均质人造岩心不同转注时机化学驱效果对比表

气测渗透率 mD	含油饱和度 %	水驱采出程度 %	化学驱初始含水率 %	化学驱采出程度 %	最终采收率 %
806	71.3	42.2	75	32.4	74.6
792	70.9	49.8	90	22.7	72.5
812	70.7	53.1	98	17.6	70.7
796	70.6	54.5	100	15.4	69.9

3. 数值模拟结果

为了进一步研究注入时机对三元复合驱效果的影响，建立典型地质模型进行了数值模拟计算。地质模型分三层，平均渗透率为 500mD，变异系数分别为 0.65 和 0.75，注采井距为 125m，化学驱控制程度为 100%。

数值模拟结果表明，变异系数为 0.65 的模型，在化学驱初始含水率为 86%、92%、96.5%、98% 的条件下，提高采收率分别为 27.4%、25.6%、24.0% 和 23.0%；变异系数为 0.75 的模型，在化学驱初始含水率为 86%、92%、96.5%、98% 的条件下，提高采收率分别为 24.1%、21.5%、19.2% 和 18.2%。由此看出，在含水率为 86%~98% 的区间内开展化学驱，注入时机越早，化学驱效果越好，初含水率每下降 1 个百分点提高采收率

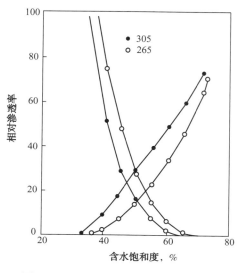

图 3-13 强水湿岩样相对渗透率曲线

上升 0.3~0.7 个百分点。同时还可以看到，非均质性越强，注入时机对三元复合驱效果影响越大。

以上结论可以从以下几个方面解释：

（1）相对渗透率的变化。随着水驱时间的延长和驱替倍数的增加，油层强水洗厚度不断增加，有的区块甚至达到 60% 以上。油层经过长时间水驱后，其孔隙结构、润湿性及渗流特性都会发生较大程度的改变。根据以往的研究，不论是水湿性油层还是油湿性油层，水驱开发时间越长，油层剩余油饱和度越低，水相渗透率逐渐增加，油相渗透率逐渐降低，也就是水油流度比增加。油层经过强水洗后，相渗曲线更会发生明显变化（图 3-13），在较高含水饱和度时，水相渗透率急剧上升，水油流度比增加，可达到 15 以上。三元复合驱通过增加体系黏度，降低水油流度比，控制指进现象和调整注入剖面，从而扩大波及体积；通过在驱替液中加入碱和表面活性剂降低油水界面张力，提高波及区域内的驱油效率。因此在油层物性所允许的前提下，增加体系黏度控制水油流度比是至关重要的。以往研究成果证明，水油流度比 M 降低到 1.0 以下可有力改善开发效果。

由公式（3-3）可知，若 K_w/K_o 增大，则需要降低 μ_o/μ_w 才能使 M 降低到 1.0 以下。参考图 3-13 中的相渗曲线，当油层经过强水洗，含水饱和度达到 60% 时，K_w/K_o 可达到 5.4 和 16.7，若油的黏度 $\mu_o=8mPa\cdot s$，驱替相的黏度就应达到 $43mPa\cdot s$ 和 $134mPa\cdot s$ 以上，才能使 $M\leqslant 1.0$。考虑体系由配制系统到炮眼的黏度损失为 50%，那么注入体系配置黏度分别要求大于 $90mPa\cdot s$ 和 $270mPa\cdot s$。如此高的体系黏度与大庆油田的多数油层是不匹配的，无法实现正常注入。因此三元复合驱注入时机越晚，油层水洗程度越强，流度控制所需的驱替体系黏度要求越大，当油层物性所要求的匹配黏度不能达到这一黏度时，水油流度比将达不到 1.0 以下，最终会影响开发效果。

$$M=\frac{\lambda_w}{\lambda_o}=\frac{K_w}{\mu_w}\cdot\frac{\mu_o}{K_o}=\frac{K_w}{K_o}\cdot\frac{\mu_o}{\mu_w} \tag{3-3}$$

式中 M——水油流度比；

λ_w——水流度；

λ_o——油流度；

K_w——水相渗透率；

K_o——油相渗透率；

μ_w——水的黏度；

μ_o——油的黏度。

（2）乳化程度的不同。在注入时机的物理模拟实验中同时考察了注入过程中的压力变化，初始含水率为 75%、90%、98%、100% 的条件下，注入化学剂后，注入压力分别上升 0.42MPa、0.35MPa、0.33MPa、0.29MPa；每注入 0.1PV，注入压力分别上升 0.14MPa、

0.11MPa、0.10MPa、0.09MPa。注入压力的上升幅度不同反映了岩心中原油乳化程度的不同。初始含水率越低，水驱剩余油饱和度越高，越有利于乳化，形成的乳状液黏度越大，注入压力上升幅度也就越大。而乳化程度越强越有利于提高驱油效果。

（3）还有一些其他原因可说明化学驱注入时机越晚越对开发效果不利。①水驱时间越长，高、低渗透层驱替倍数差别越大，含水率差别也越大，造成吸水、采液能力差异增大，剖面调整难度增加；②水驱时间延长，剩余油饱和度降低，原油重质组分增加，黏度增大，流度下降，水油流度比增大；③水驱时间延长，微观剩余油中易于驱动的簇状剩余油和膜状剩余油比例减少，不易驱动的盲状、角隅状剩余油比例增大。

四、三元复合体系性能

1. 界面张力

三元复合驱提高采收率的最重要机理就是依靠体系界面张力达到 10^{-3}mN/m 数量级超低范围，从而增加毛细管数提高驱油效率，因此体系的界面张力是否达到超低对三元复合驱的效果起着至关重要的作用。

采用气测渗透率相近的天然岩心进行了不同界面张力三元复合体系的物理模拟实验，结果表明体系界面张力达到 10^{-3}mN/m 数量级的实验，平均提高采收率 20.4 个百分点；体系界面张力在 10^{-2}mN/m 数量级的实验，平均提高采收率 16.3 个百分点；体系界面张力在 10^{-1}mN/m 数量级的实验，平均提高采收率仅 12.8 个百分点。这组实验说明要使三元复合驱提高采收率达到 20 个百分点以上，三元复合体系的界面张力必须达到 10^{-3}mN/m 数量级超低范围（表3-2）。

表 3-2 天然岩心物理模拟实验结果

平衡界面张力 mN/m	岩心数量，支	气测渗透率，mD	水驱采收率，%	最终采收率，%	化学驱提高采收率，%
5.80×10^{-3}	9	981	52.5	72.9	20.4
1.44×10^{-2}	10	923	51.7	68.0	16.3
2.90×10^{-1}	6	961	50.9	63.7	12.8

2. 黏度

三元复合驱提高采收率的另一机理是增加体系黏度，扩大波及体积，也只有在扩大波及体积的前提下，达到超低界面张力的三元复合体系才能在其波及的范围内发挥其提高驱油效率的作用。当然三元复合体系乳化增黏后也扩大波及体积，但在做不作讨论。

建立不同非均质条件的地质模型，模拟体系黏度对驱油效果的影响。为了消除地下原油黏度的影响，采用无量纲的驱替黏度比作为模拟参数。模拟结果（图3-14）显示，随着驱替黏度比的增大，三元复合驱效果变好；非均质性程度越强（即渗透率变异系数 V_k 值越大），黏度对驱油效果的影响越大。因此对于非均质性较强的油层，采用黏度较高的体系更有利于提高采收率。大庆油田近几年开展的 BDD 区块和 LBD 区块二类油层强碱三元复合驱工业化矿场试验，都采取了黏度较高的三元复合体系，BDD 试验区驱替黏度比达到3，LBD 试验区驱替黏度比达到了5，两区块都取得了很好的开发效果。

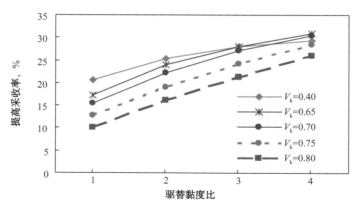

图 3-14　不同非均质条件油层驱替黏度比与提高采收率的关系

除了以上因素对三元复合驱开发效果影响较大以外，还有地层压力、注采比、水驱井干扰、增产增注措施、生产时率、套损等因素也会不同程度地影响三元复合驱的开发效果。比较有利的做法是地层压力不低于原始饱和压力，注采比保持在 1.0 左右，同层系水驱井网的井全部封堵，增产增注措施及时，生产时率达到 95% 以上，区块内无成片套损区。

第二节　三元复合驱井网、井距与层系组合

对油田开发而言，注采井网、井距设计的核心任务是使井网、井距最大限度地适应所开发层系的油层分布状况，以获得最大的采收率，同时要在保证良好的经济效益前提下，满足对采油速度的需求。大庆油田三元复合驱的潜力油层主要集中在纵向和平面非均质性较严重的二类油层，因此三元复合驱井网、井距的选择，要综合考虑井网、井距对油层性质的适应性以及对驱油效果和注采能力的影响。

一、注采井网的选择

1. 不同井网驱油效果数值模拟研究

为了对比不同井网条件下三元复合驱的开发效果，应用三维化学驱数值模拟软件进行了计算研究。取常见的直行列、斜行列、四点法、五点法、七点法、九点法、反九点法等 7 种井网，应用化学驱数值模拟软件进行模拟计算，并对其计算的结果进行对比分析，选择驱油效果最好的井网[1]。

表 3-3 的计算结果表明，在油层条件、注采井距和注采速度相同的前提下，只改变井网类型，水驱采收率的最大值与最小值相差 2.0 个百分点。水驱开发效果较好的井网，三元复合驱效果也相对较好。在上述不同井网注入程序、段塞配方、注入化学剂量相同的条件下，三元复合驱最终采收率的最大值与最小值仅相差 3.66 个百分点，但三元复合驱比水驱提高采收率的最大值与最小值仅相差 1.66%。三元复合驱以五点法井网提高采收率的效果最好，斜行列、四点法、反九点法的效果次之，但差别不大，七点法、九点法和直行列井网的效果相对较差。因此，根据水驱到含水率为 96% 后，再注入三元复合体系的数值模拟计算的驱油效果看，三元复合驱同水驱一样，采用多种面积井网布井方式都是可行的，五点法、斜行列、四点法井网的提高采收率效果都比较好。

表 3-3 不同井网水驱、三元复合驱采收率对比表

井网	水驱采收率 %	三元复合驱采收率 %	三元复合驱比水驱提高采收率 %
直行列	39.99	59.63	19.64
斜行列	41.02	61.36	20.28
五点法	41.12	61.44	20.32
九点法	40.26	59.76	19.50
反九点法	40.78	60.93	20.15
四点法	40.34	60.56	20.24
七点法	39.12	57.78	18.66

2. 从试验区的动态研究井网的适应性

油田开发过程受多种因素影响，对大面积的开发区块而言，不同井网的油水井数比不同。在注入速度相同的条件下，不同井网注入井的单井注入强度不同，而三元复合驱同聚合物驱一样，注入液的黏度较高，在注入过程中，注入井注入压力升高，生产井的流动压力降低。因此，要保证三元复合体系的顺利注入，不出现注入井注入压力高于油层破裂压力、生产井流压降低太大导致产液困难的情况，采用合理的注采井网是十分重要的[2, 3]。童宪章先生依据注采平衡原理推导的不同面积井网各种井数相对值如下：

相对生产井数：
$$x = \frac{2(n+2m-3)}{n-3} \qquad (3-4)$$

相对注水井数：
$$y = n+2m-3 \qquad (3-5)$$

相对总井数：
$$T = \frac{(n-1)(n+2m-3)}{n-3} \qquad (3-6)$$

式中 n——标准面积井网；

m——产液指数与吸水指数的比。

n 为人为控制变量，m 基本上受地层、流体性质及完井方式的影响，x、y 和 T 都是无量纲的。依据上述公式，不考虑油藏非均质性影响，以总井数最少、产液量较高为原则，在相同的开采速度条件下，可根据油藏的 m 值来选择合理的井网。

大庆油田在 20 世纪 80 年代后期，通过喇萨杏油田的注采系统调整研究认为，油田获得最高产液量的油水井数比与产液、吸水指数有关，它等于吸水、产液指数比的平方根。

$$R = \frac{N_o}{N_w} = \sqrt{1/m} = \sqrt{j_w/j_l} \qquad (3-7)$$

式中 R——采油井数与注水井数之比；

m—— 采液指数与吸水指数之比；

N_o——采油井数；

N_w——注水井数；

j_w——注水井吸水指数，$m^3/(d \cdot MPa \cdot m)$；

j_l——采油井采液指数，$t/(d \cdot MPa \cdot m)$。

从上述原理出发，对已进行的 4 个三元复合驱矿场试验的采液、吸水指数数据进行统计。考虑已进行的试验区井数及面积都相对较小，因此，将全区及中心井的采液、吸水指

数数据和计算的 m、R 分别列于表 3-4、表 3-5 中。

表 3-4　矿场试验区注三元复合体系后全区采液、吸水指数统计表

区块	吸水指数 m³/（d·MPa·m）	采液指数 t/（d·MPa·m）	采液指数与吸水 指数比 m	油水井数比 R
杏五区	8.42	4.79	0.57	1.32
中区西部	1.14	0.58	0.51	1.40
杏二区西部	1.48	0.92	0.62	1.27
北一区断西	3.02	2.68	0.89	1.06

表 3-5　矿场试验区注三元复合体系后中心井采液、吸水指数统计表

区块	吸水指数 m³/（d·MPa·m）	采液指数 t/（d·MPa·m）	采液指数与吸水指数比 m	油水井数比 R
中区西部	1.14	0.37	0.32	1.77
杏二区西部	1.48	0.68	0.46	1.47
北一区断西	3.02	0.88	0.29	1.85

从表 3-4、表 3-5 中可以看出，杏五区、中区西部、杏二区西部、北一区断西应用全区数据计算的 m 值分别为 0.57、0.51、0.62、0.89，中区西部、杏二区西部、北一区断西应用中心井数据计算的 m 值分别为 0.32、0.46、0.29，应用中心井数据计算的 m 值均较全区的小，且均小于 1.0，这反映出各试验区注入三元复合体系后注水井的吸水能力显著大于产油井的产液能力。依据 m 值的变化范围及选择井网原则，选择五点法和四点法面积注水井网均较为合理。依据 R 值的变化范围，三元复合驱选择五点法、斜行列或四点法面积注采井网也是较为合理的。全区数据的计算结果表明选择五点法井网相对合理，中心井数据的计算结果表明选择四点法井网相对合理。

从上述计算结果和矿场试验反映的注采能力来看，大庆油田三元复合驱采用注采井数比为 1∶1 的五点法、斜行列井网或注采井数比为 1∶2 的四点法井网是相对合理的，具体井网的选择还要依据具体开发区块的条件确定。采用上述井网能获得较好的提高采收率效果，提供较高的采液量，生产总井数也相对较少。

二、注采井距的选择

大庆油田已开展的三元复合驱矿场试验注采井距为 75~250m，从矿场实践来看，注采井距直接影响着化学驱控制程度、驱替剂的注入速度以及注采能力，最终影响采收率提高幅度[4-6]。井距的选择要综合考虑以上几方面因素。

1. 注采井距对三元复合驱控制程度和驱油效果的影响

三元复合驱控制程度实际是由聚合物驱控制程度引申而来。由于三元复合体系中碱的加入，大大增加了矿化度，使得聚合物分子在三元复合体系中的分子回旋半径较其在水溶液中的分子回旋半径变小，因此，相同聚合物分子量、相同聚合物浓度条件下，三元复合体系比单纯的聚合物体系可进入的油层渗透率下限要低。如图 3-15 是天然岩心的物理模拟实验结果，可以看到相同聚合物分子量的三元复合体系与聚合物溶液相比，三元复合体系可进入的油层渗透率下限更低。由此得出相同井距、相同聚合物分子量条件下，三元复

合驱控制程度要略高于聚合物驱控制程度。

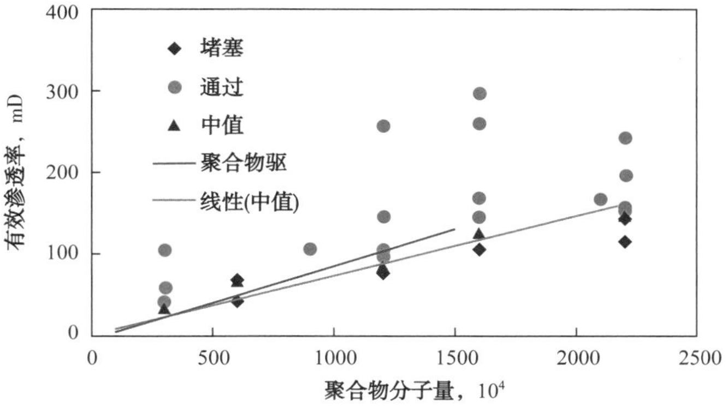

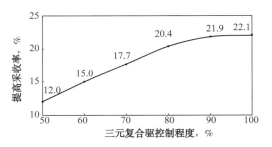

图 3-15　不同聚合物分子量三元复合体系与聚合物溶液可进入的油层渗透率下限

前文中曾论述，三元复合驱控制程度越高，提高采收率效果越好。三元复合驱控制程度主要与油层静态参数、砂体平面连通情况以及注入体系中聚合物分子量相关，那么对于砂体平面连通性较差的油层，注采井距的大小对三元复合驱控制程度有着重要的影响。

1）注采井距对三元复合驱控制程度的影响

注采井距对三元复合驱控制程度的影响取决于油层的平面连通状况，对于河道砂大面积发育，平面上连通较好的一类油层，井距在 250m 以下变化时，对控制程度的影响都不大；但是对于河道窄、平面上连通性差的二类油层，井距的变化对三元复合驱控制程度影响很大。井距缩小，有利于提高三元复合驱控制程度。表 3-6 是北一区断东二类油层强碱三元试验区萨Ⅱ 1-9 油层在不同井距条件下的三元复合驱控制程度（聚合物分子量为 2500×10^4，渗透率下限为 170mD）。可以看到在 250m 井距时，三元复合驱控制程度仅为 59.5%；井距缩小到 175m 时，控制程度增加到 72.9%；井距进一步缩小到 150m 以下时，控制程度增加到 80% 以上[7]。

表 3-6　北一区断东三元复合驱试验区三元复合驱控制程度与注采井距的关系

井距，m	250	175	150	125
三元复合驱控制程度，%	59.5	72.9	80.8	82.5

通过对长垣北部二类油层和南部一类油层的统计，由分子量为 2500×10^4 的聚合物配制的三元复合体系，对目的层的控制程度要达到 80%，井距需要缩小到 100~175m。

2）三元复合驱控制程度对驱油效果的影响

第一节阐述了三元复合驱控制程度对驱油效果的影响，从数值模拟结果来看，三元复合驱控制程度越高驱油效果越好，要使三元复合驱提高采收率达到 20% 以上，三元复合驱控制程度必须达到 80% 以上（图 3-16）。

已开展的先导性矿场试验由于规模

图 3-16　三元复合驱控制程度与提高采收率关系图

小、油层单一且平面连通性较好，注采井距在75~250m之间，三元复合驱控制程度均达到了85%以上，为试验取得提高采收率20%以上的效果奠定了基础。第一个工业性试验区杏二区中部由于采用250m井距，试验区西部油层发育较差对250m的注采井距不适应，导致试验区西部三元复合驱控制程度低，仅为57.0%，最终导致西部的试验效果较差，提高采收率值比控制程度较高的试验区东部低4.5个百分点。之后开展的工业性矿场试验缩小了注采井距，使三元复合驱控制程度均达到了80%以上，为试验区取得好的开发效果提供了保证（表3-7）。

表3-7 不同三元复合驱试验区控制程度对比表

区块	目的层	注采井距，m	控制程度，%	提高采收率，%
杏二中西部	葡 I2$_1$–3$_3$	250	57.0	13.6
杏二中东部	葡 I2$_1$–3$_3$	250	69.9	18.1
北一区断东	萨Ⅱ 1–9	125	82.5	23.0
南五区	葡 I1–2	175	83.8	18.1
喇北东块	萨Ⅲ 4–10	120	83.7	19.4

2. 注采井距与注采能力的关系

由于具有较高黏度体系的注入以及化学剂在油层中的滞留、吸附作用，使水油流度比降低，油层渗透率下降，流体的渗流阻力增加，反映在试验区注化学剂初期注入压力上升较快。从表3-8可以发现，注采井距、试验层位、试验规模不同，试验区的注入能力变化较大。工业性矿场试验区的注入压力上升幅度要高于先导性矿场试验；先导性试验区压力升幅与注采井距之间变化关系不明显；工业性矿场试验区随着注采井距的增大，注入压力上升幅度是增大的。注采井距为75m的小井距南、北井组三元复合驱矿场试验区，由于注采井数少、注采井距小、井网不封闭，尽管化学驱注入速度较高，达到0.71~0.75PV/a，但化学驱注入压力上升值在3.0~2.77MPa之间，注入压力上升幅度在44.1%~33.46%之间。而杏二区中部、南五区、北一区断东三个工业性矿场试验区由于注采井距大或试验规模大，化学驱注入速度虽仅保持在0.1~0.18PV/a，但注入压力上升幅度均在95%以上，且随着注采井距的增大，压力上升幅度呈增大的趋势。

表3-8 各试验区注入压力变化情况表

	区块	井距，m	有效渗透率，mD	注入速度，PV/a	最高注入压力上升值，MPa	压力上升幅度，%
先导性试验	小井距北井组	75	567	0.75	2.8	36.5
	小井距南井组	75	467	0.71	3.0	44.1
	杏二区西部	200	675	0.30	2.9	35.8
	北一区断西	250	512	0.21	3.3	35.8
工业性试验	杏二区中部	250	404	0.10	6.8	109.7
	北一区断东	125	670	0.18	5.2	96.0
	南五区	175	501	0.16	6.4	110.3

三元复合驱注入压力上升值与地层条件、注采井距、注入强度、三元复合体系黏度、注入速度等多种因素有关。对于五点法面积井网，注入三元复合体系后，注水井的注入压力上升值可用式（3-8）表示：

$$\Delta p' = 0.002\phi \frac{\mu_{asp}}{K} \frac{r^2}{180} \ln\left(\frac{r}{r_w}\right) v_i \qquad (3\text{-}8)$$

式中　$\Delta p'$——三元复合驱较水驱注入压力上升值，MPa；

　　　ϕ——孔隙度；

　　　μ_{asp}——注入的三元复合体系黏度，mPa·s；

　　　K——油层平均有效渗透率，D；

　　　r，r_w——井距半径和井筒半径，m；

　　　v_i——注入速度，PV/a。

注入压力的上升值与注采井距的平方及注入速度成正比关系，因此，为使三元复合体系注入后的注入压力不超过油层破裂压力，需要合理匹配注采井距与注入速度的关系。考虑到大庆油田三元复合驱的潜力对象主要集中在二类油层，取油层平均有效渗透率400mD，孔隙度0.25，三元复合体系配方黏度30mPa·s，分别计算了不同注采井距、不同注入速度时的注入压力上升值，计算结果参见表3-9。

表3-9　五点法面积井网三元复合驱注入速度、注采井距与注入压力上升值关系　　单位：MPa

速度	井距					
	100m	125m	150m	175m	200m	250m
0.10PV/a	1.3	2.1	3.1	4.3	5.7	9.2
0.15PV/a	1.9	3.1	4.6	6.4	8.6	13.8
0.20PV/a	2.6	4.2	6.2	8.6	11.4	18.3
0.25PV/a	3.2	5.2	7.7	10.7	14.3	22.9
0.30PV/a	3.9	6.3	9.3	12.9	17.1	27.5

在相同注采井距下，注入压力的上升值随着注入速度的增大而增加；在相同注入速度下，注入压力的上升值随着注采井距的增大而增加。因此，为保证注入压力不超油层破裂压力，在采用较大的注采井距时，需匹配一个较小的注入速度；注采井距缩小时，可适当放大注入速度。从试验数据统计结果可知，7MPa为二类油层三元复合驱压力上升值的上限。对于三元复合驱五点法面积井网，当注采井距为200m时，最大注入速度只能达到0.12PV/a左右；当注采井距为175m时，最大注入速度能达到0.15PV/a左右；当注采井距为150m时，最大注入速度能达到0.22PV/a左右；当注采井距缩小到125m时，最大注入速度可达到0.3PV/a左右。考虑到过低或过高的注入速度均不利于三元复合驱油，因此，三元复合驱注采井距应控制在100~175m之间，满足三元复合驱注入速度为0.15~0.30PV/a的较为合理的范围。

已开展的矿场试验统计数据表明，随着注采井距的加大，三元复合驱采液能力下降幅度越大（表3-10）。

表 3-10　三元复合驱产液能力变化对比表

区块	规模	注采井距，m	产液指数，t/（d·MPa·m）		产液指数下降幅度，%	含水率下降幅度，%	最低含水率，%
			水驱	三元复合驱			
中区西部	4 注 9 采	106	0.94	0.40	57.8	38.4	48.6
北一区断东	49 注 63 采	125	1.98	0.90	54.5	17.5	78.7
南五区	29 注 39 采	175	3.49	1.11	68.2	18.9	76.9
杏二区西部	4 注 9 采	200	10.32	2.40	76.7	49.3	50.7
北一区断西	6 注 12 采	250	10.20	1.50	85.3	40.6	54.4
杏二区中部	17 注 27 采	250	4.17	0.63	84.8	25.9	69.5

　　按照注采平衡的原则，合理注采井距要达到注、采能力两方面的需求，采液指数的大幅度下降势必影响到试验区的注入能力，进而影响试验效果。考虑到三元复合驱工业化推广后试验规模大、油层条件差的实际情况，若要保证一定的采出能力以及较好的降水增油效果，注采井距应控制在 150m 左右。

三、层系优化组合

　　大庆油田三元复合驱的潜力油层主要集中在二类油层。二类油层的沉积环境变化较大，从泛滥平原到分流平原、三角洲内前缘和外前缘，不同沉积环境的各类砂体组合到一起，造成了纵向上不同相别、不同厚度、不同渗透率的油层交错分布；平面上相带变化复杂，砂体规模不一，油层厚度发育不均，砂体连通状况变差。与以泛滥平原河流相沉积为主的主力油层相比，二类油层总体上呈现河道砂发育规模明显变小、小层数增多、单层厚度变薄、渗透率变低、平面及纵向非均质性变严重的特点（表 3-11）。特别是内前缘沉积砂体，由于河道砂规模的变小以及表外层和尖灭区的发育，砂体连通性极差，平面非均质相当严重。

表 3-11　二类油层与一类油层特征对比表

油层组	沉积环境	主要砂体类型与形态	单一河道		韵律	有效渗透率，mD	单元间渗透率级差	油层类型
			宽度，m	厚度，m				
萨Ⅱ	分流平原内前缘	条带状水上与水下分流河道砂、小片状河间砂、大片状内前缘席状砂	200~1000	2~5	正韵律反韵律	480~530	1.7~2.8	二类
萨Ⅲ	分流平原内前缘	条带状水上与水下分流河道砂、小片状河间砂、大片状内前缘席状砂	200~1000	2~5	正韵律反韵律	380~720	1.7~3.2	
葡Ⅱ	分流平原内前缘外前缘	条带状水上与水下分流河道砂、小片状河间砂、大片状内前缘席状砂、外前缘砂	150~800	2~4	正韵律反韵律	360~560	1.6~2.6	
葡Ⅰ	泛滥平原分流平原	大型辫状河道砂、复合曲流带、高弯水上分流河道砂	800~1500	3~10	均韵律正韵律	610~920	1.4~2.5	一类

　　层系优化组合就是将油层性质相近的开采对象组合到一起，采用同一套井网开采，以减少层间干扰，达到提高最终采收率的目的。对于三元复合驱，还要同时满足一套层系内的油层要适合注同一种分子量聚合物配制的三元体系。结合水驱及聚合物驱的开发经验，

三元复合驱层系优化组合的总体原则是一套开采层系井段不宜过长、层数不宜过多、级差不宜过大、层系厚度合理。

1. 层系组合重点考虑的几项因素

1）层间渗透率级差

层间渗透率级差是影响油田开发效果的主要参数之一。不同渗透率的油层，在吸水能力、采出能力以及水线推进速度等方面差异较大。为搞清层间渗透率级差大小对三元复合驱试验效果的影响，应用美国 GRAND 公司开发的 FACS 三维化学驱数值模拟软件进行室内数值模拟研究。模型基本情况：采用 4 注 9 采五点法面积注水井网，注采井距 150m。首先设计 6 个基础地质模型，每个模型设计为正韵律层，变异系数 0.65，并划分为 3 个纵向连通的厚度各为 2m 的小层，每个基础地质模型的小层渗透率见表 3-12。然后由上述基础地质模型组合为 6 个上、下层之间均具有稳定隔层、且低渗透率油层厚度占总厚度 50% 的双层地质模型（表 3-13），层间渗透率级差分别为 5.0、4.0、3.0、2.5、2.0、1.0。为了研究层系组合中低渗透率油层厚度比例不同条件下，层间渗透率级差对三元复合驱驱油效果的影响，同样建立了一系列地质模型，低渗透率油层厚度比例分别为 16.7%、25.0%、33.3%、41.67%，并进行了数值模拟计算[8]。

表 3-12　基础地质模型渗透率数据

模型	上层渗透率，mD	中层渗透率，mD	下层渗透率，mD	平均渗透率，mD	备注
1	33	95	351	160	正韵律 变异系数 0.65
2	42	119	439	200	
3	56	159	586	267	
4	67	190	703	320	
5	84	238	878	400	
6	166	480	1754	800	

三元复合驱配方及注入段塞设计：采用小井距南井组弱碱试验区配方，注入速度为 0.15PV/a。注入程序如下：在大庆油田实际条件下（油、水、气的流体性质、相对渗透率曲线等），水驱至中心井含水率达到 97.2% 后，再注入前置聚合物段塞、三元复合体系段塞和聚合物保护段塞，再续水驱，直到中心井含水率达到 98% 时为止。

表 3-13　双层地质模型渗透率数据

模型号	7	8	9	10	11	12
上层平均渗透率，mD	160	200	267	320	400	800
下层平均渗透率，mD	800	800	800	800	800	800
层间渗透率级差	5.0	4.0	3.0	2.5	2.0	1.0

通过数值模拟研究取得以下认识：

（1）一套开采层系渗透率级差大小对三元复合驱采收率影响较大。开采层系渗透率级差在 2.0 以下对三元复合驱驱油效果影响小，级差在 2.0 以上对驱油效果影响加大。表 3-14、表 3-15 分别为低渗层厚度占总厚度 50.0%、16.7% 时层系渗透率级差对三元复合驱驱油效果的影响情况表。低渗层厚度占总厚度的 50%、渗透率级差在 2.0 时，含水率最低值为 58.6%，提高采收率值为 22.2%；当渗透率级差增大到 5.0 时，含水率最低值为 71%，提高采收率值仅为 16%，即渗透率级差由 2.0 增大到 5.0 时，含水率下降值降低了 12.4 个百分点，提高采收率值下降了 6.2 个百分点。当低渗层厚度占总厚度的 16.7%、渗透率级差在 2 时，含水率最低值为 57%，提高采收率值为 23.7%；当渗透率级差增大到 5.0 时含水率最低值为 59.5%，提高采收率值为 19.8%，即渗透率级差由 2.0 增大到 5.0 时，含水率下降值降低了 2.5 个百分点，提高采收率值下降了 3.9 个百分点。可以发现，开采层系渗透率级差越小则三元复合驱含水率下降幅度越大、驱油效果越好；级差越大则含水率下降幅度越小、驱油效果变差。

表 3-14　层间渗透率级差对三元复合驱驱油效果的影响（低渗透层厚度占总厚度的 50%）

层间渗透率级差	含水最低值，%	提高采收率值，%
1.0	53.1	24.0
2.0	58.6	22.2
2.5	61.1	21.2
3.0	64.0	20.2
4.0	68.7	18.0
5.0	71.0	16.0

表 3-15　层间渗透率级差对三元复合驱驱油效果的影响（低渗透层厚度占总厚度的 16.7%）

层间渗透率级差	含水最低值，%	提高采收率值，%
1.0	54.8	24.0
2.0	57.0	23.7
2.5	57.9	23.0
3.0	58.6	22.3
4.0	59.3	20.9
5.0	59.5	19.8

（2）相同渗透率级差条件下，一套开采层系内低渗透层厚度比例增加，则三元复合驱的采收率降低。表 3-16 为层间渗透率级差分别为 2.0、5.0 的计算结果。

表 3-16　渗透率级差对三元复合驱驱油效果的影响

低渗透率油层所占厚度比例，%	级差为 2.0	级差为 5.0
	提高采收率值，%	提高采收率值，%
16.7	23.7	19.8
25.0	23.5	19.1
33.3	23.1	18.1
41.7	22.6	17.0
50.0	22.2	16.0

可以发现相同渗透率级差条件下，随着层系组合中低渗透率油层厚度比例增加，三元

复合驱提高采收率值降低。低渗透率油层厚度比例由 16.7% 增加到 50%，层间渗透率级差为 2.0 时，提高采收率值下降了 1.5 个百分点，当层间渗透率级差为 5.0 时，采收率提高值下降了 3.8 个百分点；即随着层间渗透率级差的加大，低渗透率油层厚度比例增加对三元复合驱提高采收率值影响更加明显。综上所述，为保证三元复合驱的驱油效果，在进行三元复合驱层系组合时，应尽量把开采层系的渗透率级差控制在 2.0 左右，当渗透率级差大于 2.0 时应考虑分注，同时也要避免把过多的低渗透层组合到层系中一起开采。

2）一套开采层系的厚度

采收率提高幅度和经济效益是衡量层系厚度界限的两个主要指标。精细地质研究表明，作为三元复合驱主要开采对象的二类油层纵向上分布井段长、小层数多、单层厚度薄、平面及纵向非均质性严重。从最终开采效果这一角度出发，一套层系组合中的层数越少、厚度越小、层间干扰影响程度越低，开采效果越好。但随着层系厚度的减小，单井产量降低，投资回收期延长，内部收益率下降，而且不利于原地面注化学剂设备的利用。因此对层系组合厚度的确定，既要考虑采收率提高幅度，同时又要保证一定的产量规模、兼顾经济效益。产量规模主要是考虑单井的注入量和采出量，一套层系组合的厚度应该达到一定的产量要求，同时注入井的注入强度过低或过高均不利于油水井的正常生产。已开展的聚合物驱及三元复合驱矿场试验表明，随着高黏度化学体系的注入，注入压力都会有不同程度的上升，压力上升幅度与注入量（注入速度）、注采井距、体系黏度成正比关系，与油层厚度、油层渗透率成反比，见公式（3-9）。

$$\Delta p' = 0.002 \frac{Q_1}{h} \frac{\mu_{asp}}{K} \ln\left(\frac{r}{r_w}\right) \tag{3-9}$$

式中　　Q_1——三元复合驱注入量，m^3；

　　　　h——油层厚度，m；

其余参数见公式（3-8）。

从统计数据来看（表 3-17），试验区的注入能力变化较大。从表中不同试验区注入压力变化情况并结合二类油层发育差、非均质性严重的油层性质，认为二类油层在保持合理注入速度的前提下，三元复合驱的注入压力上升值在 5~7MPa。考虑二类油层开采对象有效渗透率分布在 400mD 左右，五点法面积井网 100~150m 井距条件下要满足单井日注入量 40m³，则开采层系的有效厚度应控制在 6~10m 较为合适（表 3-18）。通过经济效益评价，层系厚度为 6m 时采用 125m 注采井距五点法面积注水井网开采，总投资收益率可以达到 6.8%；采用 150m 注采井距五点法面积注水井网开采，总投资收益率可以达到 14.45%（表 3-19）。

表 3-17　各试验区注入能力变化情况表

区块	井距，m	有效渗透率，mD	注入速度，PV/a	化学驱最高压力上升值，MPa	压力上升幅度，%
杏二区西部	200	675	0.30	2.9	35.8
北一区断西	250	512	0.21	3.3	35.8
北三区西部	250	605	0.10	4.3	50.6
杏二区中部	250	404	0.10	6.8	109.7
喇北东	120	676	0.16	5.5	84.6

续表

区块	井距，m	有效渗透率，mD	注入速度，PV/a	化学驱最高压力上升值，MPa	压力上升幅度，%
北二区西部	125	533	0.24	4.4	74.3
北一区断东	125	670	0.18	5.4	106.5
南五区	175	501	0.20	6.4	110.3

表3-18　不同井距条件下开采层系厚度表（有效渗透率为400mD）

压力上升值，MPa	注采井距，m	注入强度，m³/（d·m）	满足单井日注入量40m³的最小油层厚度，m
5	100	5.36	9.33
	125	5.19	9.63
	150	5.06	9.87
7	100	7.51	6.66
	125	7.27	6.88
	150	7.09	7.05

表3-19　主要经济指标评价

项目	125m井距、厚度6m		125m井距、厚度10m		150m井距、厚度6m		150m井距、厚度10m	
	所得税前	所得税后	所得税前	所得税后	所得税前	所得税后	所得税前	所得税后
内部收益率，%	14.84	11.31	37.81	29.05	31.06	23.93	60.35	47.44
财务净现值，万元	3738	987	23743	15732	18311	11687	51006	36118
投资回收期，a	3.06	3.44	2.07	2.35	2.32	2.61	1.70	1.92
总投资收益率，%	6.80		14.97		14.45		27.41	

3）相邻开采层系间隔层厚度及层系组合基本单元的确定

三元复合驱主要开采对象的油层条件较主力油层差。由于其渗流能力差、导压能力低，若使这部分储量得到较大程度的动用则离不开增产、增注等措施，因此应考虑开采层系间隔层厚度以及隔层稳定性。合适的隔层厚度既可满足目前的井下作业工艺技术，又使隔层的储量损失降到最低程度。而砂岩组间良好的夹层有利于层系的划分和减少储量的损失，并且为将来分注、压裂等措施提供隔层条件，因此层系组合时尽量以砂岩组为单元。通过对以往研究成果以及现有井下作业工艺技术的要求，可以将两套层系间的隔层定为1.5m左右。

2. 层系组合原则

综合以上研究成果，确定三元复合驱开发层系（主要针对二类油层）的组合原则如下：

（1）将性质相近油层组合成一套开采层系，层间渗透率级差尽量控制在2.0倍左右，且层系内的开采单元要相对集中，小层数不宜过多，开采井段不宜过长。

（2）一套开采层系的厚度要综合地面注聚系统规模和产量接替情况及整个层段的总厚度灵活确定。层系间厚度要求尽量均匀，满足目前注采状况，一段开发层系可调有效厚度应在6~10m之间，同时尽量控制低厚度井的比例。

（3）以砂岩组为单元进行层系组合，保证每套开采层段间具有较稳定隔层。

（4）当具备二套以上开采层系时，应采用由下至上逐层开采方式，以减少后期措施工作量，降低措施工艺难度。

第三节　三元复合驱注入方式优化

室内研究和矿场试验结果表明，三元复合驱注入方式对开发效果具有至关重要的影响[9-12]。经过多年研究，逐渐形成了"前置聚合物段塞 + 三元复合体系主段塞 + 三元复合体系副段塞 + 后续聚合物段塞"的四段塞注入方式，矿场应用取得了较好的提高采收率效果。针对上述注入方式，通过进一步研究，建立了三元复合体系段塞的设计方法，根据矿场实际条件及开发动态特征，实时调整注入方式以实现驱油方案个性化设计，为保证三元复合驱取得好的技术经济效果奠定基础。

一、注入方式优化

针对"前置聚合物段塞 + 三元复合体系主段塞 + 三元复合体系副段塞 + 后续聚合物段塞"的注入方式，细致优化各段塞的化学剂浓度及注入孔隙体积倍数，在降低化学剂成本的同时保证三元复合驱开发效果（图 3-17）。

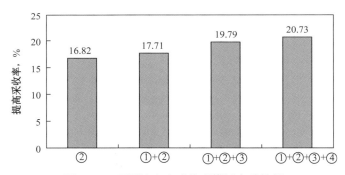

图 3-17　不同注入方式物理模拟实验结果

①前置聚合物段塞；②三元复合体系主段塞；③三元复合体系副段塞；④后续聚合物段塞

1. 前置聚合物段塞

前置聚合物段塞有两种作用：（1）起到调剖作用，降低油层非均质性的影响，扩大波及体积；（2）减少三元复合体系主段塞中的化学剂损耗，提高三元复合体系前缘的驱油效果。

数值模拟研究结果（图 3-18）表明，随着前置聚合物段塞注入孔隙体积倍数的增大，提高采收率值也相应增加。当前置聚合物段塞注入孔隙体积倍数增加到 0.04PV 以后，采收率的增幅减缓；前置聚合物段塞注入孔隙体积倍数大于 0.06PV 以后，提高采收率效果变化不明显。因此，确定前置聚合物段塞注入孔隙体积倍数的合理范围为 0.04~0.06PV。

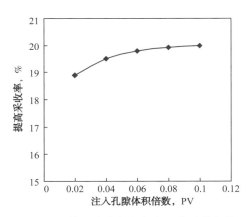

图 3-18　前置聚合物段塞注入孔隙体积倍数对驱油效果影响

2. 三元复合体系主段塞

三元复合体系主段塞是有效控制流度、降低油水界面张力、乳化原油的主体，对驱油效率的影响极大。三元复合体系主段塞的注入孔隙体积倍数以及化学剂浓度是三元复合驱注入方案设计优化的重点内容。

大量室内物理模拟研究结果（图3-19）表明，在渗透率不变的条件下，注入压力随着三元复合体系黏度的增大而升高，而只有三元复合体系黏度与油层渗透率合理匹配时，驱油效果最好。当三元复合体系黏度较低时，注入压力低，化学剂段塞和后续水驱注入阶段采收率都较低；当三元复合体系黏度与渗透率相匹配时，注入压力升幅合理，化学剂段塞和后续水驱注入阶段采收率均较高；随着三元复合体系黏度继续增高，与渗透率不再匹配，尽管注入压力不断提高，但三元复合体系段塞在模型内部滞留堵塞严重，不能进行有效驱替，进而影响驱油效果。

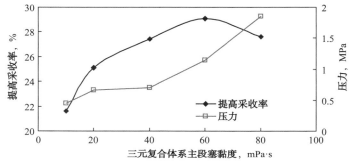

图3-19　三元复合体系主段塞黏度对驱油效果的影响

数值模拟结果（图3-20、图3-21）表明，随着三元复合体系主段塞碱质量分数的增加，采收率先升高后降低。随着碱质量分数增大至1.2%时，三元复合驱提高采收率达到最大值；碱质量分数继续增大，三元复合驱提高采收率值呈下降趋势。综合考虑技术经济效果，建议三元复合体系主段塞的碱质量分数为1.2%。在此基础上，固定碱质量分数，当表面活性剂质量分数上升至0.3%时，采收率的升幅最大；当表面活性剂质量分数大于0.3%时，采收率的升幅趋于平缓。因此，确定三元复合体系主段塞的表面活性剂质量分数为0.3%。

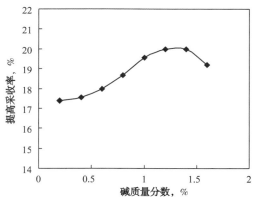

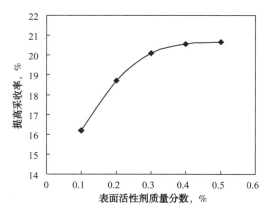

图3-20　三元复合体系主段塞中碱质量分数对
　　　　　驱油效果的影响

图3-21　三元复合体系主段塞中表面活性剂质
　　　　　量分数对驱油效果的影响

物理模拟实验结果（图 3-22）和数值模拟计算结果（图 3-23）表明，三元复合驱驱油效果随着三元复合体系主段塞增大而增大。三元复合体系主段塞注入孔隙体积倍数小于0.3PV 时，采收率增幅明显；注入孔隙体积倍数大于 0.3PV 以后，采收率增幅逐渐减缓。由于增大三元复合体系主段塞的注入孔隙体积倍数将导致化学剂的成本增加，综合考虑技术经济效果，确定三元复合体系主段塞注入孔隙体积倍数为 0.3~0.35PV。

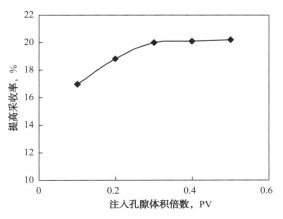 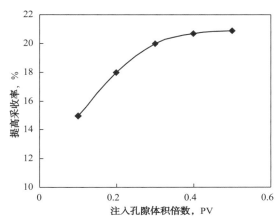

图 3-22　三元复合体系主段塞注入孔隙体积倍数对　　图 3-23　三元复合体系主段塞注入孔隙体积倍数
　　　　　驱油效果的影响（物理模拟实验结果）　　　　　　　对驱油效果的影响（数值模拟计算结果）

3. 三元复合体系副段塞

物理模拟结果（图 3-24、图 3-25）表明，随着三元复合体系副段塞中碱质量分数的增加，三元复合驱提高采收率先增大后减小。碱质量分数在 1.0% 时，提高采收率最大；碱质量分数继续增大，提高采收率值下降。随着三元复合体系副段塞中表面活性剂质量分数增加，三元复合驱提高采收率幅度增大；表面活性剂质量分数大于 0.1% 以后，提高采收率增幅不明显。因此，确定三元复合体系副段塞的表面活性剂质量分数为 0.1%。

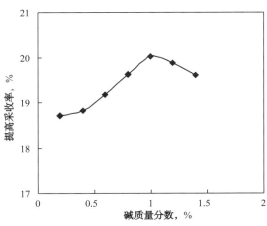 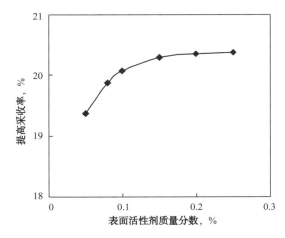

图 3-24　三元复合体系副段塞碱质量分数对驱油　　图 3-25　三元复合体系副段塞表面活性剂质量分
　　　　　效果的影响　　　　　　　　　　　　　　　　　数对驱油效果的影响

物理模拟实验结果（图 3-26）和数值模拟计算结果（图 3-27）表明，提高采收率效果随着三元复合体系副段塞注入孔隙体积倍数增加而增大。三元复合体系副段塞注入孔隙体积倍数大于 0.15PV 后，提高采收率效果幅度逐渐减小。因此，设计三元复合体系副段塞注入孔隙体积倍数为 0.15~0.2PV。

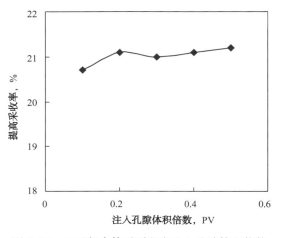

图 3-26　三元复合体系副段塞注入孔隙体积倍数
对驱油效果的影响（物理模拟实验结果）

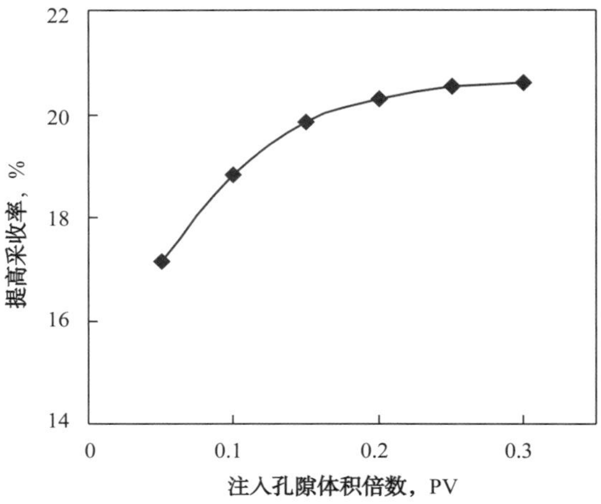

图 3-27　三元复合体系副段塞注入孔隙体积倍数
对驱油效果的影响（数值模拟计算结果）

4. 后续聚合物段塞

后续聚合物段塞可以有效防止后续注入水引起突破，在驱替过程中对三元复合体系段塞起到一定的保护作用。数值模拟计算结果（图 3-28）表明，随着后续聚合物段塞注入孔隙体积倍数增大，三元复合驱提高采收率幅度增大；后续聚合物段塞注入孔隙体积倍数小于 0.2PV 时，采收率升幅较大；随着后续聚合物段塞注入孔隙体积倍数继续增加，采收率升幅变小。因此，确定后置聚合物段塞注入孔隙体积倍数为 0.2PV。

大庆油田采用"前置聚合物段塞 + 三元复合体系主段塞 + 三元复合体系副段塞 + 后续聚合物段塞"的注入方式，设计驱油方案，矿场试验提高采收率都达到 18 个百分点以上（表 3-20）。

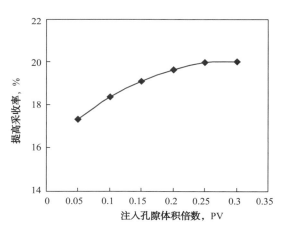

图 3-28　后续聚合物段塞注入孔隙体积倍数对驱
油效果的影响

表 3-20　大庆油田三元复合驱试验区效果

项目	区块名称	驱替类型	井距，m	最终提高采收率，%
先导性试验	杏五区	强碱三元复合驱	141	25.0
	北一区断西	强碱三元复合驱	250	22.1
	杏二区西部	强碱三元复合驱	200	19.4
	小井距北井组	强碱三元复合驱	75	23.2
	中区西部	弱碱三元复合驱	106	21.1
	小井距南井组	弱碱三元复合驱	75	24.7

续表

项目	区块名称	驱替类型	井距，m	最终提高采收率，%
工业性试验	北一区断东	强碱三元复合驱	125	26.0
	南五区	强碱三元复合驱	175	20.0
	喇北东	强碱三元复合驱	120	20.0
	北二区西部	弱碱三元复合驱	125	25.8
	杏二区中东部	强碱三元复合驱	250	18.0

二、三元复合体系段塞设计

不同开发区块的油层性质往往存在明显差异。为此，针对 IIA 类油层的层内非均质和层间非均质情况，建立了井距 125m、4 注 9 采、三层非均质油层、平均渗透率 450mD 的模型。通过数值模拟计算，结合化学剂成本，精细优化了三元复合体系段塞注入孔隙体积倍数及转注时机，以保证三元复合驱达到最佳技术经济效果。

1. 层间非均质条件下三元复合体系段塞设计

针对 IIA 类油层典型层间非均质情况，数值模拟计算结果表明，三元复合体系段塞注入孔隙体积倍数越大，提高采收率效果越好。考虑到经济效益，则存在最佳注入量。

以 IIA 类油层层间级差为 2 的情况为例（图 3-29、图 3-30），当三元复合体系主段塞注入孔隙体积倍数大于 0.4PV 时，转注三元复合体系副段塞，提高采收率变化幅度较小，单位化学剂的产油量开始降低，即投入高、产出低，经济上不合理，所以应在三元复合体系主段塞注入孔隙体积倍数为 0.4PV 时，转注三元复合体系副段塞，减少化学剂用量，提高经济效益。

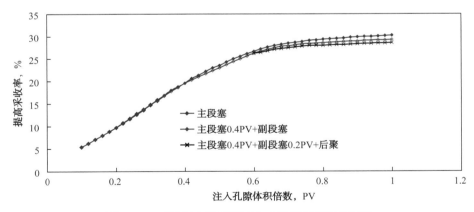

图 3-29　三元复合体系段塞大小数值模拟优化结果

与 IIA 类油层相比，IIB 类油层渗透率低，平面控制程度相对变差，导致在相同注入孔隙体积倍数条件下，提高采收率效果低于 IIA 类油层，经济效益变差，因此应考虑适当减小 IIB 类油层三元复合体系段塞注入孔隙体积倍数。

2. 层内非均质条件下三元复合体系段塞设计

针对 IIA 类油层典型层内非均质油藏条件，综合考虑采油量和化学剂成本，利用数值模拟计算，进一步优化三元复合体系主段塞和三元复合体系副段塞的注入孔隙体积倍数。

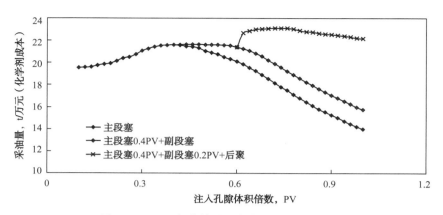

图 3-30　三元复合体系段塞大小经济计算结果

以 IIA 类油层层内级差为 2 的情况为例，数值模拟计算结果（图 3-31、图 3-32）表明，当三元复合体系主段塞注入孔隙体积倍数为 0.34PV、三元复合体系副段塞为 0.18PV 时，技术经济效果为最佳。

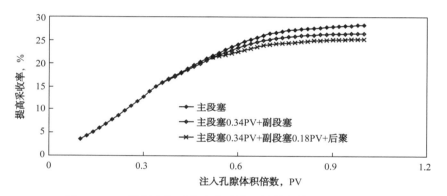

图 3-31　三元复合体系段塞孔隙体积倍数数值模拟计算结果

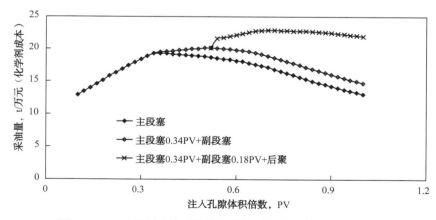

图 3-32　三元复合体系段塞孔隙体系倍数经济计算优化结果

3. 三元复合体系段塞转注时机

矿场试验结果表明，三元复合驱采出端含水变化受储层非均质性、控制程度、初始含水和注入三元复合体系性能等多种因素影响。为了更充分地实现注入方案的个性化设计，结合矿场试验含水动态变化特征和累计产投比，制定了三元复合体系段塞转注原则，建立了转注时机设计方法：应注入三元复合体系主段塞到含水率最低点以后，且含水率回升速度越慢，三元复合体系副段塞转注时机越晚；当产投比（只考虑化学剂成本）达到最高时，则适时转注三元复合体系副段塞。

以北一断东区试验区为例，根据实际含水率和累计产投比，按照建立的三元复合体系主段塞转注副段塞时机设计方法计算（图 3-33），当三元复合体系主段塞注入孔隙体积倍数为 0.336PV、三元复合体系副段塞注入孔隙体积倍数为 0.27PV 时，在保证三元复合驱效果的同时，可节约化学剂费用 2172.42 万元。

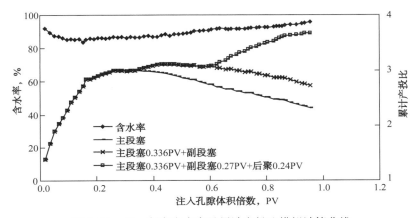

图 3-33　北一断东含水率及累计产投比模拟计算曲线

通过以上研究，初步形成三元复合驱注入方案的个性化设计，为保证三元复合驱技术经济效果提供有力支持。

第四节　三元复合驱数值模拟技术

近年来，三元复合驱油技术得到了快速发展，取得了很多新的理论认识，首先是对驱油机理认识不断加深，提出了聚合物弹性提高微观驱油效率的理论；在低酸值原油油藏实施低浓度表面活性剂—碱—聚合物三元复合驱，依靠化学剂协同效应驱油机理可以大幅度提高采收率。与此同时，一些改善三元复合驱效果的做法已广泛应用于生产实践，如按照渗透率不同选用不同分子量聚合物驱油的注入方案个性化设计可以进一步提高三元复合驱的采收率。根据近年来对三元复合驱最新的理论研究认识成果，建立了模拟功能完善的三元复合驱数学模型[13-22]，满足三元复合驱实验和生产的实际需要。

一、基本数学方程系统

1. 相和组分设计

建立三维三相多组分三元复合驱数学模型，三相包括水相、油相和气相，多组分包括水、油、气、聚合物、表面活性剂、碱、阴离子和阳离子。油组分以油相的形式存在，气组分以气相的形式存在，水、聚合物、表面活性剂、碱、阴离子和阳离子组分都存在于水相中。

模型基本假设为：油藏等温弥散过程满足 Fick 定律；理想混合；流体渗流满足 Darcy 定律；聚合物、表面活性剂、碱以及各种离子存在于水相中。

2. 油、气、水三相连续性方程

油、气、水三相连续性方程为

$$-\mathrm{div}\left(\frac{1}{B_o}v_o\right)=\frac{\partial}{\partial t}\left(\frac{1}{B_o}\phi S_o\right)+q_o \tag{3-10}$$

$$-\mathrm{div}\left(\frac{1}{B_w}v_w\right)=\frac{\partial}{\partial t}\left(\frac{1}{B_w}\phi S_w\right)+q_w \tag{3-11}$$

$$-\mathrm{div}\left(\frac{R_s}{B_o}v_o+\frac{1}{B_g}v_g\right)=\frac{\partial}{\partial t}\left[\phi\left(\frac{R_s}{B_o}S_o+\frac{S_g}{B_g}\right)\right]+q_g+q_oR_s \tag{3-12}$$

式中 l 相流速 v_l 利用 Darcy 定律[21, 22]，表示为

$$v_l=\frac{KK_{rl}}{\mu_l}(\mathrm{grad}\, p_l-\rho_lg\cdot\mathrm{grad}\, Z)，l=\mathrm{w,o,g} \tag{3-13}$$

$$p_o-p_w=p_{cow} \tag{3-14}$$

$$p_g-p_o=p_{cog} \tag{3-15}$$

式中 B_l——l 相的体积系数，m³/（标）m³；

ϕ——油藏孔隙度；

p_l——l 相压力，kPa；

S_l——l 相的饱和度；

K——绝对渗透率，D；

K_{rl}——l 相的相对渗透率；

μ_l——l 相的黏度，Pa·s；

ρ_l——l 相的密度，kg/m³；

R_s——溶解气油比，（标）m³/（标）m³；

q_l——l 相的源汇项，m³/d；

p_{cow} 和 p_{cog}——分别是油水相间毛细管力和油气相间毛细管力，kPa；

Z——距离，m；

下标 w，o，g 分别表示水相、油相和气相。

3. 化学组分物质守恒方程

化学组分包括聚合物、表面活性剂、碱、阴离子和阳离子，全部存在于水相中，化学物质组分 i 的物质守恒方程为

$$\frac{\partial}{\partial t}(\phi\rho_i\tilde{w}_i)+\mathrm{div}\,[\rho_i(w_{iw}v_w-\tilde{D}_{iw})]=R_i \tag{3-16}$$

式中 $\tilde{w}_i$——化学物质组分 i 的总质量分数；

w_{iw}——是水相中第 i 种化学物质组分的质量分数；

ρ_i——化学物质组分 i 的密度，kg/m³；

R_i——化学物质组分 i 的源汇项，kg。

化学物质组分 i 的总质量分数表达式为

$$\tilde{w}_i = S_w w_{iw} + \hat{w}_i \qquad i = 1, \cdots, n_c \tag{3-17}$$

式中 n_c——化学物质组分总数；

S_w——含水饱和度；

$\hat{w}_i$——化学物质组分 i 的吸附质量分数。

弥散流量 $\tilde{\boldsymbol{D}}_{iw}$ 具有 Fick 形式，为

$$\tilde{\boldsymbol{D}}_{iw} = \phi S_l \begin{pmatrix} F_{xx,iw} & F_{xy,iw} & F_{xz,iw} \\ F_{yx,iw} & F_{yy,iw} & F_{yz,iw} \\ F_{zx,iw} & F_{zy,iw} & F_{zz,iw} \end{pmatrix} \cdot \begin{pmatrix} \dfrac{\partial w_{iw}}{\partial x} \\ \dfrac{\partial w_{iw}}{\partial y} \\ \dfrac{\partial w_{iw}}{\partial z} \end{pmatrix} \tag{3-18}$$

包含分子扩散（D_{kl}）的弥散张量 $\boldsymbol{F}_{iw}$ 表达式为

$$F_{mn,iw} = \frac{D_{iw}}{\tau}\delta_{mn} + \frac{\alpha_{Tw}}{\phi S_w}|v_w|\delta_{mn} + \frac{(\alpha_{Lw}-\alpha_{Tw})v_{wm}v_{wn}}{\phi S_w}\frac{}{|v_w|} \tag{3-19}$$

式中 α_{Lw} 和 α_{Tw}——水相的纵向和横向弥散系数，

τ——迂曲度；

v_{wm} 和 v_{wn}——水相空间方向流量，$\mathrm{m^3/(d \cdot m^2)}$；

δ_{mn} 是 Kronecher Delta 函数。

每相向量流量积表达式为

$$|v_w| = \sqrt{(v_{wx})^2 + (v_{wy})^2 + (v_{wz})^2} \tag{3-20}$$

二、三元复合驱机理和物理化学现象数学描述模型

通常来讲，三元复合驱的驱油机理有降低界面张力、流度控制作用和通过不同化学剂复配降低主剂损失。此外，乳化会产生对原油的乳化夹带作用。但降低界面张力、流度控制和降低化学剂损失是三元复合驱最重要的驱油机理，因此，重点围绕这三个方面建立三元复合驱驱油机理数学模型。

1. 聚合物黏性驱油数学模型

1）聚合物引起的水相黏度增加

水相中溶解了高分子聚合物后，采用 Meter 方程表征黏度与剪切速率的关系为

$$\mu_p = \mu_w + \frac{\mu_p^0 - \mu_w}{1 + (\dot{\gamma}/\dot{\gamma}_{ref})^{\theta-1}} \tag{3-21}$$

式中 μ_p——聚合物溶液黏度，$\mathrm{Pa \cdot s}$；

$\dot{\gamma}$——剪切速率，$\mathrm{s^{-1}}$；

$\dot{\gamma}_{ref}$——参考剪切速率，$\mathrm{s^{-1}}$；

θ——由实验资料确定的参数；

μ_p^0——剪切速率为零时的聚合物溶液黏度。

μ_p^0 是聚合物质量分数和有效含盐质量分数的函数

$$\mu_p^0 = \mu_w [1 + (A_{p1}w_{pw} + A_{p2}w_{pw}^2 + A_{p3}w_{pw}^3)w_{SEP}^{S_p}] \tag{3-22}$$

式中　w_{pw}——水相中聚合物的质量分数；

　　　A_{p1}，A_{p2}，A_{p3}——由实验资料确定的常数；

　　　w_{SEP}——水相中有效含盐质量分数；

　　　S_p——由实验资料确定的参数。

2）聚合物吸附滞留引起的水相渗透率下降

储层中由于聚合物的吸附滞留会造成水相渗透率下降，利用渗透率下降系数描述该现象为

$$R_k = 1 + \frac{(R_{KMAX}-1)\,b_{rk}w_{pw}}{1+b_{rk}w_{pw}} \qquad (3-23)$$

式中　R_k——渗透率下降系数；

　　　b_{rk}——由实验确定的常数；

　　　R_{KMAX}——最大渗透率下降系数。

2. 聚合物溶液弹性驱油数学模型

利用第一法向应力差表征聚合物溶液的弹性大小，它与聚合物的分子量、质量浓度和剪切速率有关。

实验室实测了聚合物溶液第一法向应力差与聚合物的分子量、质量浓度和剪切速率的关系，图3-34表明，分子量和质量浓度越大，弹性越大；剪切速率越大，聚合物溶液弹性越大。

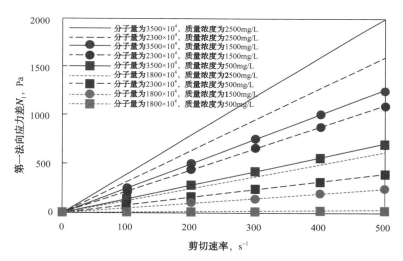

图3-34　聚合物溶液第一法向应力差与分子量、质量浓度和剪切速率的关系

根据实验室测定结果，建立聚合物溶液第一法向应力差与聚合物的分子量、质量浓度和剪切速率的函数关系模型为

$$N_{p1} = [C_{n1}(M_r) \cdot C_{pw} + C_{n2}(M_r) \cdot C_{pw}^2] \cdot (\beta\dot{\gamma}) \qquad (3-24)$$

式中　N_{p1}——聚合物溶液第一法向应力差，kPa；

　　　C_{pw}——水相中聚合物的质量分数；

　　　$C_{n1}(M_r)$和$C_{n2}(M_r)$——与聚合物分子量M_r有关的参数；

　　　β——由实验确定的参数。

　　实验室测定了不同弹性聚合物溶液的毛细管驱替曲线，结果见图 3-35（符号 N_1 表示聚合物溶液的第一法向应力差），从结果可见，在任意毛细管数下，残余油饱和度都会随着聚合物溶液弹性的增加而降低，采收率随着聚合物溶液弹性的增加而增加。

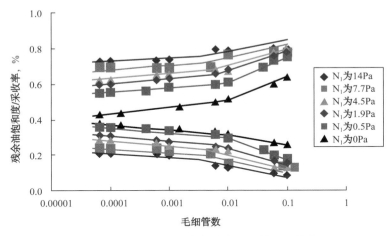

图 3-35　不同弹性聚合物溶液毛细管驱油曲线

　　3. 表面活性剂和碱的复合协同效应驱油机理

　　1）界面张力

　　对于低浓度表面活性剂驱，表面活性剂、碱和原油之间的协同效应通过界面张力活性函数描述为

$$\sigma_{ow} = \sigma_{ow}(w_{Sw}, w_{Aw}) \tag{3-25}$$

式中　σ_{ow}——油水相间的界面张力，mN/m（下标 o 表示油相，w 表示水相）；

　　　　w_{Sw}——水相中表面活性剂的质量分数；

　　　　w_{Aw}——水相中碱的质量分数。

　　界面张力活性函数关系式由实验测定的界面张力活性图（图 3-36）量化给出。

　　2）碱耗

　　影响碱耗的因素非常多，主要有离子交换、碱与原油中酸性物质反应、岩石溶解以及结垢沉淀引起的碱耗，这些碱耗过程需要实验室开展大量系统的实验才能对其进行量化描述表征，而且，需要建立极其复杂的数学模型，现有的求解技术很难满足这种大规模复杂化学反应数学模型计算的需要。因此，为了不使模

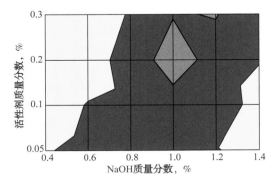

图 3-36　界面张力活性图

型过于复杂，从实用化的角度考虑，将碱统一考虑为一个拟组分，给出了实验室测定的不同碱剂在大庆油砂上的碱耗曲线。曲线的形状表明，可以利用 Langmuir 形式等温吸附关系描述碱耗过程：

$$\hat{C}_A = \frac{a_1 w_{Aw}}{1 + b_1 w_{Aw}} \tag{3-26}$$

式中　$\hat{C}_A$——碱的损耗量，mg/g（砂）；

　　　a_1 和 b_1——由实验资料确定的参数。

3）表面活性剂吸附损耗

碱在三元复合驱中可以起到牺牲剂的作用，它在多孔介质中吸附后，会大大降低表面活性剂的吸附量，使表面活性剂更好地发挥驱油作用。图 3-37 给出了大庆油田条件下 NaOH 质量分数分别为 0%、0.5%、1.0% 时，表面活性剂在大庆油田油砂上的吸附损耗曲线。可以看出，随着 NaOH 质量分数的增加，表面活性剂的吸附损耗量下降。为此，利用如下模型描述碱对表面活性剂吸附损耗的影响关系：

$$\hat{C}_S = \frac{a_2 w_{Sw}}{1+b_2 w_{Sw}} \cdot e^{-(\lambda \hat{c}_A)} \tag{3-27}$$

式中　$\hat{C}_S$——表面活性剂的吸附损耗量，mg/g（砂）；

　　　a_2、b_2 和 λ——由实验资料确定的参数。

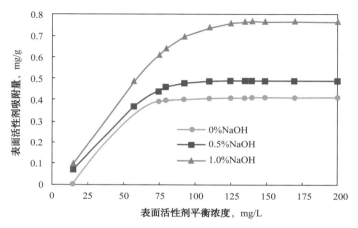

图 3-37　氢氧化钠质量分数对表面活性剂吸附量的影响

4. 毛细管数

毛细管数是界面张力、渗透率张量和势梯度的函数，定义如下：

$$N_{cl} = \frac{|K \cdot \mathrm{grad}\ \phi_{l'}|}{\sigma_{ll'}}, \ l=w,o \tag{3-28}$$

式中　N_{cl}——l 相的毛细管数；

　　　$\sigma_{ll'}$——被驱替和驱替相之间的界面张力，mN/m；

　　　$\phi_{l'}$——驱替相的势，kPa。

5. 相残余饱和度

残余油饱和度 S_{or} 是第一法向应力差 N_{p1} 和油相毛细管数 N_{co} 的函数：

$$S_{or} = S_{or}^h + \frac{S_{or}^w - S_{or}^h}{1+T_1 \cdot N_{p1} + T_2 \cdot N_{co}} \tag{3-29}$$

式中　S_{or}^h——极限高弹性和高毛细管数理想情况下三元复合驱残余油饱和度的极限值；

　　　S_{or}^w——水驱残余油饱和度；

　　　T_1、T_2——由实验资料确定的参数。

束缚水饱和度仅是其毛细管数 N_{cw} 的函数：

$$S_{wr} = S_{wr}^{h} + \frac{S_{wr}^{w} - S_{wr}^{h}}{1 + T_3 N_{cw}} \qquad (3-30)$$

式中 S_{wr}^{h}——极限高弹性和高毛细管数理想情况下三元复合驱束缚水饱和度的极限值；

S_{wr}^{w}——水驱情况下束缚水饱和度；

T_3——由实验资料确定的参数。

6. 相对渗透率曲线

利用指数关系描述相对渗透率曲线：

$$K_{rl} = K_{rl}^{0}(S_{nl})^{n_l}, l = w, o \qquad (3-31)$$

$$S_{nl} = \frac{S_l - S_{lr}}{1 - S_{wr} - S_{or}}, \quad l = w, o \qquad (3-32)$$

式中 S_{nl}——l 相的正规化饱和度。

端点值 K_{rl}^{0} 和指数值 n_l 的计算表达式分别是：

$$K_{rl}^{0} = K_{r,L,l} + \frac{S_{r,L,l} - S_{lr}}{S_{r,L,l} - S_{r,H,l}}(K_{r,H,l} - K_{r,L,l}), \quad l = w, o \qquad (3-33)$$

$$n_l = n_{L,l} + \frac{S_{r,L,l} - S_{lr}}{S_{r,L,l} - S_{r,H,l}}(n_{H,l} - n_{L,l}), \quad l = w, o \qquad (3-34)$$

式中 $K_{r,L,l}$、$n_{L,l}$——低毛细管数和低弹性条件下（相当于水驱条件）的相对渗透率曲线端点值和指数值；

$K_{r,H,l}$、$n_{H,l}$——极限高毛细管数和高弹性条件下的相对渗透率曲线端点值和指数值；

$S_{r,L,l}$——低毛细管数和低弹性条件下 l 相残余饱和度；

$S_{r,H,l}$——极限高毛细管数和高弹性条件下 l 相残余饱和度的极限值。

7. 多种分子量聚合物混合驱油机理数学模型

1）数学模型

如果有不同分子量聚合物同时在油藏中渗流时，把每一种聚合物看成独立物质组分，采用独立的物质运移模型描述每一种聚合物的物质传输过程；在驱油机理模型中，按照各种分子量聚合物物质的量加权平均形式刻画多种分子量聚合物混合后的综合驱油作用。

多种分子量聚合物（设有 n 种分子量聚合物）混合后，聚合物总质量分数是溶液中所有分子量聚合物各自质量分数 w_{pi} 的总和，即

$$w_{pt} = \sum_{i=1}^{n} w_{pi} \qquad (3-35)$$

式中 w_{pt}——聚合物总质量分数；

w_{pi}——第 i 种聚合物质量分数。

驱油机理数学模型中的聚合物质量分数采用多种聚合物混合后的总质量分数，但是数学模型中的各项参数利用每种分子量聚合物单独驱油时相对应的参数进行物质量加权平均方法得到，即

$$\alpha = \left(\sum_{i=1}^{n} w_{pi}\alpha_i\right) / \left(\sum_{i=1}^{n} w_{pi}\right) \qquad (3-36)$$

式中 α——多种对聚合物混合后驱油机理数学模型中的参数；

$\qquad$ α_i——单一对分子量聚合物驱油机理模型中相对应的参数。

2）实验依据

实验室实测了不同分子量聚合物复配的黏度—质量分数关系，同时利用所建立的多种分子量聚合物溶液混合驱油机理数学模型进行了模拟计算。图 3-38 给出了中—高分子量聚合物比例为 6:4 和中—超高分子量聚合物比例为 6:4 两种混合溶液实测的黏度—质量分数关系与利用模型模拟计算的黏度—质量分数关系对比，二者非常吻合。

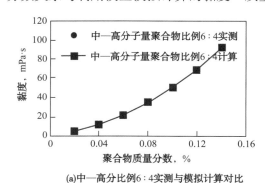 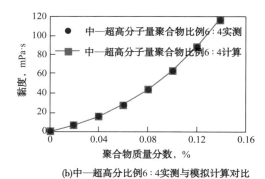

(a)中—高分比例6:4实测与模拟计算对比 　　　　(b)中—超高分比例6:4实测与模拟计算对比

图 3-38　聚合物溶液黏度模拟计算结果与实测数据对比曲线

三、实际应用

利用研制的模型进行了大庆油田 X6D2 区块表面活性剂—碱—聚合物三元复合驱油开发效果预测。X6D2 区块面积 4.77km²，为注采井距 141m 的五点法面积井网，总井数 214口，其中注入井 110 口，采出井 104 口。开采目的层 P Ⅰ 3 油层孔隙体积为 $788.17 \times 10^4 \text{m}^3$，地质储量为 $452.29 \times 10^4 \text{t}$，平均砂岩厚度为 7.3m，有效厚度为 5.7m，平均有效渗透率为 $515 \times 10^{-3} \text{D}$。

1. 数值模拟地质模型建立

根据沉积特征，建立数值模拟地质模型时，纵向上分为 2 个模拟层。平面 X 方向划分为 138 个网格节点，Y 方向划分为 85 个网格节点，总网格节点数为 $138 \times 8 \times 2 = 23460$ 个节点。

2. 三元复合驱油开发效果预测

设计表面活性剂—碱—聚合物三元复合驱油方案为：表面活性剂—碱—聚合物复合体系注入速度为 0.2PV/a，采用分子量为 2500×10^4 的聚合物，表面活性剂为烷基苯磺酸盐，碱为氢氧化钠。驱油体系注入段塞设置为：前置聚合物溶液段塞注入 0.075PV；表面活性剂—碱—聚合物复合体系主段塞注入 0.30PV，体系中表面活性剂、碱和聚合物质量百分数分别为 0.2%、1.0% 和 0.2%；表面活性剂—碱—聚合物复合体系副段塞注入 0.15PV，体系中表面活性剂、碱和聚合物质量百分数分别为 0.1%、1.0% 和 0.17%；聚合物后续保护段塞注入 0.2PV，质量百分数为 0.14%；后续水驱至综合含水率为 98.0% 为止。

数值模拟预测表面活性剂—碱—聚合物三元复合驱油效果为：当化学剂溶液注入

0.417PV 时，区块综合含水率降低到最低点 80.08%，当综合含水率回升至 98% 时，全过程总注入孔隙体积倍数为 1.111PV，阶段采收率为 20.79%，表面活性剂—碱—聚合物三元复合驱油比水驱多提高采收率 16.71%。

　　3. 开发效果预测结果与实际开发数据对比

　　目前，该区块已经完成了前置聚合物溶液段塞 0.075PV 和表面活性剂—碱—聚合物复合体系主段塞 0.136PV 的注入。将实际开发动态数据与数值模拟预测结果进行对比，见图 3-39。从对比结果可见，预测结果与后来的实际开发动态数据符合程度非常好，由此说明，所建立的数学模型能够正确模拟表面活性剂—碱—聚合物三元复合驱油过程。

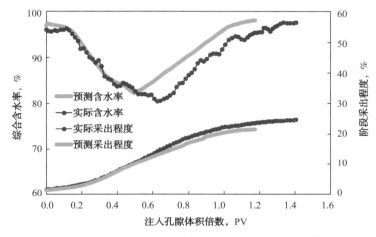

图 3-39　X6D2 区块开发动态预测曲线与实际开发数据对比

参 考 文 献

［1］王冬梅. 三元复合驱合理井网、井距分析［J］. 大庆石油地质与开发，1999（3）：22-23.

［2］童宪章. 从注采平衡角度出发比较不同面积注水井网的特征和适应性［C］//国际石油工程会议论文集. 1982.

［3］陈元千. 不同布井方式下井网密度的确定［J］. 石油勘探与开发，1986（1）：60-62

［4］张景纯. 三次采油［M］. 北京：石油工业出版社，1995.

［5］程杰成，廖广志，杨振宇，等. 大庆油田三元复合驱矿场试验综述［J］. 大庆石油地质与开发，2001，20（2）：46-49.

［6］贾忠伟，杨清彦，袁敏，等. 大庆油田三元复合驱驱油效果影响因素实验研究［J］. 石油学报，2006，27（增刊）：101-104.

［7］付天郁，曹凤，邵振波. 聚合物驱控制程度的计算方法及应用［J］. 大庆石油地质与开发，2004，23（3）：81-82.

［8］邵振波，李洁. 大庆油田二类油层注聚对象的确定及层系组合研究［J］. 大庆石油地质与开发，2004，23（1）：52-55.

［9］李华斌，隋军，杨振宇. 大庆油田三元复合驱注入程序及段塞优化设计［J］. 西南石油学院学报，2003，23（5）：46-49.

［10］么世椿，李新峰，赵长久，等. 对三元复合驱注入方式的数值模拟研究［J］. 河南石油，2005，19

（4）：43-46.

［11］于佰林，孙国荣. 三元复合驱物理模拟及优化研究［J］，河南石油，2004，18（5）：35-39.

［12］李建路，何先华，高峰，等. 三元复合驱注入段塞组合物理模拟实验研究［J］，石油勘探与开发，2004，31（4）：126-128.

［13］陈国，赵刚，马远乐. 粘弹性聚合物驱油的数学模型［J］. 清华大学学报：自然科学版，2006，46（6）：882-885.

［14］邵振波，陈国，孙刚. 新型聚合物驱油的数学模型［J］. 石油学报，2008，29（3）：409-413.

［15］Guo CHEN, Ye LI, Jinmei WANG, et al. An Applied chemical Flooding Simulator and its application in Daqing Oilfield［J］.SPE 114346.

［16］Guo CHEN, et al. Simulation for High Viscoelasticity Polymer Flooding Pilot in LMDN4-4 Block of Daqing Oilfield［J］.SPE 174612.

［17］Guo CHEN, et al. History Matching Method for High Concentration Viscoelasticity Polymer Flood Pilot in Daqing Oilfield［J］.SPE 144538.

［18］程杰成，吴军政，陈国，等. 化学驱实用数学模型及其应用［J］. 大庆石油地质与开发，2014，33（1）：116-121.

［19］Khalid Aziz, Antonin Settari. Petroleum Reservoir Simulation［M］. Applied Science Publishers Ltd, London，1979.

［20］陈国，马远乐，朱书堂. 无相间物质传递化学驱浓度方程算子分裂隐式解法［J］. 清华大学学报：自然科学版，2002，42（8）：1032-1034.

［21］陈国，邵振波，韩培慧. 具有弥散扩散模拟功能的三维三相聚合物驱油数学模型［J］. 大庆石油地质与开发，2013，32（1）：109-113.

［22］Gary Pope. The Application of Fractional Flow Theory to Enhanced Oil Recovery［J］. SPE 7660.

第四章　三元复合驱跟踪调整及效果评价技术

三元复合驱注入、驱替是伴有物化作用的多组分、多相态复杂体系流动和渗流过程，理论和工程技术更为复杂。从三元复合驱矿场试验来看，三元复合驱在开采过程中扩大波及体积与提高驱油效率的作用显著，但是由于油藏条件、方案设计、跟踪管理的不同，各区块、单井间含水率、压力、注采能力、采出化学剂浓度等动态变化特征存在一定的差异，同时也对开发效果产生了一定的影响。实践表明，综合措施调整是改善三元复合驱注采能力、提高动用程度、促进含水率下降的有效手段。可以保证三元复合驱动态趋势保持在合理的范围，但措施调整的类型、时机、选井选层的原则和界限直接影响措施调整的效果。因此，对于三元复合驱动态开采规律的深入研究，制订合理综合措施调整方法，建立合理评价方法，是保证三元复合驱开发效果的关键[1]。

第一节　三元复合驱动态开发规律

在三元复合驱先导性试验开展期间，曾有研究报道[2-3]：与聚合物驱相比，三元复合驱过程中注入能力下降幅度低，采出能力和综合含水率的下降幅度大，在低含水期出现了乳化和结垢现象，三元复合驱比水驱提高采收率 20% 以上。尽管注采能力下降，但由于含水率大幅度降低，所以三元复合驱仍保持了较高的采油速度；也有报道称三元复合驱注入能力、采液能力均高于聚合物驱[4]。工业性扩大试验开展早期，有报道称 250m 注采井距条件下，三元复合驱注入压力高，吸水能力差，产液下降幅度大[5]。这些报道针对不同地质条件和开发条件下的试验区给出了不同的认识。随着三元复合驱油技术应用规模的扩大，对其开采规律的认识也越来越全面，越来越深入[6-15]。本章以三元复合驱工业性试验区块为研究对象，对三元复合驱全过程进行了阶段划分，分析了三元复合驱注入能力、产液能力、综合含水率、采出化学剂浓度、乳化等的变化规律。

一、三元复合驱开采阶段划分及各阶段动态特点

根据三元复合驱特有的段塞组合及注入过程中动态表现的明显阶段性，可将三元复合驱全过程划分为 5 个阶段：前置聚合物段塞阶段（简称前聚）、三元复合体系主段塞（简称三元主段塞）前期、三元复合体系主段塞后期、三元复合体系副段塞（简称三元副段塞）阶段、保护段塞 + 后续水驱阶段（图 4-1）[16]。

1. 前置聚合物段塞阶段

注入聚合物溶液后，聚合物分子在油层中的滞留使阻力系数增大，注入压力快速上升，注采能力和产液量快速下降。前置段塞结束时压力上升 3MPa 左右，视吸水指数下降 40% 左右，产液指数下降 20%~40%，产液量下降 20%~30%。此阶段为注入剖面调整阶段，剖面动用程度都有明显提高。

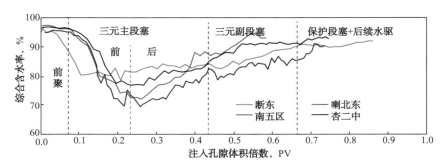

图 4-1　三元复合驱开采阶段划分示意图

2. 三元复合体系主段塞前期

三元复合体系主段塞前期注入剖面继续调整，"油墙"逐步形成并达到采出端。动态特征上表现为：注入压力缓慢上升，直至达到压力上限后稳定，视吸水指数缓慢下降；采油井大面积受效，含水率快速下降直至最低点，产液指数下降速度较前置聚合物段塞变缓，含水率降至最低点时采油井出现乳化。

3. 三元复合体系主段塞后期

该阶段的动态特征主要表现为：注入压力、视吸水指数基本稳定，产液指数缓慢下降至稳定，注采困难井增多；含水率开始回升；化学剂开始突破，直至接近高峰；由于 OH^- 与 HCO_3^- 反应，HCO_3^- 浓度下降，CO_3^{2-} 浓度上升，并与 Ca^{2+}、Mg^{2+} 反应产生沉淀，采出端开始结垢。随着 pH 值升高，CO_3^{2-} 浓度不断上升，与 Ca^{2+}、Mg^{2+} 反应，并不断消耗 Ca^{2+}、Mg^{2+}，使之浓度降低。同时硅离子浓度逐渐升高，生成硅垢与碳酸盐垢混合垢。采油井自含水率进入低值期后开始出现乳化，乳化程度与水驱剩余油多少有关。在此期间随含水率升高，乳化类型由 W/O 型向 O/W 型转变，含水率高于 80% 后不出现乳化。

4. 三元复合体系副段塞阶段

三元复合体系副段塞阶段注入压力在高值稳定，视吸水指数和产液指数在低值稳定，含水率继续回升；化学剂全面突破，在高值保持稳定；硅离子浓度上升，pH 值上升，采出端结垢严重。

5. 保护段塞 + 后续水驱阶段

保护段塞 + 后续水驱阶段含水率缓慢回升；采出聚合物浓度在高值稳定后降低，采出表面活性剂浓度、采出碱浓度降低；结垢减轻，因结垢作业井数降低，检泵周期明显增加。

二、三元复合驱注入能力变化规律

三元复合驱注入化学剂后，注入压力上升，注入能力下降。整个过程注入压力上升 5.2~7.0MPa，视吸水指数下降 55.4%~72.8%，但各阶段变化幅度不同。在前置聚合物驱阶段注入压力大幅度上升 3.0~5.8MPa，视吸水指数快速下降 40.0%~58.4%；特别是注入孔隙体积倍数为 0.04PV 之前，注入压力急剧上升，视吸水指数急剧下降。在三元主段塞前期，注入压力缓慢上升 0.9~3.5MPa，视吸水指数缓慢下降 7.4%~16.0%。三元主段塞后期注入压力略有上升后趋于稳定，视吸水指数略有下降后趋于稳定。相近地质条件的聚合物驱全过程视吸水指数下降 41.4%~53.3%，三元复合驱注入能力略低于聚合物驱。而弱碱三元复合驱视吸入指数在前置聚合物段塞下降较快，而后下降幅度逐渐变缓趋于平稳，下降幅度低于二类油层聚合物驱和强碱三元复合驱（图4-2）[17]。随化学剂注入体积增加，三元复合驱试验区的阻力系数增大，阻力系数大的区块也是阶段注入能力下降幅度大的区块。聚合物驱过程中阻力系数低于三元复合驱，但高浓度聚合物驱区块阻力系数与三元复合驱相当。这表明，不管是聚合物驱还是三元复合驱，过高的注聚合物浓度会造成注入过程中阻力系数增加，出现注入困难。

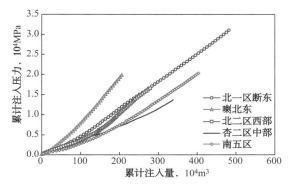

图4-2　三元复合驱试验区霍尔曲线

三、三元复合驱产液能力动态变化规律

三元复合驱产液能力的变化与注入能力的变化相似，但滞后于注入能力的变化。在前置聚合物段塞阶段和三元主段塞前期产液指数下降幅度较大，前置聚合物段塞阶段下降 19.8%~47.1%，三元主段塞前期下降 17.8%~30.2%，在三元主段塞后期略有下降，注入 0.42PV，即副段塞以后趋于稳定。全过程采液能力下降 44.5%~82.8%，下降幅度高于相近地质条件的聚合物驱。三元复合驱产液能力与注采井距和注入参数有关，注采井距越大，产液能力越低。弱碱三元复合驱示范区注入三元复合体系后，尤其是进入见效阶段后，由于流动阻力不断增强，油层的压力传导能力下降，产液量和产液指数也随之下降。但由于弱碱三元复合驱结垢井数少，产液量下降并不明显，产液能力高于强碱三元复合驱和二类油层聚合物驱（图4-3）[18]。

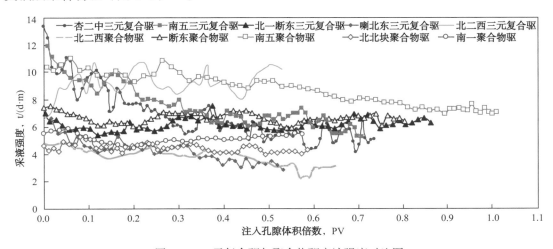

图4-3　三元复合驱与聚合物驱产液强度对比图

四、三元复合驱含水率动态变化规律

三元复合驱在前置聚合物段塞阶段基本没有受效，含水率在高值保持稳定；三元主段塞前期含水率快速下降至低点，主段塞后期在低值稳定一段时间后回升；三元副段塞以后含水率缓慢回升（图4-4）。

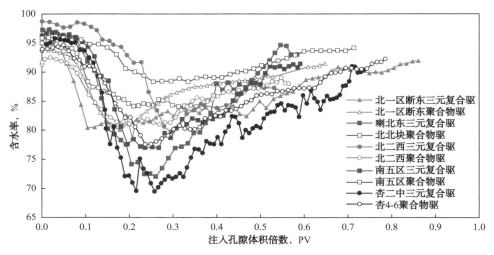

图 4-4　三元复合驱与聚合物驱含水率变化对比曲线

　　三元复合驱含水率下降幅度大于相近地质条件的聚合物驱，三元复合驱工业性试验区中心井含水下降幅度在 17.5%~25.5% 之间，与先导性试验区（中心井含水率下降幅度为 25.1%~49.2%）相比，中心井含水率下降幅度小，但回升速度相对较慢；而与聚合物驱区块（含水率下降幅度为 7.5%~16.1%）相比，最大含水率降幅比聚合物驱高 5.0~14.2 个百分点（表 4-1）。

表 4-1　三元复合驱试验区与聚合物驱含水率最大下降幅度对比表

项　目	杏二中	南五区	北一区断东	喇北东	北二西
三元复合驱，%	25.5	19.3	17.5	25.3	19.1
聚合物驱，%	16.1	7.5	12.5	11.1	10.3
含水率降幅差值，%	9.4	11.8	5.0	14.2	8.8

　　不同区块含水率变化特点：不同的试验区含水见效早晚、下降速度、下降幅度、回升速度、低含水期持续时间等都存在差异。区块含水变化特征主要受储层非均质性、注采井距、初始含水率、剩余油多少、注入参数、措施及跟踪调整等的影响。

　　单井含水率变化特点：三元复合驱单井的含水率变化曲线据其形态的不同可以分为 5 种类型，即"U"型、"√"型、"W"型、"V"型、"—"型。"U"型井一般为单一厚层河道砂，多向连通且连通井油层发育较好，层内较为均质，剩余油较多。"√"型井一般层间发育状况及连通状况存在差异，薄差层较多，接替受效，措施及调整可减缓含水率回升速度。"V"型井一般发育单一河道，多向连通，层内非均质性强。"W"型井一般薄层、厚层比例相当，通过措施及调整各类油层可接替受效，均得到较好动用。"—"型一般为原水驱井网注采主流线井和水井附近的井，剩余油少，见效差，见效晚或不见效，含水率变化小。

　　水驱采出程度是影响单井含水率降幅的一个重要因素。水驱采出程度相对较低的区块，单井含水率下降幅度相对较大。水驱采出程度相对较高的区块，单井含水率降幅相对较小。统计各试验区单井最大含水率下降幅度，大于 30 个百分点的井数，喇北东有 19 口（占中心井总数的 67.9%），北一区断东有 19 口（占中心井总数的 52.8%），杏二中有 8

口（占中心井总数的 88.9%），而水驱采出程度相对较高的区块南五区和北二西，则仅为 26.3% 和 29.2%。

五、三元复合驱采出化学剂浓度变化规律

三元复合体系在地下运移过程中，由于竞争吸附、离子交换、液－液分配、多路径运移、滞留损失等作用，聚合物、碱、表面活性剂会发生色谱分离，到达采出端时，所用时间不同，采出化学剂的相对浓度也不同。

室内物理模拟实验的结果是：聚合物在多孔介质运移过程中滞留量最小，相对采出浓度（采出浓度与注入浓度的比值）最高；表面活性剂滞留量最大，相对采出浓度最低；碱居中。数值模拟结果也表明：三元复合驱化学剂突破顺序为聚合物、碱、表面活性剂；表面活性剂滞留量较大。

试验区采出化学剂表现出的动态特点是：在三元复合体系主段塞后期化学剂开始突破，直至接近高峰；三元复合体系副段塞阶段化学剂全面突破，在高值保持稳定；后续保护段塞阶段采出聚合物浓度在高值稳定后降低，采出表面活性剂和碱浓度降低。试验区化学剂见剂顺序多数区块也表现为先见聚合物，其次是碱，最后是表面活性剂。见剂高峰时采出化学剂的相对浓度也表现为聚合物最高，碱次之，表面活性剂最低。这是由于表面活性剂除了较聚合物更容易被吸附外，还有一部分分配到原油中；碱与矿物和流体的化学反应也使碱耗增大（图 4-5 至图 4-7）。

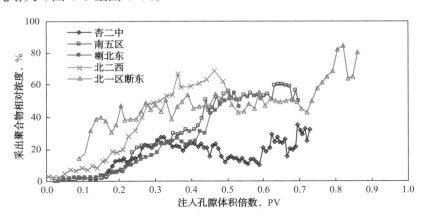

图 4-5　工业性试验区采出聚合物相对浓度曲线

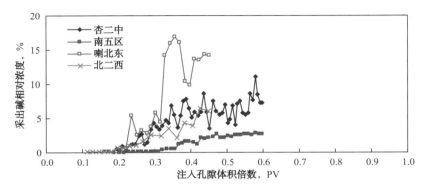

图 4-6　工业性试验区采出碱相对浓度曲线

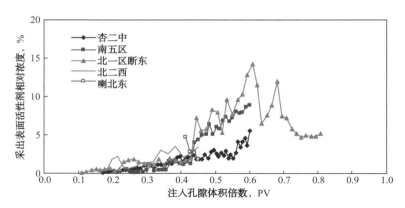

图4-7　工业性试验区采出表面活性剂相对浓度曲线

六、三元复合驱乳化规律

室内研究和现场动态规律研究均表明，三元复合体系与原油间的乳化作用对提高采收率具有积极的作用。乳状液有两种类型，O/W 型和 W/O 型，O/W 型具有增溶携带作用，W/O 型具有增黏调剖作用，两种作用均具有提高采收率的效果。

三元复合驱具有乳化作用，见效高峰开始乳化。乳化程度与剩余油有关，水驱后剩余油富集区乳化程度强，乳化井含水率下降幅度大，阶段采出程度高。南五区和北一区断东严重乳化的井分别有 4 口和 10 口，均在水驱剩余油较富集的区域。另外根据对喇北东和北一断东 20 口中心井的现场跟踪分析，得出不同注入阶段乳化类型不同。三元复合体系主段塞注入阶段，随含水率升高，乳化类型由 W/O 型向 O/W 型转变，最后转变为不乳化。在这一阶段含水率低于 40% 时产生 W/O 型乳化；含水率在 40%~65% 时，产生 W/O 型或 O/W 型乳化；含水率在 65%~80% 时，产生 O/W 型乳化；含水率高于 80% 后不乳化。三元复合体系副段塞注入阶段，采出液含水率升高，水相中表面活性剂增加，形成 O/W 型乳状液。

第二节　三元复合驱跟踪调整技术

三元复合驱开采过程具有一定的阶段性，相同阶段具有相似的动态特点。根据三元复合驱矿场动态反应情况，结合三元复合驱方案设计，分析不同阶段面临的问题，制订针对性的调整措施和方法，是保证三元复合驱取得好的开发效果的关键[19]。

一、三元复合驱分阶段跟踪调整模式

针对不同阶段的动态特点和存在问题，制订相应的调整措施，建立了全过程跟踪调整模式。针对前置聚合物段塞阶段注入压力不均衡，剖面动用差异大的问题，以"调整压力平衡、调整注采平衡"为原则，实施调剖、分注、优化注入参数等措施；针对三元复合驱体系主段塞前期部分井注采能力下降幅度过大、见效不同步的问题，以及三元复合驱体系主段塞后期部分井注采困难、化学剂开始突破的问题，以"提高动用程度、提高注采能力"为目标，实施分注、注入参数调整、注入井压裂、采油井压裂等措施；针对三元复合

驱体系副段塞注入阶段和后续聚合物保护段塞阶段含水率回升、化学剂低效循环、注采能力低等问题，以"控制无效循环、控制含水回升"为原则，注入井实施方案调整、解堵、压裂，采油井实施堵水、压裂、压堵结合等措施（表4-2）。跟踪调整措施的实施保持了全过程较高的注采能力和较长的低含水率稳定期，保证了示范区的开发效果[6]。

表4-2 三元复合驱分阶段存在问题及调整措施表

阶　　段	存在主要问题	调整措施
前置聚合物段塞阶段	油层渗透率级差大； 存在高渗透带； 注入压力不均衡； 油层动用差异大	个性化匹配聚合物分子量； 个性化设计注入参数； 深度调剖； 分层注入
三元复合驱体系 主段塞前期	注采能力大幅度下降； 出现注采困难井； 受效不均衡	注入井压裂、解堵； 注入参数调整； 分层注入
三元复合驱体系 主段塞后期	部分井注采困难； 部分井含水率回升； 部分井化学剂突破	注入井压裂、采油井压裂； 注入参数调整； 深度调剖
三元复合驱体系 副段塞阶段	含水率回升井增多； 化学剂低效循环； 注采能力低	注入参数调整； 交替注入； 采出井堵水、选择性压裂
聚合物保护段塞 +后续水驱阶段	注入压力高； 高含水井多	注入参数调整、注入井解堵； 采油井高含水治理

二、三元复合驱合理措施时机数值模拟研究

1. 调剖时机

建立不同非均质程度的三层非均质模型，渗透率变异系数（V_k）分别为0.5、0.65、0.8，水驱至含水率为94%时开始化学驱，模拟不同非均质条件下，调剖时机对开发效果的影响。结果表明，调剖越早效果越好，在注入0.1PV以内调剖对开采效果影响最大，提高采收率可比不调剖增加3个百分点左右（图4-8）。

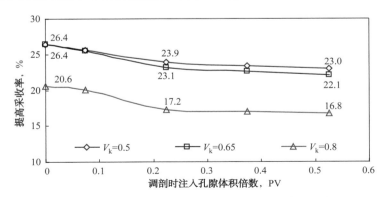

图4-8 不同变异系数条件下调剖时机对开采效果影响图

2. 分层注入时机

无论是水驱、聚合物驱，还是三元复合驱，分层注入都可有效提高油层动用程度，改善开发效果。渗透率级差越大，分层注入对开采效果的影响也越大（图4-9）。不论多大

级差，都是分注越早效果越好，级差越大越应及早分层注入。渗透率级差为 3 时，在三元复合体系主段塞结束前分层注入，对效果影响不大；渗透率级差为 5 时，在受效高峰以前分层注入，对效果影响不大；渗透率级差达到 15 时，需要在三元复合体系主段塞注入以前即前置聚合物段塞期间分层注入。

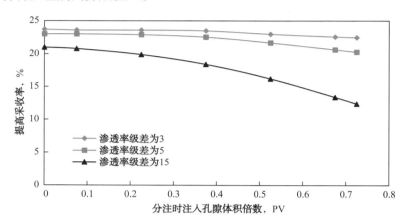

图 4-9   不同渗透率级差条件下分注时机对开采效果影响图

3. 压裂时机

压裂在三元复合驱过程中起着至关重要的作用，三元复合体系主段塞前期、后期及副段塞注入阶段均不同程度地采取了压裂措施。注入井压裂增注，采油井压裂提液增产。根据数值模拟结果，注入井压裂的最有利时机是在受效高峰时的低含水率时期（注入孔隙体积倍数为 0.3PV 左右）及以前压裂效果最佳（图 4-10）。

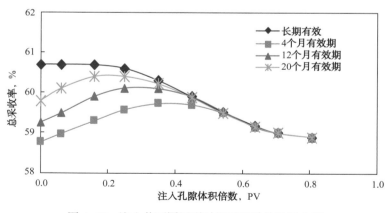

图 4-10   注入井不同压裂时机对开采效果影响图

采油井压裂应该选择在受效高峰时的低含水率时期以及其后进行压裂效果最好。数值模拟结果同样证明，含水率进入低值期后压裂效果较好，在化学体系注入 0.3PV 左右时，压裂对提高采收率的影响最大（图 4-11）。

三、现场措施实施效果

工业性三元复合驱试验区在开采过程中，根据各个开发阶段的动态特点，及时实施了相应的跟踪调整。在前置聚合物段塞阶段，根据纵向和平面矛盾突出，井间压力不均衡的特点，进行高浓度调剖和分层注入调整。在三元复合体系主段塞注入前期，含水率大幅度下降，同时注采能力也下降幅度大，出现部分注采困难井，井间注入压力和见效差异较大，进行注入井压裂、解堵，采油井压裂提液和注采参数调整。三元复合体系主段塞注入后期，出现剖面返转，部分井含水率回升，开始化学剂突破，进行分层注入、深度调剖和采出井压裂调整。副段塞阶段含水率回升井增多，化学剂低效无效循环，注采能力低，进行采出井封堵、选择性压裂、堵压结合、注入参数调整等措施。及时的跟踪调整延长了低含水率稳定期，有效地改善了试验区的开发效果[20]。

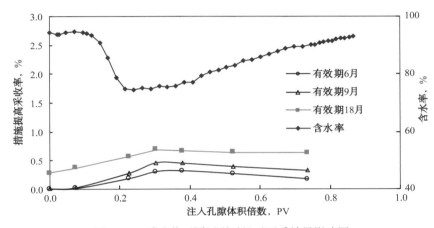

图 4-11　采油井不同压裂时机对开采效果影响图

1. 分层注入可有效缓解层间矛盾

由于三元复合驱的主要对象是二类油层，小层数多，层间矛盾严重，因此对于层间矛盾大的井要尽可能采取分层注入，减小层间干扰。北一区断东共分层注入 33 口井，分注率 67.3%。分层注入后油层动用厚度比例提高 18.6 个百分点。分层注入区域的油井含水率上升速度得到有效控制，并且后期出现下降趋势（图 4-12）。

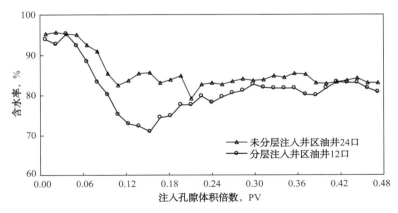

图 4-12　北一区断东分层注入区域油井含水率变化曲线

2. 三元复合驱适时压裂改造，以保持液量和促进见效

对液量大幅度下降和薄层发育受效缓慢的井进行压裂改造，可保持液量和促进受效。

北一区断东共压裂 59 井次，其中压裂薄差层井 19 井次，平均单井日增油 7.1t；压裂河道砂连通较差井 30 井次，平均单井日增油 6.8t；压裂河道砂连通较好井 10 井次，平均单井日增油 3.2t。从措施效果来看，薄差层井和河道砂连通较差井效果较好，有效期较长。河道砂连通较好井效果较差，有效期较短（表 4-3）。

表 4-3　北一区断东压裂措施效果对比表

压裂目的层	井数	措施前			措施后			差值		
		日产液 t	日产油 t	含水率 %	日产液 t	日产油 t	含水率 %	日产液 t	日产油 t	含水率 %
薄差层	19	32.5	5.6	82.7	58.8	12.7	78.4	26.3	7.1	4.3
连通较差的河道砂	30	30.1	4.8	82.7	55.6	11.6	79.1	25.5	6.8	3.4
连通较好的河道砂	10	40.8	7.0	82.9	56.6	10.2	82.0	15.8	3.2	1.9
合计	59	34.5	5.8	82.7	57.0	11.5	79.8	22.5	5.7	2.9

南五区共压裂 22 井次，其中在含水率稳定期针对产液水平低、含水率低的井，进行全井多裂缝压裂 7 口，以提高增油幅度、延长低含水稳定期，平均单井日产液增加 50t，日产油增加 17.8t；在含水率上升初期，针对化学剂未突破井，采取选择性压裂 8 口，以控制含水率上升速度，平均单井日产油增加 6.3t；在副段塞后期，为了提高动用差油层的动用程度，对产液低的层实施多裂缝压裂，平均单井日产油增加 2.2t [21]（表 4-4）。

表 4-4　南五区压裂措施效果对比表

项目	选井原则及目的	压裂层段及方式	井数，口	措施后与措施前对比		
				日产液，t	日产油，t	含水率，%
含水率稳定期	产液量低、含水率低的井，增液增油	全井，多裂缝	7	+50	+17.8	-4.1
含水率上升初期	化学剂未突破井，控制含水率上升速度	选择性压裂	8	+36	+6.3	-0.8
注入后期	提高吸水差层动用程度	产液低层，多裂缝	7	+34	+2.2	0

3. 副段塞后期堵水措施取得一定效果

三元复合体系副段塞注入后期，含水率上升井数增多，含水率上升速度加快。针对层间矛盾大，含水率及采出化学剂浓度上升快的井采取常规堵水措施。北一区断东实施 5 口井，整体措施效果较好。措施前后对比，平均单井日产液下降 52t，日产油稳定，含水率下降 2.2 个百分点，沉没度下降 330m（表 4-5）。

表 4-5　北一区断东试验区堵水措施效果对比表

堵水类别	井号	措施前				措施后			
		日产液 t	日产油 t	含水率 %	沉没度 m	日产液 t	日产油 t	含水率 %	沉没度 m
常规堵水	B1-63-P246	190	2.4	98.8	759	46	1.2	97.4	44
	B1-44-E63	164	9.2	94.4	602	83	14.7	82.3	67
	B1-61-E63	221	6.9	96.9	696	253	11.6	95.4	506
	B1-55-E67	142	7.9	94.4	813	125.2	4.3	96.6	125
	B1-44-E61	107	7.6	92.9	29.2	57.4	2.9	94.9	507

续表

堵水类别	井号	措施前				措施后			
		日产液 t	日产油 t	含水率 %	沉没度 m	日产液 t	日产油 t	含水率 %	沉没度 m
小计5口		165	7.0	96.0	580	113	7.0	93.8	250
高渗层部分封堵	B1-61-E64	30.8	1.3	95.7	824	38	1.8	95.3	223
	B1-42-E66	78.1	3.8	95.1	314	72	4.1	94.3	71
小计2口		54.0	2.5	95.3	569	55.0	3.0	94.6	147

对厚层发育，产液量、采出化学剂浓度和含水率均较高的井采取高渗层部分封堵措施，北一区断东实施 2 口井，措施前后对比，平均单井日产液稳定，日产油上升 0.5t，含水率下降 0.7 个百分点，沉没度下降 422m（表 4-5）。

在含水率回升期采取堵压结合控水增油效果较好。北一区断东实施 2 口井，措施前后对比，平均单井日产液下降 31t，日产油增加 5.5t，含水率下降 19.1 个百分点，效果显著。

针对不同阶段动态特点的措施调整，有效地控制了含水回升速度，使试验区保持了较长的低含水率稳定期。其中北一区断东在含水率 84% 以下稳定了 29 个月，南五区稳定了 21 个月，喇北东块稳定了 18 个月。各试验区块均取得了较好的阶段开发效果。

四、措施效果对提高采收率的贡献

以北一区断东为例，结合数值模拟结果，对高浓度调剖、分层注入、压裂等措施对提高采收率的贡献进行测算。

北一区断东在前置段塞采取高浓度调剖 27 口井，占注入井数的 55%，按采油井有一半受效，根据数值模拟预测，提高采收率在 1.5 个百分点左右。

北一区断东主要在注入化学剂 0.24PV 后开展分层注入，分层注入井数 33 口，占注入井总数的 67.3%，分层注入前渗透率级差多在 5 以上，按 5.5 计算，依据数模预测，分层注入的提高采收率在 1.7 个百分点左右。

北一区断东采出井压裂 58 口井，平均有效期为 11 个月，根据累计增油计算，其对采出程度的贡献为 2.9%，依据数模预测，压裂对提高采收率的贡献为 0.7 个百分点左右。

综合各项措施效果，北一区断东措施效果对提高采收率的贡献在 4 个百分点左右。

第三节　三元复合驱开发效果

三元复合驱开发效果的评价是基于三元复合驱驱油机理既能扩大波及体积又能提高驱油效率两方面考虑的。三元复合驱技术在矿场应用中是否能扩大波及体积，扩大波及体积的能力有多大，可以从油层动用状况是否改善得以证实；而驱油效率是否提高可由密闭取心井资料和采出原油重质组分是否增加得以证实。

一、三元复合驱油层动用状况

在三元复合驱注入过程中，随着注入压力的上升，油层动用厚度比例升高，一般在三元复合体系主段塞阶段达到最高，副段塞阶段由于剖面反转，动用比例略有下降。以北一区断东、南五区、喇北东三元复合驱试验区为例，北一断东水驱动用厚度比例为68.7%，三元复合驱阶段动用厚度比例为85.1%，与水驱时相比动用比例增加了16.7%；南五区三元复合驱阶段的动用厚度比例为95.1%，较水驱末的67.8%增加了27.3%；喇北东化学驱阶段动用厚度比例为97.4%，较水驱的85.2%增加了12.2%。由此可见三元复合驱阶段油层动用厚度比例较水驱大大增加，动用有效厚度比例达到了85%以上（图4–13）。

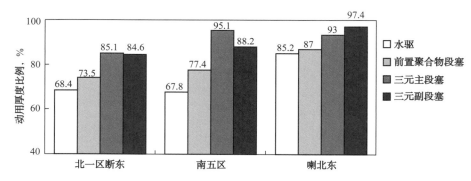

图4–13　三元复合驱不同阶段油层动用厚度比例图

与相近地质条件的聚合物驱相比，三元复合驱油层动用厚度较聚驱高出20个百分点左右。以北一区断东和南五区块为例，北一断东三元复合驱化学驱阶段油层动用厚度比例较聚合物驱阶段平均增加了20.5%（图4–14）；南五区三元复合驱化学驱阶段油层动用厚度比例较聚合物驱平均增加了20.6%（图4–15）。与聚合物驱不同的是，三元复合驱有效动用了薄差层，低于200mD油层的动用厚度比例均高于75%（图4–16）。这主要是由于三元复合体系内聚合物分子回旋半径相对较低（是聚合物溶液中的0.92倍），易于注入，同时三元复合体系降低了油水界面张力，使三元复合体系更易进入较低渗透层和较小孔隙中。[22]

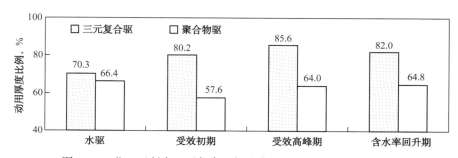

图4–14　北一区断东三元复合驱与聚合物驱动用厚度比例对比图

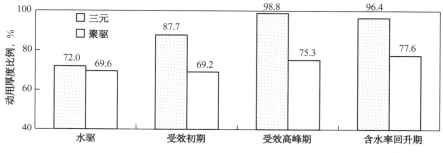

图4–15　南五区三元复合驱与聚合物驱动用厚度比例对比图

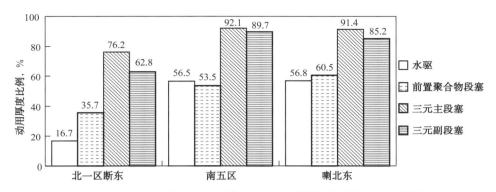

图4-16　三元复合驱试验区低于200mD油层有效厚度动用比例图

受效高峰期过后注入剖面开始反转，高渗透段相对吸水量增加，低渗透段相对吸水量降低，但仍然好于水驱阶段。以喇北东试验区为例，从12口井的剖面测试资料看，在前置聚合物驱阶段剖面即开始调整，高渗透段相对吸水量由水驱阶段的65.9%降低为39.7%，低渗透段相对吸水量由水驱的11.1%增加为33.1%。含水率进入低值期，随注入体积增加，剖面继续调整，高渗透段相对吸水量降低为21.7%，低渗透段相对吸水量增加为54.1%。至三元复合体系主段塞末期（注入0.4PV）以后，注入剖面开始反转，高渗透段相对吸水量增加，低渗透段相对吸水量降低，但仍然好于水驱阶段（图4-17）。

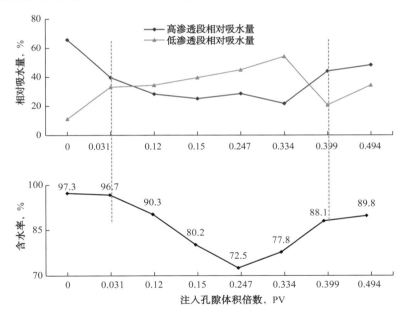

图4-17　喇北东注入剖面返转与含水率变化曲线

二、三元复合驱驱油效率

三元复合驱不但可以扩大波及体积，而且可以提高驱油效率。三元复合驱矿场试验的动态反应证明了这一点，提高驱油效率主要表现在以下两个方面：

（1）采出原油重质组分增加，说明残余油得到了动用。以北一区断东为例，在三元复合驱体系主段塞注入阶段（2008 年 2 月），采出原油中重质组分（$C_{16} \sim C_{18}$）为 51.9%，到副段塞阶段（2009 年 11 月），采出原油中重质组分增加到了 63.7%（图 4–18）。

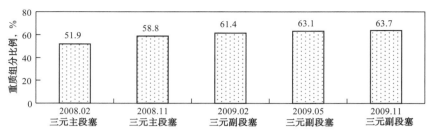

图 4–18　北一区断东原油重质组分（$C_{16} \sim C_{38}$）变化图

（2）三元复合驱后密闭取心井岩样的驱油效率明显提高。从驱油效果统计结果看出（表 4–6），含油饱和度下降了 12.5~17.7 个百分点，采出程度提高 17 个百分点以上，驱油效率提高 18 个百分点以上，注采主流线中部驱替效果好于采出端，其中三元复合驱前未水洗段提高幅度最大。

表 4–6　三元复合驱前后密闭取心井驱油效果对比表

项 目		井号	目的层	含油饱和度，%	提高驱油效率，%	取心位置
喇北东	三元复合驱前	喇 9–JPS2604	萨Ⅲ 4–10	50.6	20.0	注入端
	三元复合驱后	喇 9–J2600	萨Ⅲ 4–10	33.2		
北二西	三元复合驱前	北 2–361– 检 E68	萨Ⅱ 10–12	57.3	18.9	注采主流线中部
	三元复合驱后	北 2– 丁 5– 检更 39	萨Ⅱ 10–12	39.6		
北一区断东	三元复合驱前	北 1–55– 检 E66	萨Ⅱ 3–9	59.8	18.3	采出端
	三元复合驱后	北 1–55– 检 E066	萨Ⅱ 3–9	47.3		

三、试验区及单井阶段开发效果

从统计的南五区、北一区断东、喇北东、北二西 4 个工业性试验区 107 口中心采出井的阶段采出程度来看，各试验区单井阶段开发效果差异较大，采出程度最高达到 52%，最低仅为 4.1%。其中化学驱阶段采出程度在 20% 以上的井，南五区有 9 口，占总井数的 46.7%；北一区断东有 28 口，占总井数的 77.8%；喇北东有 17 口，占总井数的 60.7%；北二西有 67 口，占总井数的 62.7%（表 4–7）。

表 4–7　工业性试验区块单井化学驱阶段采出程度对比表

阶段采出程度分级 %	南五区		北一区断东		喇北东		北二西		合计	
	井数	比例 %	井数	比例 %	井数	比例 %	井数	比例 %	井数	比例 %
小 10					6	21.4	5	20.8	11	10.3
10~15	7	36.8	3	8.3	4	14.3	3	12.5	17	15.9
15~20	3	15.8	5	13.9	1	3.6	3	12.5	12	11.2
20~25	3	15.8	6	16.7	5	17.9	5	20.8	19	17.8

续表

阶段采出程度分级 %	南五区		北一区断东		喇北东		北二西		合计	
	井数	比例 %	井数	比例 %	井数	比例 %	井数	比例 %	井数	比例 %
25~30	1	5.3	7	19.4	6	21.4	3	12.5	17	15.9
大30	5	26.3	15	41.7	6	21.4	5	20.8	31	29.0
合计	19		36		28		24		107	

　　单井阶段采出程度与三元复合驱控制程度和剩余油有关。三元复合驱控制程度高、初始含水率相对较低、含油饱和度高的采出井，化学驱阶段开发效果好，采出程度也超高（表4-8）。

表4-8　不同化学驱阶段采出程度的单井基本状况表

化学驱阶段采出程度分级，%	有效厚度 m	有效渗透率，mD	河道砂连通厚度比例，%	三元复合驱控制程度，%	水驱采出程度，%	水驱后含油饱和度，%	化学驱初始含水率，%	化学驱阶段采出程度，%
小于10	5.6	360	37.9	72.9	42.0	45.6	98.9	6.03
10~15	7.2	520	54.7	75.5	43.0	46.3	98.4	13.5
15~20	8.1	560	70.0	79.1	41.7	46.7	97.6	16.8
20~25	8.8	660	63.4	81.7	40.5	47.2	97.5	22.9
25~30	9.6	670	73.0	82.0	39.5	47.7	96.8	28.9
大于30	9.7	690	62.4	82.7	38.3	48.4	95.2	36.5

四、三元复合驱提高采收率

　　三元复合驱工业性矿场试验均已取得了较好的开发效果，与相近地质条件的聚合物驱相比，相同注入孔隙体积倍数条件下，三元复合驱提高采收率是聚合物驱的2倍左右。南五区、北一区断东、喇北东、北二西在相同注入孔隙体积倍数条件下，阶段提高采收率分别是聚合物驱的3.0倍、2.0倍、2.1倍、2.1倍（图4-19）。相同聚合物用量条件下对比，三元复合驱提高采收率同样明显高于聚合物驱，是聚合物驱的1.7~2.4倍（图4-20）。

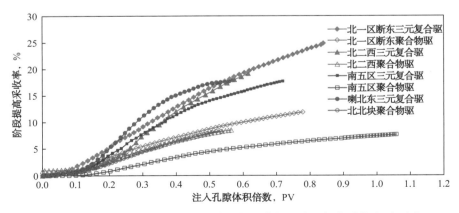

图4-19　相同注入体积下三元复合驱与聚合物驱阶段提高采收率对比图

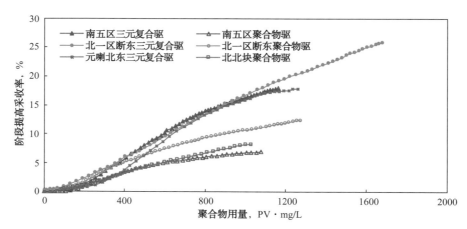

图 4-20　相同聚合物用量下三元复合驱与聚合物驱阶段提高采收率对比图

第四节　三元复合驱效果评价方法

三元复合驱效果评价包括技术效果评价和经济效益评价。

一、三元复合驱技术效果评价方法

油田开发效果评价贯穿着油田整个开发历程，开展三元复合驱开发效果评价方法研究的目的在于确定一套完整而科学的油田三元复合驱开发效果评价指标体系和评价方法，以便及时有效地对油田三元复合驱开发效果和挖潜措施效果做出客观、科学的综合性评价，在此基础上提出进一步的挖潜措施，达到高效合理开发油田的目的[23]。

1. 数值模拟方法

油藏数值模拟方法的主要原理是运用偏微分方程组描述油藏开采状态，通过计算机数值求解得到开发指标变化。这种方法不仅机理明确，而且是最方便、最节约运行成本的一种方法，既可通过模拟不同地质状态来评价开发效果，也可根据油田开发实际中的问题设计模拟状态，然后评价开发效果。

2. 特征点预测法

根据油藏实际地质和开发状况，明确影响指标变化动态和静态因素，实现动态和静态因素对指标变化影响特征评价，建立起基于注采平衡、矿场产液量变化统计规律以及阻力系数与渗透率、黏度比关系的产液量预测模型，还有基于 6 个含水率变化关键点图版、贝塞尔函数差值的含水率预测模型，最终实现开发效果的预测和评价。

将理论（标准）曲线与实际的生产曲线进行对比，根据两者之间偏离情况来进行评价。

二、三元复合驱经济效益评价方法

目前国际石油公司还没有推广三元复合驱技术，相应的经济评价研究也少见。在进行三元复合驱项目经济评价时，采用的是通用的评价方式。国内的复合驱项目经济评价方法为规范的现金流量动态经济评价方法。评价方法包括有无对比法和增量评价法两种方法。但是在经济评价实施阶段，多数评价没有区分阶段产出和增量产出，没有对化学驱进行过全过程的经济效益论证。而且三元复合驱以其技术效果、油层条件、管理规范等多方面的不确定性，导致仅采用常规经济评价方法无法准确评价三元复合驱项目的经济效益。

为了实现合理开发，获得最佳的经济效益，还有待于对三元复合驱潜力区块进行优选，对比水驱、聚合物驱和三元复合驱开发效益的差别，确定水驱转注化学驱的经济开发时机，完善三种驱替方式的经济评价模式。

首先通过分析已投产三元复合驱区块经济评价参数变化规律，确定经济评价参数的变化特点和影响因素，建立三元复合驱经济评价参数及预测方法；其次根据三元复合驱区块的经济效益状况和变化特点，建立三元复合驱经济效益评价方法及模型。

通过研究分析，建立两种三元复合驱操作成本预测方法。（1）应用统计分析方法，以开发指标为相关因素建立多因素分阶段操作成本预测方法。该方法在初选基础上采用统计分析法进行关联度排序，综合分析去除低相关指标和复相关指标，形成分阶段操作成本预测公式，该方法用于把握全过程不同阶段的成本趋势和研究规律特点。（2）依托常规预测方法，以成本项目为因素建立类比修正三元复合驱操作成本预测方法。常规方法采用全厂平均成本定额（成本费用单耗），得出的预测成本与实际相差大，但变化规律接近，主要原因是区块主要成本定额高于全厂平均，该方法应用最小距离法确定出各成本定额的修正系数，建立类比修正预测方法，适用于有成本定额参考的新投注化学剂区块全过程成本预测[24]。

参 考 文 献

［1］程杰成，吴军政，胡俊卿.三元复合驱提高原油采收率关键理论与技术［J］.石油学报，2014，35（2）：310-318.

［2］程杰成，王德民，李群，等.大庆油田三元复合驱矿场试验动态特征［J］.石油学报，2002，23（6）：37-40.

［3］程杰成，廖广志，杨振宇，等.大庆油田三元复合驱矿场试验综述［J］.大庆石油地质与开发，2001，20（2）：46-49.

［4］李华斌.大庆油田萨中西部三元复合驱矿场试验研究［J］.油气田采收率技术，1999：15-19.

［5］刘晓光.北三西三元复合驱试验动态变化特征及综合调整措施［J］.大庆石油地质与开发，2006，25（4）：95-96.

［6］么世椿，赵群，王昊宇，等.基于HALL曲线的复合驱注采能力适应性［J］.大庆石油地质与开发，2013，32（3）：102-106.

［7］王凤兰，伍晓林.大庆油田三元复合驱技术进展［J］.大庆石油地质与开发，2009，28（5）：154-162.

［8］徐艳姝.大庆油田三元复合驱矿场试验采出液乳化规律［J］.大庆石油地质与开发，2012，31（6）：140-144.

［9］洪冀春，王凤兰，刘奕，等.三元复合驱乳化及其对油井产能的影响［J］大庆石油地质与开发，2001，20（2）：23-25.

［10］曹锡秋，隋新光，杨晓明，等.对北一区断西三元复合驱若干问题的认识［J］.大庆石油地质与开发，2001，20（2）：111-113.

［11］李世军，杨振宇，宋考平，等.三元复合驱中乳化作用对提高采收率的影响［J］.石油学报，2003，24（5）：71-73.

［12］李士奎，朱焱.大庆油田三元复合驱试验效果评价研究［J］.石油学报，2005，26（3）：56-59.

［13］任文化，牛井岗，张宇.杏二区西部三元复合驱试验效果与认识［J］.大庆石油地质与开发，2001，20（2）：117-118.

［14］吴国鹏，陈广宇，焦玉国，等.强碱三元复合驱对储层的伤害及结垢研究［J］.大庆石油地质与开发，2012，31（5）：137-141.

［15］李洁，么世椿，于晓丹，等.大庆油田三元复合驱效果影响因素［J］.大庆石油地质与开发，2011，30（6）：138-142.

［16］李洁，陈金凤，韩梦蕖.强碱三元复合驱开采动态特点［J］.大庆石油地质与开发，2015，34（1）：91-97.

［17］樊宇.三元复合驱注入速度对注采能力影响研究［J］.内蒙古石油化工，2014，8：142-143.

［18］孔宪政.大庆萨南油田南六区三元复合驱见效特征及影响因素分析［J］.长江大学学报：自然科学版，2014，20：116-117.

［19］钟连彬.大庆油田三元复合驱动态特征及其跟踪调整方法［J］.大庆石油地质与开发，2015，34（4）：12-128.

［20］赵长久，赵群，么世椿.弱碱三元复合驱与强碱三元复合驱的对比［J］.新疆石油地质，2006，27（6）：728-730.

［21］于水.二类油层三元复合驱跟踪调整技术及效果认识［J］.内蒙古石油化工，2016（7）：95-96.

［22］魏玉函.三元复合驱开发跟踪调整方法［J］.长江大学学报：自然科学版，2014（13）：118-120.

［23］付雪松，李洪富，赵群，等.油田南部一类油层强碱三元矿场试验效果［J］.石油化工应用，2013，32（3）：108-111.

［24］方艳君，孙洪国，侠利华，等.大庆油田三元复合驱层系优化组合技术经济界限［J］.大庆石油地质与开发，2016，35（2）：81-85.

第五章 三元复合驱采油工艺技术

为提高三元复合驱的开发效果,解决三元复合驱过程中三元注入液低效无效循环、注入井堵塞、采出井结垢等问题,自"十一五"开始,研究了适用于三元复合驱的分层注入、增产增注、化学清防垢及物理防垢举升等关键技术,取得了较好的试验效果,为三元复合驱技术的推广应用提供了技术支撑。

第一节 三元复合驱分层注入技术

在三元复合驱开发过程中,由于渗透率差异及层间矛盾的影响,三元复合体系主要沿着高渗透层突进,低效无效循环现象严重,中低渗透层动用程度低,影响了整体驱油效果,为此采取分层注入技术提高油层整体动用情况。

室内实验发现,如果直接采用聚合物驱分注工具进行三元复合驱分层注入,由于微观分子结构的不同,三元复合体系的黏损率要远大于聚合物体系(流量为 $50m^3/d$ 时,黏损率由聚合物驱的 6.2% 提高到 12.7%),因此需要开发三元复合驱专有的分注技术。本节重点围绕三元复合驱分层注入工艺技术剪切机理、发展情况、配套测试技术以及三元复合驱分注原则、时机的确定四方面进行介绍,重点阐述了目前三元复合驱分注工艺普遍应用的三元复合驱分质分压注入技术,满足三元复合体系流量、分子量与油层物性的匹配关系,为三元复合驱分注技术提供技术支撑。

一、三元复合驱分层注入工艺技术剪切机理

三元复合体系是多种体系的复杂流体,流变特征属于非牛顿流体,其在分注工具中流场非常复杂,为了尽可能地保证三元复合体系的黏度,要求三元复合体系在通过分注工具后黏度损失越低越好,但室内实验表明:同等条件下,三元复合体系通过工具后黏度损失远大于聚合物体系,因此,为弄清剪切机理与聚合物的差异性,对三元复合体系剪切机理进行研究[1]。

1. 三元复合溶液微观分子聚集体形态研究

分子量为 1600×10^4,质量浓度为 1650mg/L 的聚合物体系流过分注工具之前的扫描电镜图片如图 5-1 所示。

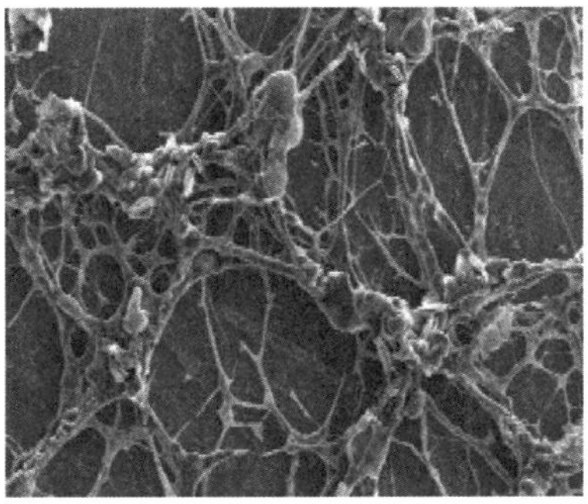

聚合物(HPAM)分子在水溶液中形成空间网络结构,且有一定的分形生长自相似性。这主要是由于聚丙烯酰胺部分水解后,大分子链上存在羧基负离子,邻近羧基之间存在静电相互排斥作用,使得聚合物分子链舒展程度增强,每一根分子链都取无规线团构象,不同聚合物分子链间又可相互贯穿,甚至缠绕,导致溶液中形

图 5-1 分子量为 1600×10^4,质量浓度为 1650mg/L 的聚合物剪切前扫描电镜图(200:1)

成密度很大的具有不同尺寸孔洞的多层立体网状结构，且存在粗的主干和细分支，这种网络结构既有支撑作用，又可吸附和包裹大量水分子产生形变阻力，显示出部分水解聚丙烯酰胺溶液良好的增黏能力。

通过聚合物不同流量下流经分注工具后扫面电镜图像进行观察，如图5-2所示。结果表明：聚合物体系在流经分注工具时，受到了分注工具的剪切作用，网状结构出现局部缺陷，分子链发生断裂，网孔变稀疏。这种结构包裹水分子的能力下降，导致增黏能力降低。

 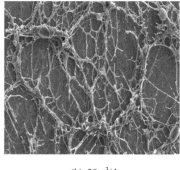 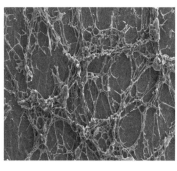

(a) 20m³/d　　　　　　　(b) 30m³/d　　　　　　　(c) 50m³/d

图5-2　聚合物流经槽数为18的分注工具不同流量剪切后扫描电镜图（200∶1）

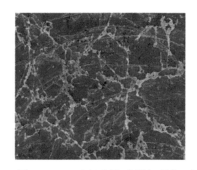

图5-3　三元复合溶液剪切前扫描电镜图（200∶1）

聚合物分子量为 1600×10^4，质量浓度为1650mg/L配制的三元复合溶液（碱质量分数为1.2%，表面活性剂质量分数为0.3%）流过分注工具之前的扫描电镜图片如图5-3所示。

由图5-3可见，三元复合体系微观分子聚集体形态与聚合物体系存在差异。与聚合物体系中聚合物分子呈现立体网状结构不同，三元复合体系微观分子呈现球形质点，相互结成珠状平面网络结构，分形生长表现出一定的自相似性，但其网络比较稀疏，基本无主干和分枝之别，这种结构包裹水分子的能力很差，从而增黏特性差。这主要是由于NaOH溶于水后电离出 Na^+ 离子，对聚合物大分子的负电荷产生屏蔽作用，使得聚合物分子表面双电层和水化层厚度变薄，分子链中羧基之间的斥力减弱，高分子链卷曲收缩，使得网络骨架主干逐渐回缩，体系结构遭到破坏。同时，磺酸盐溶于水后电离出的 Na^+ 和具有表面活性的磺酸根阴离子。表面活性剂分子以及其聚集后形成的胶束与聚合物分子之间的范德华力往往会克服静电斥力，使其对聚合物分子双电层的影响一般是特性吸附占支配地位，此时溶液中其他离子都可视为"不相干离子"。但是，强烈的静电斥力使阴离子型表面活性剂分子在聚合物大分子表面的特性吸附相对较弱。因此，磺酸盐表面活性剂对聚合物分子的作用类似于有机盐，会使得聚合物分子链收缩。NaOH和磺酸盐对聚合物分子链的双重压缩作用使得三元复合体系微观分子聚集体形态网状非常稀疏。

如图5-4所示，聚合物分子量为 1600×10^4，质量浓度为1650mg/L的三元复合体系在经过分注工具时，聚合物分子链受到剪切作用大于聚合物体系；分注工具槽数相同时，随流量增大，三元复合体系中聚合物分子链发生断裂的程度增大；流量相同时，随槽数的增多分子链断裂程度增大，在受到分注工具的剪切作用时，由于三元复合体系网络稀疏，从而导致在流经分注工具时的抗剪切能力也变差，体系结构遭到破坏，分子链断裂程度大。

  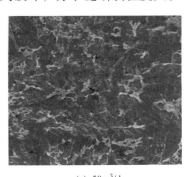

(a) 20m³/d   (b) 30m³/d   (c) 50m³/d

图 5-4　三元复合体系流经槽数为 18 工具不同流量剪切后扫描电镜图（200：1）

2. 三元复合溶液分子线团尺寸研究

为了进一步分析聚合物和三元复合体系微观分子形态区别，利用激光散射仪测量了不同聚合物及三元复合体系流过分注工具前后的分子线团直径，其对比结果见表 5-1 至表 5-3。

表 5-1　流量为 30m³/h 时分子线团尺寸测定结果

槽数	分子线团直径，nm					
	聚合物分子量（质量浓度，mg/L）			三元复合体系中聚合物分子量（质量浓度，mg/L）		
	1600×10^4（1650）	1900×10^4（1200）	2500×10^4（1650）	1600×10^4（1650）	1900×10^4（1200）	2500×10^4（1650）
0	405	482	631	321	336	377
5	371	463	611	270	298	335
10	346	434	582	241	272	299
18	307	409	552	223	238	257

表 5-2　流量为 40m³/h 时分子线团尺寸测定结果

槽数	分子线团直径，nm					
	聚合物分子量（质量浓度，mg/L）			三元复合体系中聚合物分子量（质量浓度，mg/L）		
	1600×10^4（1650）	1900×10^4（1200）	2500×10^4（1650）	1600×10^4（1650）	1900×10^4（1200）	2500×10^4（1650）
0	405	482	631	321	336	377
5	353	442	605	247	268	304
10	326	419	577	210	249	269
18	295	395	550	196	201	232

表 5-3　流量为 50m³/h 时分子线团尺寸测定结果

槽数	分子线团直径，nm					
	聚合物分子量（质量浓度，mg/L）			三元复合体系中聚合物分子量（质量浓度，mg/L）		
	1600×10^4（1650）	1900×10^4（1200）	2500×10^4（1650）	1600×10^4（1650）	1900×10^4（1200）	2500×10^4（1650）
0	405	482	631	321	336	377
5	325	412	579	213	230	279
10	307	397	559	189	218	254
18	272	369	535	165	183	216

　　测定流经分注工具前后分子线团直径发现，未流经分注工具前三元复合体系分子线团直径小于聚合物体系，分子线团直径随槽数增多而减小，且三元复合体系变化幅度大于聚合物，上述现象可由 Stern-Grahame 双电层理论解释。依据 Stern-Grahame 双电层模型理论，Na^+ 离子对 HPAM 分子线团尺寸的影响主要来源于两方面：一方面是其通过影响 HPAM 分子双电层厚度使得 ζ 电势发生变化；另一方面是 Na^+ 离子对 HPAM 大分子链上羧基负离子之间的静电排斥起到的屏蔽作用，使得 HPAM 分子链卷曲程度发生变化。ζ 电势和 HPAM 分子双电层厚度 k^{-1} 可分别用下列公式表示：

$$\zeta = \psi_0 e^{-k\delta} \tag{5-1}$$

$$k^{-1} = \left(\frac{\xi KT}{8\pi n_0 z^2 e^2} \right)^{-\frac{1}{2}} \tag{5-2}$$

式中　n_0——Na^+ 离子在溶液内部（$\psi = 0$）的浓度，mol/L；

　　　　z——离子的价数；

　　　　e——电子电荷，C；

　　　　ψ_0——表面电势，V；

　　　　δ——Stern 吸附层厚度，m。

　　　　k^{-1}——HPAM 分子双电层厚度，m。

　　　　ε——介电常数；

　　　　K——波尔兹曼常数；

　　　　T——温度，K。

　　其中 δ 与 Stern 层内正离子吸附量有关，在表面最大吸附范围内，正离子吸附的越多，δ 越大。Stern 吸附层中正离子的吸附量可用其占据表面吸附位的份数 θ 表示，θ 可用 Langmuir-Stern 公式解释：

$$\theta = \frac{1}{1 + \dfrac{1}{x}\exp\left(\dfrac{ze\psi + \varphi}{KT}\right)} \tag{5-3}$$

式中　x——溶液中正离子的摩尔分数浓度，mol/L；

　　　　ψ——双电层内某点处的电势，V；

　　　　φ——特性吸附能，J；

　　　　K——波尔兹曼常数；

　　　　T——温度，K。

由上式可知，在超纯水中，由于无外加正离子，聚合物分子间的静电排斥及水化作用使本来卷曲的聚合物分子链伸展开，形成比较疏松的无规线团。当加入 Na⁺ 离子并增大其浓度时，较多的外加 Na⁺ 离子进入 Stern 吸附层，这些 Na⁺ 离子部分中和了 HPAM 大分子链上的负电荷，一方面使得双电层厚度 k^{-1} 减小，同时增大了 Stern 层内的 Na⁺ 离子占据表面吸附位的份数 θ，使得吸附层厚度 δ 越大，从而减小了 ζ 电势，链段的负电性减小，造成分子链卷曲，形成较为紧密的无规线团，分子线团尺寸 D_h 减小；更重要的是分布在双电层内的 Na⁺ 离子对 HPAM 大分子链上羧基负离子之间的静电排斥起到了屏蔽作用，导致羧基负离子之间的静电排斥力大大降低，故使 HPAM 大分子链卷曲和收缩而排除水分子包裹的作用增强，导致流体力学直径 D_h 减小，从而测试的三元复合体系中 HPAM 分子线团尺寸减小。

3. 三元复合溶液流场数值模拟研究

为了研究三元复合体系与聚合物体系在分注工具流态变化，利用 FLUENT 软件数值模拟技术进行流体分析，对比两溶液在分注工具内的压力、速度及黏度的区别。

聚合物体系和三元复合体系压力分布对比：通过压力分布对比可以发现（图 5-5），两种溶液流经降压槽的压力分布基本相同。每经过一个最小环隙，压力都有一个梯度的变化。在最小环隙的下半部分附近都存在一个压力较小的区域，其中聚合物体系的区域范围要大于三元复合体系。

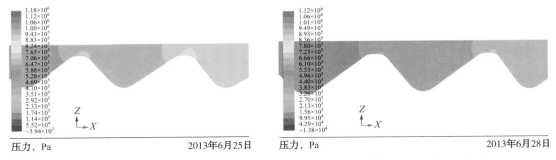

图 5-5　溶液压力分布（左为聚合物体系，右为三元复合体系，流量为 50m³/d）

聚合物体系和三元复合体系速度分布对比：两种溶液流经相同降压槽的速度分布规律基本相同（图 5-6）。对比可知，相同降压槽结构和相同流量条件下，三元复合体系的最大速度要大于聚合物体系，三元复合体系的最大速度为 12m/s，聚合物体系的最大速度为 11.6m/s。

聚合物体系和三元复合体系视黏度分布对比：两种溶液流经相同降压槽的速度分布规律相似（图 5-7）。但在黏度变化幅度上，三元复合体系要更大，聚合物体系在 0.2~0.035Pa·s 之间，三元复合体系的视黏度在 0.088~0.04Pa·s 之间，黏度变化区域更大，原因是三元复合体系分子结构稀疏，分子链相对独立、稀疏，较聚合物体系易破坏。

综上所述：由于三元复合体系中阳离子的存在，对分子链上负电荷起到中和作用导致分子链双电层厚度变薄，对分子链上负离子起到了屏蔽作用，导致了分子链中羧基负离子之间的排斥力降低，分子链细化蜷缩，分子线团尺寸变小，网状结构遭破坏，整体增黏特性变差，造成溶液不稳定性增强，在流经分注工具后湍流区域大，分子链更容易断裂。导致三元复合体系黏度损失大于聚合物体系。

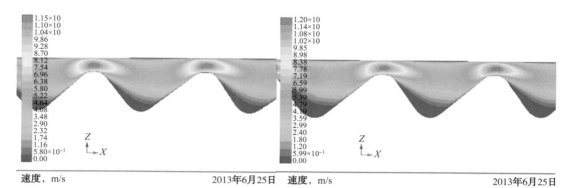

图5-6 溶液速度分布（左为聚合物体系，右为三元复合体系，流量为50m³/d）

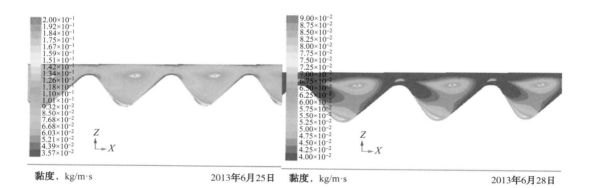

图5-7 溶液视黏度分布（左为聚合物体系，右为三元复合体系，流量为50m³/d）

二、三元复合驱分层注入工艺技术发展情况

在认清三元剪切机理的基础上，大庆油田先后研究了三元复合驱同心分注、偏心分注以及分质分压三代技术。其中第一代分注技术三元复合驱同心分注由于最多只能实现三层分注，且配注芯放置在配注器中心通道处，测试时若要投捞最下层配注芯，必须把上层配注芯捞出来，在规模化应用时测试工作量较大，目前已基本停止使用[2]，为此继续发展了三元复合驱偏心分注技术和分质分压注入技术。

1.三元复合驱偏心分注技术

（1）工艺原理。

三元偏心分注技术适用于三元多层分注。地面采用单泵单管供液，井下管柱采用单管偏心分注形式。根据地质方案下入偏心分注管柱，用封隔器把各层段封隔开，每一层段对应一级偏心配注器。注入过程中，三元溶液流过偏心配注器时可形成足够的节流压差，从而降低注入压力，控制限制层注入量[3]；同时，可升高注入压力，提高加强层注入量。因此，在地面同一注入压力下，通过对分层注入压力的调节，控制各个层段的注入量，从而达到分层配注的目的。偏心分注工艺如图 5-8 所示。

（2）管柱结构。

工艺管柱主要由偏心配注器、封隔器等井下工具组成。偏心配注器由偏心工作筒及配注芯等组成，如图 5-9 所示。

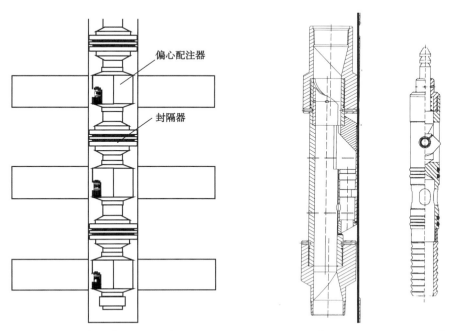

图 5-8　偏心分注工艺示意图　　　　图 5-9　偏心配注器及配注芯示意图

偏心工作筒采用上定位方式，主要由上接头、销钉、偏心主体、导向体、下接头等组成。上下接头与偏心主体螺纹连接，销钉定位。偏心主体由中心管与偏心管焊接而成，中心管通道供投捞工具和井下仪器测试时使用。

（3）工艺参数。

单层控制注入量范围为 $10\sim70m^3/d$，在流量为 $70m^3/d$ 时，最大节流压差为 2.5MPa，黏损率为 7.56%。

（4）应用情况。

该技术累计应用 180 口井，可实现多层分注，并利用偏心结构使测试时可直接投捞任意层，提高了分注能力，与同心分注技术相比测试更加方便，但在现场应用时也发现了一系列问题，为了追求较低的黏损率，工具结构尺寸设计较大，存在投捞负荷较大（87kg）、投捞成功率低（一次投捞成功率为 83.3%）以及与水驱不兼容等问题，不利于三元复合驱的规模化推广应用。

2. 三元复合驱分质分压注入技术

三元复合驱分质分压注入技术是目前油田在用的主要分注技术，首先根据地质方案下入分质分压管柱，用封隔器把各层段封隔开，每一层段对应一级井下偏心工作筒。对于高渗透层，在偏心工作筒内置入分压注入调节器，控制分层注入量；对于低渗透层，在偏心工作筒内置入分质注入调节器，控制分层分子量，从而满足三元复合体系流量、分子量与油层物性的匹配关系。

1）三元复合驱分压注入技术

（1）分压注入工作筒。

分压注入工作筒由井下偏心工作筒和分压注入调节器组成，井下偏心工作筒主要由上接头、连接套、扶正体、导向体、偏心主体、下接头组成。上接头与连接套螺纹连接后，连接套另一端与带有导向体和扶正体的偏心主体螺纹连接，下接头与偏心主体下端连接。偏心主体中心通道内径 ϕ 为46mm，供井下工具和仪器通过并进行测试。偏孔直径 ϕ 为20mm，位于主体中心通道侧面。井下偏心工作筒结构参数见表5-4，井下偏心工作筒如图5-10所示。

表5-4 井下偏心工作筒结构参数

连接扣型	总长，mm	最大外径，mm	内通径，mm	偏孔内径，mm	工作压差，MPa
$2\frac{7}{8}$ TBG	1640	114	46	20	20

图5-10 井下偏心工作筒

（2）分压注入调节器。

①压力调节机理。

井口的三元复合体系经分压注入工作筒偏孔过流通道，首先流过分压注入调节器外表面流线型降压槽，产生节流压差，使其达到层段注入压力要求。在调整层段注入量时，通过投捞、更换分压注入调节器，改变流线型降压槽槽数，即可完成调节层段的注入压力、注入量。

②压力注入调节器的结构、组成。

分压注入调节器在保证黏损率的基础上进一步缩小了结构尺寸，降低了投捞负荷，结构参数见表5-5，分压注入调节器如图5-11所示。

表5-5 分压注入调节器结构参数

总长，mm	最大外径，mm	密封面钢体外径，mm	降压槽外径，mm
57~370	22	20	18

图5-11 分压注入调节器

③分压注入配注器防垢技术。

三元复合体系中由于强碱的存在，工具表面被腐蚀易附着垢质，因此需对工具进行防垢处理。目前采用的是喷涂聚四氟乙烯涂层防垢技术，聚四氟乙烯涂层由于分子结构致密，镀膜坚硬，能够长期承受酸、碱、盐及各种溶剂的浸泡，有优异的耐化学性、耐腐蚀性。涂层表面摩擦因数低，涂层表面能低，具有防止污物驻留的性质和较强的憎水性，这样可使各种垢难以附着在涂层上，可缓解因三元复合溶液引起的结垢问题。三元复合驱分注工具防垢工艺性能对比情况见表5-6。

表5-6 三元复合驱分注工具防垢工艺性能对比情况

材质名称	镍磷镀涂层工艺	聚四氟乙烯涂层工艺
表面自由能，mJ/m^2	90~130	22~30
自润滑性	0.7~1.1（摩擦因数）	0.04~0.4（摩擦因数）
防垢效果	1个月后结垢	6个月后结垢

2）三元复合驱分质注入技术

（1）三元分质注入原理。

分子量调节是采用机械降解方式进行设计，三元复合溶液中聚合物流变特性属于非牛顿流体，同时具有黏性和弹性的性质[4, 5]。三元复合体系中聚合物分子微观以颗粒、枝状结构及网状结构分布在水溶液中，分子链是柔性链结构。在外力作用下，其分子构象可以改变，即蜷曲的高分子链可以拉伸，当拉伸力去掉以后，又能恢复其自然蜷曲状。当聚合物溶液由于速度的急剧变化，作用在聚合物分子链上的剪切应力超过临界剪切应力时，分子链会发生断裂，致使反转恢复不可逆，实现机械降解的目的。聚合物分子链断裂可以导致聚合物分子形态和尺寸发生变化，从而造成聚合物分子量降低（图5-12）。

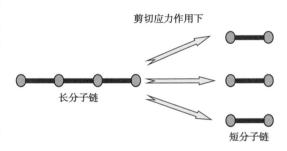

图5-12 聚合物分子链剪切示意图

（2）分质注入调节器。

分质注入工作筒由井下偏心工作筒和分质注入调节器组成，组成分质注入工作筒的井下偏心工作筒规格与组成分压注入工作筒一样，分质注入调节器结构参数见表5-7，分质注入调节器内有分子量调节元件，其采用的是陶瓷材质的"双曲线+梯形口"喷嘴结构，并实现了喷嘴的系列化（ϕ2.0~6.0mm，以0.2mm为间隔，共21种），方便现场应用，陶瓷喷嘴的外形如图5-13所示。

图5-13 分质注入调节器

表 5-7 分子量调节堵塞器结构参数

总长, mm	最大外径, mm	密封面钢体外径, mm
180~220	20	20

分质注入调节器中喷嘴的大小决定分子量调节程度，即喷嘴越小，调节程度越大；喷嘴越大，调节程度越小。在调整层段分子量时，只要通过投捞、更换分质注入调节器，改变喷嘴直径，即可完成调节层段的注入分子量，陶瓷喷嘴结构示意图和实物图如图 5-14 所示。

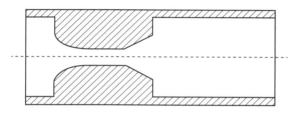

图 5-14 陶瓷喷嘴结构示意图和实物图

（3）工艺参数。

单层控制注入量范围为 10~70m³/d，在流量为 50m³/d 时，分压工具节流压差可达 1.2MPa，黏损率为 8.2%。分质工具分子量调节范围为 10%~50%，最大压力损失为 1.5MPa，投捞负荷降低 50% 以上（39kg），与水驱基本相当。

（4）应用情况。

该技术现场应用 772 口井，一次投捞成功率为 95.6%，实现了 4~5 层段分注，且与水驱完全兼容，一趟管柱可满足空白水驱、三元复合驱、后续水驱各阶段分注需要。

三、三元复合驱分层注入配套测试技术

在配套测试技术方面，三元复合驱同心分注配套测试技术目前已基本停止使用。三元复合驱偏心分注配套测试技术主要为常规测试技术，而三元复合驱分质分压注入技术由于管柱结构也为偏心结构，所以配套测试技术也以常规测试技术为主，并且以分质分压注入技术工艺管柱为基础，发展了高效测调技术，在常规测试的基础上进一步提高了测调效率。

1. 常规测试技术

（1）常规流量测试配套工具。

电磁流量计是一种新型的适用于三元复合溶液的分层流量测试仪器，通过测量感应电动势的大小，可以确定流经传感器的流量。电磁流量计不受注入流体黏度和密度的影响，测试时采用非集流方式，电磁流量计结构示意如图 5-15 所示，技术指标见表 5-8。

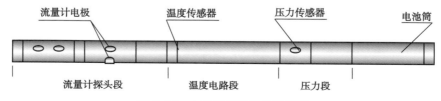

图 5-15 电磁流量计结构示意图

表 5-8 电磁流量计技术指标

测量范围, m³/d	仪器测量误差, %	外径, mm	耐压, MPa
4~300	2.5	42	40

投捞器是更换井下不同类型调节器的仪器,实现单层注入流量和三元复合体系分子量的改变,投捞器、打捞头、投送头实物如图 5-16 至图 5-18 所示,结构参数见表 5-9。

图 5-16 投捞器示意图

图 5-17 打捞头示意图   图 5-18 投送头示意图

表 5-9 投捞器结构参数

总长, mm	钢体外径, mm	投捞爪张开外径, mm	导向爪张开外径, mm
1370	44	76~79	52~55

(2)常规流量测试工作原理。

将测试仪器和扶正器相连,用钢丝将仪器下入井内,从下到上依次在各级配注器上方位置停留测试,停测位置在两级调节器之间,尽可能选择离封隔器或调节器远一些的位置,以减小由于三元复合体系流速、流态变化对测试结果的影响。然后上提仪器逐层测试,待全井测试完毕后,将仪器取出,依次递减算出各层的流量。

(3)常规流量调配工作原理。

根据利用流量计测得的各层流量与配注方案流量值进行比较,若差值超过最大误差,则按配注方案中的要求,利用投捞器更换井下偏心工作筒内的调节器规格,待注入压力稳定后,进行分层流量测试。

2. 高效测调技术

由于常规测试技术采用的是"试凑"方法,需反复更换调节器规格,测调时间长,为此发展了机电一体化的高效测调工艺技术,主要包括地面控制系统、直读电动测调仪、可调调节器、电缆绞车系统四大部分[6],三元复合驱高效测调技术工艺原理如图 5-19 所示。

(1)工艺原理。

首先,在三元分注井下入分注管柱,根据

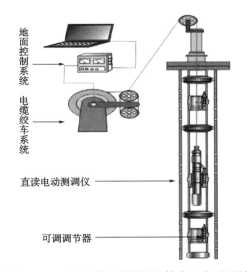

图 5-19 三元复合驱高效测调技术工艺原理图

方案的要求在相应层段下入三元可调分压调节器或可调分质调节器，然后采用钢管电缆携带直读电动测调仪下入到目的层与井下可调分压调节器或可调分质调节器对接，通过调整调节器的槽数或喷嘴规格来控制单层的流量或分子量，直到满足配注方案的要求，可实现连续可调、定量控制及实时监测，提高了分层测试的效率。

（2）地面控制系统。

地面控制系统由电脑和供电系统组成，整个系统具有过流保护、供电转换、电缆电压补偿、信号处理、数据采集及数据通信等功能。应用时，地面控制部分会发出通信信号以完成流量、温度和压力的采集，并实时显示和控制井下测调仪器的工作状况，可实现数据录取、数据存储、报表输出、参数控制调整等（图5-20）。

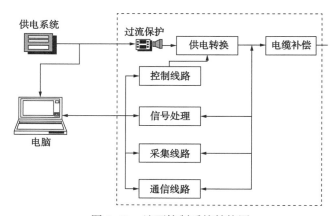

图5-20　地面控制系统结构图

（3）直读电动测调仪。

直读电动测调仪主要由机械臂、控制部分、测量部分、导向机构等组成，通过接收地面发送指令，完成调节臂的收放、与可调调节器对接，同时完成流量测试调整和温度、压力的测量及状态检测。并具有数据信号的调制解调和传输功能（图5-21）。

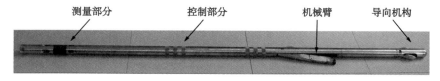

图5-21　三元复合驱直读电动测调仪实物图

（4）可调调节器。

可调调节器是直读电动测调系统的执行机构，是整个测调系统的核心部件，分为可调分压调节器与可调分质调节器两种。

①可调分压调节器。

通过调节可调式节流元件的有效节流长度，控制单层注入压力，即实现单层注入量控制，实现了一级分注工具从低压力损失到高压力损失的无级调节，满足不同注入量的需要，可调分压调节器如图5-22所示。

②可调分质调节器。

可调分质调节器通过调节喷嘴个数来控制聚合物溶液的剪切程度，达到高剪切、低压损要求，实现了分子量的连续可调，使注入三元复合体系分子量与油层渗透率达到最佳匹配程度，最大程度提高低渗透油层有效动用程度。可调分质调节器如图 5-23 所示。

图 5-22　可调分压调节器

图 5-23　可调分质调节器

（5）电缆绞车系统。

为保证测调系统的运行，开发了专用电缆绞车系统，采用钢丝滚筒和钢管电缆滚筒双滚筒结构，钢丝用于可调调节器的投捞，钢管电缆用于测试调配，两个滚筒独立操作，共用液压驱动系统、操作方便、灵活。张力系统实时显示仪器起下过程中的电缆张力，有利于施工操作及提高电缆寿命。绞车采用机械和电子两种计数方式，实现优势互补，保证深度准确。

（6）工艺参数。

在流量为 50m³/d 时，可调分压调节器节流压差为 1.2MPa，黏损率最大为 8.2%；可调分质调节器分子量调节范围为 10%~50%。

（7）应用效果。

常规测试技术目前已在大庆油田进行规模化推广应用，高效测调技术现场应用 42 口井，3~4 层段平均单井测试时间由原常规测试的 5d 缩至 3d，测调效率及施工安全性大幅度提高。

四、三元复合驱分注原则、时机的确定

1. 分层注入应用原则

（1）层间渗透率级差大于 2.5；

（2）油层之间水淹状况差异较大，存在主要吸水层、层段吸水强度高于全区平均水平等问题；

（3）分注层段油层的有效厚度大于 1.5m；

（4）分注层段之间要有一定的隔层，且比较稳定，满足工艺上的要求。

2. 分层注入时机确定原则

（1）与聚合物驱基本相同，三元复合驱的分层注入时机也是越早越好，且层间渗透率级差越大，分注对其采收率的影响越大。但三元复合驱在注入孔隙体积倍数达到 0.1PV 以后，分层注入调整对采收率提高值影响较大。

（2）交替注入过程中，碱—表面活性剂体系注入阶段由于体系黏度小，吸水剖面容易产生突进，在这个阶段进行分层注入，调整油层吸水状况，控制高渗层吸水量，努力调整油层动用状况，控制含水率上升速度。

第二节　三元复合驱增产增注技术

三元复合体系注入后，除聚合物造成储层堵塞外，强碱三元复合驱注入液对岩石溶蚀沉积、结垢及新生沉淀物导致储层进一步堵塞，使注入压力增高，注入能力大幅度下降[7]，常规的酸化解堵剂不但与三元复合驱注入液发生酸碱中和反应，还与聚合物反应产生絮凝，造成更严重的堵塞。三元复合驱见效阶段采出液中含聚合物浓度及含碱浓度不断上升，而采出井压裂增产用的聚合物驱树脂砂耐碱性差，在碱性环境下聚合物驱压裂用树脂砂胶结的骨架容易破碎，并在含有高浓度聚合物的黏稠采出液的携带作用下发生运移，导致井筒附近裂缝闭合，压裂有效期变短，严重影响了三元复合驱见效阶段采油速度。因此，为保证三元复合驱的顺利进行，需采取相应的增产增注措施，本节重点讲述三元复合驱注入井化学解堵增注技术、三元复合驱注采井压裂防砂技术等内容。

一、三元复合驱注入井化学解堵增注技术

通过对三元复合驱注入井堵塞物进行分析，得出堵塞物的成分；针对堵塞物的成分特征，开展解堵剂配方研究，并通过一系列评价实验确定解堵剂的综合性能指标；根据现场注入困难井的特征确定选井原则及施工工艺，并制订相应的解堵方案。

　1. 堵塞成分及堵塞机理

对三元复合驱注入井井口过滤器进行了定期取样，发现井口过滤器上存在大量的团块状堵塞物质（图5-24），另外，三元注入井在作业过程中部分注入井油管中存在大量的堵塞物质（图5-25），注入井在解堵施工反洗井时，返排液中含有大量的团块状堵塞物质（图5-26），室内对这些堵塞物的样品进行了分析。

　图5-24　井口过滤器上堵塞物　　　图5-25　油管中堵塞物　　　图5-26　返排液中的堵塞物

　1）返排物液体部分成分分析

首先对返排物液体样品进行红外光谱测定，然后与聚合物干粉的红外光谱图进行对比（图5-27）。样品的谱线频率与聚合物中某些基团的频率相一致，只是振动强度有所差别，可以初步判定返排物液体部分为聚合物。

为了对这一结果进行进一步验证，对返排物样品进行了紫外光谱测定，并且与聚合物干粉的紫外光谱进行了对比（图5-28）。从二者的紫外光谱图上可以看出，二者光谱基本相同（只是由于样品中含有大量的微细颗粒，发生光的散射，使谱峰漂移），因此可以断定返排物液体部分就是胶团状的聚合物。

利用乌氏黏度计（稀释型），通过稀释法对堵塞物液体部分进行特性黏数的测定，通

过下式求得样品的黏均分子量（表5-10）。

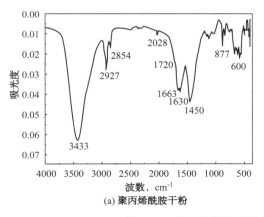
(a) 聚丙烯酰胺干粉

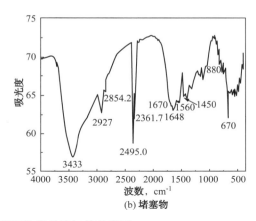
(b) 堵塞物

图 5-27 聚丙烯酰胺干粉及堵塞物样品的红外光谱图

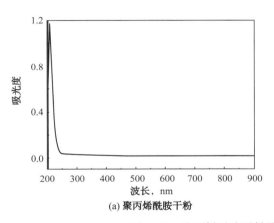
(a) 聚丙烯酰胺干粉

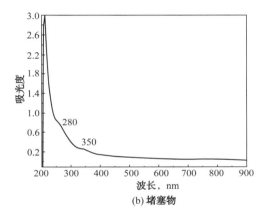
(b) 堵塞物

图 5-28 聚丙烯酰胺干粉及堵塞物样品的紫外光谱图

$$M=802 \cdot [\eta]^{1.25} \tag{5-4}$$

式中 M——黏均分子量；

η——特性黏数。

表 5-10 油管及油套环空中堵塞物液体部分分析结果

样品信息	主要成分	黏均分子量
X6-21-E33	聚丙烯酰胺	1.18×10^6
X6-3-E39	聚丙烯酰胺	5.98×10^5
N6-2-SP40	聚丙烯酰胺	2.67×10^6
干粉原样	—	1.09×10^7

红外、紫外光谱分析及特性黏数测定结果表明，堵塞物样品的主要成分是由不同水解程度的聚丙烯酰胺形成的团块，其分子量降到了干粉原样的十分之一左右。对胶团状聚合物形成的原因进行了初步分析：三元复合体系成分复杂，注入过程中受到管道、设备等的剪切、拉伸，造成聚丙烯酰胺分子链断裂，在一定温度及压力下发生了化学变化，形成胶

图 5-29　样品的 SEM 形貌图

团状堵塞物质。

2）返排物固体部分成分分析

固体部分主要是通过扫描电镜（SEM）、表面光电子能谱分析（XPS）、X 射线衍射（XRD）和电感耦合等离子发射光谱（ICP）等仪器分析手段进行。扫描电镜、微区元素及 X 射线衍射分析表明，样品中规则片状分布，呈现明显层状的为结晶碳酸钙，是由于后期环境变化生成的沉淀物；而不规则片状、纹理不清晰的，判断是无定形的二氧化硅（图 5-29、图 5-30、图 5-31）。

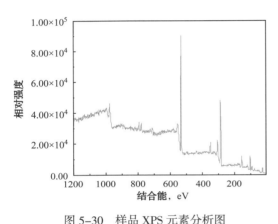

图 5-30　样品 XPS 元素分析图

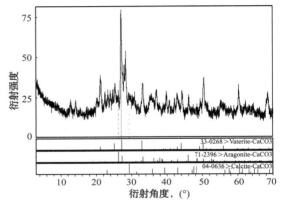

图 5-31　样品的 XRD 谱图

利用上述分析手段对三元复合驱注入井井口过滤器上的堵塞物、油管中的堵塞物、作业返排液中堵塞物的成分分别进行了分析（表 5-11）。

表 5-11　三元复合驱注入井堵塞物成分分析结果　　　　　　　　单位：%

样品成分	聚合物团块含量	无机物含量									
		$CaCO_3$	K_2O	Na_2O	$MgCO_3$	Al_2O_3	Fe_2O_3	SiO_2	$BaCO_3$	$SrCO_3$	合计
过滤器堵塞物	92.92	1.66	0.02	1.15	0.10	0.04	0.09	3.93	0.07	0.02	7.08
油管堵塞物	94.35	1.36	0.01	0.87	0.07	0.02	0.37	2.88	0.05	0.02	5.65
返排液中堵塞物	93.32	0.63	0.08	0.40	0.05	0.40	0.13	4.93	0.05	0.01	6.68

从上述分析结果中可以看出，聚合物团块占堵塞物总量的 92% 以上，是导致三元复合驱注入井堵塞的主要因素；另外，堵塞物中碳酸钙、二氧化硅等无机杂质占总量的 5%~7%，该部分细微的颗粒可通过注入液的携带，进入地层深部，造成深部堵塞。

2. 复合解堵剂

1）原理及组成

由于三元复合驱注入物质具有特殊性（含有聚合物和强碱），室内研究了以降解剂和缓速酸为主的复合解堵剂配方，首先利用降黏剂降解地层中的聚合物，然后再利用复合酸处理地层中剩余的垢质及机械杂质等无机堵塞物。

（1）环境型高效降解剂。

主要用于解除三元复合驱注入井聚合物团块堵塞物，溶解注入井返排堵塞物的溶解率大于95%，其水溶液 pH 值为7~8，呈弱碱性，在地面（35℃以下）化学性质稳定，在地层温度下激活，与三元复合体系配伍性好、安全可控。

（2）缓速酸。

用于处理近井及储层深部的无机堵塞物，对降解剂溶解后剩余杂质的溶解率大于75%，具有缓速、低伤害、防黏土膨胀、无二次沉淀的特点，实现深部解堵，提高三元复合驱注入井注入能力。

2）性能测定

该复合解堵剂综合性能优越（表5-12），采用该配方对杏六区东部Ⅰ块注入井的堵塞物进行溶解，溶解率可达到98%（表5-13）。室内实验表明堵塞物有较好的溶解效果（图5-32）。

表5-12　复合解堵剂性能评价指标

性能指标	温度，℃	2000mg/L 聚合物 3h 的降解率，%	溶蚀率，%	破碎率，%	表面张力 mN/m	腐蚀速率 g/（m²·h）
复合解堵剂	45	98.9	12.06	1.16	28.3	0.98

表5-13　复合解堵剂溶解堵塞物实验结果

堵塞物样品	与降解剂反应后溶解率，%	与复合酸反应后溶解率，%	总溶解率，%
X6-3-E39	96.3	81.0	99.3
X6-21-E33	95.4	75.2	98.8

(a) 溶解前　　　　　　　　　　(b) 溶解后

图5-32　杏六区东部Ⅰ块注入井返排物室内溶解实验

3. 选井原则及施工工艺

1）选井原则

（1）储层连通性好，注入井周围连通 3、4 口油井，每口井之间主力层相连通，两者有效厚度大致相同；

（2）选择三元复合体系注入初期压力上升缓慢，后期顶压、注入困难，判定是由于堵塞而导致注入能力下降的井；

（3）井况良好，无套损、窜槽和层间窜漏现象。

2）多段塞分流解堵工艺

为避免大量的解堵剂进入高渗透储层，保证解堵剂能均匀地进入不同渗透率的储层，研发了2种不同性能的暂堵剂配方，实现了降解剂与缓速酸在注入过程中暂堵分流注入，确保各层段均匀解堵。

（1）降解剂用暂堵剂：常温下溶解时间在5h以上，45℃下可迅速溶解。

（2）复合酸用暂堵剂：密度与复合酸相近，浸泡5h颗粒开始松散，10h全部分散。

从注入井的注入压力、排量随时间的变化曲线（图5-33）可以看出，在加入降解用暂堵剂、复合酸用暂堵剂后，注入压力都明显上升，这表明，降解剂、复合酸都进入暂堵剂未添加之前、渗透率较低的层段，达到了暂堵分流注入的目的，实现了各层段均匀解堵。

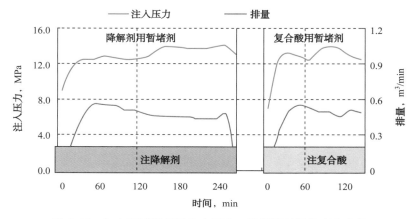

图5-33　加入暂堵剂前后注入压力、排量随时间的变化曲线

4. 应用效果

该技术适用于因堵塞导致注入困难或注入能力大幅下降的三元复合驱注入井。共应用138口井，措施有效率为85.4%，有效期达到182d，累计增注为$67.9 \times 10^4 m^3$。

二、三元复合驱注采井压裂防砂技术

通过对固砂剂耐碱机理的分析，筛选出适合于三元复合驱油水井压裂用的耐碱固砂剂，通过一系列的配方研究及性能评价实验，确定出适用于三元复合驱的压裂防砂技术，有效防止支撑剂运移，保证压裂措施效果，为三元复合驱的可持续开发提供了技术支撑。

1. 耐碱树脂砂压裂防砂技术

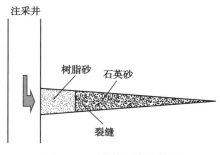

图5-34　压裂防砂示意图

该耐碱树脂砂压裂防砂技术具有增产和防砂的双重作用，耐碱树脂砂就是在石英砂颗粒表面涂敷一层与压裂目的层温度适宜的改性环氧树脂等耐碱树脂涂层，经热固处理，在压裂施工时作为尾追支撑剂铺置于水力裂缝的近井缝段。当裂缝闭合且地层温度恢复后，树脂层逐渐软化，然后与固化剂发生聚合反应而固化，使得砂粒固结在一起，在裂缝缝口形成具有一定渗透率的网状过滤段，有效防止裂缝口闭合和支撑剂运移（图5-34）。

1）耐碱树脂砂固化机理

耐碱树脂砂为低温自固化型产品，是以双酚 A 改性环氧树脂覆膜，采用多元胺类加成聚合型中温潜伏型固化剂[8]。由于环氧树脂分子的侧链上经过改性引入少量磺酸盐基团，使树脂具有一定亲水性，在水中能够软化，在一定的地层压力作用下，砂粒能够粘接在一起；树脂分子结构中含有大量活泼的环氧基团、脂肪族羟基及醚键，与固化剂发生交联反应而形成不溶、不熔的具有三维网状结构的高聚物，具有很强的黏合力，且分子中没有酯键，在固化后的环氧树脂体系中，含有稳定的苯环和醚键以及脂肪羟基，化学稳定性好。

多元胺固化剂在与环氧树脂反应时（图5-35），首先是伯胺中的活性氢与环氧基反应，生成仲胺；仲胺中的活性氢与环氧基再进一步反应，生成叔胺，残余的胺基、反应物中羟基与环氧基持续反应，直至生成体型大分子。

$$-RNH_2+CH_2\!\!-\!\!CH- \xrightarrow{K_1} -RNHCH_2-CH-$$

$$-RNHCH_2-CH-+CH_2\!\!-\!\!CH- \xrightarrow{K_2} -R-N$$

图 5-35　多元胺与环氧基的化学反应简式

2）耐碱树脂砂性能评价

由于树脂砂成分的特殊性，其性能评价方法与常规支撑剂评价方法有所不同，除了粒径筛选分析、球度、圆度、密度、抗破碎能力、导流能力等参数外，还需测试抗压强度、颗粒分散率、树脂涂敷率三个指标，这些性能参数决定了耐碱树脂砂的质量，并直接影响三元复合驱注采井压裂防砂措施的效果，其中以抗压强度和导流能力两个指标尤为关键。

（1）抗压强度。

作为压裂固砂用树脂砂支撑剂，其胶结强度直接影响固砂效果，因此需测试其在地层温度下胶结后的抗压强度。

岩心制备：称取树脂砂约 25g，加适量携砂液搅拌混匀，在模拟地层温度的水浴中预热 10min，移入内径 25mm 一端密封的钢筒中，加压 10MPa，保持压力 1min，做成直径约为 2.50cm、长度为 2.50cm 的圆柱体（图 5-36）。把压好的岩心放在地层温度条件下养护 72h 后用材料压力试验机进行抗压强度测试。

(a) 俯视图　　　　　　　　　　　　　　(b) 主视图

图 5-36　耐碱树脂砂胶结岩心

树脂砂的抗压强度主要受涂层树脂化学性质、地层温度、胶结时间和树脂砂所接触的流体类型等因素影响。通常固化温度越高、胶结时间越长（表 5-14、表 5-15）。

表 5-14　耐碱树脂砂不同温度下抗压强度变化

温度	介质	抗压强度，MPa			
		8h	24h	48h	72h
40℃	清水	0.60	1.00	1.20	1.40
45℃	清水	0.70	1.25	2.10	2.75
50℃	清水	0.80	1.45	2.20	3.30

表 5-15　耐碱树脂砂不同时间抗压强度变化

树脂砂种类	抗压强度，MPa								
	10min	0.5h	2h	8h	24h	48h	72h	96h	1.2% NaOH 浸泡72h后
酚醛树脂砂	无变化	初凝	略硬	硬	0.50	0.60	0.70	0.75	0（岩心破碎）
耐碱树脂砂	软化	初凝	0.50	0.70	1.25	2.10	2.75	2.80	2.65

注：实验温度为45℃，清水养护。

　　耐碱树脂砂初凝速度快，45℃下，0.5h即可软化胶结，2h初具强度约为0.5 MPa，72h后抗压强度基本恒定，且受NaOH溶液影响较小。

　　耐碱树脂砂所接触的地层流体对其抗压强度影响较大，这是由树脂砂外层包裹的树脂涂层的化学稳定性所决定的，因此需要根据具体现场措施情况在岩心固化后测试其固化强度变化情况（表5-16）。

表 5-16　不同地层流体对耐碱树脂砂抗压强度的影响

序号	浸泡液	浸泡时间，d	抗压强度，MPa	结论
1	清水	30	3.30	—
2	原油	30	3.30	无影响
3	盐水	30	3.30	无影响
4	12%HCl	30	3.20	无影响
5	常规胍胶压裂液	30	3.30	无影响
6	清洁压裂液	30	3.30	无影响
7	1% 碱	30	3.05	影响很小
8	1.5% 碱	30	2.85	影响较小
9	20%次氯酸钠	30	1.89	影响很大

注：实验温度为45℃。

　　由此可见，原油、地层水、盐酸、压裂液及碱对该树脂砂强度影响较小，具有很好的配伍性；而次氯酸钠等强氧化剂对该树脂的胶结强度影响很大，因此对于尾追树脂砂的井在化学解堵等作业中应慎用强氧化剂，以免影响压裂效果。

　　（2）导流能力。

　　裂缝导流能力是决定压裂增产倍数的主要因素之一，因此是支撑剂的一个重要评价指标。由于树脂砂具有不同于普通支撑剂的固化特性，该实验可分常温导流能力测定及固化导流能力测定两种。

实验采用导流仪进行，铺砂质量浓度为 10.0kg/m²。随着闭合压力的增加，支撑剂的导流能力下降，但通常树脂砂固化前导流能力下降速度低于同粒径的石英砂，在高闭合压力下（≥ 30MPa）甚至高于同粒径的石英砂（表 5–17），说明石英砂支撑剂覆膜后减缓了导流能力的下降，原因在于树脂砂涂层在砂粒表面形成一层坚硬的外壳，不仅能提高砂粒的抗破碎能力，而且即使砂粒破碎也被包在膜内，防止破碎砂在裂缝中迁移造成导流能力伤害。

表 5–17　不同支撑剂导流能力测试结果

支撑剂类型		不同闭合压力下的导流能力，D·cm			
		10MPa	20MPa	30MPa	40MPa
石英砂		141.0	107.0	68.0	49.0
固化前（常温）	酚醛树脂砂	104.6	87.1	73.6	58.7
	耐碱树脂砂	112.9	91.7	76.2	62.3
固化后（45℃）	酚醛树脂砂	62.2	37.4	21.9	12.0
	耐碱树脂砂	67.3	39.1	27.5	19.2

注：粒径范围为 0.45~0.9mm，铺砂质量浓度为 10kg/m²。

压裂施工完毕后，随着井底温度的恢复，树脂砂在一定闭合压力下发生固化反应，由于外涂层树脂是高韧性物质，没有刚性，在地层温度和闭合压力下，树脂涂层发生软化然后固化，树脂砂的变形量增大，颗粒间由点与点的接触变为面与面的接触，粒间孔喉变小，其导流能力低于相应粒径的石英砂，但耐碱树脂砂在 20MPa 闭合压力下导流值仍接近 40D·cm，对增产增注效果影响有限，尤其现场树脂砂压裂实际有效期远长于石英砂压裂有效期，生产几天内即可弥补损失的注采量。因此，树脂砂导流能力的降低不会影响三元复合驱增注效果，而且可采用提高尾追树脂砂加砂比的做法增大裂缝导流能力，进一步弥补树脂砂导流能力降低对产量的影响。

为直观地了解树脂砂固化后颗粒间的胶结状况，对耐碱树脂砂固化岩心进行显微镜观察，可见树脂砂固化后仍有空隙，形成油水通道，能够保证充填层具有较高渗流能力（图 5–37）。

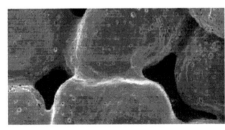 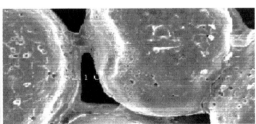

图 5–37　耐碱树脂砂固化后电子扫描图片

（3）其他性能指标。

根据树脂砂以及支撑剂相关行业标准对耐碱树脂砂进行了颗粒分散率、树脂涂敷率、球度、圆度、密度、抗破碎能力等一系列常规性能参数测定（表 5–18）。从测试结果看，耐碱树脂砂分散性较好，无砂粒粘接现象，利于贮存和压裂施工泵送；树脂涂层完整，保证了胶结强度；破碎率低、圆球度高，最大限度减小了树脂胶结后对导流能力的影响；密度较低，有利于提高砂比、便于施工泵送，并能够减小砂堵风险。

表 5-18　耐碱树脂砂性能参数表

序号	检测参数	标准规定指标	检测结果
1	颗粒分散率，%	> 98	99
2	树脂涂敷率，%	> 95	97
3	岩心抗压强度（72h，50℃），MPa	—	3.30
4	破碎率（28MPa），%	≤ 14.0	6.0
5	浊度（NTU）	< 100	35
6	酸溶解度（12%HCL+3%HF），%	5.00	1.69
7	视密度，g/m^3	—	2.35
8	体密度，g/m^3	—	1.48
9	圆度	≥ 0.7	0.7
10	球度	≥ 0.7	0.7

3）施工工艺参数

（1）耐碱树脂砂加砂量。

耐碱树脂砂加砂量及加砂半径可通过室内裂缝模型模拟驱替实验确定，根据裂缝模型内石英砂开始运移时的流速，确定实际注入井石英砂不发生运移的半径。

裂缝模型的制作：制作两块长度为 30cm、宽度为 4cm、厚度为 2cm 的均质岩心，渗透率为 1200×10^{-3}D；利用两块基质岩心沿长度方向形成一条长为 30cm 的人工裂缝，缝高分别为 5mm、4mm、3mm、2.5mm，在裂缝中填充石英砂后用环氧树脂进行整体密封处理。

实验装置包括排量可调节的柱塞泵、电磁流量计、压力传感器等。实验步骤：岩心抽空 2h、饱和施工区块注入水；在不同排量下，用清水或不同黏度的三元复合体系注入液分别驱替，记录压力变化和石英砂流出情况。

裂缝宽度为 3mm 时，驱替不同黏度流体，观察出口端累计流出的砂量 G 与流量 Q 之间的关系（图 5-38），可见在相同排量下，驱替介质的黏度越大，模型出口累计流出的砂量越多。

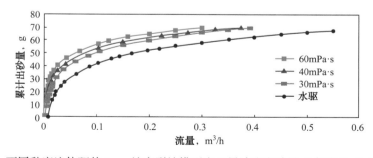

图 5-38　不同黏度流体驱替 3mm 缝宽裂缝模型出口累计流出砂量 G 与流量 Q 之间的关系

观察不同高度裂缝模型驱替同一黏度流体时，出口累计流出的砂量 G 与流量 Q 之间的关系（图 5-39），可见在相同排量下，裂缝越高，模型出口累计流出的砂量越多。

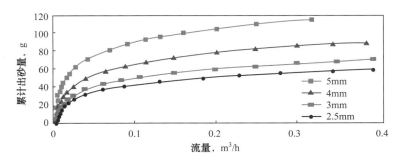

图 5-39　30mPa·s 三元驱替时不同高度裂缝模型出口累计流出砂量 G 与流量 Q 之间的关系

石英砂开始运移时的室内实验排量与流体流速关系见公式（5-5）。

$$Q_1 = AV_1\phi = LhV_1\phi \qquad (5-5)$$

式中　Q_1——石英砂开始运移时的室内实验排量，m^3/s；

　　　A——裂缝横截面积，m^2；

　　　V_1——裂缝内的流速，m/s；

　　　L——裂缝横截面长度，m；

　　　h——裂缝横截面高度，m；

　　　ϕ——裂缝内沙粒的孔隙度。

实际油井注入排量见公式（5-6）。

$$Q = AV\phi = 2rhV\pi\phi \qquad (5-6)$$

式中　A——裂缝横截面积，m^2；

　　　Q——实际油井注入排量，m^3/s；

　　　r——实际油井的半径，m；

　　　h——裂缝横截面高度，m；

　　　V——裂缝内的流速，m/s；

　　　ϕ——裂缝内沙粒的孔隙度。

根据假定，h 和 ϕ 相同，而且 $V=V_1$，得公式（5-7）：

$$r = \frac{QL}{2Q_1\pi} \qquad (5-7)$$

根据室内实验结果，三元复合驱时石英砂开始运移时的排量 Q_1 平均为 $0.0025m^3/h$，$L=0.03m$，假定裂缝内注入排量 $Q=120m^3/d$，根据公式计算得出：$r=9.6m$，即现场油井石英砂不发生运移的最小油井半径为 9.6m，因此，现场三元复合驱注入井裂缝内的排量高于此值范围的都应采用树脂砂。

（2）耐碱树脂砂固化时间。

树脂砂压裂后扩散压力时间应根据不同油层埋藏深度和地层温度恢复时间来确定，以保证树脂砂充分固结。通过对不同油层埋藏深度压裂井进行了小型压裂测试及井温测试（表 5-19）。可以看出，恢复温度时间随着井层深度增加而减少，恢复到固化所需的温度条件需要 2~6h 左右。因此现场单层压裂结束后，先不动管柱扩散压力 2h，待树脂砂初凝黏结后再起压裂管柱。压裂井投注前关井 72~96h，使树脂砂充分交联固结形成网状结构从而起到防砂效果。

表 5–19　压裂后不同油层埋藏深度井压力、井温监测统计表

油层深度 m	初始井温 ℃	闭合应力 MPa	恢复到 40℃时间 h	恢复初始井温时间 h	固化时间 h
800	40.2	13.1	2	96	120
900	44.4	13.9	6	96	96
1000	48.2	14.4	6	70	72

（3）替挤量。

现场施工中，为保证树脂砂能均匀铺置在裂缝口，需要控制压裂加砂后的替挤量，实现 1:1 替挤，但同时又不能出现卡管柱事故。经过现场试验，可采用尾喷嘴压裂管柱和桥塞式压裂管柱。

尾喷嘴压裂管柱：其替剂量需按井筒容积 + 地面管线容积的 1 倍以内施工，施工中即使有一定量的沉砂，也不会影响压裂施工的进行（图 5–40）。

桥塞式压裂管柱：将桥塞应用于压裂管柱中，可达到多层压裂 1:1 替挤的要求（图 5–41）。

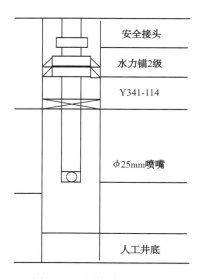

图 5–40　尾喷嘴压裂管柱

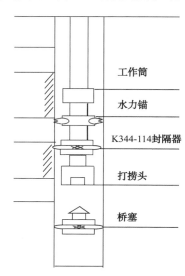

图 5–41　桥塞式压裂管柱

（4）尾追压裂施工工序。

①安装压裂井口：安装全封封井器和半封封井器，探砂面，起出原井全部管柱；

②按压裂施工作业指导书要求下入压裂管柱；

③地面管线试压，泵压 40MPa，不刺不漏为合格；

④按指导书施工执行表完成各层段压裂，每段尾追耐碱树脂砂封口，记录施工简况；

⑤压裂结束后，关井扩散压力 2h 以上；

⑥用 5mm 喷嘴控制放喷，至裂缝闭合；

⑦探砂面，起出井内压裂管柱；

⑧压裂施工后，关井固化反应 3d 开井生产。

2. 耐碱树脂液固砂技术

耐碱树脂液固砂是在压裂完工裂缝初步闭合后通过泵车注入固化剂进行化学固砂的方法。

1）配方组成

由糠醇树脂固砂剂和含盐酸的固化剂组成的双液法固砂体系。

2）性能评价

在 45℃、12MPa 闭合压力下，测定酚醛、脲醛、糠醇三种树脂胶结砂样的抗压强度、抗折强度、渗透率，同时为了检测固结砂样耐酸、碱、氧化剂性能，分别使用了 10%HCl、5%NaOH、0.5% 过硫酸铵溶液浸泡 72h，分析强度、渗透率的变化情况（表 5-20）。

表 5-20 三种固结砂样性能指标对比表

树脂种类	浸泡前			浸泡后								
	$p_{抗压}$ MPa	$p_{抗折}$ MPa	K mD	10%HCl			5%NaOH			0.5% 过硫酸铵		
				$p_{抗压}$ MPa	$p_{抗折}$ MPa	K mD	$p_{抗压}$ MPa	$p_{抗折}$ MPa	K mD	$p_{抗压}$ MPa	$p_{抗折}$ MPa	K mD
酚醛	1.6	0.8	20	2.26	1.08	21	松散			1.6	0.8	20
脲醛	2.8	1.4	13	3.2	1.5	14	2.4	1.2	12	2.8	1.4	13
糠醇	3.8	1.9	14	4.2	2.0	15	3.8	1.9	14	3.8	1.9	14

根据不同胶结砂样强度、渗透率对比可以看出，糠醇树脂固结砂样的抗压强度、抗折强度以及渗透率均好于其他两种树脂液。此外，糠醇树脂固结岩心可耐酸、耐碱及耐氧化；酚醛树脂胶结岩心不耐碱，但耐酸及耐氧化；脲醛树脂固结岩心耐酸、耐氧化，但轻微不耐碱[9]；0.5% 过硫酸铵溶液对三种固结体系均无影响。

糠醇树脂固砂机理是糠醇低聚物分子中的强极性基团对砂粒的极性基团有亲和作用，可产生较强的吸附，而强烈地黏附在砂粒表面。在固砂剂固化过程中，强酸性固化剂使其发生快速聚合反应，从而将砂粒黏合在一起。随着聚合反应的进行，由线型小分子变成体型网状大分子，强度不断增大[10]。

铺砂质量浓度为 10kg/m^2、加热温度为 40℃、加载压力为 20MPa、扩孔流量为 7mL/min 时，将不同加载时间下的样品放入 1.2% 的氢氧化钠溶液中侵泡 24h，测定导流能力，从图中可以看出（图 5-42），随着固化时间的延长导流能力逐渐下降，48h 后趋于平稳，96h 后导流能力下降 18.8%。即在强碱条件下化学固砂后裂缝导流能力保持率在 80% 以上。

从不同加载压力条件下的固化强度曲线（图 5-43）可以看出，10MPa 下固砂强度可以达到 3.5MPa，20MPa 时固砂强度达到 6.3MPa。20MPa 以后固砂强度随压力的增长变化趋势平缓，在 6.3~6.5MPa。目前大庆油田三元复合驱闭合压力在 20~25MPa，从图中可见其固砂强度大于 6MPa。

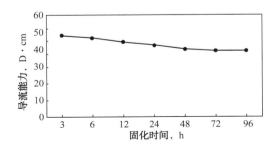

图 5-42 导流能力随固化时间的变化趋势图

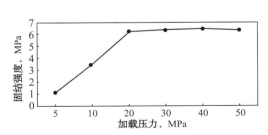

图 5-43 固化强度随压力的变化趋势图

3）施工工艺

（1）施工管柱。

①压裂固砂管柱：采用滑套式分层压裂管柱，能保证与压裂工艺结合，不需增加其他附加工具，可以低压、低排量注入固砂液。

②普通固砂管柱：主要用于出砂井固砂治理，针对出砂层即高渗透层段，应用笼统管柱即可满足施工。起管柱时配水器关闭，可避免由于压力高、有喷势造成的压井污染。

（2）树脂液用量。

按照公式（5-8）计算：

$$V = \pi \times r^2 \times h \times f \quad\quad\quad (5-8)$$

式中　V——用量，m^3；

　　　　r——固砂半径，m；

　　　　h——裂缝高度，m；

　　　　f——孔隙体积，%。

如：设定固砂井半径为 15 m、裂缝高度为 2.5×10^{-3}m、孔隙体积为 30%，树脂液用量则为 $V = \pi \times r^2 \times h \times f$=3.14×152$m^2$×0.0025m×0.3=0.53$m^3$，考虑到附加量，单层注入量约为 0.6$m^3$。实际用量可根据施工加砂量、地层渗透率、砂岩厚度、产液量调整。

（3）施工工序。

固砂应在压裂加砂替挤后扩散 20min、裂缝初步闭合后进行，该固砂工艺的主要工序为：

扩散压力后→注清孔液（盐水）→挤注树脂液→注入隔离液→注入含盐酸的固化剂→注入增孔液→压裂下层。

为保证固砂成功和避免超量替挤，应确保以下要求：

①低压、低排量注入，压力控制在 10MPa 以内，排量控制在 0.4~0.6m^3/min；

②要保证施工连续性，不许间断施工；

③施工后扩散压力 6h 方可起出压裂管柱，候凝 96h 后试抽生产。

三元复合驱注采井压裂固砂技术在 2013—2015 年现场应用 273 口井，其中耐碱树脂砂应用 115 口井，耐碱树脂液应用 158 口井，平均有效期 220d 以上。

第三节　三元复合驱机采井化学清防垢技术

三元复合驱驱油过程中，机采井有严重结垢和卡泵现象。垢的产生主要是因为三元复合体系中的碱在注入地层后，对岩石的溶蚀作用，致使大量的钙、镁、铝、硅、钡、锶等元素以离子的形式进入地下流体，随着地下流体一起运移[11-14]。运移过程中，由于流体热力学、动力学和介质条件的改变，流体中的溶解盐、酸、碱等再一次以矿物的形式析出，特别是在采油井的近井地带、井筒、地面集输系统中产生大量的矿物盐（垢）。三元复合驱技术带来大量的垢，且垢质坚硬，处理难度大，是三元复合驱大面积推广的瓶颈问题之一，直接制约了三元复合驱的应用。本节将重点介绍三元复合驱机采井结垢特征、机理、规律、预测方法以及相应的清防垢技术及工艺。

一、三元复合驱机采井结垢特征及结垢机理

通过对三元复合驱机采井现场垢样分析、采出液中成垢离子浓度检测、储层岩石矿物与三元复合驱注入液的水岩反应等一系列实验，得出现场垢样的成分及结构、采出液中成垢离子的变化规律、储层矿物与三元复合驱注入液的反应特征等一系列数据，并通过分析得出三元复合驱机采井结垢特征及机理。

1. 强碱三元复合驱矿场结垢特征

1）三元复合驱油井垢质成分分析

通过化学、物理分析方法了解采出系统垢质组成及垢质变化规律。

（1）分析方法及仪器。

①有机物含量测定。

采用溶剂法，即使用有机溶剂浸泡矿场垢样，称量浸泡前后垢样的重量，计算有机物的质量含量。

②垢的微观状态表征。

三元复合驱结垢样品除去原油等有机物后，对样品的微观状态进行表征，主要分析方法如下：

a. 扫描电子显微镜（SEM）形貌分析，确定样品的主要存在形态；

b. 微区 AES 元素能谱分析，确定结垢样品中元素分布；

c. 表面光电子能谱分析（XPS），确定样品元素种类和主要存在形态，大致判断各种离子的相对含量；

d. X 射线衍射分析（XRD），确定结垢样品中各化合物的存在形态。

③垢的化学组成和成分含量。

使用电感耦合等离子体发射光谱（ICP），确定结垢样品中各元素离子的准确含量，通过综合分析最终确定三元复合驱结垢样品的化学组成和成分含量。

（2）分析结果及讨论。

①垢的形成以碳酸钙和二氧化硅沉淀为主。

完成的 70 个垢样分析数据中仅一个样品的 $CaCO_3$ 和 SiO_2 的总含量小于 50%，为 45.13%；其他样品的 $CaCO_3$ 和 SiO_2 的含量均大于 60%，其中 $CaCO_3$ 和 SiO_2 含量大于 80% 占到总样品数量的 88.34%。

②以碳酸钙沉淀为主样品特征分析。

a. 宏观特征。

样品表观状态呈贝壳状，分层，上面沾有砂砾，呈青灰白色（图 5-44）；将样品研成粉末，进行扫描电子显微镜分析，可以清楚地看出层状的 $CaCO_3$ 结构（图 5-45）。

b. 微观特征。

微区元素分析数据显示（表 5-21），样品中含有大量的 C 和 O 元素，表明样品中应该含有大量的碳酸盐成分；另外元素 Ca 的含量也较大，所以初步推测沉淀或者垢的主要成分是 $CaCO_3$。

表面光电子能谱分析数据表明，Ca 的结合能明显是碳酸盐环境的特征，Ca 的信号很强，说明含量相对较高。样品中的元素 C 和 O 则以 CO_3^{2-} 形式存在，与其他阳离子构成碳

酸盐沉淀（图 5-46）。

图 5-44　碳酸钙样品原始状态数码照片

图 5-45　碳酸钙样品 SEM 形貌分析图

表 5-21　SEM 微区元素分析结果

元素	质量分数，%	原子百分数，%	K	Z	A	F
C K	14.44	26.53	0.0555	1.0597	0.3622	1.0009
O K	34.70	47.87	0.0494	1.0418	0.1367	1.0001
Na K	0.55	0.53	0.0017	0.9748	0.3127	1.0009
Mg K	1.30	1.18	0.0058	0.9992	0.4430	1.0015
Al K	3.45	0.41	0.0277	0.7573	1.0617	1.0009
Si K	1.03	0.26	0.0078	0.8142	0.9178	1.0087
Ca K	40.69	22.40	0.3889	0.9713	0.9810	1.0031
Ba L	2.94	0.47	0.0212	0.7446	0.9663	1.0014
Fe K	0.90	0.36	0.0076	0.8845	0.9591	1.0034
总量	100.00	100.00				

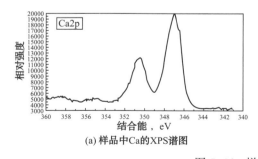

(a) 样品中 Ca 的 XPS 谱图

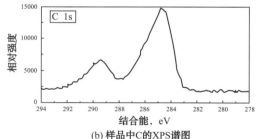

(b) 样品中 C 的 XPS 谱图

图 5-46　样品的 XPS 谱图

以 $CaCO_3$ 为主的结垢样品 XRD 衍射谱图与标准的方解石型 $CaCO_3$ 的谱图完全吻合，说明沉淀主要是方解石型的碳酸钙（图 5-47）；另外，部分以 $CaCO_3$ 为主结垢样品除了含有方解石型碳酸钙之外，还伴生有另外一种结构不稳定的球文石型碳酸钙，是碳酸钙的同质多晶形态，稳定性差，在自然界中很少存在（图 5-48）。两图中红线为标准衍射谱图，绿线为样品衍射谱图。

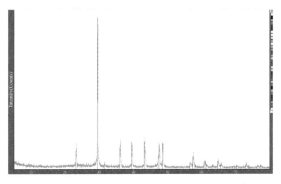 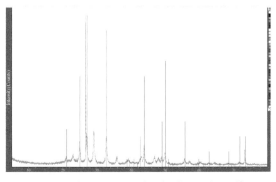

图 5-47 样品的 XRD 谱图与方解石标准谱图　　图 5-48 样品的 XRD 谱图与球文石标准谱图

③以二氧化硅沉淀为主样品特征分析。

a. 宏观特征。

样品类似于硬化后的水泥，成片状（图 5-49）；研细后进行扫描电镜分析，样品为球形堆积的 SiO_2 沉淀，结构致密（图 5-50）。

图 5-49 二氧化硅样品原始状态数码照片　　图 5-50 二氧化硅样品 SEM 形貌分析图

b. 微观特征。

从 SEM 微区元素分析（表 5-22）结果可以看出，样品中几乎只含有 Si 元素和 O 元素，分析样品的主要成分是 SiO_2。

表 5-22 样品 SEM 微区元素分析结果

元素	质量分数，%	原子百分数，%	K	Z	A	F
O K	41.41	55.68	0.1314	1.0267	0.3090	1.0006
Na K	0.69	0.64	0.0029	0.9609	0.4367	1.0069
Si K	56.10	42.98	0.4668	0.9839	0.8456	1.0000
Fe K	1.80	0.69	0.0156	0.8678	0.9959	1.0000
总量	100.00	100.00				

Si 元素应该以氧化物的稳定形式存在，而且 Si 元素出现两种不同的结合能，但是其仍然应该归属于 Si 的氧化物，只是由于样品中存在大量的 Si 而导致 SiO_2 的存在环境发生了变化（图 5-51、图 5-52）。

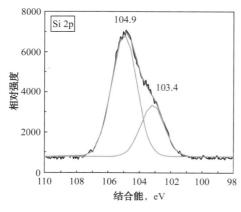

图 5-51 样品的 Si 元素 XPS 谱图

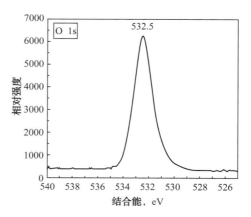

图 5-52 样品的 O 元素 XPS 谱图

X 射线粉末衍射分析，在 15°~35° 之间有弥散的衍射峰，表明此样品中有无定形的 SiO_2 存在，而且 SiO_2 的弥散峰强度很大，衍生峰也变得尖锐，能够与硅石的标准谱峰良好对应，说明样品中主要成分为 SiO_2（图 5-53、图 5-54）。两图中红线为标准衍射谱图，绿线为样品衍射谱图。

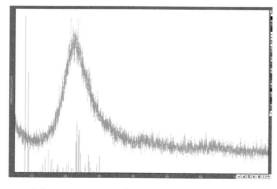

图 5-53 XRD 衍射谱图与硅石标准谱图

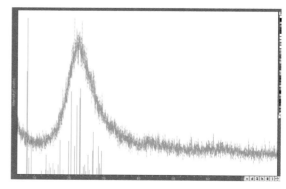

图 5-54 XRD 衍射谱图与 $Si_{56}O_{112}$ 标准谱图

2）三元采出液离子分析方法

采出液中离子浓度变化数据是油井结垢规律分析、防垢时机确定、不同结垢阶段防垢剂配方调整等研究工作的重要依据。目前采出液中 Ca^{2+}、Mg^{2+}、Si^{4+}、CO_3^{2-}、HCO_3^-、OH^- 等常规 6 项离子浓度测定方法与水驱、聚合物驱相同，采用《油田水分析方法》（SY/T 5523—2006）标准。检测三元复合驱油井采出液中硅离子浓度方法主要有硅钼蓝法和原子吸收火焰法两种，但实验中发现硅钼蓝法由于硅酸盐在检测过程中会逐渐沉淀，而沉淀对吸光度影响很大，造成实验结果的准确性差。原子吸收火焰法测定的是气态自由原子对特征谱线的共振吸收，每一种元素都有自己的特征谱线，进而求得样品中待测元素含量；采用该方法测硅的吸光度与浓度呈线性关系，具有操作简便、灵敏度高、检测浓度范围比较大、共存元素干扰少等特点，适合于三元复合驱采出液中硅离子浓度测定[15]。

3）强碱三元复合驱油井结垢规律及特征

（1）三元复合驱油井结垢规律。

①三元复合驱在不同的驱替阶段，垢的外观、成分以及成垢机理有很大的变化，大致

可以分为三个阶段：

第一阶段为结垢初期，以碳酸盐垢为主，其含量占 50% 以上，硅酸盐垢含量约占 20%，结垢特点表现为结垢速度快、结垢量大；

第二阶段为结垢中期，碳酸盐垢含量减少，硅酸盐垢含量增加，结垢速度稳定；

第三阶段为结垢后期，硅酸盐垢含量达 70% 以上，结垢速度减缓（表 5–23）。

表 5–23　三元复合驱油井不同阶段垢样主要成分分析数据

结垢阶段	结垢特点	有机物，%	$CaCO_3$，%	MgO，%	Al_2O_3，%	Fe_2O_3，%	SiO_2，%
初期	速度快、结垢量大	15.90	55.30	0.84	0.25	0.51	20.09
中期	结垢速度稳定	10.57	16.93	0.27	0.15	2.96	66.96
后期	结垢速度稳定	9.90	14.90	0.62	0.14	1.10	70.80

②中心井结垢严重、见垢时间早，边井结垢晚。

以大庆油田南五三元复合驱区块为例，中心井第一次见垢时间是 2007 年 9 月，2008 年结垢井数达到 15 口，占中心井总数的 75.0%；边井 2008 年 6 月见垢，结垢井数 3 口，占边井总井数的 15.8%（表 5–24）。

表 5–24　大庆油田南五区结垢特征数据

参数		2007 年 9—12 月	2008 年 1 月—2008 年 9 月		2008 年 9 月—2009 年 7 月		2009 年 10 月—2011 年 8 月	
		中心井	中心井	边井	中心井	边井	中心井	边井
井数		3	15	3	16	14	18	15
比例，%		15.0	75.0	15.8	80.0	73.7	90.0	78.9
垢成分	硅酸盐，%	18.91	65.28	12.24	68.20	26.58	70.80	41.30
	碳酸盐，%	56.06	17.33	73.28	25.40	53.42	14.90	37.08
结垢阶段		初期	中期	初期	中期	初期	后期	中期
结垢特点		速度快、数量多	速度稳定	速度快、数量多	速度稳定	速度快、数量多	速度减缓	速度稳定

③各区块储层物性存在差异，结垢特征不同。

大庆油田北一断东三元试验区从结垢初期到后期始终以碳酸盐垢为主，碳酸盐垢含量高于硅酸盐垢；喇嘛甸北东块、南六区和杏 1–2 区东部Ⅱ块结垢初期碳酸盐垢含量高，结垢中期碳酸盐垢含量减少，硅酸盐垢增加（图 5–55）。

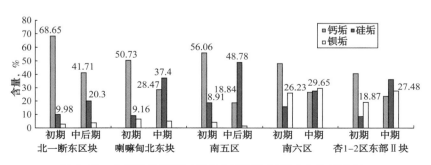

图 5–55　大庆油田不同三元复合驱区块垢质成分分析数据

（2）采出液中成垢离子变化规律。

三元复合驱区块采出液水质分析发现，随着采出液中 pH 升高，离子变化特征呈现为 Ca^{2+}、Mg^{2+} 浓度先上升后下降，进入结垢中期 Ca^{2+}、Mg^{2+} 浓度明显减少，甚至为零；而硅离子浓度不断增加，进入后期硅离子质量浓度达到 500mg/L 以上；HCO_3^- 离子浓度明显减少或为零，CO_3^{2-} 离子浓度增加（图 5-56）。

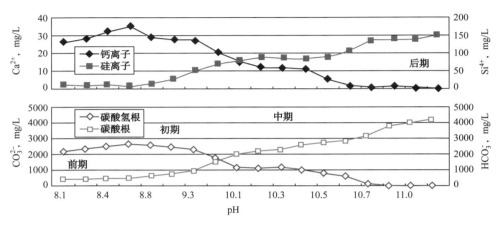

图 5-56　三元复合驱采出液不同 pH 值下各项离子浓度变化曲线图

（3）采出液成垢离子变化与结垢成分含量关系特征。

采出液离子浓度变化与垢质成分含量变化特征具有一致性：在结垢初始阶段，硅离子质量浓度在 30mg/L 以上，钙离子质量浓度下降至 10mg/L 以下，垢质中碳酸盐垢含量占 55% 左右、硅酸盐垢 20%；进入结垢中期，硅离子质量浓度达到 100mg/L 以上，钙离子质量浓度降为零，垢质中碳酸盐垢含量降低到 17% 左右、硅酸盐垢上升到 65% 以上（图 5-57）。

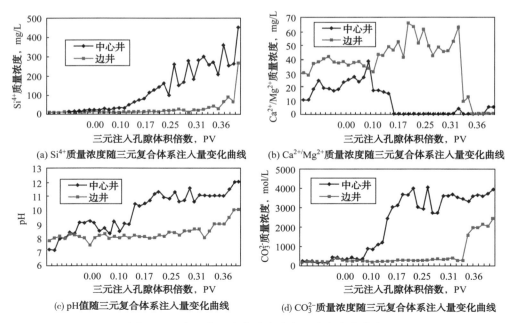

图 5-57　中心井和边井采出液离子浓度变化曲线

（4）井筒结垢规律研究。

为研究油井中井筒结垢规律，在现场油井中不同位置下入油管短节，从大庆油田结垢井南 5-10-P31 短节结垢数据（图 5-58）可以看出：

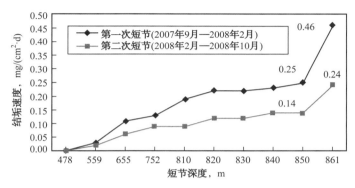

图 5-58 南 5-10-P31 井短节结垢速度与深度关系曲线

①随深度增加，结垢速度加快，泵下短节和泵筒结垢最严重。

采出液从地层到井底、再从泵下短节流经泵筒整个过程中压力梯度变化大，结垢严重，泵下短节（861m）结垢速度是泵上短节（850m）1.5 倍以上；而泵上油管内采出液在流经泵筒后压力梯度变化小，从 800~850m 泵上短节结垢速度依次增加但幅度小；深度在 478m 短节不结垢，井筒内结垢深度应在 500m 以下。

②进入结垢中期后，结垢速度降低。

第一次下入的短节结垢速度比第二次快近 2 倍。第一次下入的短节上碳酸盐垢比例大于第二次短节，碳酸盐垢沉积速度快、硅酸盐垢沉积速度慢，碳酸盐垢可促进硅酸盐垢沉积，使其结垢速度加快，二者以共沉积形式存在；第二次取出短节碳酸盐垢比例低（泵下第一次短节比例为 30.9%，第二次比例为 16.8%），以硅酸盐垢沉积为主，结垢速度慢。

③随深度增加碳酸盐垢比例增加，硅酸盐垢比例降低；进入结垢中期碳酸盐垢比例减少，硅酸盐垢比例增加（图 5-59）。

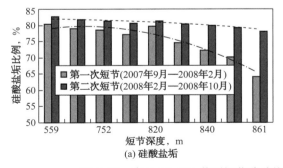 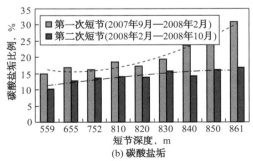

图 5-59 南 5-10-P31 井下短节碳酸盐垢、硅酸盐垢比例与深度关系曲线

温度和压力是影响碳酸盐垢沉积的主要因素，当采出液从地层到井底时，压力降低，二氧化碳从水中逸出，加速了碳酸盐垢沉积。碳酸钙溶解度随温度下降而升高，井筒内温度从井底到地面随深度依次递减，碳酸盐结垢量也将依次减少。硅酸盐垢沉积受温度、压力变化影响很小，从井底到地面碳酸盐垢比例减少，硅酸盐垢比例增加。

2. 强碱三元复合驱结垢机理

1）天然岩心长期静态浸泡实验

（1）实验方法。

将天然岩心碎屑（80~100 目，南五区一类油层和北 1 断东二类油层）置于三元复合液中浸泡混合，固液比 1∶10，在 45℃下密封、恒温放置，采用电感耦合等离子体原子发射光谱仪 ICP-AES，分析不同浸泡时间溶液的离子组成变化。

（2）实验结果及讨论。

静态实验数据显示：在碱液中，钙、镁离子质量浓度均处于最小检测浓度（0.002mg/L）以下（图 5-60）；三元复合体系对硅的溶出作用明显，溶液中硅离子浓度随浸泡时间的延长而增加，初期（0~30d）增加速度较快，此后溶出速率降低，最后硅离子"溶出—沉积"趋于平衡（图 5-61）。

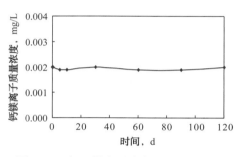

图 5-60　钙、镁离子浓度随时间的变化　　图 5-61　硅含量随时间变化情况

2）天然长岩心动态模拟驱替实验

（1）实验方法。

①岩心制作。

采用不同粒径大庆油田天然岩心碎屑（60~80 目）以及带梯度测压点的圆管模型，填制了多组直径 3.8cm、长度 30cm 的岩心；分别测定其空气渗透率，将渗透率相近的 6 个岩心组合成 180cm 的长岩心，长岩心沿程具有 8 个可选测压 / 取样点（图 5-62）。设置 2 个取样点，距离入口端长度分别为：75cm、180cm。

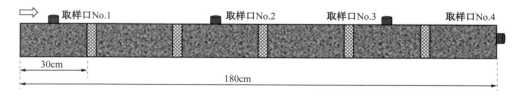

图 5-62　长岩心取样口设置示意图

②测试方法。

CO_3^{2-}、OH^-、HCO_3^- 采用化学分析法检测，Si^{4+}、Ca^{2+}、Mg^{2+} 采用 ICP 法检测。

③驱替前后长岩心薄片分析。

对 6 段 30cm 长填砂管组成的岩心，驱替实验前，从注入端开始，每隔 60cm 取一个样品，编号依次为 0#、1#、2#、3#、4#、5#、6#（如图 5-63），利用 LINK-ISISX 射线能谱仪作矿物组成分析；驱替实验结束后，相同位置处取样，继续利用扫描电子显微镜及射线能谱仪作形貌及矿物组成分析。对比驱替前后，矿物形貌及组成的变化。

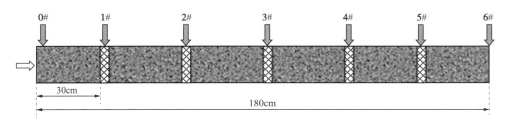

图 5-63 长岩心薄片分析取样点示意图

（2）实验结果及讨论。

①长岩心驱替实验中由于碱的存在，使采出液 pH 值增加，钙、镁离子产生沉淀，质量浓度降低至痕量（0.002mg/L），如图 5-64 所示。

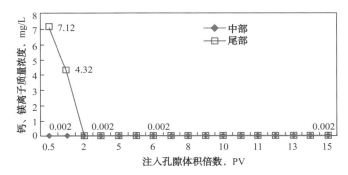

图 5-64 长岩心实验中各取样点钙、镁离子浓度随注入量的变化曲线

②长岩心三元复合驱过程初始阶段（注入孔隙体积倍数 0~2PV），采出液中硅离子浓度急剧增加，然后下降，最后趋于平稳，这说明采出液中硅离子存在"溶出/沉积"的动态平衡（图 5-65）；而后随着收集液回注驱替体积增加，采出液中总硅浓度呈增加趋势，但硅离子的溶出量呈降低趋势，在硅离子"溶出—沉积"动态平衡中，硅离子的沉积趋势增强（图 5-66）。

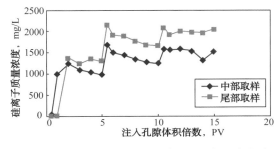

图 5-65 长岩心实验中各取样点总硅离子浓度随注入量的变化曲线

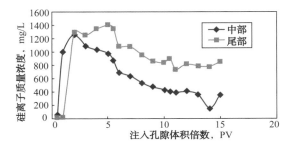

图 5-66 长岩心实验中各取样点中硅溶出量随注入量的变化曲线

③岩心矿物薄片分析显示，矿物中钙、镁和硅在三元复合驱溶液的作用下发生溶失、沉淀和运移，在岩心采出端重新产生沉淀、吸附，沉积成垢。

三元复合溶液驱替前仅 0#、4#、6# 取样点矿物中见到钙镁元素，驱替后各取样点矿物中均见到钙镁元素，并与驱替前相比含量增加（图 5-67），这是由于钙、镁在三元复合驱溶液的作用下会发生离解、运移和沉淀等作用，在岩心中重新分布；三元复合驱后岩心中硅元素的含量降低，这是由于驱替过程中硅酸盐的溶解、流失造成的。另外，岩心驱替前端 0#、1# 取样点硅元素含量相对 3# 到 6# 取样点要低，溶解后硅酸盐在长时间驱替过程中在岩心中重新产生沉淀（图 5-68）。

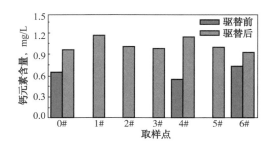

图 5-67　三元复合驱替前后矿物中钙元素变化

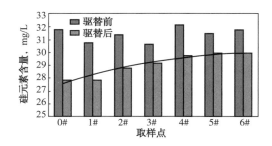

图 5-68　三元复合驱替前后矿物中硅元素变化

长岩心模拟驱替实验数据表明，矿物中钙、硅在三元复合驱溶液的作用下发生溶失、沉淀和运移，在岩心采出端重新产生沉淀、吸附，沉积成垢。

3）三元复合驱过程中成垢离子浓度变化规律及结垢机理分析

三元复合驱油体系具有强碱性和较高的黏度，当碱性的化学剂注入地层后，受到地层温度、压力、离子组成和注入体系的 pH 值等因素的影响，会与地层岩石、黏土矿物以及地层水发生包括溶解、混合和离子交换在内的多种反应。三元复合驱油体系与单纯的水驱和聚合物驱等驱替方式的最大区别就在于体系中含有强碱氢氧化钠。氢氧化钠在地层中会与各种岩石矿物进行反应，反应的结果是大量的成垢离子进入到溶液中，随着外部环境和时间的变化产生严重的结垢现象。为进一步理解和认识三元复合驱结垢机理，结合矿场采出液中离子含量的变化曲线来探究氢氧化钠与储层中岩石矿物的相互作用情况以及解释各种离子浓度变化的原因。

（1）OH^- 浓度的变化。

对于大庆油田三元复合驱区块大多数的注入井和采出井来说，两者之间的距离一般为 150m~200m，三元复合驱见效前驱替出的采出液可以近似看作是储层中地层水，所以在开始注入三元复合体系到见效前，采出液的 pH 变化不大，可以近似看作不变。结垢前一个月的时候，采出液的 pH 开始有一定程度的增加，由于三元复合体系中的强碱氢氧化钠会使储层中的石英、长石等硅酸盐性质的矿物以及各种黏土矿物产生很大程度的溶蚀，进而消耗掉大量的碱，所以作为前沿的驱替液中的碱在运移很小的前驱距离内基本都被消耗殆尽，随后的三元复合驱驱替液中氢氧化钠仍然会与储层中的各种岩石矿物进行反应，但是由于储层前端的岩石矿物已经与前一波碱剂反应，导致其反应能力（消耗碱的能力）相对降低，所以下一波三元复合体系中的碱可以向前驱替到比上一波稍远的距离（类似于海水反复冲刷海岸的情况），但是相对于三元复合驱驱替液来说，储层中的岩石矿物是相对过量的，所以下一波作为驱替前沿三元复合体系中的碱仍然会在未到达采出井井口之前被消耗殆尽。

所以从整体上来看，每一波三元复合体系均会驱到比上一波相对更远的距离（图5-69），在碱液驱到采出端之前，上述过程如此反复进行，该阶段称之为完全碱耗阶段，采出液的 pH 基本保持不变。

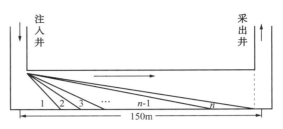

图 5-69　三元复合驱碱分段示意图

随着后续三元复合体系的注入，体系中强碱在驱替过程中不能被完全消耗，所以到达采出井井底的时候会残留有一部分的碱，这部分碱导致采出液的 pH 开始有较小幅度的增加，随采出液中见碱浓度增大，pH 相应地继续增加（图5-70）。

（2）钙、镁离子浓度的变化。

采出液和地层水中的 Mg^{2+} 的浓度相对低于 Ca^{2+}，另外又由于两者形成的垢的存在形式基本一致，多数均为碳酸盐垢和氢氧化物垢，所以一般情况下，把 Mg^{2+} 和 Ca^{2+} 放在一起来考虑。所以给出了大庆油田南五区采出液中钙、镁离子总量的变化曲线（图5-71）。

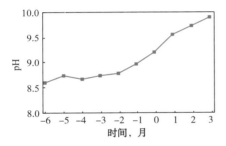

图 5-70　大庆油田南五区结垢井采出液 pH 的变化曲线

横坐标中的负数代表油井结垢前的月份，0代表油井开始结垢的月份

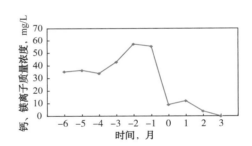

图 5-71　大庆油田南五区结垢井采出液中钙镁离子总浓度的变化曲线

横坐标中的负数代表油井结垢前的月份，0代表油井开始结垢的月份

为了解释南五区采出液中钙、镁离子浓度变化的趋势，需参照长岩心驱替实验数据。在长岩心驱替模拟实验中，首先是使用标准盐水把所用的岩心进行饱和，然后用标准盐水进行驱替，长岩心模拟水驱过程中各离子浓度随注入孔隙体积倍数和不同取样点的变化（表5-25）。

表 5-25　长岩心模拟驱替实验取样点水样分析结果

注入孔隙体积倍数，PV	取样点	HCO_3^- mg/L	CO_3^{2-} mg/L	Ca^{2+} mg/L	Mg^{2+} mg/L	Si^{4+} mg/L	OH^- mg/L
1	NO.4	1500	0.1	44.4	13.6	7.4	0.1
1.5	NO.4	433	0.1	28.1	9.4	7.3	0.1
2	NO.4	667	0.1	10.8	2.2	11.2	0.1
3	NO.1	210	0.1	2.0	0.6	8.5	0.1
3	NO.2	450	0.1	5.9	0.7	15.5	0.1
3	NO.3	540	0.1	7.6	1.4	16.1	0.1
3	NO.4	670	0.1	8.8	1.5	13.1	0.1

在注入孔隙体积倍数为 1PV 时，水驱前沿刚刚到达长岩心的末端也即 No.4 取样口，Ca^{2+} 质量浓度为 44.4mg/L，Mg^{2+} 的质量浓度为 13.6mg/L。由此断定，在水驱之前的饱和岩心阶段，整个岩心内部溶液中的 Ca^{2+}、Mg^{2+} 浓度应该均处于这个水平。因为在"饱和岩心"阶段仅仅是用标准盐水对岩心进行浸泡，此时矿物岩石中的可溶性部分会溶解进入到溶液中，使钙镁离子浓度增加，另外，标准盐水是 8% 的 NaCl 溶液，Na^+ 会和岩石中的 Ca^{2+}、Mg^{2+} 进行交换，所以离子交换也会使溶液中的 Ca^{2+}、Mg^{2+} 浓度有一定程度的增加。此处由于仅仅是用标准盐水对岩心进行浸泡，岩心中溶液的相对位置是保持不变的，又由于可溶性岩石的溶解最终会达到平衡状态，同样离子交换过程最终也会达到平衡，所以，Ca^{2+}、Mg^{2+} 浓度增加到一定程度就会达到平衡，在注入孔隙体积倍数为 1PV 之前，No.4 处测得的 Ca^{2+}、Mg^{2+} 总质量浓度基本保持在 58mg/L 的水平。接着当注入孔隙体积倍数达到 1.5PV 时，No.4 处所测得的溶液中 Ca^{2+}、Mg^{2+} 浓度均有所降低，分析原因是在注入孔隙体积倍数为 1PV 时，模拟水驱用的标准盐水已经把岩心孔隙中含有 Ca^{2+}、Mg^{2+} 标准盐水驱替出岩心，而在模拟水驱的注入速度和实验所用的岩心长度下，在新注入的标准盐水中，离子交换和可溶性岩石组分的溶解还不能达到之前所达到的平衡，所以当注入孔隙体积倍数为 1.5PV 时，在 No.4 处测得的 Ca^{2+}、Mg^{2+} 浓度均有一定程度地降低。从表中可以看出，注入孔隙体积倍数为 2PV、3PV 时，No.4 处测得的溶液中 Ca^{2+}、Mg^{2+} 浓度依次降低，与解释相符。

使用标准盐水对岩心进行浸泡时，最终溶液中的 Ca^{2+}、Mg^{2+} 总质量浓度就可以达到 58mg/L，相对比而言，三元复合体系中含有强碱氢氧化钠，碱溶蚀储层中的岩石矿物，另外三元复合体系中同样有 Na^+ 的存在，也会存在着 Na^+ 和 Ca^{2+}、Mg^{2+} 之间的交换反应，所以在三元复合体系的浸泡和溶蚀作用下，会有更多的钙、镁离子进入到溶液中。在结垢前 6 个月到结垢前 3 个月这一时间区间内，采出液基本都是原有的储层中的流体，所以钙、镁离子浓度基本保持不变，直至结垢前 3 个月的时候，采出液中钙、镁离子总浓度才有一定程度地增加。在上面对 OH^- 浓度变化情况的解释可知，从结垢前 3 个月开始直到三元复合体系中的碱剂到达采出井井底，进入到储层中的碱剂均会被岩石矿物消耗殆尽，在碱与岩石反应的过程中会有大量的硅离子和一定量的钙、镁离子进入到溶液中去，此时由于大量的碱均被消耗在与岩石矿物的反应过程中，剩余的碱不足以使进入到溶液中的钙、镁离子沉淀下来。驱替前沿中含有碱与储层岩石反应以及钠与钙、镁离子的交换反应所释放出的一定量的钙、镁离子，反应到采出液中的钙、镁离子浓度有一定程度地增加，这种过程一直持续到结垢前 1 个月。在这之后的时间里，三元复合体系中的碱在地下储层内不会被完全消耗，采出液的 pH 值在结垢前 1 个月的时候开始小幅增加，剩余的碱会使溶液中的部分钙、镁离子沉淀下来，所以从结垢前 1 个月开始，溶液中的钙、镁离子总浓度开始下降。随着三元复合体系进一步驱替，见碱浓度增大，溶液中的钙、镁离子浓度越来越低。

（3）硅离子浓度的变化。

三元复合驱机采井垢质的主要成分之一是硅垢，并且硅垢形成的周期较长，形成机理较为复杂。所以通过对采出液中硅离子浓度的变化趋势的理论分析，以期能够对硅垢的形成有进一步认识。

从大庆油田南五区结垢井采出液中硅离子浓度的变化曲线（图 5–72）可以看到结垢前 3 个月这一时间区间内，采出液中硅离子浓度基本保持不变，质量浓度约为 10mg/L，这和长岩心驱替模拟实验中得到的结果也较为一致。在模拟水驱阶段当注入孔隙体积倍数为 1PV 时，No.4 取样口处的硅离子质量浓度为 7.36mg/L，在结垢前 3 个月到结垢前 1 个月这一时间区间内，硅离子浓度基本保持不变。

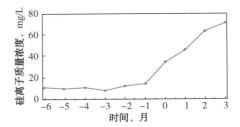

图 5-72 大庆油田南五区结垢井采出液中硅离子浓度的变化

横坐标中的负数代表油井结垢前的月份，0 代表油井开始结垢的月份

垢成分的分析数据表明，硅垢的成分大部分是无定型的二氧化硅，还有小部分的硅酸盐垢。另外，三元复合体系中的碱剂与储层中的岩石矿物反应游离出的硅元素的存在形式并不是普通的偏硅酸离子（SiO_3^{2-}），通过研究以及查阅相关文献可知，在溶液中，偏硅酸离子的结构实际为 $H_3SiO_4^-$ 和 $H_2SiO_4^{2-}$（图 5-73）。它们均是由原硅酸电离生成的。戴安邦曾详细讨论了水溶液中硅酸的聚合问题，研究结果表明，溶液中的硅元素的存在形式随着 pH 值的不同有如下质子化过程存在（图 5-74）。

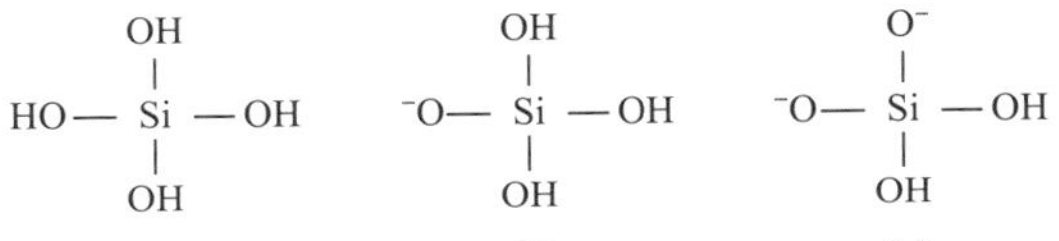

图 5-73 原硅酸及其电离产物的结构示意图

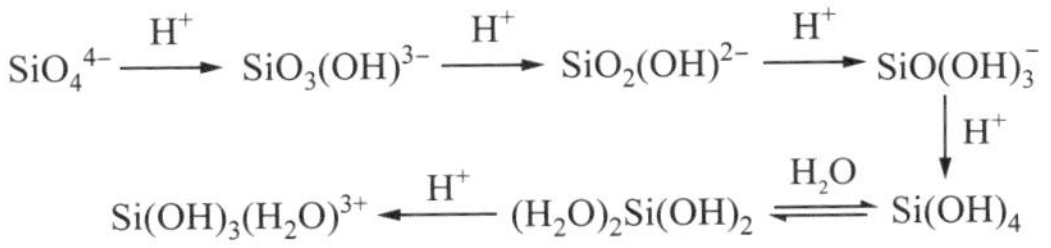

图 5-74 水溶液中硅离子的质子化过程

$$SiO_4^{4-} \xrightarrow{H^+} SiO_3(OH)^{3-} \xrightarrow{H^+} SiO_2(OH)^{2-} \xrightarrow{H^+} SiO(OH)_3^-$$

$$Si(OH)_3(H_2O)^{3+} \xleftarrow{H^+} (H_2O)_2Si(OH)_2 \rightleftharpoons Si(OH)_4$$

在三元复合驱条件下，采出液为碱性，因此质子化反应的后两步很难发生。而在常温或者温度不太高时，水溶液中只有 Si（OH）$_4$、SiO（OH）$_3^-$ 和 SiO$_2$（OH）$_2^{2-}$ 三种不同的存在形式，SiO$_3$（OH）$^{3-}$ 和 SiO$_4^{4-}$ 完全可以忽略，实际上后两种硅离子存在形式只有在硅酸水热体系中才能被检测到。因此，三元复合驱条件下采出液中的硅离子主要以 Si（OH）$_4$、SiO（OH）$_3^-$ 和 SiO$_2$（OH）$_2^{2-}$ 形式存在。在水溶液中，硅酸的一个重要的特性是它的自聚合作用，即硅酸能用它自己从单硅酸逐步聚合成多硅酸，最后成为硅酸凝胶。由于在不同 pH 条件下，硅离子的质子化产物不同，所以在碱性和酸性条件下硅酸的聚合机理也不同。在中性和偏碱性条件下，原硅酸及其一价离子进行四配位数的氧联反应（图 5-75）。

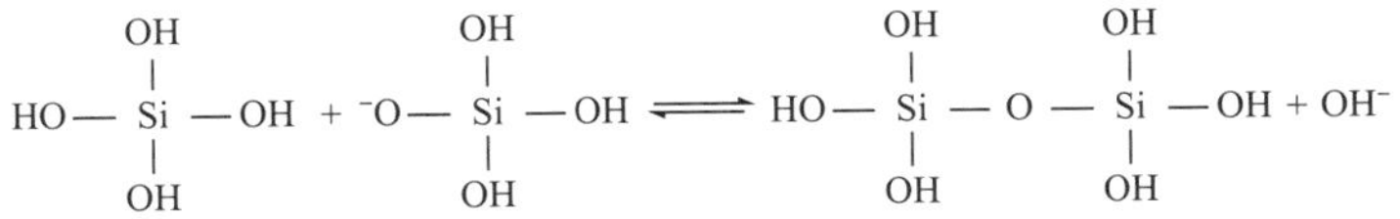

图 5-75 原硅酸与一价硅酸根离子之间的氧联反应

由此生成的（HO）$_3$Si-O-Si（OH）$_3$ 可以继续与 H$_3$SiO$_4^-$ 进行氧联反应，如此下去，分子量越来越大，最终会在溶液中形成硅酸胶团。显然，三元复合驱过程中硅垢的形成与胶团在金属表面的吸附和聚集密切相关，胶团之间聚集脱水最终会形成无定型二氧化硅。以上就是无定型二氧化硅垢的形成机理。

结合三元复合驱过程中 OH$^-$ 浓度的变化来分析硅离子浓度的变化，作为最前沿的第一波三元复合体系中的碱剂会很快地与储层中的各种岩石矿物反应而消耗殆尽，由于储层岩石的成分主要是硅酸盐，所以碱与储层岩石矿物反应的结果是岩石中的硅元素进入到溶

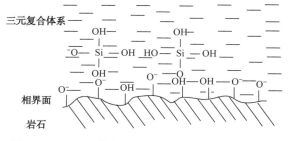

三元复合体系

相界面

岩石

图 5-76　地层流体中硅酸离子与储层中岩石反应微观示意图

液中，而且溶液中的硅多以一价原硅酸负离子和二价原硅酸负离子的形式存在。但是在此时间段内，采出液中的硅离子浓度并没有显著增加，分析原因是虽然碱与岩石矿物反应会使很多硅离子进入到溶液中去，但是由于碱在地层中被消耗殆尽，地层流体携带着大量硅酸离子向前驱替，储层中分布着大量的硅酸盐矿物，液固接触面积很大，所以由第一波三元复合体系中的碱溶出的硅酸离子，在驱替过程中又会与地层中的岩石反应而重新沉积下来。由于储层中的岩石表面粗糙度很大，而且从微观上来看，岩石的表面裸露着很多的硅酸离子（图 5-76）。

　　三元复合体系中的一价硅酸离子和二价硅酸离子会与储层中岩石表面伸出的氧负离子和羟基之间发生氧联反应，从而使得先前溶解进入到三元复合体系中的硅酸离子重新在岩石表面上沉积下来，只是沉积的位置更靠近采出井一端，同理，当第二波三元复合体系到达时，也会有大量的硅酸离子进入到溶液中，随着驱替液前移到更靠近采出井的一端沉积下来，整个过程类似于沙漠中的沙丘在风力的作用下不断向前移动一样。纵观整个三元复合驱的过程，最终的结果是原本分布较为均匀的硅元素，在三元复合体系的作用下，沿着驱替方向不停地溶解和沉积，最终靠近采出井一端的储层岩石中的硅元素含量应该高于距离采出井较远处岩石中硅元素的含量，这一点在长岩心驱替模拟实验中也能得到印证。

　　从长岩心驱替模拟实验中的三元复合驱之后岩心中硅元素含量的变化可以看出，三元复合驱之后，实验用长岩心中硅元素的含量发生了重新分布，随着驱替倍数的增加，前段岩心中的硅元素通过溶蚀、沉积、溶蚀过程的反复进行逐渐地被"驱赶"至岩心的末端。此处以第一波三元复合体系为例，之所以通过溶蚀作用而进入到溶液中的硅元素又沉积在储层中的岩石表面上，其原因是三元复合体系中碱剂的消耗，即碱剂基本上全部消耗于对储层中原生岩石矿物的溶蚀过程中，当硅元素沉积在储层岩石表面时，第一波三元复合体系的碱性已经很小，不足以把次生的硅酸盐岩石溶蚀或者溶蚀的量小于沉积的量，差量的硅元素会在前进的途中沉积在其他储层的岩石表面上。所以直至结垢前一个月的时候，采出液中硅离子的浓度仍基本保持不变。但是随着三元复合体系驱替深入，到某一时刻，溶蚀出来的硅元素来不及完全沉积到储层中的岩石表面上而被采出，采出液中的硅离子浓度从此时开始增加。

　　（4）CO_3^{2-} 和 HCO_3^- 浓度的变化。

　　水中溶解的 CO_2 会与水分子反应生成 H_2CO_3，碳酸存在一级电离和二级电离，进而产生 HCO_3^- 和 CO_3^{2-}（图 5-77，公式 5-9）。

$$CO_2+H_2O \rightleftharpoons H^++HCO_3^-$$
$$HCO_3^- \rightleftharpoons H^++CO_3^{2-}$$

图 5-77　水溶液中碳酸的一级电离和二级电离

$$\begin{cases} K_1 = \dfrac{a_{H^+}a_{HCO_3^-}}{a_{CO_2}a_{H_2O}} \\ K_2 = \dfrac{a_{CO_3^{2-}}a_{H^+}}{a_{HCO_3^-}} \end{cases} \quad (5-9)$$

式中　K_1——一级电离平衡常数；

K_2——二级电离平衡常数；

a_{H^+}——溶液中氢离子质量浓度，mg/L；

$a_{HCO_3^-}$——溶液中碳酸氢离子质量浓度，mg/L；

a_{CO_2}——溶液中二氧化碳质量浓度，mg/L；

a_{H_2O}——溶液中水质量浓度，mg/L；

$a_{CO_3^{2-}}$——溶液中碳酸离子质量浓度，mg/L。

其中电离平衡常数 K_1 和 K_2 仅仅是温度的函数，压力只会影响到 CO_2 在水中的溶解度。通过计算可得到三种碳酸组分的摩尔分数的表达式（公式 5–10）。

$$X_{CO_2} = \frac{a_{CO_2}}{a_{CO_2} + a_{HCO_3^-} + a_{CO_3^{2-}}} = \frac{a_{H^+}^2}{a_{H^+}^2 + K_1 a_{H^+} + K_1 K_2}$$

$$X_{HCO_3^-} = \frac{a_{HCO_3^-}}{a_{CO_2} + a_{HCO_3^-} + a_{CO_3^{2-}}} = \frac{K_1 a_{H^+}}{a_{H^+}^2 + K_1 a_{H^+} + K_1 K_2} \qquad (5\text{–}10)$$

$$X_{CO_3^{2-}} = \frac{a_{CO_3^{2-}}}{a_{CO_2} + a_{HCO_3^-} + a_{CO_3^{2-}}} = \frac{K_1 K_2}{a_{H^+}^2 + K_1 a_{H^+} + K_1 K_2}$$

式中　X_{CO_2}——二氧化碳的摩尔分数；

$X_{HCO_3^-}$——碳酸氢根的摩尔分数；

$X_{CO_3^{2-}}$——碳酸根的摩尔分数。

一定温度和压力下，由上面的式子可以得到三种组分的摩尔分数随着 pH 值变化的曲线（图 5–78）。

从三种组分摩尔分数随 pH 变化的曲线看出，pH 值在 6~9.5 范围时，碳酸的存在形式以 HCO_3^- 为主，对比一下采出液的 pH 值，所以在储层的地层流体中，碳酸组分也是以碳酸氢根为主。

从大庆油田南五区结垢井采出液中 CO_3^{2-} 和 HCO_3^- 离子浓度变化曲线

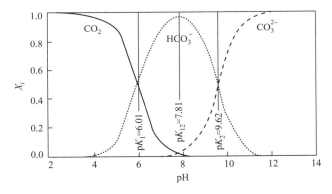

图 5–78　三种组分摩尔分数随 pH 变化的曲线

（图 5–79）可以看出，结垢前 3 个月采出液中 CO_3^{2-} 和 HCO_3^- 离子浓度基本保持不变。因为在这一区间内，采出液的成分多为原有的地层流体，所以 HCO_3^- 离子的质量浓度基本保持不变，维持在 2200mg/L 左右。另外从长岩心驱替模拟实验中可知，HCO_3^- 的来源是储层岩石中的可溶性成分在三元复合体系的作用下溶解，以及流体中溶解的 CO_2 的电离。从长岩心驱替模拟实验取样点水样分析结果（表 5–44）中知道，当注入孔隙体积倍数为 1PV 时，No.4 取样口处的 HCO_3^- 离子的质量浓度为 1500mg/L。说明之前在"饱和岩心"阶段由于可溶性岩石的溶解和溶解的 CO_2，使得溶液中的 HCO_3^- 质量浓度可达 1500mg/L，三元复合驱过程中，有大量的碱剂进入到储层中，对储层岩石的溶蚀作用会更强烈，所以仍然会有 HCO_3^- 离子补充到溶液中去，但是由于大量的碱均消耗在与岩石的溶蚀反应中，使得三元复合体系的 pH 并不是很高，约为 9。通过上面对水中碳酸组分的含量分析可知，在此

pH 和储层温度下，受到碳酸一级电离和二级电离平衡常数的限制，溶液中的碳酸组分的存在形式应该以 HCO_3^- 离子为主。综合以上原因，所以在"结垢前 3 个月"到"结垢前 1 个月"这一时间区间内，采出液中 HCO_3^- 离子浓度仍然基本保持不变，但是随着时间的推移，三元复合体系在不停地注入，所以储层中流体的 pH 值会越来越高，这会影响到碳酸的两级平衡，进而会影响到水溶液中碳酸组分的存在形式，所以后期采出液中 HCO_3^- 浓度有所下降，而 CO_3^{2-} 浓度有所上升。

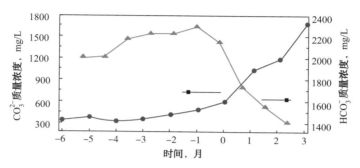

图 5-79 大庆油田南五区结垢井采出液中 CO_3^{2-} 和 HCO_3^- 浓度的变化曲线

横坐标中的负数代表油井结垢前的月份，0 代表油井开始结垢的月份

二、三元复合驱机采井结垢预测方法

通过对三元复合驱现场不同结垢阶段采出液中成垢离子浓度的综合分析，得出三元复合驱机采井结垢预测图版；运用饱和指数预测方法，建立三元复合驱机采井结垢预测模型，并通过已结束区块油井作业见垢情况对该方法进行验证、校正，提高该方法现场预测符合率。

1. 结垢井预测图版

1）结垢判断标准

利用统计学对大庆油田强碱三元复合驱结垢井现场采出液离子数据进行拟合分析，包括 Ca^{2+}、Mg^{2+}、Si^{4+}、CO_3^{2-}、HCO_3^-、pH 值等，并对比未见垢井情况，结合现场垢质成分分析，制定了不同结垢阶段判断标准（表 5-26）。

表 5-26 结垢判定标准

结垢阶段	判断标准
结垢前期	$Ca^{2+}/Mg^{2+}>50mg/L$，$8.0<pH≤8.5$，$CO_3^{2-}<500mg/L$；$Si^{4+}<20mg/L$
结垢初期	$20mg/L<Ca^{2+}/Mg^{2+}≤50mg/L$，$8.5<pH<9.5$，$CO_3^{2-}>500mg/L$；$Si^{4+}≥20mg/L$
结垢中期	$0mg/L<Ca^{2+}/Mg^{2+}≤20mg/L$，$9.5≤pH<11.0$，$CO_3^{2-}>1000mg/L$；$Si^{4+}>100mg/L$
结垢后期	$0mg/L<Ca^{2+}/Mg^{2+}≤20mg/L$，$pH≥11.0$ 或处于下降阶段

2）油井结垢判别图版

（1）大庆油田南五区采出井结垢判定图版。

依据大庆油田南五区 16 口结垢井采出液离子变化特征，确定了化学防垢时机。满足采出液 pH≥9.0、Si^{4+} 质量浓度大于 30mg/L 或 Ca^{2+}/Mg^{2+} 质量浓度小于 50mg/L（浓度下降阶段）、CO_3^{2-} 质量浓度大于 500mg/L 条件之一时，就可判定油井结垢（图 5-80、图 5-81）。

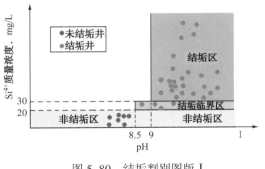

图 5-80　结垢判别图版 I

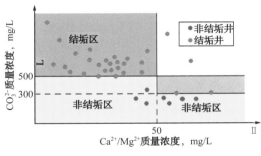

图 5-81　结垢判别图版 II

采用图版 I 和图版 II 对南五区 39 口油井进行了结垢判别，其中有 4 口井不符合，符合率为 90%。

（2）大庆油田北一断东采出井结垢判定图版。

针对大庆油田北一断东垢质以碳酸盐垢为主，油井结垢的判定标准为：Ca^{2+} 质量浓度小于 30mg/L（浓度下降阶段），CO_3^{2-} 质量浓度大于 900mg/L（图 5-82）。

应用判断图版判断大庆油田北一断东 63 口采出井结垢情况，通过检泵作业井现场验证 33 口井，验证结垢判断符合 32 口井（其中见垢井 21 口均符合，未见垢井符合 11 口、不符合 1 口），符合率达 97.0%。

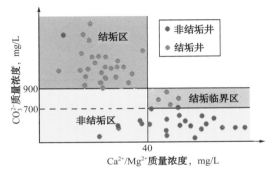

图 5-82　北一断东碳酸盐垢结垢判断图版

2. 钙硅垢沉积模型及预测方法

分别研究了碳酸钙和低聚硅沉积的过程，建立各自的沉积模型，以 Oddo-Tomson 饱和指数法预测碳酸钙沉积以及硅钼黄法测低聚硅沉积为基础，结合大庆油田强碱三元复合驱区块的温度、压力、pH 值和离子强度，分别对钙硅的沉积模型进行修正[16-22]，建立了大庆油田三元复合驱钙硅混合垢结垢预测方法，最后采用现场机采井数据加以验证预测的准确性。

1）碳酸钙饱和指数方程

以 Oddo-Tomson 饱和指数法为基础，结合三元复合驱区块的温度、压力、pH 和离子强度，对饱和指数进行修正得到碳酸钙沉积预测模型：

$$I_s=\log\left(a_{Ca^{2+}}a_{HCO_3^-}\right)+pH-11.46-2.52\times10^{-2}T+4.86\times10^{-5}T^2+8.58\times10^{-3}p+1.81I^{1/2}-0.56I$$

$$(5-11)$$

式中　I_s——饱和指数；

　　　T——温度，℃；

　　　p——压力，MPa；

　　　I——溶液总离子强度，mol/L；

　　　$a_{Ca^{2+}}$，$a_{HCO_3^-}$——Ca^{2+}，HCO_3^- 的浓度，mg/L。

2）低聚硅沉积方程

以硅钼黄法测低聚硅沉积为基础，通过 exponention 函数拟合，得到 25℃条件下，采出液中理论饱和低聚硅浓度与 pH 和离子强度的函数关系（公式5-12）：

$$f(pH, I)=0.00001+0.001741e^{1.086pH}+144.8e^{-92.02I}$$ （5-12）

3）钙硅混合垢沉积结垢预测修正及验证

结合碳酸钙沉积饱和指数方程和低聚硅沉积三维预测模型，针对三元复合驱机采井的实时采出液数据，对混合垢沉积结垢预测修正，得到三元复合驱机采井碳酸钙结垢饱和指数和低聚硅结垢区间。以大庆油田 X5-D4-E19 井为例，将数据（表5-27）代入预测公式中，计算得到其不同生产时间的碳酸钙结垢饱和指数和低聚硅饱和量，建立碳酸钙饱和指数、低聚硅与机采井不同时期结垢的对应关系（图5-83）。

表5-27　大庆油田 X5-D4-E19 采出液离子数据

pH	Ca^{2+} 质量浓度，mg/L	HCO_3^- 质量浓度，mg/L	T，℃	p，MPa	I，mol/L	可溶性硅质量浓度，mg/L
8.08	62.93	2257.74	25	0.1	0.14035	0.00
8.53	45.09	2504.26	25	0.1	0.15933	21.21
9.08	71.74	3141.31	25	0.1	0.20331	23.29
9.55	87.17	3018.66	25	0.1	0.23314	25.12
10.26	71.74	2593.35	25	0.1	0.36939	31.74
11.13	45.89	653.52	25	0.1	0.44356	56.09

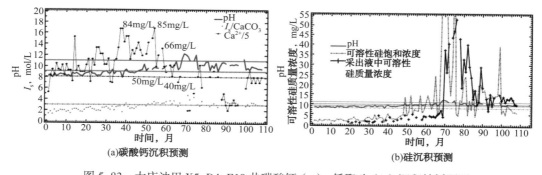

图5-83　大庆油田 X5-D4-E19 井碳酸钙（a）、低聚硅（b）沉积结垢预测

以单井结垢对应关系为基础，通过修正现场106口井的结垢参数，建立不同结垢时期对应的三元复合驱机采井钙硅混合垢结垢的量化区间，形成了大庆油田三元复合驱钙硅混合垢各阶段结垢的量化预测方法，准确率达90%以上（图5-84）。

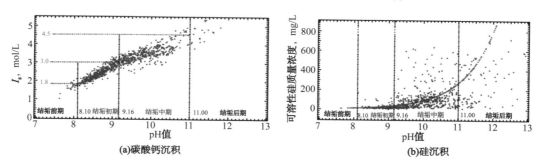

图5-84　大庆油田 X5-D4 区 12 口井碳酸钙沉积及硅沉积图

综合上述结果，建立大庆油田三元复合驱油井结垢预测方法（图5-85）：

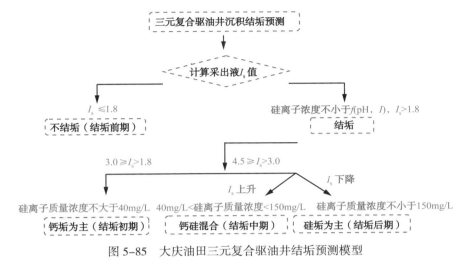

图 5-85 大庆油田三元复合驱油井结垢预测模型

三、三元复合驱机采井化学防垢技术

化学防垢是油田最为常用的抑制和减缓结垢的一项工艺技术，为了防止结垢，需连续或间歇地向油井中投加防垢剂。国外在 20 世纪 30 年代开始研究防垢剂，并应用于油田生产中，我国 20 世纪 70 年代初开始陆续开展这方面研究及应用工作。目前已形成了品种齐全、质量稳定、效果良好的系列防垢剂。但多数防垢剂仅适用于 pH 值为 6~10 的水质，而对于 pH 值大于 12 的水质防垢效果大大降低。因此，针对大庆油田三元复合驱采出液 pH 值高、硅离子含量高等苛刻条件造成常规防垢剂难以有效防垢的情况，而相应地开展了适合三元复合驱油井特点的防垢剂研究工作。

1.碳酸盐垢防垢剂

1）药剂组分筛选

通过调研、检索，对目前国内外性能较好的 20 余种水处理剂进行了筛选。通过测定每种防垢剂在三元复合体系下的钙镁防垢率，确定 T-601、T-602 防垢剂在三元复合体系下钙镁防垢性能较好，防垢率分别为 85.9% 和 81.9%（表 5-28）。

表 5-28 三元复合体系下钙镁垢防垢剂筛选

序号	防垢剂名称	防垢剂质量浓度, mg/L	原液中 Ca^{2+} 质量浓度, mg/L	反应液 Ca^{2+} 质量浓度, mg/L	防垢率, %
1	空白	—	63	0	
2	TS-629	50	63	25.6	40.7
3	TS-604A	50	63	0.0	0
4	TS-607	50	63	0.0	0
5	TS-605	50	63	20.5	32.6
6	TS-623	50	63	0.0	0
7	TS-617	50	63	0.0	0
8	防垢剂 1#	50	63	30.6	48.6

续表

序号	防垢剂名称	防垢剂质量浓度，mg/L	原液中 Ca^{2+} 质量浓度，mg/L	反应液 Ca^{2+} 质量浓度，mg/L	防垢率，%
9	TS-601	50	63	0.0	0
10	防垢剂 2#	50	63	23.2	36.9
11	T-601	50	63	54.1	85.9
12	TS-612	50	63	0.0	0
13	TS-606	50	63	0.0	0
14	W-120	50	63	27.0	42.9
15	HPMA	50	63	20.4	32.4
16	T-602	50	63	51.6	81.9
17	W-118A	50	63	0.0	0
18	EDTMPS	50	63	35.8	56.9
19	JN-518	50	63	16.8	26.7
20	W-122	50	63	23.4	37.1
21	JN-520	50	63	19.7	31.2
22	JN-4	50	63	0.0	0
23	HPAA	50	63	30.6	48.6
24	JT-225	50	63	14.9	23.7

2）防垢剂浓度对防钙垢效果影响

防垢剂的浓度是影响防垢效果的一个重要的因素。通常情况下防垢剂都存在一个最佳使用浓度，这种效应称为"溶限效应"。数据显示（图 5-86）防垢率随着浓度的增加而增加，质量浓度为 50mg/L 左右时防垢率达到 80% 以上，此后随着防垢剂浓度的增加防垢率增幅较小。

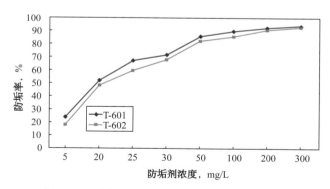

图 5-86　防垢剂浓度对防垢率（钙垢）的影响

3）防垢剂的复配

防垢剂复配使用时，当在保持防垢剂总量不变的情况下，复配的防垢效果大大高于单独使用其中任何一种防垢剂的防垢效果，这种效应称之为"协同效应"。之所以产生协同效应，其原因可能是因为两种药剂互相配合，从不同方面降低垢的生成，两种防垢剂互为补充，而提高其防垢效果。

对防垢效果较好的防垢剂 T-601、T-602 按不同比例复配，考察复配后防垢剂防垢效果。数据显示，复配防垢剂的防垢率增加，二者最佳比例为 1∶1，防垢率达到 97.9%（表 5-29）。

表 5-29　T-601 和 T-602 防垢剂不同复配比例的防垢效果数据

比例	1∶2	1∶1	2∶1	3∶1	4∶1
防垢率，%	95.3	97.9	95.3	92.1	90.7

4）防垢机理

T-602 防垢剂属有机多元膦酸类化合物，其对碳酸钙垢防垢机理为：在水溶液中它能够解离成 H^+ 和负离子，离解后的负离子以及分子中的氮原子可以和许多金属离子生成稳定的多元络合物（图 5-87）。

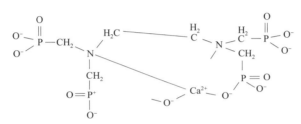

图 5-87　防垢剂分子与钙镁离子络合机理

溶液中一个有机多元膦酸分子可以和两个或多个金属离子螯合，形成很稳定的立体结构的双环或多环螯合物，抑制溶液中 Ca^{2+}、Mg^{2+} 生成碳酸盐垢等沉淀，即所谓的络合增溶作用。

另外，水溶液中的成垢碳酸盐，首先生成晶核，然后晶核逐渐生长成为大晶体而沉积下来，粒子沉降速度与颗粒直径成正比，即颗粒越小越不易沉降。如果使碳酸盐处于微晶或亚微晶状态，碳酸盐将悬浮于水溶液中而不会沉积。T-601 防垢剂在水溶液中，由于溶剂化作用可离解成带负电型的聚离子，它与碳酸盐微晶碰撞时，发生物理和化学吸附，无机盐被吸附在聚离子的分子链上，呈现分散状态，悬浮在水溶液中不沉积，也不会黏附在金属传热表面上生成垢（图 5-88）。

粒子　　　　阴离子聚电解质

图 5-88　阴离子型聚电解质使无机盐粒子分散示意图

防垢剂的分散作用可以通过测定固体颗粒体系的黏度来评价，将不同用量的防垢剂加到固体颗粒体系后，测定黏度变化，黏度降低越多则分散作用越好。

T-601 防垢剂溶于水后，高分子链成为带电荷的聚离子（$—COO^-$，$—SO_3^-$）。分子链上带电功能基相互排斥，使分子链扩张，改变了分子表面平均电荷密度，表面带正电荷的碳酸盐微晶将被吸附在聚离子上。当一个聚离子分子吸附两个或多个微晶时，可以使微晶带上相同电荷，致使微粒间的静电斥力增加，从而阻碍微晶相互碰撞形成大晶体。

2. 硅垢防垢剂

1）硅垢的分类和形成

水中硅的种类有溶解硅，胶体硅和微粒硅三种。溶解硅在水中的实际存在形式不为人所知，人们常以 SiO_2 的质量浓度来计量水中溶解硅的含量。硅酸盐垢通常以硅酸钙和硅酸镁等难溶盐形式存在，常简称为硅垢。硅垢的最终形成取决于 pH 值、温度及其他离子的存在类型等多种因素。在碱性环境中，钙镁离子首先与氢氧根结合，生成氢氧化镁、氢氧化钙，氢氧化镁和氢氧化钙与硅酸根进一步结合，生成硅垢。除硅酸镁和硅酸钙垢外，硅垢的另一种存在形式是以聚合态或无定型态的形式存在，此时硅常称为硅酸、单体硅、单体、溶解硅和水合 SiO_2，统称其为悬浮硅或胶体硅，其通式可表示为 $xSiO_2 \cdot yH_2O$。在中性环境下，硅酸以分子形式存在，当 pH 值上升为 8.5 时，10% 的硅酸可能发生离子化，pH 值上升到 10 时，50% 的硅酸会离子化。硅酸的离子化在一定程度上可能会抑制硅酸发生自聚合反应，但是如果硅酸的离子化反应已经发生，溶液中羟基的存在会促使硅酸发生自聚合反应。过量的硅通常以无定形的二氧化硅析出，析出的二氧化硅并不下沉，而以胶体粒子的形式悬浮于水中。当水的 pH 值和压力降低时，硅在水中的溶解度降低，容易形成二氧化硅胶体和硅酸盐垢，二氧化硅的溶解度随溶液中含盐量的增加而降低。

目前使用的多数化学防垢剂是对 Ca^{2+}、Mg^{2+} 等金属离子态垢起到抑制防垢作用，通过防垢剂自身或水解产物可与 Ca^{2+}、Mg^{2+} 等金属离子形成稳定的多元络合物，而对分子态 SiO_2 不能有效防治。

2）硅防垢剂的合成

阻止 SiO_2 垢形成需要从两个方面进行考虑，一方面在还没有形成 SiO_2 小颗粒时对它进行抑制，从而防止垢的形成；另一方面，在 SiO_2 小颗粒形成以后，通过阻垢剂对小颗粒的吸附作用，可以阻止小颗粒的进一步聚集，阻止小颗粒的进一步长大，从而达到阻垢效果，因为 SiO_2 垢是无定形态的，所以控制第一步比较困难，聚阴离子阻垢剂对于原硅酸的聚合没有任何抑制作用，因此依据硅垢形成机理，设计合成了新型阻垢剂 SY-KD[23]（图5-89）。

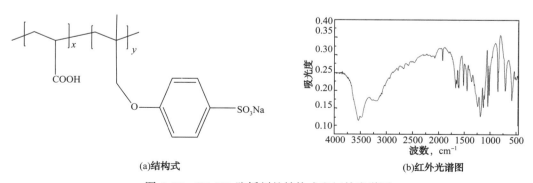

(a)结构式　　　(b)红外光谱图

图 5-89　SY-KD 防垢剂的结构式和红外光谱图

3）硅垢防垢剂阻垢机理

在三元复合驱过程中，液体中 Ca^{2+}、Mg^{2+} 浓度很高，SY-KD 防垢剂分子中含有两种聚阴离子，一种是聚羧酸，另一种是聚苯磺酸，两者对钙都有一定的螯合能力，通过 Ca^{2+}、Mg^{2+} 做桥，SY-KD 防垢剂对 SiO_2 小颗粒进行吸附，生成的螯合物溶于水，从而阻止小颗粒相互结合，起到了分散的作用（图 5-90）。

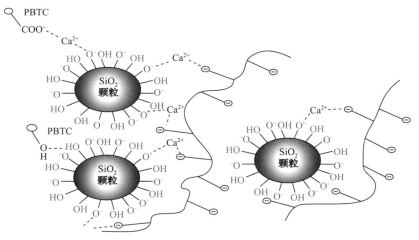

图 5-90 SY-KD 防垢剂与 SiO_2 小颗粒的相互作用示意图

另外一种情况是，SY-KD 防垢剂含有—OH，SiO_2 小颗粒表面也含有大量的—OH，这样在 SY-KD 防垢剂和 SiO_2 小颗粒之间就会形成氢键，对 SiO_2 小颗粒的吸附作用增强，对 SiO_2 垢的形成起到分散作用。

基于上述防垢机理，开展了 SY-KD 防垢剂和 SiO_2 微粒在水溶液中相互作用的红外表征实验研究（图 5-91）。

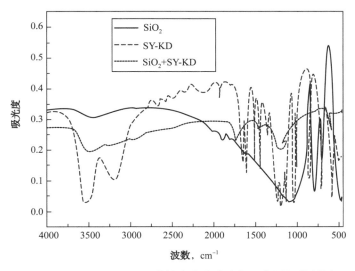

图 5-91 SY-KD 和 SiO_2 微粒在水溶液中相互作用红外谱图

从 SY-KD 和 SiO_2 微粒在水溶液中相互作用红外谱图可以看出，纯 SiO_2 中位于 $1085cm^{-1}$ 处的 Si—O—Si 不对称伸缩振动峰在 SY-KD 与 SiO_2 作用的红外谱图中发生了偏移，偏移到了 $1104cm^{-1}$ 的位置。SY-KD 和 SiO_2 相互作用的红外光谱图在 $3000cm^{-1}$ 至

3500cm^{-1} 处的峰的强度处于纯 SiO$_2$ 峰强和 SY-KD 在此处的峰强之间，已有文献指出这是由于硅阻垢剂包裹住了溶液中悬浮的 SiO$_2$ 颗粒，即由于氢键和静电相互作用，聚合物 SY-KD 部分吸附在了 SiO$_2$ 颗粒表面，形成了一种稳定结构。红外检测结果同时也表明，通过冷冻干燥的方法去除水，这种相互作用的结构仍然可以保存下来。分析指纹区的红外谱图可以发现，纯 SiO$_2$ 中位于 778cm^{-1} 的 Si—O$^-$ 对称伸缩振动峰在 SY-KD 和 SiO$_2$ 相互作用的红外光谱图中没有出现，通过对比纯 SY-KD 和纯 SiO$_2$ 的红外光谱图可以知道这个峰发生了偏移，可能移动到了 829cm^{-1}。由于在纯 SiO$_2$ 中位于 778cm^{-1} 的 Si—O$^-$ 对称伸缩振动峰强度很大，但是在 SY-KD 和 SiO$_2$ 相互作用的红外光谱图中却发现这个峰位置和强度都发生了很大变化，这充分说明了由于 SY-KD 的存在，羧基以及磺酸基团与 Si—O—Si 键的作用对其伸缩振动产生了影响，实验证明了 SY-KD 在溶液中确实与 SiO$_2$ 存在吸附关系。

3. 钙、硅垢系列防垢剂

三元复合驱油井垢的主要成分是碳酸盐垢和硅酸盐垢，在不同时期垢的成分、含量变化较大。以 SY-KD 硅防垢剂为主，对不同作用的防垢剂进行优化，形成了系列防垢剂配方（表 5-30）。

表 5-30　系列防垢剂配方性能数据及使用范围

序号	结垢阶段	防垢剂组成	使用浓度 mg/L	防垢率，%		使用范围
				碳酸盐垢	硅酸盐垢	
1	初期	CYF-2	30	95.3	—	$a_{Ca^{2+}}/_{Mg^{2+}} > 50mg/L$（上升阶段），$a_{Si^{4+}} < 10mg/L$
			50	97.9	—	$10mg/L < a_{Ca^{2+}}/_{Mg^{2+}} < 50mg/L$（下降阶段），$a_{Si^{4+}} < 10mg/L$
2	中期	SY-KD/CYF-2	50/50	97.9	80.5	$10mg/L < a_{Si^{4+}} < 50mg/L$，$30mg/L < a_{Ca^{2+}}/_{Mg^{2+}} < 50mg/L$
			100/30	95.3	81.7	$50mg/L \leq a_{Si^{4+}} < 100mg/L$，$10mg/L \leq a_{Ca^{2+}}/_{Mg^{2+}} < 30mg/L$
			150/30	95.3	83.1	$100mg/L \leq a_{Si^{4+}} < 500mg/L$，$a_{Ca^{2+}}/_{Mg^{2+}} < 10mg/L$
3	后期	SY-KD/ CYF-2	200/30	95.3	85	$a_{Si^{4+}} \geq 500mg/L$，$a_{Ca^{2+}}/_{Mg^{2+}} \approx 0mg/L$

实验数据表明，防垢剂对碳酸盐垢防垢率达到 95% 以上，对硅酸盐垢阻垢率达到 80% 以上（图 5-92、图 5-93）。

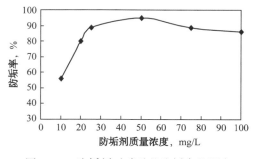

图 5-92　防垢剂对碳酸盐防垢率的测定

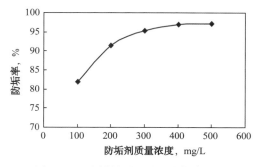

图 5-93　防垢剂对硅酸盐防垢率的测定

四、三元复合驱机采井化学清垢技术

化学清垢技术是利用可溶垢质的化学物质使设备表面上致密的沉积垢变得疏松脱落甚

至完全溶解，从而达到清除沉积垢的目的，该方法可以较快地恢复油藏的生产能力。不同化学剂对于不同组分的垢的溶解能力是有差异的，因此，选用恰当的化学清垢剂，是化学清垢剂清垢效果和速度的关键。

1. 碳酸盐垢清垢剂

清除碳酸盐垢和氢氧化物垢以无机酸和有机酸为主剂的清垢剂体系。由于碳酸盐垢在酸中溶解性好，易清除，室内实验测得对以碳酸盐垢为主的垢样溶解率可以达到 95% 以上（图 5-94）。

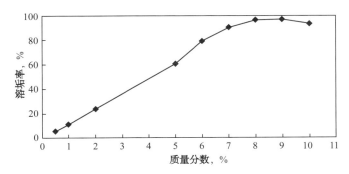

图 5-94　无机酸对碳酸盐垢溶垢率

碳酸盐垢和氢氧化物垢清除反应式

$$CaCO_3+2HCl \longrightarrow H_2O+CO_2+CaCl_2$$
$$Ca（OH）_2+2HCl \longrightarrow 2H_2O+CaCl_2$$

2. 硅酸盐清垢剂

氢氟酸与二氧化硅的反应可以用软硬酸碱（Hard–Soft–Acid–Base，HSAB）理论进行解释。1958 年 S. 阿尔兰德、J. 查特和 N.R. 戴维斯根据某些配位原子易与 Ag^+、Hg^{2+}、Pt^{2+} 配位，另一些则易与 Al^{3+}、Ti^{4+} 配位，将金属离子分为两类：a 类金属离子包括碱金属、碱土金属、Ti^{4+}、Fe^{3+}、Cr^{3+}、H^+；b 类金属离子包括 Cu^+、Ag^+、Hg^{2+}、Pt^{2+}。1963 年 R.G. 皮尔逊在 Lewis 酸碱电子对理论基础上进一步提出了软硬酸碱理论，在软硬酸碱理论中，酸、碱被分别归为"硬""软"两种（表 5-31）。"硬"是指那些具有较高电荷密度、较小半径的粒子（离子、原子、分子），即电荷密度与粒子半径的比值较大；"软"是指那些具有较低电荷密度和较大半径的粒子。"硬"粒子的极化性较低，但极性较大；"软"粒子的极化性较高，但极性较小（表 5-31）。

表 5-31　软、硬及交界酸碱分类表

硬酸	H^+、Li^+、Na^+、K^+、（Rb^+）、Be^{2+}、Mg^{2+}、Ca^{2+}、Sr^{2+}、Mn^{2+}、Al^{3+}、Cr^{3+}、Fe^{3+}、Co^{3+}、Sc^{3+}、La^{3+}、As^{3+}、Ga^{3+}、Si^{4+}、Ti^{4+}、Zr^{4+}、Hf^{4+}、U^{4+}、Sn^{4+}、Ce^{4+}、BF_3、$Al（CH_3）_3$、Al_2Cl_6、SO_3、CO_2
交界酸	Fe^{2+}、Co^{2+}、Ni^{2+}、Cu^{2+}、Zn^{2+}、Pb^{2+}、Sn^{2+}、Sb^{3+}、Bi^{3+}、$B（CH_3）_3$、SO_2、NO^+、$C_6H_5^+$、R_3C^+
软酸	Pd^{2+}、Cd^{2+}、Pt^{2+}、Hg^{2+}、Cu^+、Ag^+、Tl^+、Hg_2^{2+}、CH_3Hg^+、Au^+、$GaCl_3$、GaI_3、RO^+、RS^+、PSe^+、金属原子、CH_2、Br_2、I_2
硬碱	H_2O、OH^-、F^-、ClO_4^-、NO_3^-、CH_3COO^-、CO_3^{2-}、ROH、RO^-、R_2O、NH_3、RNH_2、N_2H_4
交界碱	$C_6H_5NH_2$、C_5H_5N、N_3^-、Br^-、NO_2^-、SO_3^{2-}、Cl^-、
软碱	H^-、R_2S、RSH、RS^-、I^-、SCN^-、R_3P、CN^-、R^-、CO

　　另一方面，氢氟酸电离产生的 H^+ 离子也可以与垢样中的不溶性无机碳酸盐反应促使其溶解。也就是说，HF 酸对于垢样中的两种主要成分不溶性无机碳酸盐和无定型二氧化硅都具有很好的溶解作用。因此，HF 酸可以较好地溶解三元复合驱采出井中形成的垢样。

　　在 HF 酸溶解二氧化硅的过程中，虽然 F^- 离子与 Si^{4+} 离子的结合起到了决定性作用，但是 H^+ 离子的存在也是必不可少的因素。实验结果表明，单纯的氟盐在中性或碱性条件下对于二氧化硅几乎没有溶解作用。此外，由于垢样中还含有较多的不溶性无机碳酸盐，一定量的 H^+ 离子的存在将会使其溶解。因此，氢氟酸或者在酸性条件下的氟盐才能够对三元复合驱机采井形成的沉积垢有较为理想的溶解和清除效果。

　　清垢化学反应方程式如下：

（1）硅酸垢清除反应式：

$$SiO_2 + 2H_2O \longrightarrow H_4SiO_4$$
$$H_4SiO_4 + 6HF \longrightarrow H_2SiF_6 + 4H_2O$$

（2）硅酸盐垢清除反应式：

$$CaSiO_3 + 6HF \longrightarrow CaSiF_6 + 3H_2O$$
$$CaSiF_6 + (NH_4)_2EDTA \longrightarrow Ca\ EDTA + (NH_4)_2SiF_6$$
$$MgSiO_3 + HF \longrightarrow MgSiF_6 + 3H_2O$$
$$MgSiF_6 + (NH_4)_2EDTA \longrightarrow Mg\ EDTA + (NH_4)_2SiF_6$$

　　实验表明，硅垢随氢氟酸浓度增加，溶解率增加（图 5-95），针对三元复合驱油井中以硅垢为主的垢物，在其他组分浓度不变条件下，垢溶解率随清垢剂中氢氟酸浓度增加而增加，氢氟酸浓度在 10% 时垢的溶解率最大，为 84.3%（图 5-96）。

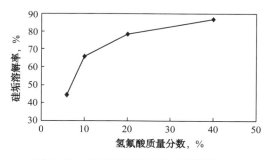

图 5-95　不同浓度氢氟酸对垢溶解率

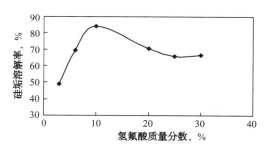

图 5-96　不同浓度氢氟酸清垢剂对垢溶解率

　　针对大庆油田三元复合驱不同结垢阶段垢质成分，给出了不同类型清垢剂（表 5-32）。

表 5-32　不同清垢剂对油井中垢的溶解率

结垢阶段	垢质组成，%		清垢剂类型	溶垢率，%
	钙垢	硅垢		
初期	68.24	12.97	CYF–Ⅰ	95.3
中期	23.87	55.42	CYF–Ⅱ	87.1
后期	10.21	67.96	CYF–Ⅱ（加强型）	84.3

五、大庆油田三元复合驱机采井化学防垢加药工艺

防垢剂现场加药工艺是使用地面加药装置，将防垢剂从油井油套管环形空间加入，使其在采出液中形成有效浓度，达到防垢目的。目前形成了 3 种加药工艺，可满足不同井况下油井全天候稳定加药需求，井液中可形成连续有效的防垢剂浓度。

1. 智能井口点滴加药工艺

智能井口点滴加药装置是一种新型自动加药装置，该装置采用变频调节和冲程调节控制计量泵排量，采取定时、定量加药，药剂排量可达到 40L/h；最高工作压力为 6.0MPa，加药量误差小于 1.0%，加药周期大于 15d；加药管路采用三层保温：里层缠有加热带，中部套有保温层，外层有保温橡胶管，使药剂恒温输送，保证冬季正常加药（图 5-97）。

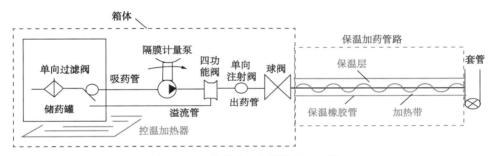

图 5-97　智能井口加药装置示意图

智能井口加药装置具有以下几方面优势：

（1）节能、省电。智能井口加药装置泵工作日用电量为 0.255kW·h；

（2）控制排量范围宽、准确度高；

（3）泵运转时间少，工作寿命长。智能井口加药装置工作时间 0.5h/d；

（4）可以满足大庆油田冬季正常加药需要。智能井口加药装置在冬季运行状况较好，均能正常加药。在冬季零下 20℃条件下实测箱内温度在 10℃以上（表 5-33）。

表 5-33　智能井口加药装置冬季箱内实测温度数据

户外温度，℃	-5	-10	-15	-20	-25
箱内温度，℃	20~21	20~21	20~21	19~20	16~18

2. 计量间集中加药工艺

计量间集中加药工艺工作原理为通过安装在计量间外的加药装置将防垢剂注入掺水管线，利用掺水将防垢剂携带至井口，由井口的传感器检测掺水导电电流变化，控制加药电动阀开启，将防垢剂注入油套环空（图 5-98）。该工艺优势在于管理难度较小，加药时率高，在偏远地区、井场条件差等三元复合驱区块具有较高适应性。

3. 转油站集中加药工艺

利用地面水质稳定剂"络合、分散"作用机理，通过地面掺水流程，将水质稳定剂由掺水管线输送至井口，经分流阀分流，部分药剂进入环空，起到井筒防垢作用（图 5-99）。该加药工艺具有连续性、稳定性较好，加药时率高、管理难度较小等特点。

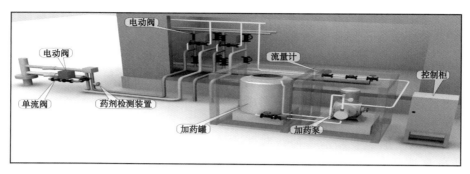

图 5-98　计量间集中加药工艺示意图

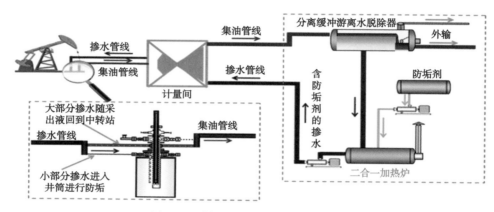

图 5-99　转油站集中加药工艺示意图

六、三元复合驱机采井化学清垢工艺

通过分析结垢对机采井生产运行参数的影响、结垢后电流的上升情况及采取清垢措施后电流的下降情况，确定了抽油机井和螺杆泵井的清垢时机。

1. 抽油机井清垢时机

抽油机井清垢判别，出现下述情况之一，应及时采取清垢措施：

（1）上电流上升 8~10A 或上载荷上升 20%，交变载荷上升 30%，示功图出现载荷增大；

（2）光杆滞后、出现不同步现象；

（3）由于测静压等原因，关井时间不小于 4.0h，并判别为结垢的抽油机井；

（4）对发生卡泵，卡泵时间小于 8.0h 抽油机井，采取清垢解卡。

2. 螺杆泵井清垢时机

电流上升，并出现光杆转速与地下转子转速不同步的曲线或电流瞬间波动大，波动范围在 3A 以上，应及时采取清垢措施。

3. 清垢工艺操作规程

清垢施工首先将清垢剂从环空内泵入井筒，然后静止浸泡后再返出，为保证酸洗对联合站电脱水、破乳不产生影响，对清垢工艺进行优化、完善：

（1）降低清垢剂用量为 6m³；

（2）酸洗后，井筒内清垢剂由罐车外接到指定回收地点；

（3）增加酸洗后替挤液量和工序，由原来清水替挤改为先用清水再用碱性替挤液，并监测井口 pH 值（要求 pH>6）；

（4）合理安排酸洗井数及时间，对同一计量间油井，日酸洗井数控制在 2 口井以内。

4. 清垢注意事项

为保证清垢施工效果，还需要做到以下几点：

（1）选药剂：通过室内浸泡实验和现场除垢试验，优选清垢剂配方；

（2）清死油：强化清垢前洗井，清除死油死蜡，确保清垢剂与垢质接触；同时补充地层压力，防止清垢剂进入地层；

（3）替杂质：注入清垢剂前先注入清水，将洗井液替净，防止清垢剂与洗井液中杂质反应，消耗清垢剂浓度；

（4）控速度：清垢剂返排时，先慢速注入，防止清垢剂压进地层；后大排量注入，将溶解下来的片状垢质携带出来。

第四节　三元复合驱防垢举升工艺技术

三元复合体系注入地下后，碱与岩石矿物发生反应，打破了原来地层中的流体与岩石矿物间的物理化学平衡，导致岩石中矿物溶解和产生新的沉淀物，形成碳酸垢、硅垢等物质。三元油井结垢主要发生在油井射孔地带及井筒内采出液所流经的地方，且从井筒下部到上部硅酸盐含量逐渐减少，碳酸盐含量逐渐增加。由于采出井严重结垢，对油井举升设备（螺杆泵和柱塞泵等）造成了严重影响，"十二五"初期，在结垢高峰期的螺杆泵井平均检泵周期不足 50d，抽油机井平均检泵周期不足 30d。

本节重点围绕三元复合驱防垢螺杆泵技术和防垢抽油泵技术两方面进行介绍，重点阐述了目前三元复合驱举升工艺普遍应用的举升工艺的结构组成、防垢原理、技术优势和现场应用效果，为三元复合驱防垢举升技术提供技术支撑。

一、防垢螺杆泵技术

三元复合驱区块目前应用的螺杆泵主要包括常规螺杆泵和针对防垢所优化设计的小过盈螺杆泵两大类。

1. 常规螺杆泵技术

螺杆泵采油系统包括地面驱动装置、油管管柱、抽油杆柱、井下泵、锚定装置、抽油杆扶正器等设备和工具的总成。螺杆泵是由定子和转子组成，定子和转子装配起来的几何形状能够产生两个或一系列双凸透镜状、螺旋形、独立的空腔。

当转子在定子中处于不同位置时，二者的接触点也是不同的（图 5-100）。当转子横截面位于定子衬套长圆形横截面的两端时，接触线为半圆弧线；而在其他位置时，转子和衬套仅有两点接触。由于转子和衬套是连续啮合的，这些接触点就构成了空间密封线，从而在衬套的一个导程内形成一个密封腔室，这样一来，在螺杆泵的长度方向就会形成多个密封腔室。当转子转动时，转子、定子副中靠近吸入端的第一个腔室的容积增加，在它和吸入端的压力差作用下，油液便会进入第一个腔室。随着转子的连续转动，这个腔室开始封闭，并沿着螺杆泵轴向方向向排出端推移，最后在排出端消失的同时，在吸入端又会形成新的密封腔室。由于密封腔室的不断形成、推移和消失，使油液通过多个密封腔室从吸入端推挤到排出端，从而实现油液的举升。

简而言之，螺杆泵的工作原理可以这样来描述：沿着螺杆泵的全长，在转子外表面与定子橡胶衬套内表面间形成多个密封腔室；随着转子的转动，在吸入端转子与定子橡胶衬套内表面间会不断形成密封腔室，并向排出端推移，最后在排出端消失，油液在吸入端压差的作用下被吸入，并由吸入端推挤到排出端，压力不断升高，流量非常均匀。螺杆泵工作的过程本质上也就是密封腔室不断形成、推移和消失的过程[24]。

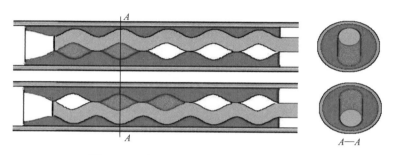

图 5-100　螺杆泵密封腔室输送液体示意图

常规螺杆泵在水驱、聚合物驱下有着良好的驱替特性，对进入的气体和污染物不敏感，但是在三元复合驱区块井液易结垢的条件下，适应性还有待提高。

2. 小过盈螺杆泵

常规螺杆泵一旦定子、转子表面发生结垢现象，定子、转子之间过盈值会迅速增加，导致扭矩增加，极易发生卡泵现象。针对这一现象，大庆油田采油工程研究院设计出了小过盈螺杆泵。

1）技术优势

小过盈螺杆泵配泵方法，即在保证螺杆泵容积效率和举升能力的前提下，适当减小螺杆泵定转子间过盈值，通过降低定子、转子间的接触载荷和接触应力，能够降低螺杆泵初始扭矩，减轻定子、转子磨损，有利于延长螺杆泵使用寿命。

（1）有效降低螺杆泵初始扭矩，减小螺杆泵工作负载扭矩。数据显示过盈值每减小 0.05mm，螺杆泵定子、转子初始扭矩小泵降幅为 10.4%~11.9%（图 5-101）。

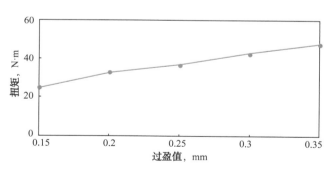

图 5-101　GLB120 型螺杆泵不同过盈扭矩曲线

（2）有利于减轻结垢对泵特性的不利影响。螺杆泵定子、转子结垢后，实际上相当于增加了二者间过盈值，通过适当减小过盈值，能够在一定程度上减轻定子、转子结垢对泵特性产生的不利影响；同时能够有效降低二者之间的接触应力，有利于延长泵的使用寿命。图 5-102 过盈与接触应力关系曲线显示，过盈值每减小 0.05mm，定子、转子接触应力下降 0.11~0.16MPa。

2）螺杆泵橡胶优选

常规螺杆泵定子橡胶硬度为 73 度（常温），但在井下温度（50℃）条件下工作，橡胶硬度会有较大幅度下降，为 65 度左右（图 5-103）。硬度下降会进一步增强橡胶黏弹性，从而加重工作扭矩波动幅度、致使杆疲劳断裂几率增加。针对这一问题，在保证定子橡胶物理机械性能基础上，将三元复合驱用螺杆泵橡胶硬度由 73 度提升至 80 度，有利于增强橡胶的抗变形能力，减轻工作扭矩波动幅度。

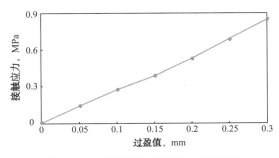

图 5-102　过盈值与接触应力关系曲线　　　图 5-103　不同温度丁腈橡胶硬度变化曲线

3）三元复合驱螺杆泵配泵规范

通过室内检测及多年的现场试验，目前已建立了三元复合驱螺杆泵配泵规范，见表 5-34。

表 5-34　三元复合驱螺杆泵配泵规范

驱替方式	泵型号	过盈值调整范围
三元复合驱	GLB120	0.15~0.20mm
	GLB300	0.15~0.20mm
	GLB500	0.10~0.15mm
	GLB800	0.10~0.15mm
	GLB1200	0.10~0.15mm

二、防垢抽油泵技术

常规抽油泵对于井液质量很敏感，在三元复合驱区块的检泵周期较水驱、聚合物驱区块有较大差距，需要针对三元复合驱特性做出个性化设计。

1. 长柱塞短泵筒抽油泵

常规抽油泵为短柱塞长泵筒结构，垢容易沉积在柱塞上部，造成卡泵现象。针对这一问题，大庆油田采油工程研究院研发出了长柱塞短泵筒抽油泵。

1）泵的结构

长柱塞短泵筒抽油泵如图 5-104 所示。

2）泵的工作原理

利用特种合金防垢材料，在柱塞与泵筒表面均采用高硬度、光洁度好且抗磨蚀性能高的合金材质进行防垢处理；同时采用长柱塞短泵筒式防垢结构设计，保证柱塞始终处于泵筒外，柱塞在泵筒两端的刮削和油液扰动下，不易在泵筒沉积结垢，延缓结垢防止卡泵的发生。

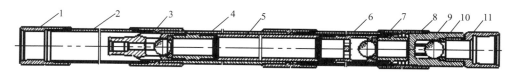

图 5-104　长柱塞短泵筒抽油泵示意图

1—油管变径接箍；2—泵筒上加长管；3—泵筒接箍；4—泵筒；5—柱塞总成；6—泵筒下加长管；

7—油管接箍；8—固定阀罩；9—固定阀球；10—固定阀座；11—固定阀座接头

3）泵的特点

（1）柱塞与泵筒表面均采用高硬度、光洁度好且抗磨蚀性能高的合金材质进行改性防垢处理，且涂层与基体的结合力为冶金结合，结合力更强，通过提高摩擦副表面的硬度及耐腐蚀性能，保持表面较高光洁度实现防垢；对垢的适应性增强，可延缓塞及泵筒表面结垢。与电镀铬层相比，具有更好的防垢性能。

（2）采用长柱塞短泵筒结构，柱塞始终处于泵筒外，柱塞在泵筒两端的刮削和油液扰动下，不易在泵筒沉积结垢。

（3）取消防砂槽，改用等直径光柱塞，减少防砂槽内结垢的沉积概率。

（4）通过采用自动调节刮垢环设计，减轻泵筒的垢沉积，防止卡泵。

2. 敞口式防垢抽油泵

常规抽油泵柱塞与泵筒之间间隙一般只有 0.07mm 左右，在发生结垢后，极易卡泵。在卡泵后，常规的解卡方式是进行酸洗作业，但是由于酸液无法充分进入间隙之中，造成三元复合驱区块抽油泵酸洗解卡成功率低的问题。针对这一问题，大庆油田采油工程研究院研发出了敞口式防垢抽油泵。

1）泵的结构

敞口式防垢抽油泵的结构如图 5-105 所示。它适用于水驱、聚合物驱及三元复合驱采出井举升。具有最大限度防止卡泵现象尤其是停机卡泵现象的发生，延长检泵周期的优点。

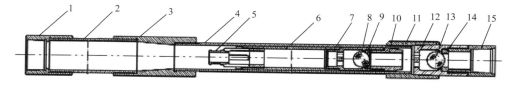

图 5-105　多功能防垢卡抽油泵示意图

1—接箍；2—短接；3—泵筒接箍；4—泵筒；5—出油接头；6—合金柱塞；7—游动阀罩；8—游动阀球；9—游动阀座；

10—游动阀堵头；11—接箍；12—固定阀罩；13—固定阀球；14—固定阀座；15—固定阀堵头

2）泵的工作原理

抽油机的驴头到达上死点时，柱塞体脱离下泵筒，垢与砂则通过放大空间下降，防止落垢卡在柱塞和泵筒间隙。柱塞上部有刮垢结构，可有效刮除泵筒内表面存垢，下冲程时射流清除柱塞和泵筒表面垢[25]。

3）泵的技术特点

（1）柱塞取消沉砂槽，减小柱塞表面结垢。

（2）柱塞上下两端均有刮垢刀片，在运行过程中进行刮垢。

（3）上死点时柱塞与泵筒分离，进入泵筒中的垢可被液流带走，彻底避免了停机卡泵。

（4）柱塞上端设计成刮垢结构，游动阀由2个减为1个，柱塞中空部分成为容垢空间，大幅降低了运行卡泵概率。

（5）泵筒上端的变径敞口设计使柱塞平稳进入泵筒。

（6）通道畅通，提高了酸洗效果。

三、现场应用效果

通过数年的持续攻关，三元复合驱物理化学清防垢举升技术已基本成熟配套，现场应用千余口井，截至"十二五"末，机采井平均检泵周期由不足100d提高至400d左右，取得了较好的应用效果。

参 考 文 献

［1］高光磊. 聚合物驱与三元复合驱分注剪切机理差异分析［M］// 大庆油田有限责任公司采油工程研究院. 采油工程文集（2017年第1辑）. 北京：石油工业出版社，2017：77-80.

［2］李海成. 驱分注工艺现状［J］. 石油与天然气地质，2012，33（2）：296-302.

［3］段宏，梁福民，刘兴君，等. 三元复合驱偏心分注技术［J］. 石油钻采工艺，2006，28（2）：62-64.

［4］刘崇江，蔡萌，苗雪晴，等. 大庆油田二三类油层三元复合驱分支分压注入技术研究［J］. 大庆师范学院学报，2015，35（6）：65-67.

［5］张书进，刘崇江，蔡萌，等. 三元复合驱分支注入工具的结垢优化［J］. 石油钻采工艺，2016，38（1）：114-118.

［6］唐俊东. 聚合物驱分注井直读电动测调仪［J］. 内蒙古石油化工，2014，40（20）：72-73.

［7］管公帅，康燕，傅海荣，等. 复合解堵剂对大庆油田三元复合驱注入井的解堵效果［J］. 油田化学，2016，33（3）：442-444.

［8］傅海荣，班辉，付海江. 三元复合驱耐碱低温自固化树脂砂的研究与应用［J］. 石油地质与工程，2007，21（4）：79-81.

［9］王庆生，李庆龙，陈涛平，等. 树脂液固砂工艺技术［J］. 油气田地面工程，2006，25（8）：21-21.

［10］李慧，王霞，彭健锋，等. 固砂剂防砂方法的研究发展［J］. 化工时刊，2007，21（9）：54-57.

［11］程杰成，廖广志. 大庆油田三元复合驱矿场试验综述［J］. 大庆石油地质与开发，2001，20（4）：46-49.

［12］程杰成，廖广志，杨振宇，等. 大庆油田三元复合驱矿场试验综述［J］. 大庆石油地质与开发，2001，20（2）：45-50.

［13］王玉普，程杰成. 三元复合驱过程中的结垢特点和机采方式适应性［J］. 大庆石油学院学报，2003，27（2）：20-22.

［14］程杰成，周万富，王庆国，等. 大庆油田三元复合驱结垢样品中碳酸钙的结晶特性及形貌特征［J］. 高等学校化学学报，2012，33（6）：1138-1142.

［15］管公帅. 三元复合驱采出液中硅离子定量分析研究与应用［J］. 石油地质与工程，2008，22（2）：88-90.

［16］李广兵，方健，李杰. 碳酸钙自发沉淀析出的动力学研究［J］. 环境化学，2001，20（1）：12-17.

［17］North R W M N A. The Effect of Pressure on the Solubility of $CaCO_3$, CaF_2 and $SrSO_4$ in Water［J］.

Canadian Journal of Chemistry, 2011, 52（52）：3181-3186.

［18］Matthias K, Emilio M G, Fabian G, et al. Stabilization of Amorphous Calcium Carbonate in Inorganic Silica-Rich Environments［J］. Journal of the American Chemical Society, 2010, 132（50）：17859-17866.

［19］罗明良，蒲春生，王得智. 油水井近井带无机结垢动态预测数学模型［J］. 石油学报，2002，23（1）：61-68.

［20］周万富，王庆国，谢永军，等. 三元复合驱机采井结垢预测技术及应用［J］. 大庆石油地质与开发，2010，29（5）：108-113.

［21］Cheng Jiecheng, Zhou Wanfu, Zhang Yusheng etc.. Scaling Principle and Scaling Prediction in ASP Flooding Producers in Daqing Oilfield［C］. SPE-144826-MS, 2011.

［22］程杰成，王庆国，王俊，等. 强碱三元复合驱钙、硅垢沉积模型及结垢预测［J］. 石油学报，2016，37（5）：653-659.

［23］程杰成，王庆国，周万富，等. 三元复合驱硅垢防垢剂 SY-KD 的合成及应用［J］. 高等学校化学学报，2014，35（2）：332-337.

［24］张志超. 螺杆泵井下结构的改进［J］. 石油工业技术监督，2011，27（6）：59-61.

［25］吴宁. 多功能防垢卡抽油泵在三元复合驱中的应用［J］. 大庆石油地质与开发，2015，34（4）：114-117.

第六章　三元复合驱地面工艺技术

大庆油田三元复合驱地面工艺经历了室内研究、矿场试验、工业示范开发等阶段，已形成了配注、采出液处理、采出水处理、药剂等主体工艺技术系列。针对化学剂的性质、调配、输送、升压、注入直至采出液的集输处理全过程，通过开展系统攻关，形成了适合不同三次采油方法的现场试验和工业化推广应用的地面工艺配套技术，对高含水油田深度挖潜、进一步提高采收率，起到了强力支撑作用。

在配注工艺方面，结合聚合物驱配注的成熟经验和大庆油田的规模化特点，形成了满足现场驱油试验的目的液配注工艺流程、满足工业化初期单独建站的"低压三（二）元、高压二元"配注工艺流程，以及适应大面积推广的碱和表面活性剂集中配制、分散注入的配注工艺流程，满足了矿场试验和工业化应用的需要。在采出液处理方面，从乳状液的基本性质研究入手，系统地研究了采出液含驱油化学剂后对乳状液特性、油水沉降分离特性、电脱水特性、污水中悬浮固体特征的影响。在室内外试验的基础上，研制了系列破乳剂、填料可再生游离水脱除器、新型组合电极电脱水器及其配套供电系统，在现场化学剂含量条件下，采用二段脱水工艺，实现了三元复合驱采出液的有效脱水；针对采出水悬浮固体含量高、去除困难的问题，研制了基于螯合机理的水质稳定剂，与二段沉降二级过滤处理工艺联合应用，实现了含油污水的有效处理，处理后水质达到了回注高渗透层的水质指标。"十二五"以来，依托重大项目攻关模式，三元复合驱地面工艺技术集中攻关，稳步推进，形成了基本满足工业化应用的技术系列，工业化区块共新（扩）建转油放水站、污水处理站等大中型工业站场58座，新建注入站、计量间等小型工业站场143座，形成了配制注入、原油集输脱水、采出污水处理等比较完善的地面工程系统，保障了工业化的顺利实施。

第一节　三元复合驱配注工艺与优化

三元复合驱进入现场及工业应用以来，根据开发要求，通过系统的科技攻关，形成了3套配注工艺，即目的液工艺、单泵单井单剂工艺和"低压三（二）元、高压二元"工艺，满足了不同开发方案的需求。根据大庆油田已建聚合物驱系统现状，通过研究化学剂的流变性和配伍性，形成了三元复合体系的集中建站工艺模式。开发了三元复合驱工业化推广应用组合式静态混合器和低剪切流量调节器，研制了碳酸钠分散配制装置。

一、三元复合驱配注工艺技术和发展历程

在先导性试验阶段，根据化学剂配伍性研究结果确定了三元复合体系配制方法，开发了满足现场驱油试验的目的液配注工艺流程。把三种化学剂按复合体系配方要求，混配成目的浓度，聚合物通过分散装置输送到三元调配罐，定量的表面活性剂、碱与污水依照一定的次序，输至调配罐，调配成注入的目的液再由每口井的注入泵升压注入。

在工业性试验阶段，开发了单剂单泵单井配注工艺，聚合物母液、碱溶液、表面活性剂

通过三联泵升压完成注入，满足了单井三种化学剂浓度都可调整的要求。依据此流程建设了南五区注入站、北一断东三元复合驱区块注入站、北二西东部二类油层三元复合驱区块注入站。

在工业化推广应用阶段，开发了单独建站的"低压三（二）元、高压二元"配注工艺，以及适应大面积推广的"集中配制、分散注入"工艺流程，满足了工业化应用的需要，实现了主要设备的国产化，也为三元复合驱配注工艺进一步优化简化奠定了基础。

二、三元复合驱"低压三（二）元、高压二元"配注工艺

1. 三元复合驱"低压三（二）元、高压二元"配注工艺的提出

根据开发方案提出的"聚合物浓度可调，碱和表面活性剂浓度不变"的个性化注入要求，在"目的液"和"单泵单井单剂"工艺的基础上，形成了三元复合驱"低压三元、高压二元"配注工艺。针对结垢严重区块，采用"低压二元、高压二元"配注工艺，满足了三元复合驱工业化推广应用的需要。工艺流程简图如图6-1、图6-2所示。表6-1为北一断西三元复合驱示范区两种配注工艺运行情况。

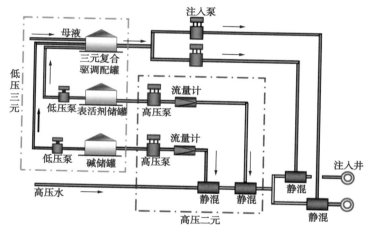

图 6-1　三元复合驱"低压三元、高压二元"配注工艺流程简图

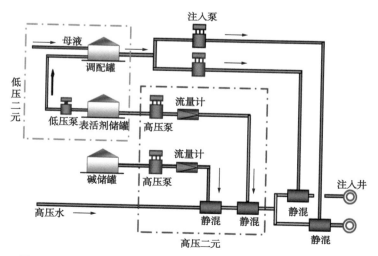

图 6-2　三元复合驱"低压二元、高压二元"配注工艺流程简图

表 6-1 北一断西三元复合驱示范区两种配注工艺运行情况表

工艺		低压三元、高压二元	低压二元、高压二元
泵故障率，次 / 月		1.01	0.37
运行时率，%		91.5	96.7
井口指标 合格率	注聚合物质量分数，%	97.4	97.1
	注碱质量分数，%	95.5	92.8
	注表面活性剂质量分数，%	97.1	96.9
	界面张力，%	98.8	98.3

2. 化学剂性质

1）聚合物的熟化时间及其溶液的流变特性

（1）聚合物干粉的熟化时间。

目前大庆油田使用的聚合物分子量范围较宽，其分子量为 $1100 \times 10^4 \sim 2500 \times 10^4$。为了指导工程设计时配置合理数量的熟化罐、正确选择适宜的搅拌器，开展了不同分子量聚合物母液的搅拌熟化实验。

熟化时间实验结果表明，聚合物的分子量越大，熟化时间越长，5000mg/L 母液黏度达到稳定所需的时间越长。总体来说，不同分子量聚合物的熟化时间均在 100~120min，熟化时间曲线如图 6-3 所示；超高分子量聚合物熟化时间曲线如图 6-4 所示。

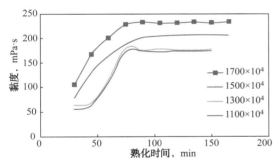
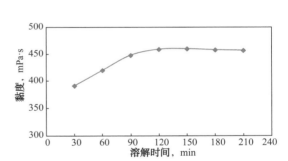

图 6-3 不同分子量聚合物母液的熟化时间曲线　　图 6-4 超高分子量聚合物熟化时间曲线

（2）聚合物溶液的流变特性。

部分水解聚丙烯酰胺是水溶性聚合物，其水溶液是黏弹性流体。按石油行业标准，用深度处理后的污水配制不同浓度的聚合物溶液，采用旋转黏度计测试其在不同剪切速度下的黏度。测试了不同分子量聚合物母液的流变曲线和 2500×10^4 分子量聚合物不同浓度的流变曲线（图 6-5、图 6-6）。

流变性研究结果表明，在地面系统聚合物溶液流动的剪切速率范围内，聚合物溶液可用幂律流体流变方程表述其流变特性。

2）表面活性剂的特性

（1）表面活性剂的物性。

大庆油田使用的表面活性剂主要有烷基苯磺酸盐和石油磺酸盐，测定结果表明，石油磺酸盐表面活性剂的开口闪点大于 115℃，闭口闪点大于 105℃。烷基苯磺酸盐表面活性剂凝固点、闪点、爆炸下限、密度测试结果见表 6-2。

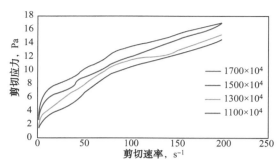

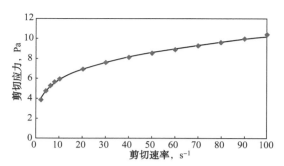

图 6-5　不同分子量聚合物母液的流变曲线　　　图 6-6　2500×10^4 分子量聚合物母液
黏度变化曲线

表 6-2　烷基苯磺酸盐表面活性剂测试数据表

凝固点，℃	密度，g/cm³	闭口闪点，℃	爆炸下限
−25.0	1.073	45	80℃时最大进样量为 4.8% 不燃爆

（2）表面活性剂的流变特性。

采用旋转黏度计测试了不同温度条件下烷基苯磺酸盐和不同浓度石油磺酸盐表面活性剂的流变特性参数，实验结果经过回归处理后绘成曲线，如图 6-7 和图 6-8 所示。同时测定了石油磺酸盐表面活性剂黏温曲线（图 6-9）。

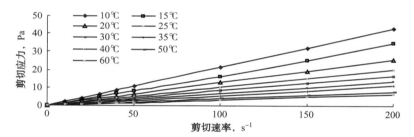

图 6-7　烷基苯磺酸盐表面活性剂流变曲线

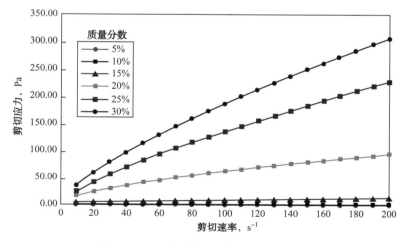

图 6-8　石油磺酸盐表面活性剂流变曲线

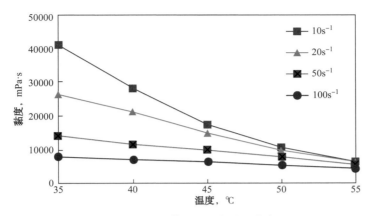

图 6-9　石油磺酸盐原液黏温曲线

从图 6-7 可以看出，烷基苯磺酸盐的流变曲线为通过原点的直线，表明其为牛顿流体。从图 6-8 可以看出，石油磺酸盐的流变曲线符合幂律流体的流变曲线，并且其为剪切稀化流体。

从图 6-9 可以看出，石油磺酸盐表面活性剂的黏度较高，且温度敏感性不是很强，在 45℃ 以上时，产品黏度随温度升高降低趋势较为明显，但其仍具有较高的黏度。

由于石油磺酸盐表面活性剂在常温下黏度高，油田配制站不同于化工厂，没有热源用于表面活性剂保持较高的温度，使其易于流动，因此配制站从储存保温、注入泵吸入端工艺管道无法满足正常注入要求，需采取相应的技术措施。

为了确定稀释至不同浓度对石油磺酸盐溶液黏度的影响，利用油田配制污水将石油磺酸盐分别稀释至 10%、20%、30%。测试了稀释后的石油磺酸盐在不同温度时的黏度变化关系（图 6-10）。

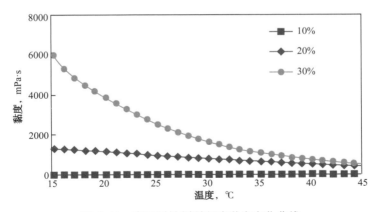

图 6-10　表面活性剂稀释液黏度变化曲线

从图 6-10 可以看出，石油磺酸盐稀释后溶液的黏度随浓度降低，溶液的黏度大幅度降低，当稀释到 20% 以下时，其黏度与聚合物母液的黏度相当。因此，进入表面活性剂注入系统的石油磺酸盐质量分数应低于 20%，有利于储存和注入泵的适应。

3）碱的性质

（1）NaOH 溶液的流变特性。

NaOH 碱剂为 30% 的液态溶液，用旋转黏度计测试了 30% 的 NaOH 溶液在不同温度下（5℃、10℃、20℃、30℃、40℃）的流变性。

从图 6-11 可以看出，30% 的 NaOH 溶液剪应力随剪切速率的变化曲线为通过原点的直线，属牛顿流体，可用雷诺数来判断流态，并据此来计算水力摩阻系数，利用达西公式计算管输压降。

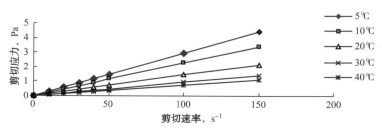

图 6-11　NaOH 溶液流变性曲线

（2）Na_2CO_3 的性质。

① Na_2CO_3 的溶解度。

固体 Na_2CO_3 易溶于水，温度越高，溶解度越大。表 6-3 为工业固体碳酸钠在不同温度的采出污水中的溶解度。

表 6-3　碳酸钠溶解度数据表

温度，℃	5	10	15	20	25	30
溶解度，g/100g	8.0	10.0	14.0	18.0	22.0	28.0

② Na_2CO_3 在污水中的溶解温升。

碳酸钠溶解在水里的时候，扩散过程所吸收的热量多于水合过程所放出的热量。所以，碳酸钠溶解过程中溶液的温度升高。

用温度计测定了工业固体碳酸钠在油田配制污水中溶解时的温度变化。配制质量分数为 10%，配制水温为 30℃，室温为 25℃。结果见表 6-4。

表 6-4　碳酸钠在污水中溶解时的温度变化

时间，min	溶液温度，℃			溶液温度，℃
	1 号	2 号	3 号	
0	30.0	30.0	30.0	30.0
1	34.0	34.0	34.0	34.0
2	34.0	34.0	34.0	34.0
3	33.8	34.0	33.5	33.8
4	33.5	33.5	33	33.3
5	33	33.5	33	33.2
6	33	33.2	33	33.1

③ Na_2CO_3 的溶解速率。

用定量的试样溶解在定量的溶液中所需的时间表征其溶解速度。采用温度和目测结合的方法，测定固态碱在30℃污水中的溶解速度。配制质量分数为10%。温度法：随着固态碱的不断溶解，溶液的温度不断升高，全部溶解后，溶液的温度达到最高；溶液温度达到最高后并略有下降时，所需的时间为固态碱的溶解时间。目测法：当溶质开始溶解的时候，由于时间短，尚有许多未溶解的固体小颗粒悬浮于溶剂里形成悬浮液；当时间大于或等于溶解时间，溶质完全溶解在溶剂里，形成均一、稳定的溶液。

图6-12是碳酸钠在污水中的溶解过程。结果表明，在实验条件下，碳酸钠的溶解时间为5min。

(a)溶解开始

(b)溶解结束

图6-12　碳酸钠在污水中的溶解过程

3.关键设备

1）静态混合器

"十二五"初期，大庆油田三元复合体系配注站采用的单井静态混合器大都是从化工行业移植过来的，没有针对注入介质的专用设备，混合元件多为单一类型。在室内研究的基础上，筛选出组合式静态混合器，其混合元件为两种类型混合单元，并针对聚合物溶液的特殊性质进行了专门设计（表6-5）。

表6-5　静态混合器混合单元对比表

静态混合器	混合单元	混合单元结构
旧型单一式	K 或 X 单一型	固定旋角和螺距
新型组合式	K+X 组合型	根据聚合物溶液黏度设计旋角、螺距

在采油四厂杏六区三元复合驱1-3注入站，将站内10口注入井的单一式静态混合器（X型）更换为组合式静态混合器（K+X型），并开展现场试验，评价新建组合式静态混合器的混合效果和黏损率。

（1）技术原理。

静态混合器就是在管道内放置若干混合元件，当两种或多种流体通过这些混合元件时被不断地切割和旋转，达到充分混合的目的。

组合式静态混合器由两种混合单元组成（图6-13）。第一单元完成各股不同性质流体拉伸剪切混合作用（简称K型结构）；第二单元对于经过K段初步混合的流体进行进一步充分混合（简称 X 型结构）。

(a)K型结构　　　　　　　　　　　　(b)X型结构

图 6-13　组合式静态混合器混合单元

在 K 型混合器段，当流体进入此段时，被迫沿螺旋片做螺线运动，另外流体还有自身的旋转运动。正是这种自旋转，使管内在任一处的流体在向前移动的同时，不仅将中心的流体推向周边，而且将周边的流体推向中心，从而实现良好的径向混合效果。因此，流体混合物在出口处达到了一定的混合程度。在 X 型混合器段，当流体进入此段时，被狭窄的倾斜横条分流，由于横条放置与流动方向不垂直，绕过横条的分流体，并不是简单的合流，而是出现次级流，这种次级流起着"自身搅拌"的作用，使各股流体进一步混合，见图 6-14。

图 6-14　组合式静态混合器全流场流线图

（2）试验方法和过程。

杏六区三元复合驱 1-3 注入站管辖注入井 64 口，根据注入量（30~70m³/d），把注入井分成 5 个级别（间隔为 10m³/d），在每个级别中选定有代表性的聚合物浓度最高和最低的 2 口注入井开展试验（表 6-6）。组合式静态混合现场图如图 6-15 所示。

表 6-6　选定注入井统计表

序号	注入量，m³/d	注入液中聚合物质量浓度，mg/L	井号
1	30	1400	X6-2-E24
		3000	X5-4-SE23
2	40	1600	X6-21-E21
		2500	X6-2-E27
3	50	2000	X6-2-E22
		3000	X6-3-E24
4	60	2200	X6-1-E21
		2500	X6-11-E21
5	70	2200	X6-2-SE21
		2500	X5-4-SE22

（3）试验结果与分析。

① 混合效果试验。

从图 6-16 两种静态混合器混合不均匀度对比曲线可以看出，普通静态混合器和组合式静态混合器的混合不均匀度均低于 5%，与普通静态混合器相比，组合式静态混合器的混合效率更高。

② 黏损试验。

从图 6-17 普通静态混合器和组合式静态混合器黏损对比曲线可以看出，与普通静混器相比，组合式静态混合器黏损大大降低。

综上所述，组合式静态混合器在保证三元复合体系混合效果的前提下，能够进一步降低设备对三元复合体系的黏损。

图 6-15　组合式静态混合现场安装图

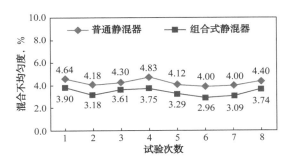

图 6-16　两种静态混合器混合不均匀度对比曲线

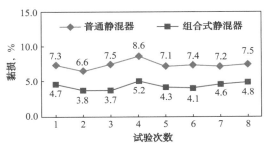

图 6-17　两种静态混合器黏损对比曲线

2）低剪切流量调节器

通过试验检测分析，对于一泵多井注入工艺系统（图 6-18），注入系统黏损主要在高压注入环节的流量调节器。为了减小系统黏损，根据三元复合体系的特点，研制出低剪切流量调节器，实现注入井"低压二元"母液流量的自动调节。

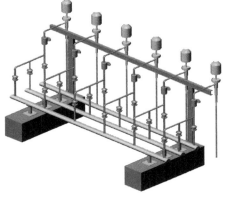

图 6-18　三元体系一泵多井流量调节阀组

现场应用结果表明（表6-7），低剪切流量调节器运行效果较好，平均黏损4.3%。

表6-7　三元低剪切流量调节器现场试验数据表（一厂西过一注入站）

井号	黏度，mPa·s		黏损，%
	来液	流量调节器	流量调节器
C272-SP10	14.8	14.4	1.4
C271-SP09		13.5	7.5
CD7-P10		14.2	2.7
CD7-P08		13.6	6.8
CD7-SP09		13.9	4.8
C272-SP10	14.2	13.2	1.5
C271-SP09		12.9	3.7
CD7-P10		12.5	6.7
CD7-P08		12.8	4.5
CD7-SP09		12.5	6.7
C272-SP10	14.5	14.0	0.7
C271-SP09		14.0	0.7
CD7-P10		13.9	1.4
CD7-P08		13.4	5.0
CD7-SP09		13.8	2.1
C272-SP10	15.7	14.5	4.6
C271-SP09		14.6	3.9
CD7-P10		14.7	3.3
CD7-P08		14.3	5.9
CD7-SP09		14.8	2.6
C272-SP10	16.5	14.6	8.2
C271-SP09		14.9	6.3
CD7-P10		14.8	6.9
CD7-P08		15.1	5.0
CD7-SP09		15.3	3.8
平均			4.3

3）碳酸钠分散配制装置

针对已建碱分散装置存在故障率高、粉尘大的问题，在室内研究的基础上，研发了碳酸钠分散配制装置。

（1）工艺流程。

碳酸钠分散配制装置主要由干粉料罐、螺杆给料器、称重传感器、水泵、混合溶解罐、转输离心泵等组成。采用密闭上料装置将干粉加入储料斗，通过称重传感器，用螺杆给料器将干粉均匀连续送入混合溶解罐。水泵将配制水送入混合溶解罐，干粉在混合溶解罐内与配制水混合，经搅拌器搅拌使混合液充分溶解，然后用离心泵转输至碱液储罐中储存。碳酸钠分散配制装置流程如图6-19所示。

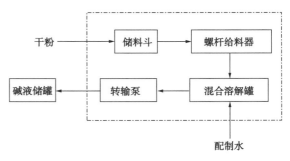

图6-19 碳酸钠分散配制装置流程图

（2）结构原理

根据碱液分散配制装置的功能要求，装置必须能够对干粉和水分别进行计量，并均匀混合。该装置由干粉供料系统、供水系统、混合溶解系统、溶液输送系统和自动控制系统等组成。

①干粉供料系统。

干粉供料系统一般由加料斗、上料机、储料罐和计量供料器等组成。将干粉加入地面加料斗中，用上料机将干粉运送到储料斗内，通过变频电动机控制的螺杆给料器实现干粉均匀连续地供料。变频电动机由系统主机控制运行频率。为防止加料过程中出现扬尘现象，北三-6配注站的碱分散溶解装置配备了密闭上料系统。

储料罐的底部侧壁设有振动器，其作用是在分散装置运行过程中对料斗产生振动，以保持干粉连续地流入螺杆给料器，从而保证干粉计量的准确性。

储料罐出口设有自动切断阀门。由于碱液配制车间仪表一般都是气动控制，而且阀门只起到开关作用，不经常启动，所以选用气动闸阀。

干粉计量采用重量法，即利用称重传感器连续称量储料罐的质量，用计算机计算储料罐在计量时间段内的质量差，这个差值就是给料量；称重法计量方式的精度最高可达±0.5%。

②供水系统。

供水系统由水泵、电磁流量计和电动调节阀组成。系统主机对流量进行设定，通过电动阀调节预期流量进入水泵，水泵出口安装有流量计，反馈实际流量值，据此由系统调节电动阀开闭角，使水量达到并稳定在要求的流量上。

③混合溶解系统。

混合溶解系统主要由混合溶解罐、搅拌器和超声波液位计等部件组成。其作用是把干粉与水混合，并经搅拌充分溶解，配制成目的浓度的溶液。

④溶液输送系统。

由于8%碱液的黏度不高，属于牛顿流体。碱液转输泵采用离心泵。

（3）技术特点。

北三-6三元复合体系配注站的碳酸钠分散配制装置增设了密闭上料装置，避免了扬尘现象（图6-20）。干粉采用重量法计量，与体积法计量相比，精度高。取消了水粉混合器，不易堵塞干粉进罐口。采用溶液配制装置配制碱液，工艺设备集成度高，自动化程度高，控制精度高，运行维护工作量小，工人工作强度小。

（4）现场应用。

北三-6三元复合体系配注站应用的碳酸钠分散配制装置如图6-21所示，配制能力为80m³/h，功率30kW，工作压力0.6MPa，设备质量6.6t。现场应用结果表明（图6-22），碳酸钠分散配制装置的配制质量分数误差为2.37%。

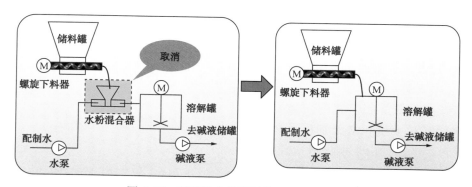

图 6-20　碳酸钠分散配制装置改进示意图

图 6-21　北三 -6 三元复合体系配注站碳酸钠分散配制装置

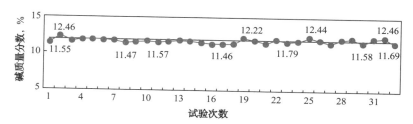

图 6-22　碱分散装置配制浓度曲线（额定配液质量分数为 12%）

三、"低压三（二）元、高压二元"配注工艺应用

1. 三元复合驱集中配制布局模式

三元配注系统历经三次大幅度简化，确定了大庆油田三元复合驱工业化推广应用"低压三元（二元）、高压二元"配注工艺。随着工业化推广应用的需要，形成了两种"集中配制，分散注入"布局模式。

布局模式一：配制站提供"低压二元"母液，调配站提供"高压二元"水（图 6-23）。

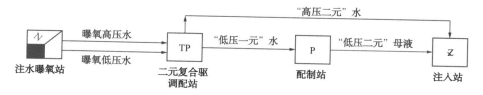

图 6-23　"集中配制模式一"布局模式

在聚合物配制站用含表面活性剂的水配制聚合物，集中配制成含表面活性剂目的浓度的"低压二元"母液。在低压水中加入表面活性剂，形成"低压一元"水，在配制站用其配制聚合物，集中配制"低压二元"液，再输送至各三元复合驱注入站。

布局模式二："低压二元"母液和"高压二元"水均由调配站提供，见图6-24。

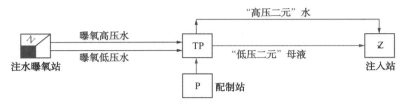

图6-24　"集中配制模式二"布局模式

在调配站集中调配"低压二元"母液和"高压二元"水，分散输送至各注入站。在三元复合驱产能区块内选定1座配注站，在该站按全区量配制"低压二元"母液和"高压二元"水；其余注入站按聚合物注入工艺建设，注入站所需"低压二元"母液和"高压二元"水由调配站提供。

截止到2015年底，建成集中配制"低压二元、高压二元"配注工艺的三元区块10个，三元复合驱注入站48座，注入井2375口。除北一断西和杏三～四区采用"集中配制模式二"工艺以外，其余均采用"集中配制模式一"（表6-8）。

表6-8　集中配制"低压二元、高压二元"配注工艺统计表

采油厂	产能区块	注入站，座	工艺模式
采油一厂	北一区断西西块	2	集中配制模式二
	西区二类	6	集中配制模式一
	东区二类	5	集中配制模式一
	南一区东块	8	集中配制模式一
	北一、二排东块	4	集中配制模式一
采油二厂	南四区东部	5	集中配制模式一
采油三厂	北三东	1	集中配制模式一
	北二区东部	6	集中配制模式一
	北二区西部东块	5	集中配制模式一
采油四厂	杏三～四区东部	6	集中配制模式二

2. 经济效益

以采油一厂东区二类三元复合驱产能区块为例（表6-9），与分散建站模式相比，配注系统采用"集中配制模式一"，可节省建设投资7932.98万元；配注系统采用"集中配制模式二"，可节省建设投资6770.57万元。

表6-9　采油一厂东区二类三元复合驱配注工艺方案对比表

项目	方案一	方案二	方案三
	"集中配制模式一"	"集中配制模式二"	分散建站
工程费用，万元	56645.3	57807.7	64578.2

2011—2015 年，大庆油田三元复合驱区块的配注系统均采用"集中配制、分散注入"集中建站模式，与"配注合一"的分散建站模式相比，节约建设投资共计 4.24 亿元。

第二节　三元复合驱采出液的稳定机制和处理药剂

由于三元复合体系中含有碱、表面活性剂和聚合物及其碱与油藏水、油藏矿物的作用产物，三元复合驱较水驱和聚合物驱采出液的成分复杂，导致其乳状液结构、油水体相性质、油水界面性质和相分离特性发生了显著变化。针对三元复合驱采出液脱水困难，处理后回注三元复合驱采出水含油量和悬浮固体含量达标困难的问题，在系统研究三元复合驱采出液和采出水的性质和稳定机制的基础上，研发和应用了三元复合驱采出液消泡剂，对 O/W 型三元复合驱采出液兼有反相破乳和正相破乳双重功能的破乳剂，以及可有效抑制三元复合驱采出液水相中碱土金属碳酸盐和非晶质二氧化硅微粒析出的水质稳定剂。

一、三元复合驱采出液的存在形态

三元复合驱采出液在静置沉降过程中分为乳化油层、游离水层和 O/W 型油水过渡层三部分，其中 O/W 型油水过渡层不稳定，受轻微扰动后就会发生膨胀。

利用光学显微镜观测了杏二中试验区 3 口油井采出液中油层和试验站脱水泵出口处的采出液短时间静置分层后的乳化状态，显微照片如图 6-25 所示，并测定了采出液乳化油中的水滴粒径分布，统计数据见表 6-10。同时给出了杏二中试验区邻近区块水驱采出液（杏 201 转油站外输液）短时间静置分层后油层的显微照片（图 6-26）和乳化油中的水滴粒径分布统计数据（表 6-11）。

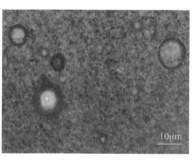
(a) 杏二中试验站脱水泵出液中的乳化油

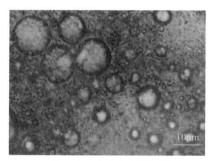
(b) 杏2-1-检29井采出液中的乳化油

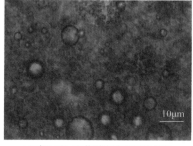
(c) 杏2-丁1-P2井采出液中的乳化油

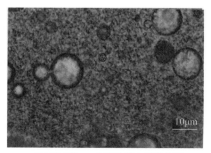
(d) 杏2-丁2-P4井采出液中的乳化油

图 6-25　杏二中试验区三元复合驱采出液相分离过程中油层的显微照片

由图 6-25 和表 6-10 可见，杏二中烷基苯磺酸盐表面活性剂三元复合驱采出液静置沉降过程中油中的乳化水多数是以粒径为 5~30μm 的水滴形式存在的。

表 6-10　杏二中试验区三元复合驱采出液相分离过程中油层水滴的粒径分布统计

累计体积分数，%	水滴粒径，μm			
	杏二中试验站脱水泵出液	杏 2-1- 检 29 井采出液	杏 2- 丁 1-P2 井采出液	杏 2- 丁 2-P4 井采出液
≤ 10	9.2	7.3	9.4	7.0
≤ 20	11.8	9.5	12.3	9.7
≤ 30	14.0	11.0	17.0	10.8
≤ 40	14.5	12.5	18.4	12.1
≤ 50	16.2	13	21.1	13.2
≤ 60	18.6	14.4	24.2	13.9
≤ 70	21.0	15.1	26.0	17.0
≤ 80	23.2	16.1	27.5	20.7
≤ 90	26.8	20.8	29.0	21.2
≤ 100	28.2	21	30.6	21.9

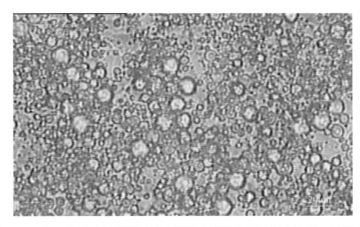

图 6-26　杏二中试验区邻近区块水驱采出液相分离过程中油层的显微照片

表 6-11　杏二中试验区邻近区块杏 201 转油站水驱采出液相分离过程油层中水滴粒径分布统计

累计体积分数，%	水滴粒径，μm	累计体积分数，%	水滴粒径，μm
≤ 10	2.4	≤ 60	6.0
≤ 20	3.0	≤ 70	6.6
≤ 30	3.7	≤ 80	7.0
≤ 40	4.5	≤ 90	7.3
≤ 50	5.3	≤ 100	8.6

由图 6-26 和表 6-11 可见，杏二中试验区邻近区块水驱采出液静置沉降过程中油层中的乳化水多数是以粒径为 2~7μm 的水滴形式存在的。对比表 6-10 和表 6-11 中的水滴粒

径分布数据可知，三元复合驱采出液相分离过程中油层水滴尺寸远大于水驱采出液。

取自杏二中试验区 3 口采出井的采出液和取自杏二中试验站脱水泵出口处的该区块综合采出液经过 2h 静置分层后水层中悬浮颗粒物的粒径分布见表 6–12，同时给出杏二中试验站脱水泵出液中游离水的显微照片（图 6–27），杏二中试验区邻近区块水驱采出液（杏201 转油站外输液）短时间静置分层后水层的显微照片（图 6–28），以及水层中油滴粒径分布统计数据（表 6–13）。

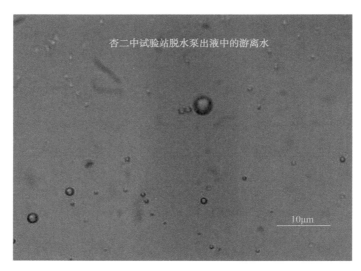

图 6-27　杏二中试验区三元复合驱采出液相分离过程中水层的显微照片

表 6-12　杏二中试验区三元复合驱采出液相分离过程水层中悬浮颗粒物的粒径分布统计

累积体积分数，%	悬浮颗粒粒径，μm			
	杏二中试验站脱水泵出液	杏 2-1- 检 29 井采出液	杏 2- 丁 1-P2 井采出液	杏 2- 丁 2-P4 井采出液
≤ 10	0.94	0.92	0.92	0.85
≤ 20	1.4	1.3	1.2	1.2
≤ 30	1.8	1.7	1.5	1.6
≤ 40	2.2	2.0	1.9	2.1
≤ 50	2.8	2.4	2.2	2.6
≤ 60	3.6	2.8	2.7	3.4
≤ 70	4.7	3.4	3.1	4.5
≤ 80	6.8	4.4	3.6	6.1
≤ 90	9.0	6.0	4.4	7.7
≤ 100	15	10	8.0	12

由图 6-27 可见，杏二中试验区三元复合驱采出液静置沉降过程中水相中的悬浮颗粒物主要是油珠。采出液静置沉降过程中水层中的悬浮颗粒物多数是以粒径为 1~10μm 的油珠形式存在的，其中粒径小于 1μm 的胶态颗粒物的体积占颗粒物总体积的 10%~20%。而杏二中试验区邻近区块水驱采出液静置沉降过程中水相中的悬浮颗粒物多数是以粒径为

4~12μm 的油珠。

对比油珠粒径分布数据可见，三元复合驱采出液相分离过程中水层中的油珠尺寸远小于水驱采出液。

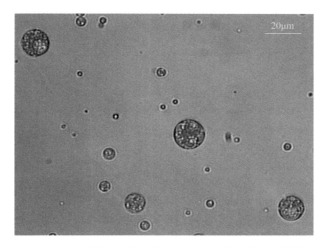

图 6-28　杏二中试验区邻近区块水驱采出液相分离过程中水层的显微照片

表 6-13　杏二中试验区邻近区块水驱采出液相分离过程中水层悬浮颗粒物的粒径分布测试曲线

累计体积分数，%	悬浮物粒径，μm	累计体积分数，%	悬浮物粒径，μm
≤ 10	3.7	≤ 60	10
≤ 20	5.1	≤ 70	11
≤ 30	6.1	≤ 80	12
≤ 40	7.0	≤ 90	12
≤ 50	8.3	≤ 100	13

杏二中试验站脱水泵出液游离水中纳米尺度粒子的动态光散射测试曲线如图 6-29 所示，冷冻蚀刻—透射电子显微镜照片见图 6-30。

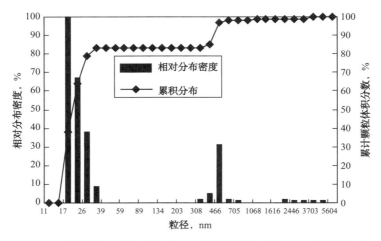

图 6-29　杏二中试验站脱水泵出液游离水中纳米尺度粒子的动态光散射粒径测试曲线

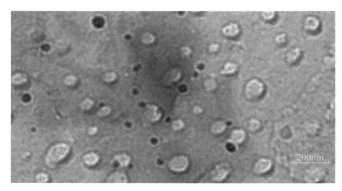

图6-30　杏二中试验站脱水泵出液游离水中纳米尺度粒子的冷冻蚀刻—透射电子显微镜照片

由图6-29可知，杏二中试验区三元复合驱采出液水相中含有大量粒径为17~32nm的纳米粒子。考虑到原子力显微镜对水平距离的分辨率误差大，图6-30中的纳米粒子的实际尺寸应该远低于100nm，而更接近于10nm。由图6-30可知，杏二中试验区三元复合驱采出液水相中含有大量粒径为9~44nm的纳米粒子，其中部分粒径为17~44nm的粒子可被蒸馏水冲洗掉，为部分水解聚丙烯酰胺；而另一些粒径为9~30nm的纳米粒子不能被蒸馏水冲洗掉，为非水溶性的纳米尺度固体颗粒物。

杏二中试验区三元复合驱采出液静置过程中形成的O/W型中间层的显微照片和其中油珠的粒径分布测试曲线如图6-31和图6-32所示。

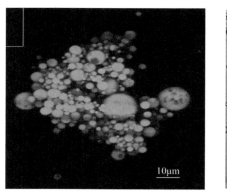

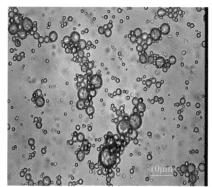

(a) 激光共聚焦显微镜照片　　　　　　　　　(b) 光学显微镜照片

图6-31　杏二中试验区三元复合驱采出液静置过程中形成的O/W型中间层的显微照片

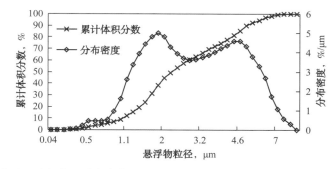

图6-32　杏二中试验区三元复合驱采出液静置过程中形成的O/W型油水过渡层中油珠粒径分布测试曲线

　　由图 6-31 和图 6-32 可知，杏二中试验区三元复合驱采出液静置过程中形成的 O/W 型油水过渡层中含有大量聚集而未聚并的油珠，为油珠的次稳态聚集体，表明在油珠表面上存在阻止其相互聚并的屏障；油水过渡层中的油珠粒径主要分布在 1~5μm 的范围内，较杏二中试验区三元复合驱采出液静置沉降 2h 时水层中油珠的粒径要小。

　　图 6-33 中部的黑色区域是 3 个聚集在一起的油珠在冷冻蚀刻过程中形成的铂—碳复型，由于原油不溶于水，经过蒸馏水多次清洗后的复型表面上仍覆有一层油膜。从覆盖油膜区域的图像可以看出，在 O/W 型过渡层中的油珠表面上吸附有一些可被蒸馏水冲洗掉的粒径在 20nm 左右的纳米粒子。

图 6-33　三元复合驱采出液相分离过程中形成 O/W 型油水过渡层冷冻蚀刻—透射电镜照片

二、三元复合驱采出液的成分

　　大庆油田杏二中试验区三元复合驱采出原油的蜡、胶质、沥青质含量及酸值与相同层位水驱区块采出原油之间差别不大，见表 6-14，而三元复合驱采出原油的机械杂质含量比水驱高几倍；三元复合驱采出原油中的钡、钠及硅元素的含量比水驱原油有大幅度提高，但由于其含量均在 50mg/L 以下，不会对原油的性质以及油水乳化和分离有关的性质有影响。同时，也进行了杏二中三元复合驱采出水与相同层位水驱区块采出水的成分和部分物性对比，见表 6-15。

表 6-14　杏二中试验区三元复合驱采出原油与相同区块水驱采出原油的成分对比

油样标识	杏一联	杏二中试验站	杏 2-1 检 29 井	杏 2- 丁 1-P2 井	杏 2- 丁 2-P4 井
采出方式	水驱	三元复合驱	三元复合驱	三元复合驱	三元复合驱
胶质含量，%	12.6	9.7	10.6	11.1	10.6
沥青质含量，%	0.52	0.66	0.35	0.43	0.67
蜡含量，%	27.9	29.6	32.6	28.6	31.0
酸值，mg KOH/g	0.03	0.03	0.04	0.04	0.04
机械杂质，%	0.04	0.16	0.18	0.13	0.16
Ba 质量浓度，mg/L	0.12	0.64	0.82	0.51	0.64
Ca 质量浓度，mg/L	2.78	2.08	2.60	2.34	1.36
Cu 质量浓度，mg/L	0.20	0.30	0.38	0.24	0.17
Fe 质量浓度，mg/L	1.22	1.94	3.81	0.81	2.83
Mg 质量浓度，mg/L	0.53	0.45	0.54	0.73	0.23
Na 质量浓度，mg/L	6.21	14.8	45.4	24.3	38.7
Ni 质量浓度，mg/L	2.66	2.99	2.58	2.63	2.35
Sr 质量浓度，mg/L	0.03	0.76	0.03	0.03	未检出
V 质量浓度，mg/L	未检出	1.62	0.00	未检出	未检出
P 质量浓度，mg/L	未检出	0.25	0.00	未检出	未检出
Si 质量浓度，mg/L	1.60	3.01	2.98	1.84	4.01

表 6-15　杏二中试验区三元复合驱采出水与相同区块水驱采出水的成分对比

水样	杏一联	杏二中试验站	杏 2-1 检 29 井	杏 2-丁 1-P2 井	杏 2-丁 2-P4 井
采出方式	水驱	三元复合驱	三元复合驱	三元复合驱	三元复合驱
B 质量浓度，mg/L	5.2	3.3	2.1	2.1	2.0
Ba 质量浓度，mg/L	25.5	26.8	3.3	17.5	5.0
Ca 质量浓度，mg/L	19.9	18.2	2.3	11.6	3.4
Fe 质量浓度，mg/L	0.39	0.4	0.2	0.2	0.2
K 质量浓度，mg/L	11.3	7.5	5.3	2.5	5.8
Mg 质量浓度，mg/L	5.4	5.2	0.3	3.1	0.6
Na 质量浓度，mg/L	2050	2318	2866	2033	2327
S 质量浓度，mg/L	11.1	19.9	49.4	23.8	39.9
Si（活性）质量浓度，mg/L	16.0	69.1	>789	70.3	>468
Si（总）质量浓度，mg/L	18.6	389	789	305	468
Sr 质量浓度，mg/L	3.0	2.3	0.3	1.3	0.5
SO_4^{2-} 质量浓度，mg/L	14.4	56.4	173	38.9	124
Cl^- 质量浓度，mg/L	1189	1418	1832	1150	1670
Al 质量浓度，mg/L	0.6	0.2	0.9	0.5	0.1
Mn 质量浓度，mg/L	0	0.4	0	0	0
CO_3^{2-} 质量浓度，mg/L	91.8	675.0	4964	718	4588
HCO_3^- 质量浓度，mg/L	2178	2563	0	3046	0
OH^- 质量浓度，mg/L	0	0	398	0	97.2
pH 值	8.6	9.1	11.7	9.3	11.0
表面活性剂质量浓度，mg/L	0	20.4	143	22.9	125
聚丙烯酰胺质量浓度，mg/L	21.1	93.4	671	156	456
视黏度[①②]，mPa·s	1.0	1.9	5.9	3.5	5.3

注：①温度为 40℃；②剪切速率为 $10s^{-1}$。

由表 6-14 中三元复合驱采出水与相同区块水驱采出水的成分和部分物性数据对比可见，三元复合驱采出水与水驱采出水的主要差别表现为其中含有部分水解聚丙烯酰胺、烷基苯磺酸盐型表面活性剂，pH 值、Na 含量、黏度和硅含量高。除此以外，三元复合驱采出水中的 SO_4^{2-}、S、Cl^- 含量高于水驱采出水，而 B、Ba、Ca、Mg、K 的含量则低于水驱采出水。三元复合驱采出水与水驱采出水成分和部分物性的差别，一方面直接来源于三元复合驱注入液中添加的 NaOH、烷基苯磺酸盐表面活性、部分水解聚丙烯酰胺及其中的未分离副产物，如三元复合驱采出水黏度和 pH 值高分别是由注入的聚合物和 NaOH 造成的，而三元复合驱采出水中高含量的 SO_4^{2-} 则一部分来源于烷基苯磺酸盐表面活性剂合成过程中的副产物硫酸盐；同时，三元复合驱采出水与水驱采出水成分和部分物性的差别也来源于三元复合驱注入液与油藏岩石矿物之间的溶蚀和离子交换作用，以及采出水中各种成分不兼容导致的沉淀反应，如三元复合驱采出水中高含量的硅主要是注入液中的 NaOH 溶蚀油藏矿物的结果。

对比表 6-15 中杏二中试验站和杏 2- 丁 1-P2 井三元复合驱采出水中采用钼硅酸比色法测试的活性硅和采用电感耦合等离子发射光谱法（ICP）测定的总硅数据可见，这两个水样中的硅只有少部分是以游离的（偏）硅酸根或硅酸的形式存在的，而大部分硅是以缩聚物非晶质二氧化硅的形式存在的。

由表 6-15 中杏二中试验站综合采出水的分析数据采用 DownHole Sat™ 软件计算得到该水样在不同温度下的各种矿物的瞬时过饱和量，见表 6-16。

表 6-16　杏二中试验站三元复合驱采出水在不同温度下各种矿物的瞬时过饱量

矿物名称	瞬时过饱和量，mg/L						
	30℃	40℃	50℃	60℃	70℃	80℃	90℃
二氧化硅	153	51	-55	-163	-266	-359	-445
硫酸钡	38	37	36	35	34	32	30
碳酸钡	33	33	33	33	33	33	33
碳酸钙	8.3	7.6	7.3	7.2	7.5	7.9	8.6
碳酸锶	3.2	3.2	3.2	3.2	3.2	3.1	3.0
碳酸镁	1.4	1.5	1.7	1.8	2.0	2.2	2.3
硅酸镁	1.2	1.8	2.1	2.3	2.6	2.8	2.8

由表 6-16 中可见，杏二中试验站综合采出水存在严重的过饱和现象，其中过饱和量大于 1mg/L 的矿物依次为二氧化硅、硫酸钡、碳酸钡、碳酸钙、碳酸锶、碳酸镁和硅酸镁，表明杏二中试验区综合采出液中不仅含有采出液从油藏中携带出的黏土等矿物颗粒及岩石碎屑，还可能含有上述新生的矿物颗粒；上述矿物中碳酸钙的过饱和度随温度升高先降低后增加，碳酸镁和硅酸镁的过饱和度随温度升高而增大，其余矿物的过饱和度均随温度升高而下降。

从杏二中试验站脱水泵出液中的游离水中分离出的悬浮固体颗粒的扫描电子显微镜照片如图 6-34 所示。由图 6-34 可见，杏二中试验区综合三元复合驱采出液相分离过程中水层中既含有粒径大于 $1\mu m$ 的悬浮固体颗粒，也含有粒径为 110~360nm 的胶体微粒，其中胶态颗粒物的主要成分为碳酸钙和碳酸钡。

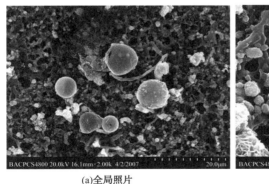

(a) 全局照片　　　　　　　　　　　　　　(b) 局部照片

图 6-34　杏二中试验站脱水泵出液游离水中游离悬浮固体的扫描电子显微镜照片

从杏二中试验站脱水泵出液静置沉降过程中油水层之间的 O/W 型油水过渡层（油珠

的次稳态聚集体）中分离出的机械杂质的傅立叶变换红外光谱测试曲线、扫描电子显微镜照片如图6-35、图6-36所示。由图6-35可见，杏二中试验站脱水泵出液静置沉降过程中油水层之间的O/W型油水过渡层中的机械杂质中主要含有硅酸盐、二氧化硅、碳酸盐和少量部分水解聚丙烯酰胺。由能谱测试曲线可知，从油水过渡层中分离出的机械杂质的主要元素构成为钡、钙、硅、镁、钠、碳和氧，结合红外光谱测试结果可确定出其中的主要成分为碳酸钡、碳酸钙、硅酸镁和非晶质二氧化硅。

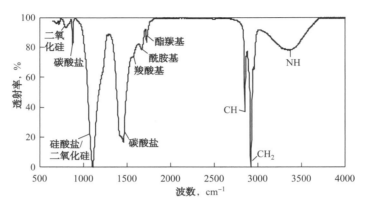

图6-35　O/W型油水过渡层中分离出的机械杂质的傅立叶变换红外光谱测试曲线

由图6-36中的扫描电子显微镜照片可见，杏二中试验站脱水泵出液静置沉降过程中油水层之间的O/W型油水过渡层中机械杂质的形态和尺寸各异，有规则多面体状、球状、椭球壳状、棒状和纤维丝状，部分颗粒物聚集和黏结在一起形成了不规则的大颗粒，其中背散射图像中的亮颗粒主要为碳酸钙和碳酸钡，暗颗粒主要是非晶质二氧化硅和硅酸镁；机械杂质中碳酸盐颗粒物的粒径主要分布在0.3~1.1μm范围内，而硅酸盐和非晶质二氧化硅颗粒物的粒径主要分布在0.3~1.3μm的范围内。

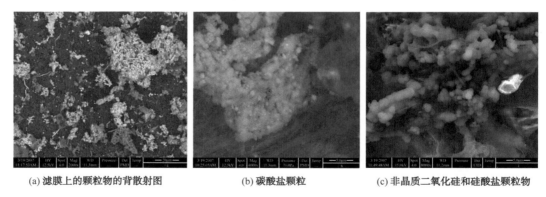

(a) 滤膜上的颗粒物的背散射图　　　(b) 碳酸盐颗粒　　　(c) 非晶质二氧化硅和硅酸盐颗粒物

图6-36　O/W型油水过渡层中分离出的机械杂质的扫描电子显微镜照片

三、三元复合驱采出液的稳定机制

根据驱油剂、剪切作用和水质等因素对模拟三元复合驱采出液分离特性、油水体相性质、油水界面性质的影响，结合胶体和界面科学中的相关理论，可揭示出三元复合驱采出液的下述形成和稳定机理。

1. 高连续相黏度稳定机制

水相黏度对采出液稳定性的影响可用（6–1）式中的 Stokes 定律来描述。

$$V_t = \frac{gd^2(\rho_w - \rho_o)}{18\eta} \qquad (6-1)$$

式中　V_t——油珠上浮速率，m/s；

　　　g——重力加速度，9.8m/s²；

　　　d——油珠直径，m；

　　　ρ_w——水相密度，kg/m³；

　　　ρ_o——油相密度，kg/m³；

　　　η——水相黏度，10³mPa·s。

由式（6–1）中的 Stokes 定律可见，油珠上浮和悬浮固体下沉速率与水相黏度成反比。由三元复合驱采出水视黏度随其聚合物含量增大而增大的规律可确定聚合物对水相的增黏作用使油珠上浮和悬浮固体下沉速率减小，使三元复合驱采出液的分离速率下降。

2. 扩散双电层稳定机制

表面活性剂和低含量的碱使油水界面负电性和油珠之间的静电排斥力增强，阻碍了油珠之间的聚集和聚并。

3. 溶蚀机制

三元复合驱注入液中投加的碱与油藏岩石和黏土反应，将大量可溶性硅酸盐带入采出液中。

4. 高乳化程度稳定机制

根据前面的讨论，可确定碱、表面活性剂和聚合物对三元复合驱采出液乳化程度的主要影响机制为碱和表面活性剂通过降低油水界面张力，聚合物通过增大水相黏度使油水乳化程度增大[1]。

油水乳化程度对三元复合驱采出液油水分离速率的影响可用式（6–1）的 Stokes 定律来说明。由式（6–1）可见，油珠上浮速率与油珠直径的平方和油水密度差成正比，与水相黏度成反比，表明 O/W 型三元复合驱采出液乳化程度越高，其油水分离速率越低。

综合上述分析，三元复合驱采出液形成和稳定的一个重要机制为高乳化程度稳定机制，即三元复合驱注入液中投加的部分碱、表面活性剂和聚合物进入采出液中使采出液水相黏度增大，油水界面张力大幅度下降[2]；低油水界面张力、高水相黏度的采出液在井筒、地面设施中所受到的剪切所用下发生乳化，形成高乳化程度的油水乳状液；分散相粒径的减小使油水分离速率大幅度降低。

5. 过饱和机制

由于不同层位、不同油井产出水的成分差异，部分三元复合驱采出液水相过饱和，使采出液中持续析出碳酸盐、非晶质二氧化硅等新生矿物微粒，造成采出水中悬浮固体颗粒去除困难。

根据杏二中试验站三元复合驱采出水水质数据配制的人工水样老化过程中析出的新生矿物颗粒与杏二中试验站三元复合驱采出水中的部分颗粒物的对比如图 6–37 所示。

由图 6–37 可见，杏二中试验站三元复合驱采出水中的大量悬浮固体颗粒物的形态与人工制备的碳酸盐颗粒物和非晶质二氧化硅颗粒物相似，说明杏二中试验站三元复合驱采出水中的悬浮固体颗粒有相当一部分是从采出液水相中析出的新生矿物颗粒。

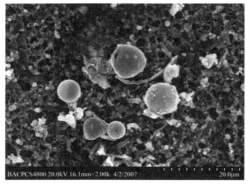

(a) 杏二中试验区三元复合驱采出水中的颗粒物

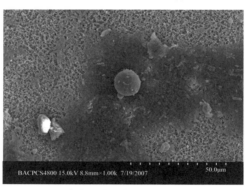

(b) 人工制备的椭球形碳酸盐颗粒物

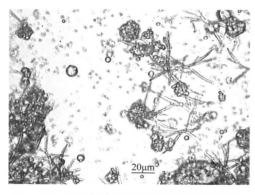

(c) 人工制备的球形非晶质二氧化硅颗粒物

图 6-37　人工制备的新生矿物颗粒与杏二中试验站采出水中的部分颗粒物的对比

　　由杏二中试验站水处理设施进水的静置沉降悬浮固体去除效果可见，杏二中试验站水处理设施进水中的悬浮固体含量随静置沉降时间延长并不是呈现出单调下降的趋势，近半数情况下 24h 静置沉降后的悬浮固体含量均高于初始悬浮固体含量，也说明杏二中试验站三元复合驱采出水中的悬浮固体颗粒有相当一部分是从采出液水相中析出的新生矿物颗粒。

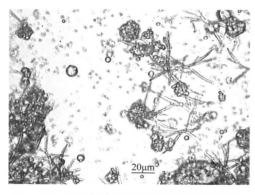

图 6-38　三元复合驱采出水中的固体颗粒与油珠聚集体

6. 固体颗粒稳定机制

　　采出液中的部分黏土颗粒、岩石碎屑和新生矿物微粒吸附在油水界面上，所形成的空间屏障阻碍了油珠之间的聚并。

7. 低密度差稳定机制

　　三元复合驱采出水中的部分固体颗粒吸附在油珠表面上、嵌入油珠内部或其表面上黏附有油珠形成图 6-38 中所示的聚集体，因原油和悬浮固体的密度分别小于和大于水的密度，因而所形成的聚集体与水之间的密度差会小于油水密度差或悬浮固体与水的密度差，由式（6-1）

可知，其上浮或下沉速率比单纯油珠和悬浮固体颗粒的上浮或下沉速率要低。

四、三元复合驱采出液处理药剂

1. 三元复合驱采出液破乳剂

根据 O/W 型三元复合驱采出液最主要的两个稳定机制——固体颗粒稳定机制和高乳化程度稳定机制，三元复合驱采出液破乳剂配方构成中应同时包含大分子量高枝化度的改性聚醚和可使油水界面上吸附的胶态和纳米尺度的颗粒物润湿性发生反转进入水相的润湿性改变成分。同时，由于 O/W 型三元复合驱采出液与采出水属于同样的乳状液类型，三元复合驱采出液破乳剂应该兼有反相破乳剂的清水作用和低含水率乳化原油脱水双重作用，即在三元复合驱采出液处理过程中加入合适破乳剂的情况下，采出水处理中应不再需要投加反相破乳剂等除油剂。

由于三元复合驱采出液静置沉降过程中 O/W 型油水过渡层的出现，采用常规破乳剂评价方法中抽底水测定含油量的方法评价破乳剂清水效果由于没有综合考虑油水过渡层中聚集而没有聚并的油珠，筛选出的破乳剂在现场应用中往往出现油水分离不分离的现象，其原因是现场采出液油水分离为动态过程，如果油珠之间不能相互聚并就不会形成不稳定的次稳态聚集体而表现出油珠不能上浮而实现油水分离。为此，定义了水相乳化油量的新概念和测定方法：水相乳化油是指水相中尚未聚并的处于乳化状态原油的总含量，不仅包括悬浮在水相中相互独立的油滴，还包括油水界面处油水层之间聚集而未聚并的油滴；测定方法为采出液静置沉降后于抽底水测定含油量前先将其上下颠倒以释放出油水过渡层中的油珠，这样抽底水测定的含油量更接近于现场采出液动态过程中分离采出水的含油量。

按上述原则，采用水相乳化油量和油相水含量作为评价破乳剂对三元复合驱采出液破乳效果的指标，通过大量药剂筛选和复配实验，研制出 SP 系列三元复合驱采出液破乳剂，其中 SP1003 适用于表面活性剂含量不大于 30mg/L 的三元复合驱采出液，SP1009 和 SP1010 适用于表面活性剂含量高于 30mg/L 的三元复合驱采出液。

破乳剂 SP1003 对杏二中试验站三元复合驱采出液的破乳效果见表 6-17。破乳剂 SP1003 对杏二中试验区低驱油剂含量三元复合驱采出液具有良好的油水分离特性，在加药量为 20mg/L 的情况下，可使脱水泵出液经过 30min、40℃静置沉降后的水相悬浮油量和乳化油量由不加药情况下的 917mg/L 和 16032mg/L 分别下降到 203mg/L 和 532mg/L，并使油相水含量由 26% 下降到 1.1%。对比 SP1003 和现场试验前杏二中试验站在用破乳剂的清水效果可见，在加药量相同的情况下，前者的水相悬浮油量和乳化油量比后者分别降低了 56.2% 和 66.0%。

表 6-17　SP1003 对杏二中试验站脱水泵出液的油水分离效果

药剂名称	加药量 mg/L	水相含油量，mg/L		油相水含量 %
		悬浮	乳化	
—	0	917	16032	26
在用破乳剂	20	463	1563	1.5
SP1003	20	203	532	1.1
备注	采出液水相 pH 值、表面活性剂含量和聚合物含量分别为 9.21、25mg/L 和 108mg/L			

破乳剂 SP1008 对大庆油田北一区断东试验区高驱油剂含量三元复合驱采出液的破乳效果见表 6-18。

表 6-18　破乳剂 SP1008 对北一区断东试验区高驱油剂含量三元复合驱采出液的破乳效果

| 日期 | 采出液水相驱油剂含量 | | 加药量 mg/L | 30min 水相乳化油含量 mg/L | 30min 油相水含量 % |
	表面活性剂含量 mg/L	聚合物含量 mg/L			
2009 年 1 月 6 日	28	998	0	317	2.4
			100	82	2.3
2009 年 6 月 26 日	72	996	0	3647	3.5
			100	1234	2.5
2009 年 7 月 31 日	74	862	0	20244	20
			100	1863	1.2
2009 年 8 月 4 日	68	994	0	1492	2.6
			100	868	2.1
2009 年 8 月 22 日	65	744	0	24593	13
			100	2876	1
2009 年 9 月 18 日	91	1064	0	4448	14
			100	2731	6
2009 年 10 月 9 日	63	984	0	11725	7.8
			100	2522	8.4

由表 6-18 可见，破乳剂 SP1008 对不同阶段北一区断东试验区三元复合驱采出液具有良好的油水分离效果，在其加药量为 100mg/L 的情况下，可使表面活性剂含量为 28~91mg/L、聚合物含量为 744~1064mg/L 的北一区断东试验区三元复合驱采出液经过 30min、40℃静置沉降后的水相乳化油量控制在 3000mg/L 的控制指标以内，油相水含量低于 5%。

破乳剂 SP1010 对南五试验区高驱油剂含量采出液的破乳效果见表 6-19。

表 6-19　破乳剂 SP1010 对南五试验区高驱油剂含量三元复合驱采出液的破乳效果

| 日期 | 采出液水相驱油剂含量 | | | 加药量 mg/L | 30min 水相乳化油含量 mg/L | 30min 油相水含量 % |
	pH 值	表面活性剂含量 mg/L	聚合物含量 mg/L			
2009 年 7 月 6 日	10.13	68	859	0	8317	10
				100	2858	0.6
2009 年 8 月 14 日	10.12	61	975	0	40812	8.0
				100	1909	4.0
2009 年 9 月 15 日	10.08	60	981	0	8576	6.0
				100	3791	2.4
2009 年 11 月 12 日	10.19	154	1060	0	8373	—
				150	2431	—

由表 6-19 中可见，破乳剂 SP1010 对南五试验区高驱油剂含量三元复合驱采出液具有

良好的破乳效果，在加药量为 100~150mg/L 的情况下可使表面活性剂含量为 60~154mg/L、聚合物含量为 859~1060mg/L 的三元复合驱采出液经过 30min 静止沉降后的水相含油量降低到 4000mg/L 以下，油相水含量低于 5%。

2. 三元复合驱采出液消泡剂

三元复合驱采出液由于表面活性剂的原因，存在起泡问题，泡沫分散性测试表明，高表面活性剂含量（>100mg/L）三元复合驱采出液中的泡沫结构为水连续相，从中提取的界面活性物质主要是表面活性剂、碱土金属碳酸盐等新生矿物微粒和部分水解聚丙烯酰胺的微生物代谢产物，主要的稳定机制为 Gibbs–Marangoni 效应和固体颗粒稳定效应。为此，在消泡剂配方设计中以具有高界面活性的硅油为主剂，同时添加能使界面上吸附的胶态和纳米尺度颗粒物完全被水润湿进入水相的润湿性转变成分。此外，在消泡剂配方筛选和优化中还应剔除三元复合驱采出液油水分离有不利影响的配方。

采用上述原则，以南五试验区和北一区断东试验区三元复合驱采出液为介质，通过大量药剂筛选和复配实验，研制出由 AF1001 和 AF1002 组成的 AF 系列三元复合驱采出液消泡剂。AF1001 和 AF1002 对南五试验区综合三元复合驱采出液的消泡效果见表 6-20。

由表 6-20 可见，消泡剂 AF1001 和 AF1002 对南五试验区三元复合驱采出液具有良好的消泡效果，在其加药量分别为 130mg/L 和 80mg/L 的情况下就可将水相聚合物含量为 1041mg/L、表面活性剂含量为 106mg/L、pH 值为 10.13 的三元复合驱采出液经过 15min 静置后的消泡率由未加药时的 44.7% 提高到 100%。

表 6-20　消泡剂 AF1001 和 AF1002 对南五试验区高驱油剂含量三元复合驱采出液的消泡效果

药剂型号	加药量 mg/L	消泡率，%				
		2min	5min	10min	15min	20min
空白	0	42.1	42.1	42.1	44.7	52.6
AF1001	30	54.1	59.5	89.2	94.6	100.0
	100	47.2	61.1	88.9	97.2	100.0
	130	83.3	86.1	94.4	100.0	100.0
AF1002	20	54.5	72.7	90.9	97.0	100.0
	80	73.7	81.6	94.7	100.0	100.0
	100	54.1	75.7	86.5	100.0	100.0
备注	水相聚合物含量为 1041mg/L，表面活性剂含量为 106mg/L，pH 值为 10.13					

从 2009 年 11 月 20 日开始，在南五试验区地面掺水中投加消泡剂 AF1002，消泡剂投加前后南五试验站三相分离器出液的含气量的变化情况见表 6-21。

表 6-21　消泡剂 AF1002 在南五试验区三元复合驱采出液处理中的应用效果

日期	采出液水相表面活性剂含量 mg/L	消泡剂加量 mg/L	三相分离器出液 气液体积比
2009 年 11 月 19 日	114	0	0.41
2009 年 11 月 20 日	112	93	0.19
2009 年 11 月 21 日	121	92	0.07
2009 年 11 月 22 日		32	0.08

日期	采出液水相表面活性剂含量 mg/L	消泡剂加量 mg/L	三相分离器出液 气液体积比
2009 年 11 月 23 日	123	32	0.22
2009 年 11 月 24 日	119	38	0.14
2009 年 11 月 25 日	125	112	0.07
2009 年 11 月 26 日	128	82	0.07

由表 6-21 可见，通过在掺水中投加 32~112mg/L 消泡剂 AF1002，可使三相分离器出液的气液比由 0.41 降低到 0.22 以下，可显著改善三相分离器的气液分离效果。自投加消泡剂 AF1002 后，南五试验站三相分离器的气液分离效果得到显著改善，解决了离心脱水泵泵效下降和电脱水器上部积气的问题。

3. 三元复合驱采出液水质稳定剂

采用扫描电镜（SEM）和能量色散 X 射线衍射技术（EDX）对滤膜上截留的现场三元复合驱采出水中的悬浮固体微粒进行鉴定发现，三元复合驱采出水中的大部分难以去除的胶态悬浮固体微粒为从过饱和水相中析出的碳酸盐和非晶质二氧化硅微粒。由于这些微粒尺寸小，而且其析出和长大又是一个持续的过程，采用常规的物理和生化处理方法不仅去除效率低，并且处理后的三元复合驱采出水在注水管网和油藏中仍会继续析出新生矿物微粒造成注水系统的污染和油藏堵塞；由于这些新生矿物微粒尺寸小，采用化学混凝法去除这部分悬浮固体微粒不仅加药量极高，而且由于不可避免地要去除水中的几乎全部阴离子型聚丙烯酰胺，所形成的占水量体积 5% 以上的絮体难以处置，从经济和环保角度看不具有可行性。因此要从根本上解决三元复合驱采出水的悬浮固体微粒去除问题，必须消除其中碳酸盐等新生矿物微粒的析出。根据三元复合驱采出液的过饱和稳定机制，对于过饱和的三元复合驱采出水，可应用螯合剂或联合应用 pH 值调节剂和螯合剂，将采出水由过饱和态转变为欠饱和态，抑制采出水中新生矿物微粒的析出，降低采出水中悬浮固体去除的难度。

按照上述思路，以杏二中试验区高过饱和程度的三元复合驱采出水的介质，通过大量药剂筛选和复配实验，研制出基于螯合剂的三元复合驱采出液水质稳定剂 WS1001、WS1002 和 WS1003，其中螯合剂的作用机理包括：（1）螯合剂与碱土金属离子形成水溶性的复合离子，降低碱土金属碳酸盐和硅酸盐的过饱和度；（2）Mg^{2+} 为硅酸聚合的催化剂，螯合剂与 Mg^{2+} 结合后会减缓非晶质二氧化硅的形成速度并减小非晶质二氧化硅微粒的尺寸，这样形成的非晶质二氧化硅微粒的尺度在纳米级，不影响回注三元复合驱采出水的水质。

水质稳定剂 WS1001 对 2007 年 7 月杏二中试验站三元复合驱采出水中悬浮固体含量的降低效果见表 6-22 和表 6-23。

表 6-22　水质稳定剂 WS1001 对杏二中试验站三元复合驱采出水中悬浮固体含量的降低作用

瓶号	水质稳定剂加量，mg/L	悬浮固体含量，mg/L
1	0	45
2	500	27
3	750	20
备注	水样的初始悬浮固体含量为 63mg/L；水样在 40℃下老化 16h 后用快速定量滤纸过滤	

表 6-23　水质稳定剂 WS1001 对杏二中试验站三元复合驱采出水在高温下的稳定作用

瓶号	水质稳定剂加量，mg/L	悬浮固体含量，mg/L
1	0	330
2	875	28
备注	水样的初始悬浮固体含量为 63mg/L；水样在 80℃下老化 16h 后用快速定量滤纸过滤	

由表 6-22 可见，水质稳定剂 WS1001 对杏二中试验站三元复合驱采出水中的悬浮固体含量有显著的降低作用，在加药量为 750mg/L 的条件下可将水中常规沉降和过滤手段难以去除的悬浮固体微粒的含量由 45mg/L 降低到 20mg/L，为使处理后回注采出水的悬浮固体含量达到 20mg/L 以下创造了有利条件。

由表 6-23 可见，杏二中试验区三元复合驱采出水中投加水质稳定剂 WS1001 可显著提高其在高温下的稳定性，在 WS1001 加药量为 875mg/L 的条件下可使其经过 16h、80℃老化后的胶态悬浮固体含量由 330mg/L 降低到 28mg/L。

上述数据和分析表明，在杏二中试验区地面掺水中投加水质稳定剂 WS1001 不仅可以显著降低因掺高温水而使采出液中悬浮固体含量大幅度上升的问题，显著降低该试验区采出水的处理难度，还可有效抑制或减缓掺水管线的结垢和淤积。

根据杏二中试验区的油气集输和采出液处理流程，可采取图 6-39 中所示的水质稳定剂加药方式，其优点一是药剂在地面掺水和油井采出液混合前就投加在掺水中，可防止因地面掺水与油井采出水不兼容而导致的新生矿物颗粒析出，便于螯合剂作用效果的充分发挥；二是地面掺水中螯合剂的浓度高，便于控制地面掺水在掺水加热炉和掺水管道中高温环境下的颗粒物析出和沉积。

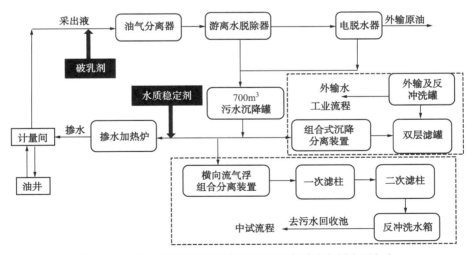

图 6-39　杏二中试验站系统集输流程和水质稳定剂应用方案

第三节　三元复合驱采出液原油脱水技术

三元复合驱采出液的原油脱水处理是三元复合驱开发中的关键环节之一，关系到三元复合驱外输原油的质量、原油集输的效率、生产运行的成本，进而影响三元复合驱原油生产的总体经济效益。

随着大庆油田三元复合驱油技术的不断推广，三元复合驱采出液原油脱水技术在试验和工业化应用的过程中不断发展完善。

"九五"期间，主要针对进口表面活性剂三元复合驱采出液的处理，从油水分离特性、乳状液稳定性、破乳剂等方面研究入手，开发了新型专用破乳剂 FD408-01 和新型防垢剂 FS-01，研制开发了游离水脱除器、新型电脱水器等装置。现场试验数据表明：三元复合驱采出液经游离水脱除后，能够达到油中含水率 ≤ 20%、水中含油量 ≤ 2000mg/L、电脱水后出口油含水率 ≤ 0.1% 的技术指标。经过长期的现场试验，初步形成了一套适合于进口表面活性剂三元复合驱采出液处理的工艺，其总体技术水平与聚合物驱接近。

"十五"和"十一五"期间，主要是针对表面活性剂国产化以后，三元复合驱采出液处理难度增大的问题，结合三元复合驱的推广应用，形成了以两段脱水为主体的原油脱水工艺。两段脱水工艺经历了北一区断东三元复合驱 217、南五区两个先导性试验区全过程的试验，实现了原油脱水的长期稳定达标。在现场试验的基础上，结合三元复合驱的推广应用，在相关采油厂新建和改造了原油脱水站 8 座，包括南四联、杏一联、杏六联、杏十联和喇 291 转油脱水站等。

"十二五"期间，两段脱水技术发展成为标准化设计的定型工艺。开发了适合于三元复合驱采出液处理的化学药剂，优化确定了药剂加药量；研发了填料可再生的游离水脱除器、组合电极电脱水器及配套供电设备，工业性试验区和工业示范区总体运行平稳。同时规范了技术系列，三元复合驱采出液游离水脱除装置和高效组合电极电脱水装置等获得实用新型专利，抗短路冲击自恢复式高频脉冲脱水供电装置获得发明专利；建立了相应的技术标准和规范，脱水技术得到进一步专业化运作和推广；保证了三元复合驱采出液原油脱水技术有效转化为生产力。在北一区断西西块、东区二类、西区二类、南一区东块、北一二排东块、南四区东部、北三东、北二区东部、北二区西部东块、杏三~四区东部等10 个工业化区块，按三元复合驱采出液处理工艺新建成或扩改建转油放水站 11 座，脱水站 10 座。包括中 105 脱水站、南 3-1 脱水站、北Ⅲ-3 脱水站等。

总体来说，三元复合驱原油脱水技术经过多年的研究攻关，两段脱水工艺及配套研发的脱水设备，在技术上满足了三元复合驱采出液脱水的要求，实现了原油的达标外输，处理规模与生产质量均达到较高水平。

一、采出液油水分离特性

1. 三元复合驱采出液沉降分离特性

三元复合驱采出液组分和相态复杂，油水乳状液稳定性强，各区块、各阶段的采出液性质差别大，原油脱水难度大。在前期杏二中试验期间，杏二中试验区采出液在低驱油剂含量阶段（表面活性剂含量 ≤ 25mg/L），就出现了游离水脱除器放水含油量高的问题。经过大量室内实验，以及北一区断东三元 217、南五区两个先导性试验区阶段的试验表明，增加停留时间、确定破乳剂最佳加药量可以改善采出液的沉降分离效果。"十二五"期间，进一步跟踪北一区断西西等三元复合驱工业性示范区，研究三元复合驱采出液的沉降分离特性。

1）破乳剂加入量对沉降分离特性的影响

在北一区断西西三元复合驱示范区采出液驱油剂浓度较低的阶段，进行了不同破乳剂加入量对油水分离效果的影响实验。表 6-24 为中 105 脱水站来液在温度 40℃、沉降时间 30min 时，水中含油量与破乳剂 SP1003 投加入量的关系。图 6-40 为破乳剂投加入量对沉降分离的影响图。

图 6-40　破乳剂投加入量对沉降分离的影响

表 6-24　水中含油量与破乳剂投加入量的关系

聚合物含量 mg/L	表面活性剂含量 mg/L	pH 值	破乳剂加入量 mg/L	水相含油量 mg/L
370	12	8.4	5	675
			10	346
			15	170
			20	130
			30	146

从表 6-24 可以看出：（1）随着加药量的增加，水中含油量有减少的趋势；（2）破乳剂的投加入量达到 30mg/L 后，继续增加破乳剂的投加量，对脱水后水质的影响减小；（3）通过增加破乳剂的加入量，对改善脱水后水质还有潜力。

2）化学剂含量对沉降分离特性的影响

随着北一区断西西三元复合驱示范区采出液驱油剂浓度升高，选用示范区中 105 脱水站不同化学剂含量的采出液，进行 40min 沉降分离实验（表 6-25）。脱水温度为 40℃，采出液含水率为 60%，破乳剂型号为 SP1008，加药量为 30mg/L。

表 6-25　中 105 站不同化学剂含量的采出液沉降数据

聚合物含量 mg/L	表面活性剂含量 mg/L	pH 值	水相含油量 mg/L	油相含水率 %
330	0	8.13	743	2.4
650	35	8.88	1608	2.95
720	70	9.45	2800	3.13
840	100	10.76	2234	15.8

从表6-25不同化学剂含量的采出液沉降实验后的水相含油量和油中含水率关系可以看出：表面活性剂含量的升高使三元复合驱采出液稳定性增加，油水分离难度上升。表面活性剂含量在0~35mg/L时，采出液油水分离难度增加不大；表面活性剂含量在35~100mg/L时，采出液油水分离难度逐步加大，且随表面活性剂含量增加而呈现增加趋势。

2. 三元复合驱采出液电脱水特性

三元复合驱采出液油水乳化严重，油水界面张力低，导电性强，且携砂量大，易造成电脱电极短路。通过进行三元复合驱工业性示范区采出液室内静态电脱水实验，研究三元复合驱采出液的电脱水特性。

1）采出液电脱水特性

选用北一区断西西三元复合驱示范区中105脱水站不同化学剂含量的采出液，进行导电性测试。实验温度为55℃。图6-41为中105站水相电导率变化曲线。

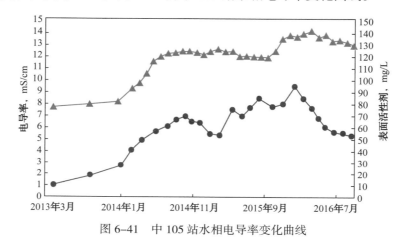

图6-41　中105站水相电导率变化曲线

从图6-41中看出，从北一区断西西示范区采出液中的表面活性剂质量浓度达到30mg/L以上开始，采出液导电性增加，击穿场强下降，电脱水运行电流增大，电脱水器的运行平稳性开始变差。采出液驱油剂浓度高峰期时水相电导率是开采初期水相电导率的1.8倍。

2）化学剂含量对电脱特性的影响

选用北一区断西西三元复合驱示范区中105站不同化学剂含量的采出液，进行电脱水实验。脱水前油中含水率为10%，实验温度为50℃，二段破乳剂型号为SP1009，加药量为20mg/L。表6-26为三元复合体系化学剂含量不同阶段2000V/cm场强脱水达标加电变化。

表6-26　不同阶段2000V/cm场强脱水达标加电变化

聚合物含量 mg/L	表面活性剂含量 mg/L	场强 V/cm	加电时间 min	油相含水率 %
650	26	1500	45	0.3
		1800	45	0.28
		2000	45	0.26
870	48	1500	60	0.28
		1800	60	0.27
		2000	60	0.25

续表

聚合物含量 mg/L	表面活性剂含量 mg/L	场强 V/cm	加电时间 min	油相含水率 %
790	75	1500	75	0.3
		1800	75	0.29
		2000	75	0.27
840	100	1500	90	0.27
		1800	90	0.25
		2000	90	0.19

从表6-26实验数据可以看出：适当提高脱水场强是提高脱水效果的有效手段，不同阶段最佳脱水场强不同。化学剂低、中含量阶段，最佳脱水场强为1500V/cm，脱水时间为60min，脱后含水率即可达到0.3%的脱水指标；化学剂高含量阶段，脱水场强为1800~2000V/cm，脱水时间为90min，脱后含水率可达到0.3%的脱水指标。

3）加电时间对电脱特性的影响

实验介质：北一区断西西三元复合驱示范区中105站不同化学剂含量的采出液。

电导率测试条件：温度50℃。

从图6-42可看出，随着采出液中化学剂浓度升高，电脱水难度明显增大，脱水达标时间延长，脱水场强为2000V/cm，脱水达标时间由开采初期的45min左右延长到70min左右，处理难度明显提高。

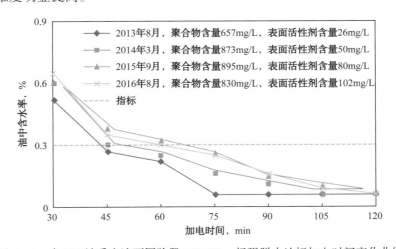

图6-42　中105站采出液不同阶段2000V/cm场强脱水达标加电时间变化曲线

二、三元复合驱采出液脱水设备及工艺流程

1. 三元复合驱采出液原油脱水设备

原油脱水设备是脱水技术的体现。三元复合驱采出液脱水设备主要包括游离水脱除设备和电脱水设备。

1）新型游离水脱除器研制

传统的卧式油水分离器通常由大型的罐体构成。如何减小分离设备的体积来降低投资和提高分离效率一直是人们研究的重点。在研究中逐渐认识到设备的内构件对流场的运动行为及分离效率都具有显著影响，在现场试验的基础上，通过流体力学计算，研究设备各个内构件与流场分布之间的关系，从而得到优化方案，为设计分散相在连续相中聚结分离所需的流场条件提供必需的参数，为油水分离器的合理设计提供一种科学可行的手段。研究的主要内容：入口构件对油水分离器内部流场的影响；布液板（孔板）不同参数对分离器流场的影响；出口挡板对设备内部流场的影响。

（1）入口构件对油水分离器内部流场的影响。

图 6-43 为入口构件的 5 种构件示意图，图 6-44 为 5 种入口构件油水分离器内速度矢量分布图。

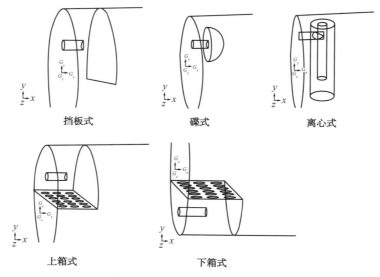

图 6-43　入口构件结构示意图

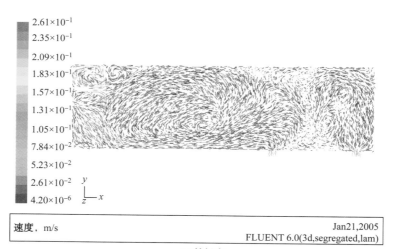

(a) 挡板式

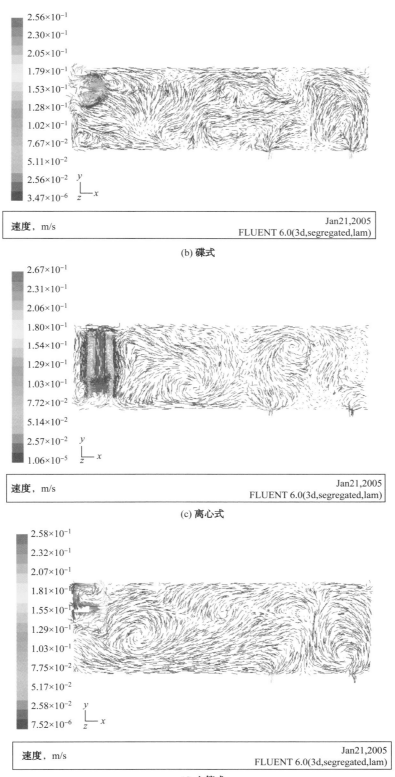

(b) 碟式

(c) 离心式

(d) 上箱式

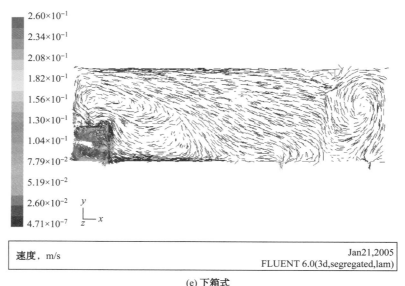

速度，m/s

Jan21,2005
FLUENT 6.0(3d,segregated,lam)

(e) 下箱式

图6-44　5种入口构件油水分离器内速度矢量分布图

由图6-44可见不同入口构件对流场的影响各不相同，稳流及预分离效果差异较大。

①挡板式。在挡板的作用下，入口液流自挡板下方流向分离区，有效流动截面相对较少，在挡板后面流动区域出现明显的一次涡流，并在多处区域出现二次涡流，流场紊乱，流动条件较差，不利于油水分离过程的进行。

②碟式。碟式入口构件的流场分布同样较紊乱，出现严重的一次涡流。另外，碟式构件空间位置的不同，容易造成不同程度的偏流现象。

③离心式。离心式入口构件主要是为了强化液固分离，从速度分布图可以看出，流场一次涡流得到较好抑制，返混现象不明显，在考虑液固分离的情况下，离心式入口构件是较好的选择。

④上箱式。流场总体流动较以上3种入口构件得到明显改善，稳流、整流作用都相对较好。但预分离作用不如离心式好。

⑤下箱式。下箱式构件有效地引入重力消能和水洗作用，以减少来流的能量，并增加了液滴的聚结机会，有较好的预分离作用。从矢量图也可以看出，涡流现象明显减小。

结论：比较5种入口构件的流动特性，可以得出下箱式不仅具有良好的稳流、整流特性，同时还具有一定的预分离作用，结构简单，易于安装，适于在工程中应用。另外，在强调液固分离的情况下，离心式构件也是较好的选择。

（2）布液板对分离流场的影响。

布液板为孔板式，流动区域主体结构如图6-45所示。孔板的开孔率及孔径大小对速度分布的影响见表6-27及图6-46。

分析计算结果，开孔率在20%左右时，布液板的稳流效果最好，而且小孔径的布液板比大孔径的稳流效果更好。

（3）出口挡板对分离器流场的影响。

出口挡板也是经常被使用的内构件之一，挡板安装的位置及其有效性通过CFD方法对设备内部的流场进行模拟。图6-47为3种挡板结构的流体流动区域图，分别对这三种情况进行模拟计算（图6-48）。

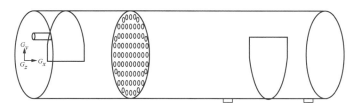

图6-45　油水分离器结构示意图

表6-27　不同开孔直径和开孔率下轴向速度标准偏差　　　　　单位：10^{-4}

开孔率	开孔直径				
	10mm	12.5mm	15mm	17.5mm	20mm
5%	10.49	9.58	12.93	17.67	14.9
10%	9.13	9.82	13.11	7.29	8.7
15%	11.04	8.6	7.89	13.72	11.1
20%	5.29	11.95	7.66	10.04	9.91
30%	18.2	16.31	14.8	16.58	19.8

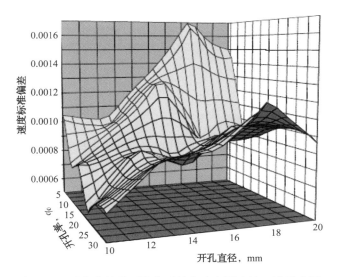

图6-46　开孔直径及开孔率对轴向速度影响的三维示意图

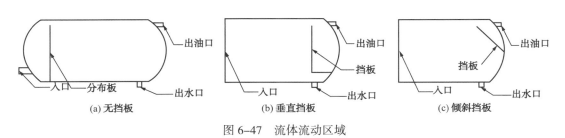

图6-47　流体流动区域

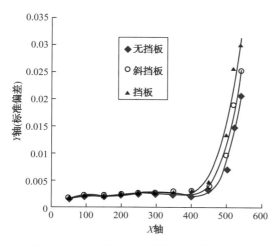

图 6-48 X轴向速度分量的标准偏差分布

从图6-48的X轴向速度分量的标准偏差分布可见，加入挡板后设备流场紊乱度增加，破坏了流场的稳定性。添加倾斜挡板的流场比垂直挡板的流场要好些。只考虑流场的流动特性，倾斜挡板对流场稳定均一性的破坏较小。

（4）游离水脱除器设计。

采出液性质研究表明，三元复合驱油用化学剂将极大地增强采出乳状液的稳定性。在此基础上提出了选择高效填料、强化分散相聚结、改进游离水脱除器结构设计等措施，研制了新型游离水脱除器。游离水脱除器简图如图6-49所示。

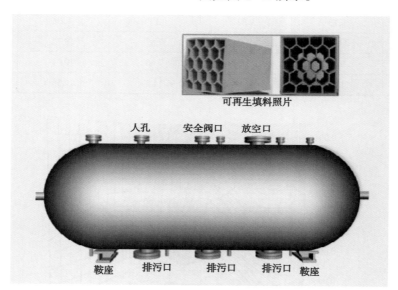

图 6-49 三元复合驱游离水脱除器简图

①确定合理的设备结构。

进口构件采用下箱式：下箱式不仅具有良好的稳流、整流特性，同时还具有一定的预分离作用，结构简单，易于安装，适于在工程中应用。

布液板采用开孔板：采用开孔板作为稳流构件，开孔率在20%左右时孔板的稳流效果优于开孔率为5%、15%和30%的孔板。

出口挡板采用斜板式：在出口处安置挡板要考虑对设备内流场均一性的影响，斜板式挡板对流场稳定性影响较小，而普通垂直挡板对其影响较大。

②使用新型聚结填料。

考虑到三元复合驱采出液水相黏度增大，携带杂质增多，新型游离水脱除器中填料使用蜂窝截面的陶瓷型填料，降低了填料堵塞的可能性，并利于清理，符合选择抗堵塞能力强、分离效率高的填料的要求，陶瓷夹心波纹板填料流动通道为类正方形，棱角处进行了小弧度处理，重新设计的填装形式，使聚结填料自上而下的容积率逐渐大。

当液体分层后流经 1 号聚结板时，油滴随着水相流动，同时由于浮力作用而上浮。当其浮至波纹板下表面后，便与板表面吸附、润湿、聚结，由此产生一轻相油滴所组成的沿波纹板下表面向上流动的流动膜。此轻相流动膜流至平板上端就升浮到容器上部轻相油层之中，从而完成分离过程。为了提高脱除后污水质量，还在沉降段设置了 2 号波纹板聚结器。

新型游离水脱除器进行了不同沉降时间的游离水脱除试验（图 6-50），试验曲线如图 6-50 所示。试验条件：杏二中试验区进站采出液中聚合物含量在 120mg/L 左右，表面活性剂含量为 26~41mg/L，碱含量为 800mg/L 左右，处理温度为 40℃左右，破乳剂 SP1003 加药量为 30mg/L。

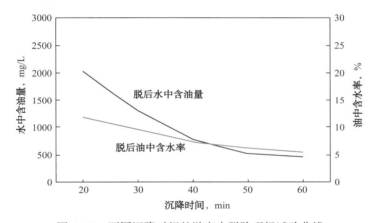

图 6-50　不同沉降时间的游离水脱除现场试验曲线

由图 6-50 可以看出，在试验区现有驱油化学剂含量条件下，采出液沉降 30min，处理后油中含水率在 10% 左右，污水含油量低于 1500mg/L，随着沉降时间的延长，脱除污水含油量和油中含水量进一步降低，沉降 40min，污水含油量低于 1000mg/L。

2）电脱水设备研制

室内实验研究表明：随着采出液中三元复合驱化学剂含量的增加，脱水电流升高，三元复合驱采出液脱水电流高于聚合物驱采出液脱水电流的 1 倍以上，并且电流波动较大，脱水电流到达峰值时间延长。结合聚合物采出液电脱水现场运行经验：在聚合物返出后电脱水会在一定阶段处在较大电流运行状态，如大庆油田采油三厂北十三联合站在 1997 年 3—10 月期间（聚合物含量为 30~180mg/L）电脱水运行电流为 70~95A，供电设备，如整流硅堆经常烧毁。因此，现有供电设备在三元复合驱全面推广后可能难以适应生产需要。因此，开发研制了适应三元复合驱采出液处理的新型供电设备（安全脱水变压器、微机脱水控制柜）。

（1）安全脱水变压器研制。

随着采出液中三元复合驱化学剂含量的增加，脱水电流升高，并且电流波动较大，脱水电流到达峰值时间延长。常用脱水供电设备长期在较大波动电流下运行时，容易造成整流硅堆烧毁，对脱水器的连续正常运行产生影响。通过分析，硅片烧毁的主要原因是：当电脱水器电极间发生击穿放电或电脱水器绝缘套管被击穿后又重复送电，硅堆流过接近短路状态的过电流。暂态电流有效值约为额定电流的 20 倍，短路电流与变压器漏阻抗的标幺值有关。漏阻抗的标幺值越小，短路电流越大。如果在制造变压器时，将变压器的阻抗提高，有利于抑制短路电流。此设计把变压器的阻抗电压提高到 70%。

当变压器的阻抗电压为 70% 时，其短路电流有效值约为额定电流的 2 倍，有效抑制瞬间拉水链放电电流，硅整流器额定电流为 4A，使硅整流器的保护特性、回路的过流程度、整流元件的过流能力相协调，保证了硅堆安全运行。

大电流安全脱水变压器设计有多种电压输出，可适应三元复合驱采出液不同化学剂浓度阶段介质导电性变化，提高脱水电场稳定性。表 6-28 为新型脱水变压器与常规脱水变压器的比较。

表 6-28　大电流脱水变压器设计参数与常规脱水变压器设计参数对比表

名称	容量，kV·A	阻抗电压，%	输入电压，V	输出电压，kV	高压电流，A
新型脱水变压器	100	70	380	15、17.5、20、22.5、25、27.5、30、32.5、35	2.5
常规脱水变压器	50	8	380	27.5、30	1.6

（2）新型微机脱水控制柜研制。

图 6-51 为新型微机脱水控制柜工作原理图。

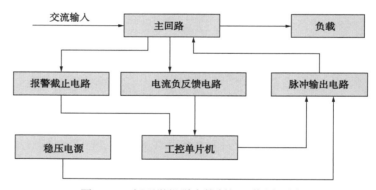

图 6-51　新型微机脱水控制柜工作原理图

①提高抗干扰性。

由于三元复合驱采出液脱水电流波动较大，放电现象较多，新型微机脱水控制柜在设计上提高控制电路对称度，从而提高了抗干扰能力。

②提高运行电流（恒流）和过流截止电流。

随着采出液中三元复合驱化学剂含量的增加，脱水电流升高，三元复合驱采出液脱水电流是聚合物驱采出液脱水电流的 1 倍以上，并且电流波动较大，脱水电流到达峰值时间延长。这就要求脱水控制柜要有足够的输出能力，新型微机脱水控制柜采用大功率反并联可控硅模块，输出电流 0~200A 内任意设定。

③保护可靠、迅速。

设有电流（恒流）反馈和过流截止双重保护电路；当设备发生过载时，过载自动封锁系统将自动封锁触发脉冲。当开机（关机）时，可控硅两端电压逐渐达到设定值，避免启动瞬间大电流对可控硅冲击所造成的损害；无单边输出，有效保护脱水变压器。

（3）新型电脱水器研制。

①极板结构。

根据三元复合驱采出液室内实验结果，与聚合物驱采出液相比，三元复合驱采出液电导率增大，击穿场强降低，处理聚合物驱采出液的电脱水器结构参数及电场参数已不再适应，按照室内实验结果，充分考虑强、弱电场的接替性以及每一电场区的空间，重新设计了电极间距以适应三元复合驱采出液对脱水场强和处理时间的要求。

电极分上、下两部分，上部采用竖挂电极，下部采用一层平挂柱状电极，竖挂电极之间形成强电场（电场强度为3000V/cm），竖挂电极与平挂电极间形成次强电场（电场强度为1000V/cm），平挂电极与油水界面形成交变预备电场（电场强度为200V/cm左右），其电场度从下至上逐步增强，乳化液的预处理空间较大，处理后原油的含水率由下至上逐步减少，保证了脱水电场的平稳运行。

②布液结构。

布液结构：常规脱水器布液方式是采用脱水器两侧布液箱布液，该结构存在布液不均匀的缺点。将布液方式设计为采用双管布液，并根据三元复合驱采出液流变性计算出合理的布液孔形式及尺寸，该布液方式提高了布液均匀度，使电极板利用率提高，从而提高了电脱水器的处理能力和脱水电场稳定性。

根据实验研究成果，设计了实验电脱水器，电脱水器设计参数如下：脱水温度：≥50℃；操作压力：0.2~0.3MPa；来液含水率：≤30%；来液三元复合驱化学剂质量浓度：聚合物≤1000mg/L，碱≤3000mg/L，表面活性剂≤200mg/L；脱后油含水率：≤0.3%；脱后污水含油量：≤3000mg/L。净化油处理量：5m³/h；供电方式：交、直流复合。

组合电极电脱水器实验中的实验温度为48~50℃，破乳剂为SP1003，破乳剂加入量为30mg/L，油水界面控制在0.48~0.90m之间，处理量为3.0~7.0m³/h，供电采用新研制的大电流脱水供电装置。实验结果如图6-52所示。

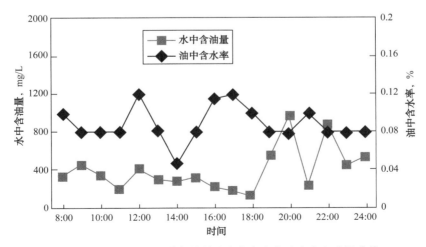

图6-52　组合电极电脱水器脱后油中含水率及水中含油量曲线

实验结果表明，在油水界面控制平稳的情况下，组合电极电脱水器能够进行有效的油水分离，脱后油中含水率低于0.12%，水中含油量低于1000mg/L。

2. 三元复合驱采出液脱水工艺的确定

三元复合驱采出液脱水工艺是在大庆油田成熟的两段脱水工艺的基础上发展起来的。高含水原油电化学两段脱水工艺流程以如下理论为依据:（1）只有低电导率的介质才能经济有效地维持高压电场;（2）高含水原油经化学沉降为低含水原油很容易，沉降为净化油是困难的;（3）两段脱水可以避免对高含水原油进行加热升温。图6-53为三元复合驱采出液两段脱水工艺流程简图。

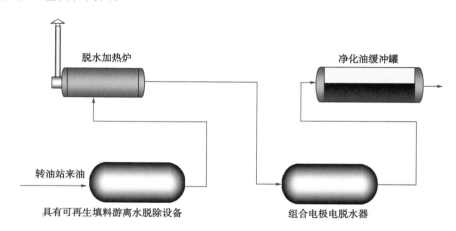

图6-53 三元复合驱两段脱水工艺流程简图

游离水脱除器是用于脱除高含水采出液中游离水的设备，它处理的对象为经过油气分离的高含水原油，是原油两段脱水工艺流程中的一段，分离后的低含水油升温后进入电脱水器进行深度脱水，而脱后的污水进入污水处理系统进行处理。游离水脱除器中油水两相分离的主要机理是重力沉降。根据Stokes公式，液滴在重力作用下的沉降速度与油水密度差成正比，与液滴半径的平方成正比，与外相的黏度成反比。把小液滴变成大液滴，大的油滴上浮到油层，大水滴下落到水区。进入游离水脱除器的液体包括原油、游离水、乳状液。重力沉降脱出的都是游离水。而乳状液必须加入破乳剂破乳，强迫油水分离，进行深度脱水，提高油水分离质量。游离水脱除器主要应用在油田放水站和脱水站。

电脱水器是依靠电场力的作用对原油乳状液进行破乳脱水的设备。其原理就是将原油乳状液置于高压电场中，由于电场对水滴的作用，使水滴发生变形和产生静电力。水滴变形可削弱乳化膜的机械强度，静电力可使水滴的运动速度增大，动能增加，促进水滴互相碰撞，而碰撞时其动能和静电力位能便能够克服乳化膜的障碍而彼此聚结成粒径较大的水滴，在原油中沉降分离出来。分离后的净化油外输，而脱后的污水进入污水处理系统进行处理。

三、三元复合驱采出液脱水技术应用

三元复合驱采出液脱水技术工艺经历室内研究、矿场试验、工业示范开发等阶段，形成可靠的三元复合驱脱水工艺，于2013年开始进行工业化区块地面建设。已在北一区断西西块、东区二类、西区二类、南一区东块、北一二排东块、南四区东部、北三东、北二区东部、北二区西部东块、杏三~四区东部等 10 个工业化区块，按三元复合驱采出液处理工艺新建成或扩改建转油放水站 11 座，脱水站 10 座。

1. 北一区断西西三元复合驱示范区采出液脱水技术应用

1）北一区断西西三元复合驱示范区概况

北一区断西西块三元复合驱示范区 208 口井，其中注入井 90 口中，采出井 118 口。集油系统辖计量间 8 座，采用双管掺水、热洗分开流程，中 105 转油脱水站采用"一段游离水脱除（三相分离器）+ 二段电脱水器"工艺，配套建设污水沉降罐回收油单独处理系统（表 6-29）。

表 6-29 北一区断西西三元复合驱示范区主要采出液处理设备参数

设备名称	在用数量	规格尺寸，m	处理介质	单台设计处理能力，m³/d	介质温度，℃
三相分离器	2/3	$\phi 4 \times 24$	油气水	7800	36~45
电脱水器	2/2	$\phi 4 \times 20$	含水油	1560	50~55
老化油处理设备	1/1	$\phi 4 \times 12$	含水油	450	36~45

中 105 转油脱水站投产初期聚合物质量浓度在 240mg/L 左右，pH 值为 7.6，体系黏度为 1.2mPa·s。三元主段塞结束时，聚合物质量浓度为 950mg/L 左右，表面活性剂质量浓度为 65mg/L 左右，pH 值为 10.6，体系黏度为 5.6mPa·s。三元副段塞阶段及后续阶段，聚合物质量浓度为 580~810mg/L 左右，表面活性剂质量浓度为 60~105mg/L 左右，pH 值为 10.2，体系黏度为 4.8mPa·s。示范区中 105 站采出液不仅具有驱油剂含量高、油水界面张力低、碳酸盐过饱和量高的特性，还表现出水相硅含量高、硅酸过饱和析出量大的新特点。

2）北一区断西西三元复合驱示范区游离水脱除设备运行情况

三元复合驱中 105 站游离水脱除设备，总体上实现了游离水的有效脱除，脱后的油中含水率在 20% 以下，污水含油量为 3000mg/L。在驱油剂含量上升期（表面活性剂含量为 25mg/L）水相中硅含量上升（416mg/L），硅酸絮体含量升高，采出液中存在乳化层，通过投加有针对性的化学药剂，实现了游离水的达标处理。

3）北一区断西西三元复合驱示范区电脱水设备运行情况

三元中 105 站电脱水器，外输原油含水率总体在 0.3% 以下。针对在采出液中含有大量硅酸絮体时（高峰达到 1100mg/L），硅酸絮体富集在电脱水器油水界面形成油水过渡层，造成电脱水器运行波动，投加了除硅水质稳定剂 WS1005。针对高频次油井酸洗作业（最多每周 7 口井，每天最多 2 口井酸洗），其返排液成分复杂，携砂量大，进入系统导致电脱水器波动和放水含油量超标，投加硫化物去除剂，抑制其对系统冲击；投加二段破乳剂，减轻了电脱水器波动。

在整个中 105 脱水站试验过程中，脱水系统总体运行稳定，处理结果达到出矿原油外输标准。

2. 北三东西块三元复合驱工业性示范区采出液脱水技术应用

1）北三东西块三元复合驱示范区概况

北三东西块三元复合驱示范区产能工程合计基建产能井 192 口（采出井 96 口，注入井 96 口），计量间 4 座，建成产能为 9.79×10⁴t/a。原油脱水部分新建北三 –6 三元复合驱转油放水站，扩建北三–3脱水站。北三–6转油脱水站采用一段三相分离器放水工艺流程。低含水油外输至北三–3脱水站处理（表6–30）。

表6–30　北三东西块三元复合驱示范区主要采出液处理设备参数

设备名称	在用数量	规格尺寸，m	处理介质	单台设计处理能力，m³/d	介质温度，℃
三相分离器	2/3	$\phi 4 \times 18$	油气水	5300	36~45
游离水脱除器	1/1	$\phi 3.6 \times 16$	油气水	4800	36~45
电脱水器	1/1	$\phi 4 \times 16$	含水油	1200	50~55

北三东西块三元复合驱示范区投产初期聚合物质量浓度在200mg/L左右，pH值为7.5，体系黏度为1.1mPa·s。2015年起采出液中驱油剂含量逐步进入到高峰阶段，至2015年底，表面活性剂含量为93~150mg/L，聚合物含量为1090~1620mg/L，采出液具有表面活性剂含量高、pH值高和机械杂质含量高的新特性。

2）北三东西块三元复合驱示范区游离水脱除设备运行情况

北三东西块三元复合驱示范区低驱油剂含量阶段，表面活性剂含量≤20mg/L，聚合物含量≤450mg/L，破乳剂加入量20mg/L，游离水脱除后油中含水率基本在6%以下，放水含油量基本在500mg/L以下。

北三东西块三元复合驱示范区驱油剂含量上升阶段，20mg/L≤表面活性剂含量≤60mg/L，聚合物含量≤1000mg/L，游离水脱除后油中含水率基本在10%以下，放水含油量基本在1500mg/L以下。

北三东西块三元复合驱示范区高驱油剂含量阶段，表面活性剂含量大于60mg/L，游离水脱除后油中含水率总体在20%以下，放水含油量基本在2000mg/L以下。

北三东西块三元复合驱示范区游离水脱除设备能够实现游离水的有效脱除，脱后的油中含水率在30%以下，污水含油量基本在3000mg/L以下。由于油井酸洗、酸化作业的影响，造成水中含油量高，通过投加硫化物去除剂，能够实现达标处理。

3）北三东西块三元复合驱示范区电脱水设备运行情况

北三东西块三元复合驱示范区低驱油剂含量阶段，低驱油剂含量阶段表面活性剂含量≤20mg/L，聚合物含量≤450mg/L，电脱水能实现达标处理，脱后油中含水率基本在0.3%以下，设备负荷率为30%~62%。

北三东西块三元复合驱示范区驱油剂含量上升阶段，20mg/L≤表面活性剂含量≤60mg/L，聚合物含量≤1000mg/L，电脱水绝缘组件污染加剧，电脱水能实现达标处理，脱后油中含水率基本在0.3%左右，设备负荷率为45%~89%。

北三东西块三元复合驱示范区高驱油剂含量阶段，表面活性剂含量大于60mg/L，进行了不同破乳剂试验，电脱水脱后油中含水率总体控制在0.5%以下，设备负荷率为32%~65%。

针对采出液含污量大，绝缘吊柱附着污物导致绝缘失效，影响电脱水稳定运行，研发并更换了大容量脉冲脱水供电装置（100kV·A），能够适应脱水电流大的要求，实现脱水电压18~21kV稳定输出，脱后油中含水达标率上升，达到国家出矿原油含水率0.5%指标。

第四节　三元复合驱采出污水处理技术

一、三元复合驱采出水水质特性

1. 采出水处理系统规律总结

1）总体认识

三元复合驱采出水与水驱、聚合物驱相比，由于聚合物、表面活性剂、碱等物质的加入，使得采出水黏度增加、油水乳化程度增加、颗粒细小，造成采出水处理难度增加。水质特性对比情况见表6-31。

表6-31　油田采出水水质特性对比表

检测项目	水驱采出水见聚合物	聚合物驱（高峰期）	三元复合驱（高峰期）
聚合物含量，mg/L	≤ 50	400~600	1000~1200
表面活性剂含量，mg/L	无	无	120~150
pH 值	7.5~8.5	7.5~8.5	10~11
粒径中值，μm	≥ 10	7~10	3~5
总矿化度，mg/L	4000~6000	4000~6000	10000~12000
黏度，mPa·s	0.7~1.0	2~2.5	7~9
Zeta 电位，mV	−20~−15	−30~−25	−60~−50

2）对三元复合驱采出水基本性质变化规律的认识

自2007年起，依托南五区等三元复合驱采出水处理试验站，对采出水基本性质的变化情况进行了长期的跟踪监测。根据生产站已建工艺处理后水质达标情况，将采出水基本性质的变化情况分为4个阶段，见表6-32所示。

表6-32　三元复合驱采出水基本性质变化规律表

开发阶段	第一阶段	第二阶段	第三阶段	第四阶段
站运行时间	8~9 个月	8~10 个月	12~18 个月	12~24 个月
注入孔隙体积倍数，PV	0.0~0.3	0.3~0.4	0.4~0.6	0.6~0.8
基本性质变化特点	与含聚污水高峰期相比，其性质变化不大	见表面活性剂、聚合物含量高、乳化程度增加	三元复合驱化学剂含量达到高峰期，油水乳化严重	三元复合驱化学剂含量逐渐降低，油水乳化程度降低
外输水质达标情况	含油达标 悬浮固体达标	含油达标 悬浮固体超标	含油超标 悬浮固体超标	含油基本达标 悬浮固体超标
处理难度	同含聚污水	难于含聚污水	处理难度最大	处理难度下降

第一阶段认识：处理难度较低，相当于聚合物驱采出水（表6-33）。

在投产8~9个月内，聚合物含量为200~500mg/L，未见表面活性剂，污水黏度小于2mPa·s，来水含油量低于200mg/L，水质达标。

表6-33　第一阶段采出水水质特性汇总表

名称	南五区	三元复合驱217	喇291
运行周期，mon	9	8	8
注入孔隙体积倍数，PV	0.18~0.294	0.08~0.18	0.275~0.374
原水聚合物质量浓度，mg/L	204~506	260~672	238~525
原水表面活性剂质量浓度，mg/L	0	3.0~8.2	——
原水pH值	8.0~8.6	8.0~8.3	8.1~8.9
原水总矿化度，mg/L	4202~7125	5867~7456	3096~3668
原水黏度，mPa·s	2.13~2.93	1.23~1.88	——
污水站来水含油量，mg/L	116~183	63.7~164.1	30.4~125.6
外输水含油量，mg/L	0.43~10.1	4.0~10.9	1.1~7.7
外输水悬浮固体含量，mg/L	5.85~18.18	7.6~20.4	9.7~42.9

第二阶段认识：处理难度略高于聚合物驱采出水处理，主要是悬浮固体处理困难（表6-34）。

在聚合物含量为500~700mg/L、表面活性剂含量在20mg/L以内、污水黏度平均为2~4mPa.s的条件下，外输水含油基本达标、悬浮固体超标。

表6-34　第二阶段采出水水质特性汇总表

名称	南五区	三元复合驱217	喇291
运行周期，mon	10	8	5
注入孔隙体积倍数，PV	0.307~0.414	0.20~0.29	0.386~0.439
原水聚合物质量浓度，mg/L	526~730	679~800	495~580
原水表面活性剂质量浓度，mg/L	7.3~22.1	3.4~20.4	17~18.7
原水pH值	8.9~9.8	8.18~8.74	8.7~9.5
原水总矿化度，mg/L	5530~7059	5914~8177	3173~4350
原水黏度，mPa·s	2.68~5.63	1.77~3.15	1.78~1.93
污水站来水含油量，mg/L	135~376	105~451	97.6~273
外输水含油量，mg/L	1.72~12.4	6.8~19.0	1.8~22.8
外输水悬浮固体含量，mg/L	27.6~101	14.0~30.0	51.7~209

第三阶段认识：处理难度最大，且前端采油工艺、脱水工艺对其影响较大（表6-35）。

在聚合物含量为700~1200mg/L、表面活性剂含量为30~120mg/L、污水黏度平均为4~8mPa·s的条件下，外输水超标。

表6-35　第三阶段采出水水质特性汇总表

名称	南五区	三元复合驱217	喇291
运行周期，mon	11	30	17
注入孔隙体积倍数，PV	0.425~0.533	0.30~0.74	0.452~0.657
原水聚合物质量浓度，mg/L	700~1300	620~1195	440~856

续表

名称	南五区	三元复合驱 217	喇 291
原水表面活性剂质量浓度，mg/L	33.7~156	8.8~128	25.4~52.3
原水 pH 值	9.9~10.3	8.8~10.5	9.7~11.4
原水总矿化度，mg/L	6669~7886	8000~9385	3600~11025
原水黏度，mPa·s	5.25~8.0	1.83~7.0	1.95~8.40
污水站来水含油量，mg/L	33.7~55.8	25.4~56.7	192~6036
外输水含油量，mg/L	191~12500	210~27924	25.1~489
外输水悬浮固体含量，mg/L	21.8~1973	44~13724	39.3~148

第四阶段认识：水质好转，处理难度降低。

在聚合物含量为 800~1100mg/L、表面活性剂含量为 50~100mg/L、污水黏度平均为 4~7mPa·s 的条件下，外输水含油基本达标，悬浮固体超标。

表 6-36　第四阶段采出水水质特性汇总表

名称	南五区	三元复合驱 217	喇 291
运行周期，mon	30	16	2
注入孔隙体积倍数，PV	0.544~0.802	0.75~0.93	0.677~0.680
原水聚合物质量浓度，mg/L	1115~739	807~1019	574~631
原水表面活性剂质量浓度，mg/L	150~46	28.8~75.3	104~117
原水 pH 值	10.1~10.8	9.0~9.77	10.5~10.6
原水总矿化度，mg/L	7500~8200	6933~8590	9058~9587
原水黏度，mPa·s	3.9~7.2	3.48~5.20	4.0~4.3
污水站来水含油量，mg/L	107~468	183~3736	214~302
外输水含油量，mg/L	9.09~26.7	26.8~222	15.8~21.5
外输水悬浮固体含量，mg/L	26.8~128	32.6~152	64.2~92.3

综上所述，三元复合驱采出水基本性质中，表面活性剂含量的增加对采出水处理影响较大。主要是增加了油水乳化性、增加了水中颗粒的稳定性，使采出水处理难度增加。另外，聚合物含量的增加，导致采出水的黏度增加，油水分离速度降低，造成采出水处理难度增加。采出水中其他水质特性的变化对处理难度影响较小。

3）对采出水水质分离特性的认识

（1）静止沉降分离特性。

随着三元复合驱化学剂返出浓度的增加，采出水分离效率越来越低，需要的分离时间越来越长，见表 6-37。

表 6-37　三元复合驱采出水静止沉降分离特性

阶段	聚合物含量，mg/L	表面活性剂含量，mg/L	pH 值	静沉时间，h
第一阶段	200~600	0~10	8.0~8.5	4~8
第二阶段	600~800	10~20	8.5~9.0	8~12
第三阶段	800~1300	20~160	9.0~11	16~27

（2）加药分离特性。

随着三元复合驱化学剂返出浓度的增加，采出水处理所需加药量越来越大，处理成本越来越高，见表6-38。

表6-38 三元复合驱采出水加药分离特性

阶段	A剂含量，mg/L	B剂含量，mg/L	C剂含量，mg/L	吨水成本，元
第一阶段	400	1000	10	6~8
第二阶段	800	2000	20	15~18
第三阶段	1000	2500	30	20以上

4）对已建采出水处理工艺适应性认识

已建的采出水处理工艺，第一阶段可以满足达标要求；第二阶段采取延长沉降时间等技术措施，也可以满足达标要求；第三、四阶段是采出水处理难度较大阶段。采用"两级沉降＋两级过滤"的四段处理工艺（A剂酸碱中和，B剂混凝反应，C剂絮凝沉降），在投加A、B、C剂的条件下，可以实现水质达标。若不投加A、B、C剂，则需要采取延长沉降时间、降低滤速、投加水质稳定剂等技术措施，才可以满足水质达标要求。

二、序批式沉降过滤处理工艺

对于黏度大、乳化程度高、含三元驱油剂的采出水处理，研制了一种比连续流沉降分离设备分离效率更高的序批式沉降分离设备（专利号：ZL201120299818.X）。

1. 序批式沉降处理工艺原理及技术特点

1）序批式沉降原理

序批式沉降分离设备运行包括3个阶段，即进水阶段、静沉阶段、排水阶段，其中进水、静沉、排水为一个运行周期。在一个运行周期中，最主要的阶段为静沉阶段，这一阶段含油污水处在一个绝对静止的环境中，油、泥、水进行分离不受水流状态干扰，因此分离效率高。序批式沉降流程示意图如图6-54所示。

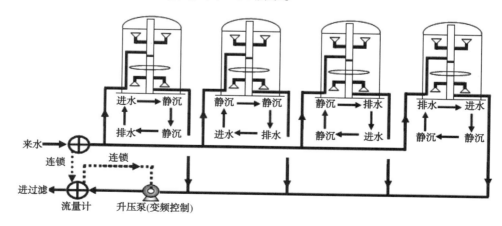

图6-54 序批式沉降流程示意图

序批式油水分离设备是一个有序且间歇的过程，即个体间歇，整体连续；序批式沉降和连续流沉降相比具有如下优点：

（1）油珠上浮不受水流下向流速干扰。

常规连续流沉降，油珠浮升速度 u 需克服下向流速度分量 v，才可实现上浮去除（$u-v>0$）；而序批式沉降，采用静止沉降，消除了水流的下向流影响，实现了油珠的有效上浮（$u'=u$），提高了分离效果，见图 6-55。

（2）有效沉降时间不受布水、集水系统干扰，不会出现短流。

连续流沉降处理时，特别是罐体直径较大时，布水及其集水很难做到均匀，致使罐内有效容积变小，进而短流造成实际有效沉降时间要小于设计沉降时间、且水流下向流速要大于实际设计下向流速。而序批式沉降，在沉降时间上能得到充分保证。

（3）耐冲击负荷强，可以有效控制出水水质。

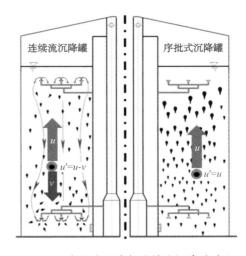

图 6-55 序批式沉降与连续流沉降油珠上浮示意图

连续流沉降处理设备分离效率受到可干扰因素多，一旦油系统来水水质变化较大时，致使出水水质不稳定，后续滤罐不能正常运行；序批式油水分离设备受到可干扰因素小，油、泥、水在静沉阶段可以平稳的进行分离，进而可以有效地控制出水水质，使其水质稳定在一定的范围内，保证滤罐的平稳运行（图 6-56 和图 6-57）。

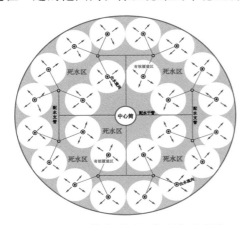

图 6-56 梅花喇叭口集配水示意图

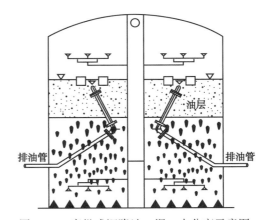

图 6-57 序批式沉降油、泥、水分离示意图

此外，序批式沉降采用的是浮动收油，可以缩短污油在罐内的停留时间（不会形成老化油层），可以保障污油最大限度地有效回收，提高设备含油处理效率。

2）序批式沉降工艺特点

三元复合驱采出水处理工艺流程示意图如图 6-58 所示。

由于三元复合驱不同开发阶段采出水中驱油剂的返出情况不同（开发初期和后期三元复合体系含量低，中期三元复合体系含量高），因此该方案具有如下特点：

（1）当采出水中三元含量返出较低时，采用序批式沉降的处理工艺。

（2）当采出水中三元含量返出较高且水中离子过饱和时，采用序批式沉降处理工艺，且在掺水时投加水质稳定剂抑制过饱和悬浮固体析出。

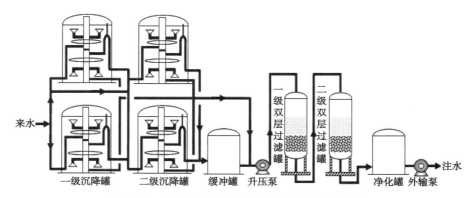

图 6-58 三元复合驱采出水处理工艺流程示意图

（3）与已建三元复合驱 217、南五区三元复合驱采出水处理站相比，设计总有效沉降时间由 8h 延长到 24h（进水 6h、静止沉降 12h、排水 6h）。

（4）为保障出水水质，滤料采用两级双层粒状滤料且滤速进一步降低，一滤滤速为 6m/h，二滤滤速为 4m/h。

（5）采用了过滤罐气水反冲洗技术。该技术可以节省过滤罐反冲洗自耗水量 40% 以上，滤料含油量降到 0.2% 以下。

（6）在常规气水反冲洗的基础上，采用定期热洗技术。该技术可以有效解决冬季集输污水温度较低，使滤料脱附效果较差，反冲洗排油不畅的问题。

三、中 106 污水站序批式沉降 + 过滤处理工艺的工业化应用效果

1. 工艺流程及设计参数

该站为 2012 年建设，2013 年 11 月投产，设计规模为 14000m³/d，设计参数表见表 6-39。

表 6-39 中 106 三元复合驱污水处理站设计参数表

设备名称	参数名称	设计值
一级曝气气浮沉降罐 （2 座）	单罐序批式沉降时间，h	6/12/6
	连续流停留时间，h	12
	曝气比（水：气）	1：40
二级曝气气浮沉降罐 （2 座）	单罐序批式沉降时间，h	6/12/6
	停留时间，h	8
	曝气比（水：气）	1：40
石英砂—磁铁矿 双层滤料过滤器 （10 座）	滤速，m/h	6.3
	反冲洗强度，L/（s·m²）	15
	反冲洗历时，min	15
	反冲洗周期，h	24
海绿石—磁铁矿 双层滤料过滤器 （14 座）	滤速，m/h	4.3
	反冲洗强度，L/（s·m²）	13
	反冲洗历时，min	15
	反冲洗周期，h	24

中 106 三元复合驱污水处理站工艺流程示意图见图 6-59。

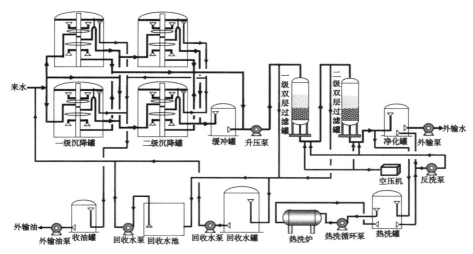

图 6-59 中 106 三元复合驱污水处理站工艺流程示意图

该站投产至今一直运行"一级序批式沉降 + 一级石英砂 – 磁铁矿过滤 + 二级海绿石—磁铁矿过滤"的处理工艺。处理后水质达到了大庆油田含聚污水高渗透层回注水注水指标（含油量小于或等于 20mg/L、悬浮固体含量小于或等于 20mg/L、粒径中值小于或等于 5μm）。其中沉降段既可以按照两级连续流沉降的方式运行，又可按照一级序批式沉降的方式运行，并辅助配套曝气和气浮设施。过滤段采用两级压力双层粒状滤料过滤，辅助配套常规气水反冲洗及定期热洗。反冲洗排水及沉降罐底泥排入回收水罐，静沉一段时间后上清液用泵提升至系统总来水，底部浓缩液用泵提升至污泥稠化处理系统，经过两级旋流+ 卧螺离心的方式将分离出的污泥定期外运。

2. 运行效果跟踪监测

设计采用的沉降段以序批式沉降为主，进水 6h →静止沉降 12h →排水 6h，循环周期 24h。

（1）4 座序批式沉降罐试运行，单罐进出水跟踪监测结果。

条件：

监测单体沉降罐：二级沉降罐 2# 罐；

进水时间：当天 11：35，进水起始沉降罐液位 4.41m；

进满时间：当天 17：40，进水完毕沉降罐液位 8.78m；

静止沉降完毕时间：第二天 5：50；

排水完毕时间：第二天 11：40，排水完毕沉降罐液位 6.31m；

运行参数：进水 6h、静止沉降 12h、出水 6h。

结果：

二级 2# 沉降罐进出水含油量、悬浮固体含量监测结果如图 6-60 和图 6-61 所示。

从图 6-60 中可以看出，序批式沉降在进水 6h、静止沉降 12h、出水 6h 的条件下，来水平均含油量为 196mg/L，出水平均含油量为 54.4mg/L，去除率为 72.3%。序批式沉降对于含油去除效率明显。

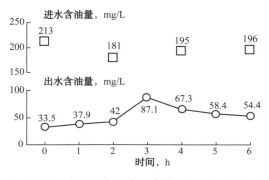

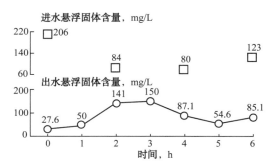

图 6-60　中 106 序批式沉降罐进出水含油量监测结果（6h/12h/6h）

图 6-61　中 106 序批式沉降罐进出水悬浮固体含量监测结果（6h/12h/6h）

从图 6-61 中可以看出，序批式沉降在进水 6h，静止沉降 12h，出水 6h 的条件下，来水平均悬浮固体含量为 123mg/L，出水平均悬浮固体含量为 85.0mg/L，去除率为 30.9%。序批式沉降对于悬浮固体去除效率一般。

（2）4 座序批式沉降罐正式运行，单罐进出水跟踪监测结果。

条件：

4 座序批式沉降罐正式运行。此期间，序批式沉降运行参数为进水 8.5~12h，静止沉降 17~24h，出水 8.5~12h，平均进水时间在 10h 左右，静止沉降时间在 20h 左右，出水时间在 10h 左右。

序批式沉降罐运行液位：低液位为 2.2~3.5m，高液位为 8.4~8.6m。

结果：

含油量变化如图 6-62 所示，悬浮固体变化如图 6-63 所示。

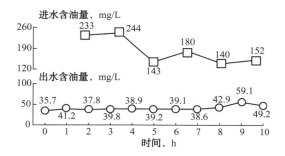

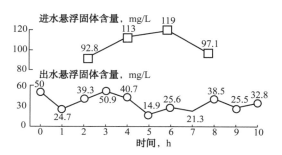

图 6-62　中 106 序批式沉降罐 4 座正式运行进出水含油量监测结果

图 6-63　中 106 序批式沉降罐 4 座正式运行进出水悬浮固体含量监测结果

从图 6-62 中可以看出，在来水平均含油量为 182mg/L 条件下，沉降出水平均含油量为 42.0mg/L，除油率 76.9%。序批式沉降对于含油去除效率明显。

从图 6-63 中可以看出，在来水平均悬浮固体含量为 105mg/L 条件下，沉降出水平均悬浮固体为 33.1mg/L，去除率 68.5%。此参数下，序批式沉降对于悬浮固体去除效率显著提高。

（3）4 座序批式沉降罐正式运行，全流程 48h 跟踪监测试验研究。

试验结果：含油量变化见图 6-64，悬浮固体变化见图 6-65。

从图 6-64 中可以看出，来水平均含油为 121mg/L，序批式沉降出水平均含油量为

46.7mg/L，一滤出水平均含油量为 30.0mg/L，外输水平均含油量为 11.8mg/L。全流程整体含油去除率为 90.2%，其中沉降段除油贡献率为 61.4%，过滤段除油贡献率为 28.8%。外输水取样共计 13 样次，达标 13 样次，达标率为 100%。

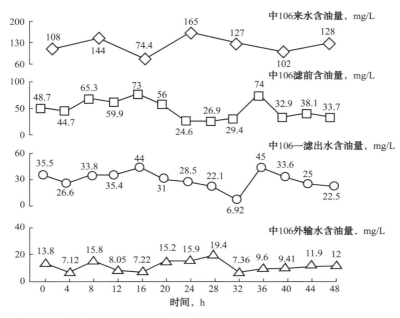

图 6-64　中 106 三元复合驱污水处理站 48h 全流程各单体构筑物进出水含油量变化监测曲线

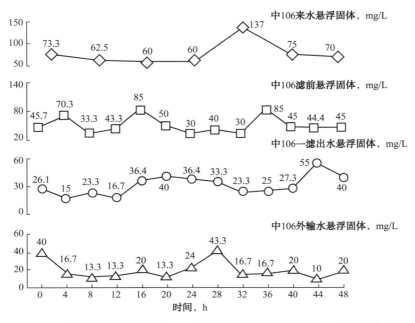

图 6-65　中 106 三元复合驱污水处理站 48h 全流程各单体构筑物进出水悬浮固体变化监测曲线

从图 6-65 中可以看出，来水平均悬浮固体含量为 76.8mg/L，序批式沉降出水平均悬浮固体为 49.7mg/L，一滤出水平均悬浮固体为 30.6mg/L，外输水平均悬浮固体为 20.6mg/L。全流程整体悬浮固体去除率为73.2%，其中沉降段除油贡献率为35.3%，过滤段除油贡献率为37.9%。外输水取样共计13样次，达标10样次，达标率为76.9%。

4座运行的序批式沉降罐，过滤周期48h的情况下，中106三元站过滤出水（外输水）含油量和悬浮固体基本达到"双20"指标要求。

第五节　三元复合驱地面系统防腐技术

一、概述

三元复合驱中三种主要驱油剂碱、聚合物、表面活性剂，都对腐蚀有一定程度的抑制作用[3][4]，从这个角度看，三元复合驱地面系统的整体腐蚀性比水驱、聚合物驱都要小。但是，这三种主要成分对油田常用涂层、玻璃钢等非金属防腐措施的破坏作用却比水驱、聚合物驱要大，因此，腐蚀与防护问题不可忽视。

三元复合体系介质的腐蚀性取决于水的腐蚀性。在配注系统中，多用污水配制，由于污水，尤其是曝氧污水本身腐蚀性较高，导致三元复合驱注入系统腐蚀问题有所加重。同时，由于腐蚀可能产生二价铁离子，会对三元复合体系介质产生降黏的作用，影响三元复合驱的驱油效果，因此，必须选择有效的防腐措施或耐蚀材质，防止或降低腐蚀的影响。在采出系统中，随着采出液上返浓度升高，从地层里带出来的溶出物、裹挟物逐渐增多，导致矿化度、氯离子、碳酸氢根等主要腐蚀成分含量也逐渐升高，体系的腐蚀性也随之升高。随着上返浓度不再升高，腐蚀性也趋于稳定，整体腐蚀性处于中度到高度的腐蚀区间，必须采取合适的防腐措施加以控制。

三元复合驱地面系统防腐技术的发展经历了两个阶段。第一个阶段是在三元复合驱油技术矿场试验初、中期，为规避腐蚀风险，站场内多采用耐蚀材质解决防腐问题，取得了很好的防腐效果，但也导致防腐成本居高不下；第二个阶段是在三元复合驱油技术矿场试验后期，以降低工程投资，优化防腐技术措施为目的，系统分析三元复合驱防腐技术存在的问题，并开展　了针对性研究。明确了三元复合体系配注系统各类储罐材质及内防腐措施，解决了储罐成本过高的问题；开展了三元复合驱采出系统防腐技术措施研究，明确了三元采出系统各工艺段介质的腐蚀特点及行为规律，并筛选出合适的防腐措施。

目前，已在上述研究的基础上，形成了一套可以在三元复合驱注采系统中推广应用的经济合理的腐蚀控制技术，并在三元复合驱矿场扩大化试验中逐步推广应用，在降低防腐成本、减少腐蚀损失、优化配置防腐资源等方面取得了很好的效果。

二、三元复合驱地面系统的腐蚀特点

通过室内模拟实验、在线腐蚀监测、现场挂片腐蚀测试等方法，对注采系统化各工艺段的管道、储罐开展了腐蚀特性及行为规律研究，摸清了介质腐蚀特点及腐蚀规律，为腐蚀控制技术的选用提供技术支持。

1. 注入系统的腐蚀特点

在注入系统中，涉及储罐存储及管道输送的介质主要包括NaOH、Na_2CO_3、烷基苯磺酸盐表面活性剂、石油磺酸盐表面活性剂、聚丙烯酰胺等单体组分及它们的复配组分。其中，聚丙烯酰胺母液的腐蚀特点在聚合物驱中多有研究，不在此赘述。

1）NaOH 溶液的腐蚀规律

依据 SY/T 0026—1999《水腐蚀性测试方法》，以 168h 为实验周期，测试不同温度、不同浓度下 NaOH 溶液的腐蚀性。

（1）温度对 NaOH 溶液腐蚀的影响规律。

从表 6-40、图 6-66 中可以看出，在 45%NaOH 溶液中：（1）Q235 碳钢腐蚀速率随着温度升高而增大，金属光泽变暗，但总体处于轻度、中度腐蚀范畴；（2）410 马氏体不锈钢腐蚀速率随着温度升高而增大，但总体处于轻度、中度腐蚀范畴，温度大于 45℃后腐蚀速率高于 Q235 碳钢，无金属光泽；（3）304、316 奥氏体不锈钢几乎未见腐蚀，金属光亮如新。

表 6-40　45%NaOH 溶液在不同温度下的平均腐蚀速率　　　　单位：mm/a

材质	25℃	35℃	45℃	55℃
Q235	0.0034	0.0114	0.0197	0.0393
410	0.0003	0.0052	0.0591	0.0616
304	0.0009	0.0003	0.0001	0.0003
316	0.0001	0.0001	0.0001	0.0003

　Q235　　　　　　　410　　　　　　　304　　　　　　　316

图 6-66　各类材质在 45%NaOH、55℃下的腐蚀形貌

（2）NaOH 溶液浓度对腐蚀的影响规律。

从表 6-41 中可以看出，在常温下，随着溶液 NaOH 浓度的升高，对普通碳钢的钝化作用逐步显现，质量分数达到 30% 时，钝化作用最大，其后，钝化膜开始出现溶解现象，腐蚀性逐渐升高。

表 6-41　不同浓度 NaOH 溶液的平均腐蚀速率　　　　单位：mm/a

材质	0%	10%	20%	30%	40%	50%
Q235	0.0068	0.0013	0.00004	0.00003	0.0015	0.0042

2）Na_2CO_3 溶液的腐蚀规律

（1）温度对 Na_2CO_3 溶液腐蚀的影响规律。

依据 SY/T 0026—1999《水腐蚀性测试方法》，以 168h 为实验周期，以采油四厂杏五西三元站配注清水配制 24% 的 Na_2CO_3 溶液（最高存储浓度），测试不同温度下 Na_2CO_3 溶液的腐蚀特性及行为规律。

从表 6-42 中可以看出，随着温度的升高，Na_2CO_3 溶液的腐蚀性升高，但总体腐蚀程度轻微。

表 6-42　不同温度 Na_2CO_3 溶液的平均腐蚀速率

Na_2CO_3 温度，℃	20	30	40	50	60
腐蚀速率，mm/a	0.0002	0.0025	0.0038	0.0068	0.0075

（2）Na_2CO_3 浓度对溶液腐蚀的影响规律。

依据 SY/T 0026—1999《水腐蚀性测试方法》，以 168h 为实验周期，在 20℃ 条件下，以采油四厂杏五西三元站配注清水配制的 Na_2CO_3 溶液，测试不同浓度 Na_2CO_3 溶液的腐蚀特性及行为规律。

从表 6-43 中可以看出，随着浓度的升高，Na_2CO_3 溶液的腐蚀性降低，缓释作用明显。

表 6-43　不同浓度 Na_2CO_3 溶液的平均腐蚀速率

Na_2CO_3 质量分数，%	0（清水）	4	8	12	24
腐蚀速率，mm/a	0.17	0.0082	0.0028	0.0004	0.0002

3）表面活性剂溶液的腐蚀特点

三元复合驱用表面活性剂分为烷基苯磺酸盐和石油磺酸盐。这两种表面活性剂都属于强碱弱酸盐，能够吸附在碳钢表面，阻止其在腐蚀性介质中受到腐蚀，吸附率越大，碳钢受到的腐蚀就越小[5]。

（1）温度对表面活性剂溶液腐蚀的影响规律。

依据 SY/T 0026—1999《水腐蚀性测试方法》，以 168h 为实验周期，用清水配制 50% 烷基苯磺酸盐（实际存储浓度）、5% 石油磺酸盐（实际存储浓度），测试不同温度下两种表面活性剂溶液的腐蚀特性及行为规律。

从表 6-44、表 6-45 中可以看出，随着温度的升高，两种表面活性剂溶液的腐蚀性升高，但总体腐蚀程度轻微。

表 6-44　不同温度下 50% 烷基苯磺酸盐溶液的平均腐蚀速率

烷基苯磺酸盐温度，℃	20	30	40	50	60
腐蚀速率，mm/a	0.0008	0.0017	0.0048	0.0077	0.0105

表 6-45　不同温度下 5% 石油磺酸盐溶液的平均腐蚀速率

石油磺酸盐温度，℃	20	30	40	50	60
腐蚀速率，mm/a	0.0049	0.0055	0.0072	0.0099	0.0125

（2）表面活性剂浓度对溶液腐蚀的影响规律。

依据 SY/T 0026—1999《水腐蚀性测试方法》，以 168h 为实验周期，在 20℃ 条件下，用清水配制烷基苯磺酸盐、石油磺酸盐，测试不同浓度下两种表面活性剂溶液的腐蚀特性及行为规律。

不同浓度烷基苯磺酸盐溶液的实验结果（表6-46）表明，随着浓度的升高，溶液的腐蚀性降低，缓释作用明显。这是由于烷基苯磺酸盐溶液存储浓度较高，溶液质量分数从10%到50%的上升过程中，氧的溶解度不断降低，使得以吸氧反应为主的阴极反应过程受到的抑制程度加大[6]。

表6-46　不同浓度下烷基苯磺酸盐溶液的平均腐蚀速率

烷基苯磺酸盐质量分数，%	0（清水）	10	20	30	40	50
腐蚀速率，mm/a	0.17	0.0042	0.0058	0.0034	0.0012	0.0008

不同浓度石油磺酸盐溶液的实验结果（表6-47）表明，石油磺酸盐溶液缓蚀作用明显。与大多数碱金属盐一样，石油磺酸盐溶液的腐蚀速率随着浓度而变化，腐蚀速率达到一极大值，随后腐蚀速率反而大大下降。这是由于浓度达到一定值后，浓盐溶液倾向于使氧离子和铁离子溶解度降低，所以在浓盐溶液中腐蚀速率通常较在稀盐溶液中小。

表6-47　不同浓度下石油磺酸盐溶液的平均腐蚀速率

石油磺酸盐质量分数，%	0（清水）	0.15	0.3	0.6	1.2	2.4	5.0
腐蚀速率，mm/a	0.17	0.0378	0.0389	0.0417	0.0122	0.0109	0.0049

2. 采出系统的腐蚀特点

在采出系统中，通过在线腐蚀监测、现场挂片腐蚀测试、室内模拟实验等方法，对管道、储罐开展了腐蚀特性及行为规律研究。其中，管道以站内污水管道、集油管道、掺水（热洗）管道为主，储罐以外输水罐为主。

1）采出系统站内污水管道腐蚀测试

（1）在线腐蚀监测。

在杏二中采出试验站含油污水泵房污水管道上，安装了1套CK-4在线腐蚀监测仪

图6-67　含油污水泵房污水管道在线腐蚀监测

（图6-67）。采用线性极化电阻法（LPR）对站内滤后污水进行了在线腐蚀监测。

监测期间，监测点污水介质温度为41~45℃。介质中三元复合体系成分（聚合物、碱、表面活性剂）的浓度变化曲线如图6-68所示。污水水质成分监测分析结果见表6-48。腐蚀监测数据结果如图6-69所示。

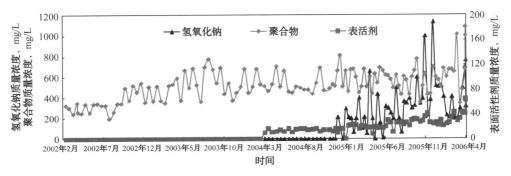

图6-68　杏二中试验站采出液聚合物、表面活性剂、碱浓度变化曲线

表 6-48　水样化学成分分析结果　　　　　　　　单位：mg/L

日期	CO_3^{2-} 含量	HCO_3^- 含量	Cl^- 含量	SO_4^{2-} 含量	Ca^{2+} 含量	Mg^{2+} 含量	Na^+ 含量	总矿化度	pH
2002-04-01	153.05	2240.65	737.57	30.02	50.10	13.68	1345.27	4570.34	8.70
2003-03-04	195.97	2072.85	705.65	34.58	65.73	1.34	1330.09	4406.21	8.87
2003-09-25	210.07	2562.84	817.35	5.76	40.48	14.59	1586.31	5237.40	8.36
2004-03-29	187.26	2728.81	882.95	36.50	64.73	11.43	1671.18	5582.86	8.51
2005-07-18	749.95	2377.03	1255.28	9.13	27.25	16.54	2226.86	6662.04	9.35

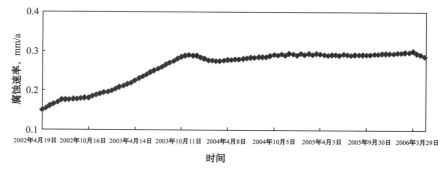

图 6-69　杏二中试验站污水处理系统在线腐蚀监测曲线

杏二中试验站监测结果表明，随着三元复合体系成分浓度的提高，采出液中 Cl^- 离子含量、矿化度等明显提高，污水对碳钢的腐蚀速率也随之提高。本质上说，这是由于采出液裹挟物、溶出物随上返浓度增高而增多，导致水的腐蚀性的上升，而不是三种主要驱油剂的缓蚀作用（当然，这也与开发初期三元复合驱用碱中含有大量杂质有关）。

（2）现场挂片腐蚀测试。

为验证在线腐蚀监测结果，分析碳钢在三元复合驱采出液中的腐蚀特征，在杏二中采出试验站含油污水泵房污水管道在线腐蚀检测点旁并联安装了 1 套旁路挂片器，对油田在用系统管道开展了现场挂片腐蚀速率试验。

试验依据《水腐蚀性测试方法》（SY/T 0026—1999）等标准进行，试验期间介质温度为 41~45℃，试验对象是在用的 20# 钢。20# 钢在站内滤后污水中的平均腐蚀速率试验结果见表 6-49。试验结果表明，现场挂片测取的介质对碳钢的腐蚀速率与同期在线腐蚀监测结果基本吻合。

表 6-49　含油污水泵房旁路挂片器内介质对 20# 钢试件的腐蚀速率测试结果

序号	取样日期	平均腐蚀速率，mm/a
1	2002 年 9 月 16 日	0.161
2	2003 年 3 月 18 日	0.189
3	2003 年 11 月 16 日	0.277
4	2004 年 3 月 14 日	0.283
5	2005 年 3 月 16 日	0.295
6	2006 年 4 月 13 日	0.315

（3）腐蚀形貌及腐蚀产物分析。

在现场挂片腐蚀试验过程中，对从现场取回的挂片试件进行了处理分析。试片腐蚀形貌如图 6-70 所示，腐蚀以均匀腐蚀为主。

(a) 试件清洗处理前形貌

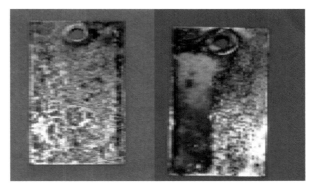
(b) 试件清洗处理后的腐蚀形貌

图 6-70　旁路挂片器中试件的腐蚀形貌

利用扫描电镜对试件（20#）腐蚀产物形貌进行观测（图 6-71），对腐蚀产物进行能谱分析（图 6-72、表 6-50）。结果表明，腐蚀产物由 Fe_3O_4、$FeCO_3$、FeS 组成。

图 6-71　2059 样品（20# 钢）扫描电镜微观腐蚀产物形貌

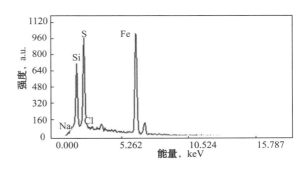

图 6-72　2059 样品（20# 钢）腐蚀产物 X 射线能谱分析

表 6-50　管线内腐蚀产物元素含量数据表

元素	k 比	ZAF 修正值	质量百分比，%	原子百分比，%
Na K_a	0.00000	1.0000	0.0000	0.0000
Si K_a	0.06985	0.8463	7.5999	12.9057
S K_a	0.13912	0.9955	12.8687	19.1417
Cl K_a	0.00067	0.9492	0.0653	0.0878
Fe K_a	0.79036	0.9159	79.4661	67.8648

2）采出系统单井集油、掺水管道介质腐蚀性测试

（1）室内模拟腐蚀实验。

在杏二中单井杏 2- 丁 1-P4 井集油、掺水管取样，依据《水腐蚀性测试方法》（SY/T 0026—1999）标准开展室内实验。实验介质温度为 40℃。腐蚀实验结果见表 6-51。根据

管道及储罐内水介质腐蚀性分级标准，集油管线内水样的腐蚀性为"高度腐蚀"，掺水管线内水样的腐蚀性为"严重腐蚀"。

表 6-51　集油、掺水管线内介质对试件 20# 的腐蚀速率测试结果

取样位置	试片编号	初始质量, g	实验后质量, g	失重, g	腐蚀速率, mm/a	平均腐蚀速率, mm/a
集油管线	2171	21.9042	21.8704	0.0338	0.188	0.187
	2172	21.7339	21.6996	0.0343	0.191	
	2173	21.9541	21.9213	0.0328	0.183	
掺水管线	2174	21.9880	21.9401	0.0479	0.267	0.279
	2175	21.8333	21.7825	0.0508	0.283	
	2176	21.8466	21.7949	0.0517	0.288	

（2）在线腐蚀监测。

在杏二中采出试验站单井杏 2-丁 1-P4 井集油、掺水管线安装了 CR1000 在线腐蚀监测系统，采用电阻探针测量技术对单井集油、掺水进行了现场在线腐蚀监测。在线腐蚀监测期间，监测点集油管线污水介质温度为 40℃左右，掺水管线污水介质温度为 70℃左右。

集油管线腐蚀速率监测结果在 0.011mm/a 左右，与室内模拟实验结果 0.187mm/a 相差较多。这是由于测试探头附着一层油膜（图 6-73），起到了保护作用，而在室内实验中，试片基本处在水相中，试片表面未形成起到保护作用的油膜。

(a) 探头附着油膜　　　　　　　　(b)20#钢试件附着油膜

图 6-73　集油管道监测探头

掺水管线监测前期由于探头被絮状物包裹（图 6-74），导致腐蚀速率测试结果异常（0.015mm/a 左右）。对探头进行更换后，测试结果正常，腐蚀速率为 0.220mm/a 左右。

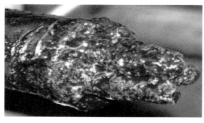

(a) 更换探头前　　　　　　　　(b) 更换探头后

图 6-74　掺水管道监测探头

3）采出系统储罐存储介质的腐蚀特点

（1）现场挂片腐蚀测试。

在杏二中采出站 700m³ 外输水罐中，对油田在用系统储罐常用材质（A3 钢等碳钢）开展了现场挂片腐蚀速率试验。试验依据《水腐蚀性测试方法》（SY/T 0026—1999）标准进行。部分外输水罐介质成分分析结果见表 6-52。腐蚀速率试验结果见表 6-53。

表 6-52　水样化学成分分析结果

取样口	CO_3^{2-}含量 mg/L	HCO_3^-含量 mg/L	Cl^-含量 mg/L	SO_4^{2-}含量 mg/L	Ca^{2+}含量 mg/L	Mg^{2+}含量 mg/L	Na^+含量 mg/L	总矿化度 mg/L	NaOH含量 mg/L	表面活性剂含量 mg/L	聚合物含量 mg/L	pH值
700m³ 出口	972.3	2207.7	868.1	6.2	20.1	18.2	2085.7	6178.4	218.3	25.4	93.1	9.3
双滤出口	810.2	2273.6	903.1	6.2	25.1	15.2	2009.2	6042.8	264.5	26.2	102.3	9.2

杏二中站外输水罐内介质现场挂片试验结果表明（表 6-53），随着介质中三元复合体系成分浓度的升高，其腐蚀性变化趋势站内管道污水介质一致，腐蚀速率最高达到 0.292mm/a。

表 6-53　外输水罐内介质对 A3 钢试件的腐蚀速率测试结果

序号	取样日期	平均腐蚀速率，mm/a
1	2002-09-16	0.115
2	2003-03-18	0.181
3	2003-11-16	0.245
4	2004-03-14	0.276
5	2005-03-16	0.284
6	2006-04-13	0.292

（2）腐蚀形貌及腐蚀产物分析。

在外输水罐现场挂片腐蚀试验过程中，对从现场取回的挂片试件进行了腐蚀形貌分析，试片清洗处理后腐蚀形貌如图 6-75 所示。试验表明，挂片腐蚀以均匀腐蚀为主，有点蚀产生。

(a) 试件清洗处理前形貌　　　　　(b) 试件清洗处理后的腐蚀形貌

图 6-75　外输水罐内试件（A3 钢）的腐蚀形貌

利用扫描电镜对试件（A3 钢）腐蚀产物形貌进行观测（图 6-76），对腐蚀产物进行 X 射线能谱分析（图 6-77），元素含量见表 6-70。由对试件的腐蚀产物进行化验分析的结果可知，腐蚀产物由 Fe_3O_4、$FeCO_3$、FeS 组成。

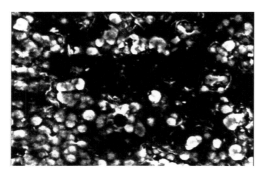

图 6-76　1211 样品（A3 钢）扫描电镜微观腐蚀产物形貌

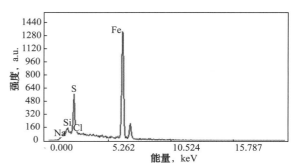

图 6-77　1211 样品（A3 钢）腐蚀产物 X 射线能谱分析

表 6-54　样品（A3 钢）腐蚀产物元素含量数据表

元素	k 比	ZAF 修正值	质量百分比，%	原子百分比，%
Na K_a	0.00000	1.0000	0.0000	0.0000
Si K_a	0.00431	0.8458	0.4985	0.9454
S K_a	0.06330	1.0552	5.8625	9.7387
Cl K_a	0.00015	1.0414	0.0140	0.0210
Fe K_a	0.93224	0.9732	93.6250	89.2949

三、三元复合驱地面系统腐蚀控制技术

从三元介质对碳钢裸罐的腐蚀作用，以及腐蚀产物对三元复合体系介质性能的影响两方面入手，开展了裸罐盛装三元复合体系介质可行性研究；从在用涂层失效原因分析、涂层筛选等方面入手，开展了涂层防腐可行性研究，最终确定三元复合驱防腐技术方案。

1. 注入系统材质及防腐措施的确定

1）30%NaOH 溶液储罐选材

针对碱脆现象，HG/T 20581—2011《钢制化工容器材料选用规定》给出了碳钢及低合金钢在 NaOH 溶液中的使用温度上限（表 6-55），结合上文中 NaOH 溶液腐蚀规律研究，对碳钢在 NaOH 溶液中的使用界限进行了分区描述（图 6-78）。

表 6-55　碳钢及低合金钢 NaOH 溶液的使用温度上限

NaOH 质量分数，%	2	3	5	10	15	20	30	40	50
温度上限，℃	82	82	82	81	76	71	59	53	47

在 A 区域中，碳钢腐蚀速度低，且不发生碱脆；在 B 区域中，碳钢腐蚀速度低，但会发生碱脆，焊接或冷加工后应消除应力热处理；而在 C 区域中，碳钢的腐蚀速度大，且碱脆倾向更大，不宜使用，应采用镍或不锈钢。此图说明，对应于较低温度和浓度下，碳钢可直接使用，不需进行消应力热处理；随着溶液温度的升高，碳钢需要进行消除应力热处理才可适用。当浓度和温度进一步升高后，碳钢消应力热处理还是不能解决问题，而应重新考虑选择材料才合理，进而应采用镍合金或不锈钢材料。

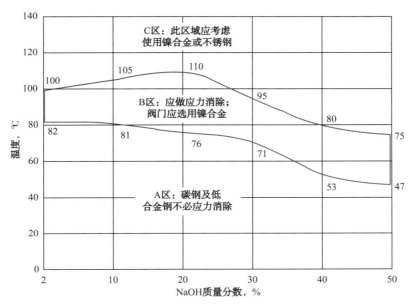

图 6-78　碳钢在 NaOH 溶液中的腐蚀性能

目前三元复合驱 NaOH 溶液存储质量分数为 30%，处于不需消除应力直接使用碳钢及低合金钢的区间，因此，可依据 HG/T 20581—2011 标准相关规定，在腐蚀裕量不小于 3mm 的情况下，使用碳钢裸罐盛装。

2）8%、12%、24%Na_2CO_3 溶液储罐的选材

以 8%、12%、24% 三种质量分数的 Na_2CO_3 溶液为实验介质，参照现场的实际工况条件，开展 Na_2CO_3 溶液储罐腐蚀模拟实验，见表 6-56。

实验结果表明：以上三种浓度下，Na_2CO_3 溶液及其蒸汽冷凝液对碳钢罐壁的液面上、下的腐蚀均为轻度腐蚀（腐蚀速率小于 0.025mm/a）。其中，Na_2CO_3 溶液在 40℃时液面下的腐蚀速率（0.0038mm/a）远小于同条件下配注清水的腐蚀速率（0.17mm/a），Na_2CO_3 溶液对碳钢的缓释作用明显（图 6-79）。在腐蚀裕量不小于 3mm 情况下，可以使用碳钢裸罐盛装。

表 6-56　Na_2CO_3 溶液对 Q235 碳钢的腐蚀速率

介质名称			8%Na_2CO_3	12%Na_2CO_3	24%Na_2CO_3
腐蚀速率 mm/a	23℃		0.0028	0.0002	0.0004
	40℃	介质腐蚀	0.0017	0.0033	0.0038
		蒸汽冷凝液腐蚀	0.0041	0.0038	0.0035

3）石油磺酸盐溶液储罐的选材

以断西三元 6 号站、杏五西试验站和北三东试验站罐内的 50% 烷基苯磺酸盐、5% 石油磺酸盐和 20% 石油磺酸盐为介质，依据 SY/T 0026—1999 标准，在现场罐内开展对 Q235 碳钢开展周期为 30d 的腐蚀性试验。实验结果（表 6-57）表明：两种表面活性剂溶液对碳钢的腐蚀均属于轻度及中度腐蚀。确定在适当增加腐蚀余量的情况下，可以采用碳钢裸罐盛装 50% 烷基苯磺酸盐及 5%、20% 的石油磺酸盐。

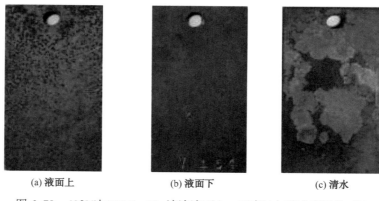

(a) 液面上   (b) 液面下   (c) 清水

图 6-79　40℃时 24%Na₂CO₃ 溶液液面上、下腐蚀与清水腐蚀的对比

表 6-57　石油磺酸盐溶液对 Q235 碳钢的腐蚀速率

介质名称		腐蚀速率，mm/a	腐蚀类型	腐蚀等级
50% 烷基苯磺酸盐	液面以上	0.099	局部腐蚀	中度
	液面以下	0.0058	局部腐蚀	轻度
5% 石油磺酸盐	液面以上	0.105	局部腐蚀	中度
	液面以下	0.0047	局部腐蚀	轻度
20% 石油磺酸盐	液面以上	0.085	局部腐蚀	中度
	液面以下	0.0051	局部腐蚀	轻度

4）表面活性剂和聚合物二元液储罐内材质及内防腐防腐措施的确定

（1）腐蚀性测试。

以断西三元 6 号站和北三东试验站罐内的表面活性剂和聚合物二元液为介质，依据 SY/T 0026—1999 标准，在现场罐内开展对 Q235 碳钢开展周期为 30d 的腐蚀性试验。依据表 6-58 试验结果可知：液面下的腐蚀速率比较低，属中度腐蚀，液面上介质对碳钢属高度腐蚀。不能使用碳钢裸罐盛装。

表 6-58　二元液对碳钢的腐蚀速率

介质名称		腐蚀速率，mm/a	腐蚀类型
断西三元 6 号站二元液	液面以上	0.474	局部腐蚀
	液面以下	0.092	局部腐蚀
北三东试验站二元液	液面以上	0.315	局部腐蚀
	液面以下	0.085	局部腐蚀

（2）涂层评价试验。

对于不能采用碳钢裸罐盛装的二元液，在配注站内的二元液储罐内开展了涂层挂片的现场评价试验。并对各周期的试验试片进行了电化学阻抗性能的测试，通过测试涂层阻抗 R_p 值的衰减幅度来评价涂层失效程度（当涂层电阻衰减到 $10^6 \Omega \cdot cm^2$ 以下时，说明涂层的阻挡能力很弱，涂层金属界面有可能发生电化学腐蚀反应）。从表 6-59 试验结果可以看出，酚醛环氧涂层耐二元介质性能均较好。

表 6-59 涂层电化学阻抗评价试验结果 单位：Ω

样品	普通环氧涂料	互穿网络涂料（IPN）	聚氟乙烯涂料（PVF）	环氧涂料（8701）	环氧涂料（YG-03）	酚醛环氧涂料（994）
1 周期	2.21×10^7	1.42×10^8	1.07×10^9	1.24×10^8	1.81×10^8	2.31×10^9
2 周期	1.25×10^7	5.32×10^7	4.43×10^8	1.00×10^8	4.54×10^7	7.63×10^8
3 周期	8.98×10^6	5.01×10^7	5.43×10^7	5.76×10^7	2.12×10^7	5.59×10^7
4 周期	4.41×10^6	2.22×10^7	4.97×10^7	3.16×10^7	2.15×10^7	4.99×10^7
5 周期	6.52×10^6	1.22×10^7	1.02×10^7	6.24×10^6	2.11×10^7	4.57×10^7

5）三元储罐内防腐措施研究

依据 SY/T 0026—1999《水腐蚀性测试方法》，以 168h 为试验周期，分别对三元复合驱目的液开展 40℃条件下的腐蚀速率测试。

从表 6-60 的试验数据可看出，清水配制的两种介质蒸汽冷凝液的腐蚀速率较高，属高度腐蚀（高度腐蚀速率范围：0.125~0.254mm/a）。但是液面下的腐蚀速率都比较低；曝氧污水配制后，液面上下的腐蚀速率均大幅度增加，属于严重腐蚀。不推荐 Q235B 碳钢裸罐盛装。

表 6-60 三元复合驱目的液对 Q235 碳钢的腐蚀速率

序号	介质名称		腐蚀速率，mm/a	腐蚀类型	腐蚀等级
1	三元复合体系目的液（1.2% 碳酸钠、0.3% 表面活性剂、1200~2400mg/L 聚合物）	液面以上	0.172	均匀腐蚀	高度
2		液面以下	0.006	均匀腐蚀	低度
3	三元复合体系目的液（1.2% 氢氧化钠、0.3% 表面活性剂、1200~2400mg/L 聚合物）	液面以上	0.151	局部腐蚀	高度
4		液面以下	0.090	局部腐蚀	中度
5	曝氧污水调配中分二元液（0.3% 烷基苯磺酸钠、6000mg/L 聚合物）	液面以上	0.674	局部腐蚀	严重
6		液面以下	0.681	局部腐蚀	严重
7	曝氧污水调配高分二元液（0.3% 烷基苯磺酸钠、6000mg/L 聚合物）	液面以上	0.223	局部腐蚀	严重
8		液面以下	0.742	局部腐蚀	严重

2. 采出系统材质及防腐措施的确定

1）钢制管道内防腐涂层筛选试验

（1）室内静态浸泡实验。

在南五区试验站取样，依据 GB/T1763—1989《漆膜耐化学试剂性测定法》，对油田管道常用内防腐涂层进行室内静态浸泡实验，实验周期为 90d。实验结果见表 6-61。

实验结果表明，T60-HM 含油污水特种防腐涂料、环氧粉末涂层（3M、燕美、FRP-B、庆联等 4 种粉末涂层）具有较好的防腐性能。

表 6-61 管道内防腐涂层静态浸泡实验结果

序号	涂层名称	涂膜厚度，μm	实验后试件外观描述
1	3M 粉末	283	○
2	燕美粉末	249	○

续表

序号	涂层名称	涂膜厚度，μm	实验后试件外观描述
3	庆联粉末	205	○
4	FRP-B 粉末	307	○
5	CHF-1 防腐涂料	266	★
6	T60-HM 含油污水特种防腐涂料	318	○
7	ZX-I 内防腐涂料	287	● ☆
8	8701 常温固化涂料	291	★
9	H88 内防腐涂料	364	☆ ★

注：○—涂层无变化；●—涂层变色；☆—涂层起泡；★—涂层脱落。

（2）环道动态模拟实验。

在南五区试验站取样，在 CFL-1 型动态模拟实验环道装置进行动态模拟实验。实验周期为 30d。实验结果见表 6-62。模拟动态实验结果表明，3M、燕美、FRP-B、庆联等 4 种环氧粉末涂层的防腐性能较好。

表 6-62　管道内防腐涂层动态模拟实验结果

序号	涂层名称	涂膜厚度，μm	实验后试件外观描述
1	3M 粉末	276	○
2	燕美粉末	247	○
3	庆联粉末	216	○
4	FRP-B 粉末	307	○
5	CHF-1 防腐涂料	281	☆ ★
6	T60-HM 含油污水特种防腐涂料	303	● ☆
7	ZX-I 内防腐涂料	275	★
8	8701 常温固化涂料	296	★
9	H88 内防腐涂料	361	☆ ★

注：○—涂层无变化；●—涂层变色；☆—涂层起泡；★—涂层脱落。

（3）现场筛选试验。

根据室内实验优选的防腐效果较好的涂层，制备试件，在南五区试验站含油污水管线进行涂层旁路短节管试验。试验周期 1a。试验结束后，对含油污水泵房的涂层短节管进行剖管。表 6-63 中结果表明，在管道介质中，环氧粉末具有较好的防腐效果。

表 6-63　含油污水管线涂层旁路短接试验结果

序号	涂层种类	涂膜厚度，μm	试验后试件外观描述
1	3M 粉末	280	○
2	燕美粉末	240	○
3	庆联粉末	200	○
4	FRP-B 粉末	300	○
5	T60-HM 含油污水特种防腐涂料	303	● ☆ ★
6	裸管		黑色腐蚀产物，发生均匀腐蚀

注：○—涂层无变化；●—涂层变色；☆—涂层起泡；★—涂层脱落。

2）储罐内防腐涂层筛选试验

（1）室内静态浸泡实验。

在南五区试验站取样，对油田储罐常用内防腐涂层进行室内静态浸泡实验，实验结果见表 6-64。储罐常用内防腐涂层的静态优选实验结果表明，RT-2 特种防腐涂料、RT-5 原浆型防腐涂料、D528 耐化学品环氧漆、KD-300 减阻耐磨氟碳涂料、HX-92 内防腐漆内防腐涂层防腐性能良好。

表 6-64　储罐内防腐涂层静态浸泡实验结果

序号	涂层名称	涂膜厚度，μm	实验后试件外观描述
1	H88 内防腐涂料	152	●
2	H87 耐温防腐涂料	186	● ☆
3	RT-2 特种防腐涂料	201	○
4	RT-5 原浆型防腐涂料	126	○
5	NSJ-III 特种防腐涂料	158	● ☆
6	NSJ-H9O 特种防腐涂料	142	● ☆
7	D528 耐化学品环氧漆	123	○
8	KD-300 减阻、耐磨氟碳涂料	156	○
9	HX-92 内防腐漆	156	○
10	HX-91 环氧煤沥青防腐漆	199	● ☆
11	H87-I 内防腐漆	296	★
12	锌铝合金	99	●
13	T60-RT-2 内防腐漆	213	● ☆

注：○—涂层无变化；●—涂层变色；☆—涂层起泡；★—涂层脱落。

（2）环道动态模拟实验。

根据现场实际工况条件，在 CFL-1 型动态模拟实验环道装置（图 6-80）进行实验。模拟动态优选实验结果（表 6-65）表明，RT-2 特种防腐涂料、D528 耐化学品环氧漆、HX-92 内防腐漆、KD-300 减阻耐磨氟碳涂料内防腐涂层的防腐性能较好，制备涂层试件进行现场试验。

图 6-80　CFL-1 型动态模拟实验环道装置

表 6-65 储罐内防腐涂层动态模拟实验结果

序号	涂层名称	涂膜厚度，μm	实验后试件外观描述
1	H88 内防腐涂料	148	● ☆
2	H87 耐温防腐涂料	181	★
3	RT-2 特种防腐涂料	193	●
4	RT-5 原浆型防腐涂料	125	☆
5	NSJ-III 特种防腐涂料	162	★
6	NSJ-H9O 特种防腐涂料	148	☆
7	D528 耐化学品环氧漆	118	●
8	KD-300 减阻、耐磨氟碳涂料	163	○
9	HX-92 内防腐漆	153	○
10	HX-91 环氧煤沥青防腐漆	204	★
11	H87-I 内防腐漆	294	★
12	锌铝合金	103	★
13	T60-RT-2 内防腐漆	241	● ☆

注：○—涂层无变化；●—涂层变色；☆—涂层起泡；★—涂层脱落。

（3）现场筛选试验。

根据室内实验优选的防腐效果较好的涂层，制备试件，在南五区外输水罐进行挂件试验，试验结果见表 6-66。试验结果表明，在储罐介质中，氟碳涂料具有较好的防腐效果，HX-92 内防腐漆次之。

表 6-66 南五区试验站外输水罐内防腐涂层现场试验结果

序号	涂层种类	涂膜厚度，μm	试验后试件外观描述
1	HX-92 内防腐漆	340	●，结垢
2	KD-300 减阻耐磨氟碳涂料	260	○，结垢
3	RT-2 特种防腐涂料内防腐涂层	310	● ☆ ★
4	D528 耐化学品环氧漆	290	● ☆

注：○—涂层无变化；●—涂层变色；☆—涂层起泡；★—涂层脱落。

四、三元复合驱地面系统防腐技术取得的成果及应用

1. 成果

通过对各工艺环节腐蚀特性及控制措施的系统研究，取得了一系列研究成果并应用到生产实践中，形成了适合大庆油田三元复合驱地面系统的防腐设计规定。并取得了如下技术创新成果。

（1）首次较系统地分析了三元复合驱采出液的腐蚀性及其影响因素，确定了技术可行、经济合理的内防腐措施；

（2）应用了交流阻抗（EIS 方法）技术，有效地完成涂层在三元复合驱采出液介质中的适用性评价；

（3）开发出了适应于三元配注系统储罐的 IPN 互穿网络涂料，与现有玻璃钢储罐相比，降低投资 43.4%；

（4）明确了碱液和表面活性剂溶液可采用碳钢裸罐盛装、聚合物母液储罐和二元调配罐可采用碳钢加内防腐涂层的防腐方式，与现有的碳钢内衬聚四氟或碳钢内衬不锈钢内防腐措施的核算造价相比，分别降低投资 38.7% 和 29.6%。

2. 三元复合驱地面系统防腐技术的应用

根据目前三元复合驱各工艺环节的腐蚀试验结果，注入管道、掺水热洗管道、储罐等需采取内腐蚀控制措施。管道内防腐可采取环氧粉末涂层，对于难以采取内防腐措施或不能保证内防腐质量的管道及阀门、泵等，可采用 1Cr18Ni9Ti 等耐三元复合体系介质的不锈钢材质。储罐等内腐蚀采用耐三元复合体系介质较好的内防腐涂层。管道、容器、储罐的外防腐及保温等方案采用成熟的油田常用措施。

按上述主要防腐设计原则，结合阶段试验结果和有关调研资料，提出如下防腐设计规定。

1）管道内防腐

（1）配制及注入系统管道内防腐。

碱液管道宜采用碳钢材质，不采取内防腐措施。

聚合物母液管道、表面活性剂管道、"低压二元"液管道、"高压二元"液管道、"低压三元"液管道、站内"高压三元"液管道内防腐宜采用酚醛环氧内防腐涂层，设计、施工及验收应满足 SY/T 0457—2010《钢质管道液体环氧涂料内防腐涂层技术标准》的相关要求。

站外"高压三元"液管道内防腐宜采用熔结环氧粉末内防腐涂层，设计、施工及验收应满足 SY/T 0442—2010《钢质管道熔结环氧粉末内防腐涂层技术标准》中的相关规定。

（2）采出系统管道内防腐。

集输系统的集油管道，如工艺无特殊要求，不采取内防腐措施。

集输系统的原油、成品油、净化油管道、蒸汽管道、天然气管道、轻烃管道内防腐宜采用熔结环氧粉末内防腐涂层，防腐等级为普通级。设计、施工及验收应满足 SY/T 0442—2010《钢质管道熔结环氧粉末内防腐涂层技术标准》中的相关规定。

非饮用清水、污水、掺水（热洗）管道内防腐宜采用熔结环氧粉末内防腐涂层，也可采用溶剂型环氧防腐涂料，设计、施工及验收应满足 SY/T 0457—2010《钢质管道液体环氧涂料内防腐涂层技术标准》、SY/T 0442—2010《钢质管道熔结环氧粉末内防腐涂层技术标准》中的相关规定。

当 80℃ ≤ 介质温度 ≤ 120℃ 时，管道内防腐宜采用环氧酚醛防腐涂料，设计、施工及验收应满足 SY/T 0457—2010《钢质管道液体环氧涂料内防腐涂层技术标准》中的相关规定。

当介质温度大于 120℃ 时，管道内防腐宜采用耐高温防腐涂料，设计、施工及验收应满足 Q/SY DQ1005—2013《油田钢质储罐、容器防腐涂层技术规定》中的相关规定。

2）钢质储罐、容器内防腐

（1）配制及注入系统储罐、容器内防腐。

碱液储罐、清水配制表面活性剂储罐的宜采用碳钢材质，不采取内防腐措施。

聚合物母液储罐宜采用玻璃钢储罐或内衬聚四氟乙烯储罐，设计、施工及验收应满足SY/T 0319—2012《钢质储罐液体涂料内防腐涂层技术标准》中的相关规定。

污水配制表面活性剂储罐、二元液储罐、三元复合体系液储罐宜采用酚醛环氧内防腐涂层或无溶剂环氧内防腐涂层，涂层干膜厚度不小于400μm，设计、施工及验收应满足SY/T 0319—2012《钢质储罐液体涂料内防腐涂层技术标准》中的相关规定。

（2）采出系统储罐、容器内防腐。

天然气、轻烃储罐、容器如工艺无特殊要求，一般不采取内防腐措施。

介质为污水（包括含油污水、含聚污水、含三元污水、滤后污水）、高含水油的储罐、容器的内防腐宜采用溶剂型环氧树脂涂料或无溶剂环氧树脂涂料，设计、施工及验收应满足SY/T 0319—2012《钢质储罐液体涂料内防腐涂层技术标准》中的相关规定。

介质为成品油、净化油、低含水油的储罐内油区防腐应采用环氧导静电防腐涂料，水区防腐宜采用溶剂型环氧涂料或无溶剂环氧涂料，溶剂型环氧涂料或无溶剂环氧涂料，设计、施工及验收应满足Q/SY DQ1005—2013《油田钢质储罐、容器防腐涂层技术规定》中第4.1.7节的相关规定。

当80℃≤介质温度≤120℃时，储罐、容器内防腐宜采用环氧酚醛防腐涂料，设计、施工及验收应满足SY/T 0319—2012《钢质储罐液体涂料内防腐涂层技术标准》中的相关规定。

当介质温度大于120℃时，储罐、容器内防腐宜采用耐高温防腐涂料，设计、施工及验收应满足Q/SY DQ1005—2013《油田钢质储罐、容器防腐涂层技术规定》中第4.1.3节的相关规定。

参 考 文 献

［1］李佟茗，赵丽燕.界面流变性质对小液滴聚并过程的影响［J］.物理化学学报，1996，12（8）：709-715.

［2］李丹.一元/二元/三元驱油体系的界面特性研究［D］.大庆：东北石油大学，2004.

［3］郑萌.水解聚丙烯酰胺对碳钢在海水中的缓蚀研究［D］.青岛：中国海洋大学，2008.

［4］易聪华，邱学青，杨东杰，等.改性木质素磺酸盐GCL2-D1的缓蚀机理［J］.化工学报，2009，60（4）：959-964.

［5］曹楚男.腐蚀电化学原理［M］.北京：化学工业出版社，2008.

［6］翁永基，等.材料腐蚀通论［M］.北京：石油工业出版社，2004.

第七章　三元复合驱矿场试验实例

碱—表面活性剂—聚合物三元复合驱矿场试验是室内可行性评价以及数值模拟研究的基础上，由室内进入到先导性矿场试验或由小型先导矿场试验进入到扩大矿场试验和工业区的关键步骤，也是证明室内实验和数值模拟研究成果及工艺可行性与否的重要途径。大庆油田自 2005 年以来先后在采油一厂、采油三厂、采油四厂等采油厂开展矿场试验，提高采收率达 20 个百分点以上，为三元复合驱油技术的推广奠定了坚实的基础。

第一节　北一区断东二类油层强碱体系三元复合驱矿场试验

为了研究二类油层三元复合驱驱油效果及配套技术的适应性，2005 年，在北一区断东开展了二类油层强碱三元复合驱工业性矿场试验。经过 7 年的矿场试验研究，取得了较好的效果，试验区中心井阶段提高采收率 26.18 个百分点，最终提高采收率 28 个百分点，配套技术逐步完善，为大庆油田二类油层大幅度提高原油采收率提供了技术支撑。

一、矿场试验的目的、意义

大庆油田二类油层主要集中在萨中及以北地区，与一类油层相比，二类油层层数多、储量大，但渗透率变低、厚度变薄、河道砂规模变窄、河道砂连续性变差。随着一类油层聚合物驱的全面推广，三次采油的开采对象逐步转入到二类油层，目前仍以聚合物驱为主要驱替手段。

已完成的一类油层强碱三元复合驱矿场试验，可提高采收率 20 个百分点。但二类油层强碱三元复合驱的开发效果及配套技术适应性尚不明确。因此，急需开展二类油层强碱三元复合驱现场试验，研究其技术经济效果以及配套工艺的适应性，为二类油层尽快推广强碱三元复合驱油技术、增加油田的可采储量，提供技术储备。该技术的实施，对保证油田可持续发展以及提高油田资源利用率具有非常重要的意义。

二、矿场试验区基本概况及方案实施

1. 试验区概况

北一区断东二类油层强碱体系三元复合驱试验区位于萨尔图油田中部（图 7-1）。

试验区面积 1.92km²，总井数 112 口，其中采出井 63 口，注入井 49 口，中心井 36 口，并设计一口密闭取心井北 1-55- 检 E66。采用 125m×125m 注采井距。试验目的层为萨 Ⅱ 1-9 砂岩组，平均单井射开砂岩厚度为 10.6m，有效厚度

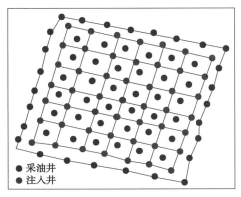

图 7-1　北一区断东二类油层强碱体系
三元复合驱试验区井位图

图例：
● 采油井
● 注入井

为 7.7m。试验区射孔对象地质储量为 240.72×10^4t，孔隙体积为 505.11×10^4m^3（表 7-1）。

表 7-1　试验区基本情况表

项　　目	全区	中心井区
面积，km^2	1.92	1.129
总井数（水井 + 采出井），口	112（49+63）	85（49+36）
平均砂岩厚度，m	10.6	11.8
平均有效厚度，m	7.7	8.4
平均有效渗透率，D	0.670	0.675
原始地质储量，10^4t	240.72	143.412
孔隙体积，10^4m^3	505.11	298.443

2. 试验区的方案实施情况

1）试验区设计方案

采用 $1600 \times 10^4 \sim 2500 \times 10^4$ 分子量的聚合物。

前置聚合物段塞：注入 0.0375PV 的聚合物溶液，聚合物质量浓度为 1300mg/L，体系黏度为 30mPa·s。

三元复合驱主段塞：注入 0.3PV 的三元复合体系，氢氧化钠质量分数为 1.2%，重烷基苯磺酸盐表面活性剂质量分数为 0.3%，聚合物质量浓度为 2000mg/L，体系黏度为 41.6mPa·s。

三元复合驱副段塞：注入 0.15PV 的三元复合体系，氢氧化钠质量分数为 1.0%，重烷基苯磺酸盐表面活性剂质量分数为 0.1%，聚合物质量浓度为 2000mg/L。

后续聚合物保护段塞：注入 0.2PV 的聚合物溶液，聚合物质量浓度为 1500mg/L。

2）方案实施情况

试验区于 2005 年 12 月投产，2006 年 7 月 16 日注入前置聚合物段塞，2006 年 11 月 10 日投注三元复合体系主段塞，2008 年 12 月 1 日注入三元复合体系副段塞，2010 年 11 月 16 日进入后续聚合物保护段塞，2011 年 9 月 1 日单井组个性化停止注聚合物，陆续进入后续水驱阶段（表 7-2）。全区化学驱阶段累计产油 78.42×10^4t，中心区化学驱阶段累计产油 47.05×10^4t，阶段采出程度 32.8%，阶段提高采收率 27.0%，目前中心井平均含水率为 98.22%。试验区地层压力为 9.3MPa，总压差为 -1.26MPa，累计注采比为 1.02。

（1）空白水驱阶段。

2005 年 12 月 28 日完成主要基建工作进入空白水驱阶段，水驱阶段累计注水 47.812×10^4m^3，为 0.095PV，平均注入速度 0.2PV/a。空白水驱阶段全区累计产油 4.0899×10^4t，阶段采出程度为 1.7%，累计产水 67.2140×10^4m^3。中心井区累计产油 2.5148×10^4t，阶段采出程度为 1.75%，累计产水 34.3812×10^4m^3。

（2）前置聚合物段塞阶段。

试验区于 2006 年 7 月 16 日开始注入前置聚合物段塞，首先对 27 口井进行 2500×10^4 分子量聚合物调剖，至 2006 年 8 月 23 日全区开始注入 1500×10^4 分子量聚合物。至 2006 年 11 月 9 日，累计注入聚合物溶液 20.7178×10^4m^3，为 0.041PV。前置聚合物段塞结束时，全区注入井平均注入压力 7.53MPa，平均日注 2594m^3，注入速度为 0.19PV/a，平均注入聚合物质量浓度 1224mg/L，注入聚合物溶液黏度 30.0mPa·s。与水驱对比，注入压力上升 2.44MPa，日注下降 116m³，视吸水指数为 1.06m³/（d·m·MPa）。

表 7–2　三元复合驱试验区注入方案及执行情况表

阶　段	注入参数								注入孔隙体积倍数 PV		注入时间
	聚合物				碱质量分数，%		表面活性剂质量分数，%				
	质量浓度，mg/L		分子量，10⁴								
	方案	实际	方案	实际	方案	实际	方案	实际	方案	实际	
前置聚合物段塞	1300	1300	1500	1500～2500					0.0375	0.054	2006 年 7 月
三元主段塞	2000	2000	1500	1500	1.2	1.2	0.3	0.3	0.3	0.108	2006 年 11 月
				1900						0.084	2007 年 7 月
				2500						0.159	2008 年 1 月
三元副段塞	2000	2000	1500	2500	1	1	0.2	0.2	0.1	0.107	2008 年 12 月
				2500	0.8	0.8	0.1	0.1	0.15	0.178	2009 年 7 月
后续聚合物保护段赛	1500		1500	2500					0.2	0.233	2010 年 5 月
化学驱合计									0.7875	0.923	

前置聚合物段塞结束时，全区已初步见到效果，从含水分布情况看，含水率低于 90% 的 15 口井，占全区总井数的 23.8%，比水驱时增加 13 口。含水率高于 95% 的 28 口井，比水驱时下降 23 口。

（3）三元复合体系主段塞阶段。

试验区于 2006 年 11 月 10 日—2008 年 11 月 30 日，完成了三元复合体系主段塞注入，期间三元复合体系中聚合物分子量采取梯次注入，分别为 1500×10⁴、1900×10⁴、2500×10⁴ 分子量聚合物，这一阶段累计注入三元复合体系 177.5042×10⁴m³，为 0.351PV，三元复合体系中三种化学剂平均注入浓度：碱质量分数 1.2%、表面活性剂质量分数 0.3%、聚合物质量浓度 2000mg/L，体系平均黏度为 41.6mPa·s。三元复合体系主段塞结束时平均注入压力为 10.29MPa，与水驱时对比，注入压力上升了 5.2MPa。三元复合体系主段塞结束时日注量为 2633m³，与水驱时相比上升了 13m³。视吸水指数三元复合体系主段塞结束时为 0.73m³/（d·m·MPa），与前置聚合物段塞结束时相比下降了 31.1%。产液指数三元复合体系主段塞结束时为 1.028m³/（d·m·MPa），与前置聚合物段塞结束时相比下降了 39.9%。

（4）三元复合体系副段塞阶段。

2008 年 12 月 1 日—2010 年 11 月 15 日底完成三元复合体系副段塞注入，注入三元复合体系 144.12735×10⁴m³，为 0.285PV，试验过程中根据试验区动态及数值模拟研究结果，将三元复合体系副段塞分为两段：注入 0.107PV（1.0% 碱 +0.2% 表面活性剂 +2000mg/L 聚合物）和注入 0.178PV（0.8% 碱 +0.1% 表面活性剂 +2000mg/L 聚合物）。三元复合体系副段塞结束时注入压力为 10.59MPa，视吸水指数由三元复合体系主段塞结束时的 0.73m³/（d·m·MPa）降到三元复合体系副段塞的 0.7m³/（d·m·MPa）。

（5）后续聚合物保护段塞阶段。

2010 年 11 月 16 日，根据试验含水分布状况，同时结合数值研究结果，对试验区注入井陆续转入聚合物保护段塞，至 2010 年 11 月 18 日试验区全面进入后续聚合物保护段塞。截至 2011 年 8 月 31 日，试验区累计注入化学剂 $453.8090 \times 10^4 m^3$，为 0.923PV。

（6）后续水驱阶段。

2011 年 9 月 1 日，试验区结合单井组动态变化特征，实施最小尺度个性化停注聚合物 7 个井组，进一步提高试验区开发效果。井组注入段塞大于 0.7875PV、连通采出井三个方向含水率大于 94%、采出井聚合物质量浓度大于 800mg/L 的井组停注聚合物转入后续水驱。至 2012 年 1 月 18 日，试验区 49 口注入井全部转入后续水驱，至 2012 年 10 月底，后续水驱累计注入孔隙体积倍数为 0.117PV（图 7-2 和图 7-3）。

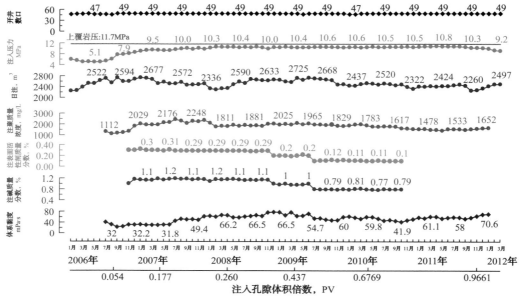

图 7-2　北一区断东三元复合驱试验区注入曲线

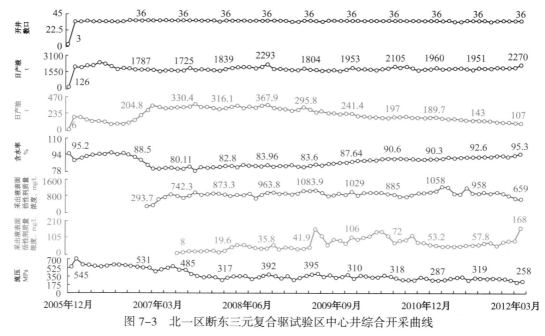

图 7-3　北一区断东三元复合驱试验区中心井综合开采曲线

三、矿场试验取得的成果及认识

1. 二类油层强碱三元复合驱可比水驱提高采收率 20 个百分点以上

北一区断东二类油层强碱三元复合驱试验区水驱结束时中心采出井综合含水率为
96.3%。注入化学剂溶液 0.179PV 时含水率下降到最低点，截止到化学驱结束时，累计
注入化学剂溶液 0.815PV，中心井综合含水率为 95.3%，阶段采出程度为 32.81%；全
区采出程度为 17.72%。预计中心井含水率达 98% 时，中心井水驱采出程度达 5.75%，
化学驱采出程度达 33.75%，化学驱提高采收率 28 个百分点，取得了较好的开发效果
（图 7-4）。

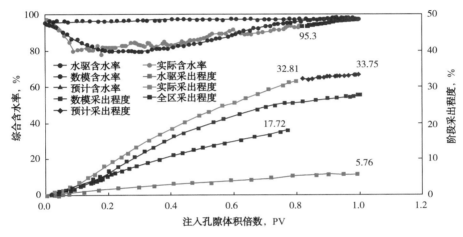

图 7-4　综合含水率、采出程度与注入孔隙体积倍数关系曲线

另外，从三元复合驱与聚合物驱开采效果对比看，采收率提高值比聚合物驱高近一
倍。北一区断东二类油层强碱三元复合驱与北一区断东二类油层聚合物驱油对比，虽然油
层厚度发育有一定差异，但渗透率、化学驱控制程度、注入速度及注入黏度基本相当，两
个区块具有一定的可比性（表 7-3）。

表 7-3　北一区断东三元复合驱与北一区断东聚合物驱地质数据对比表

区 块	开采层位	有效厚度 m	渗透率 D	砂体控制程度 %	初含水 %	注入速度 PV/a	注入黏度 mPa·s
北一区断东 三元复合驱	萨Ⅱ 1-9	7.7	0.67	82.5	96.2	0.18	53
北一区断东 聚合物驱	萨Ⅱ 10- Ⅲ 10	12.2	0.64	86.7	93.6	0.16	60

北一区断东三元复合驱含水率下降幅度大，最大含水率下降了 17.5 个百分点，比聚
合物驱多 4.8 个百分点；低含水稳定时间长达 28 个月，好于聚合物驱；注入全过程中三
元复合驱单位厚度增油量及采油速度均高于聚合物驱，见效高峰期时是聚合物驱的 1.5 倍
以上（图 7-5 和图 7-6）。

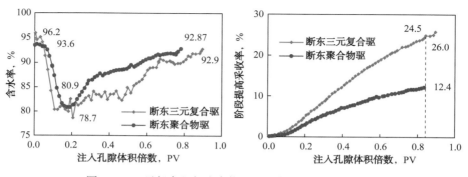

图7-5 三元复合驱与聚合物驱含水率、采出程度对比曲线

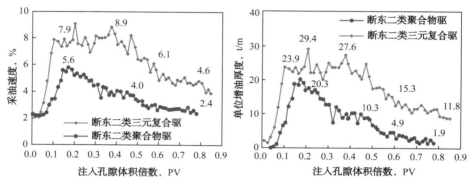

图7-6 三元复合驱与聚合物驱单位厚度增油及采油速度对比曲线

矿场试验表明，三元复合驱可以大幅度提高采收率，开发效果好于聚合物驱。其原因主要是三元复合体系在扩大波及体积的同时，较好地发挥了三元复合体系提高驱油效率的作用。北一区断东三元复合驱试验过程中采出原油重质成分由三元复合体系主段塞阶段的51.9%上升至三元复合体系副段塞阶段的63.7%，增加了11.8%，说明水驱未波及的剩余油得到了动用，提高了驱油效率（表7-4）。

表7-4 试验区原油全烃分析统计表

时间	2008年2月 三元复合体系 主段塞	2008年11月 三元复合体系 主段塞	2009年2月 三元复合体系 副段塞	2009年5月 三元复合体系 副段塞	2009年11月 三元复合体系 副段塞
C_{16}—C_{38}含量，%	51.9	58.8	61.4	63.1	63.7

2. 试验区注入速度保持稳定，注入量、产液量下降幅度小，注采能力较强

水驱空白阶段，在注采平衡的基础上，通过调整井组间的注采关系，确保了注入井注入压力保持在合理水平，并预留了化学驱注入压力的上升空间。在化学驱注入过程中，注入压力由5.09MPa上升最高点10.63MPa，上升了5.54MPa，最高注入压力与破裂压力（11.3MPa）相差0.67MPa。试验区方案设计注入速度为0.2PV/a，在化学驱阶段整体注入速度稳定，注入速度保持在0.17~0.19PV/a，其中三元复合体系主段塞阶段平均注入速度为0.184PV/a，三元复合体系副段塞阶段平均注入速度为0.185PV/a，后续聚合物保护段塞阶段平均注入速度为0.173PV/a。由于化学驱注入速度平稳，在保持注采平衡的基础上，

试验区日注入量下降幅度较小，日注入量由 2645m³ 最大下降到 2507m³，仅下降了 5.2%，日产液量由 2075t 最大下降到 1732t，下降了 16.5%，较强的注采能力为三元复合驱开发效果奠定了基础（表 7–5）。

表 7–5　试验区不同阶段注采状况统计表

阶段	分子量 10⁴	注入压力 MPa	注入量 m³/d	注入速度 PV/a	中心井产液量 t/d
空白水驱（2006 年 6 月）		5.09	2616	0.189	2075
前置段塞（2006 年 7–10 月）	1500	6.80	2645	0.191	1984
主段塞（2006 年 11 月 –2007 年 6 月）	1500	9.10	2629	0.190	1732
主段塞（2007 年 7–12 月）	1900	9.96	2507	0.181	1793
主段塞（2008 年 1–12 月）	2500	10.49	2512	0.181	1966
副段塞（2009 年 1 月 –2010 年 11 月）	2500	10.53	2558	0.185	1861
保护段塞（2010 年 12 月 –2011 年 12 月）	2500	10.63	2389	0.173	1944

试验区注采能力较强主要有以下几方面原因：

（1）缩小注采井距，注采能力增强。对比不同注采井距三元复合驱区块，随着注采井距的缩小，视吸水指数、采液指数下降幅度减少（表 7–6 和表 7–7）。

表 7–6　不同试验区视吸水指数对比数据表

区块	井距 m	视吸水指数，m³/（d·m·MPa）		下降幅度，%
		投注初期	注入 0.4676PV	
杏二中三元复合驱	200	2.52	1.13	55.1
北一区断东三元复合驱	125	1.45	0.7	51.7

表 7–7　不同试验区采液指数对比数据表

区块	井距 m	采液指数，t/（d·m·MPa）		下降幅度，%
		投注初期	注入 0.4676PV	
杏二中三元复合驱	200	4.45	0.63	85.8
北一区断东三元复合驱	125	1.82	0.91	50.0

（2）合理匹配聚合物分子量及注入黏度，可保证注采能力。试验区初期方案设计借鉴二类油层聚合物开发经验，三元复合体系主段塞阶段分梯次注入 1500×10⁴ 分子量聚合物、1900×10⁴ 分子量聚合物、2500×10⁴ 分子量聚合物，注入黏度逐渐增大，由 31.8 mPa·s、62.4mPa·s 到 78.2mPa·s，在保证了注入压力上升、油层动用比例稳中有升的基础上，注采能力稳定（表 7–8）。

（3）适时采取增产、增注措施，可以有效改善注采能力。三元复合驱阶段中心井区压裂井次占总井数的比例达到 117%。

3. 试验区含水率下降幅度大，低含水稳定期长

由于试验区二类油层层间和层内发育的差异、井组间剩余油饱和度的不同，导致单井含水率降幅不同，受层间接替见效影响，试验区中心井含水率变化呈现出见效快、低含水率稳定时间长的特征。

表 7-8 驱油方案"渐强式"动态跟踪调整方法

阶段	跟踪调整内容			调整后效果		
	分子量	注入质量浓度 mg/L	黏度 mPa·s	注入压力 MPa	井间最大压差 MPa	动用比例 %
空白水驱（2006 年 6 月）				5.09	8.2	75
前置段塞（2006 年 10 月）	2500×10^4 调剖，1500×10^4 注入	1225	24.6	8.19	4.4	84.4
主段塞（2007 年 6 月）	1500×10^4	2171	31.8	9.36	5.5	80.2
主段塞（2007 年 12 月）	1900×10^4	2371	62.4	9.87	4.2	78.4
主段塞（2008 年 12 月）	2500×10^4	2056	78.2	10.51	3.5	80.4

（1）试验区中心井含水率变化可以分为 4 个阶段（表 7-9）。

含水率下降阶段：从注入化学剂溶液开始到注入化学剂溶液 0.104PV，中心区含水率由 96.2% 下降到 80.4%，这一阶段历时 8 个月，平均月含水下降 1.9%；

低含水稳定期：注入化学剂溶液 0.104~0.49PV，含水率稳定在 80.4%~83.8%，低含水稳定期达到了 28 个月；

含水率快速回升期：注入化学剂溶液 0.49PV 后，含水率回升趋势较快，到全部转入后续聚合物驱，含水率由 83.8% 上升到 90.2%，平均月含水率上升速度为 0.3%，这一阶段持续了 17 个月。

含水率缓慢回升期：注入化学剂溶液 0.759PV 后，含水率缓慢回升，到后续聚合物保护段塞结束，含水率由 90.2% 上升到 94%，共持续了 14 个月。

表 7-9 北一区断东三元复合驱试验区含水变化阶段统计表

见效阶段	阶段含水变化	注入孔隙体积倍数，PV	持续时间，mon
含水率下降期	96.2%~80.4%	0~0.104	8
低含水稳定期	80.4%~83.8%	0.104~0.49	28
含水率快速回升期	83.8%~90.2%	0.49~0.75	17
含水率缓慢回升期	90.2%~94.0%	0.75~0.97	14

（2）中心井区含水率下降幅度大于 20 个百分点的井数占 58.3%。

表 7-10 中心井区采出井见效情况表

含水下降分级 %	井数	见效前			单井见效高峰期			差值		
		产液 t	产油 t	含水率 %	产液 t	产油 t	含水率 %	产液 t	产油 t	含水率 %
< 10	2	75	3	96	94	13.3	85.5	20	10.4	−9.8
10~20	13	60	1.7	97.2	49	8.7	82.4	−11	7	−14.8
20~40	13	56	2.9	94.9	40	14.2	64.8	−15	11.3	−30.1
> 40	8	44	4	90.8	40	22.4	43.5	−4	18.4	−47.3
合计	36	56	2.1	96.2	46	14	69.9	−9	11.9	−26.3

试验区中心井见效明显，含水率下降幅度超过 20 个百分点的井有 21 口井，占中心井总数的 58.3%，其中含水率下降幅度超过 40 个百分点的有 8 口井（表 7-10）。单井见效

高峰叠加，中心井区含水率最低达到 69.9 个百分点，与水驱结束时对比，含水率降幅为 26.3 个百分点。从单井含水率下降幅度来看，注化学剂溶液前含水率越低、相对剩余油越多，含水率下降幅度越大（表 7-11）。

表 7-11　中心井区注聚合物前含水率与含水率下降幅度统计表

注聚合物前含水分级 %	井数	井数比例 %	注聚合物前含水率 %	最低点含水率 %	最大含水率下降幅度 %
85~90	4	11.1	86.2	42.4	43.8
90~95	10	27.8	93.5	66.4	27.1
95~97	12	33.3	96.4	73.8	22.6
大于97	10	27.8	98	78.9	19.1
合计	36	100	95.2	69.9	26.3

（3）井间接替见效、低含水稳定期时间长。

由于二类油层河道砂发育规模变小、层数多、单层厚度变薄、渗透率变低、平面及纵向非均质性严重，导致单井见效时间、含水率下降幅度、低含水率稳定时间不同。按照单井油层发育状况对单井组进行归类分析，将中心采出井划分为三类：A 类井为单层射开河道砂有效厚度不小于 4m，且河道砂一类连通不小于 2 方向；B 类井为单层射开河道砂有效厚度小于 4m，且全井河道砂有效厚度不小于 4m；C 类井为全井射开河道砂有效厚度小于 4m。二类油层发育主要以 B 类井为主（表 7-12）。

表 7-12　单井组分类结果统计结果

分类	井数	砂岩厚度 m	有效厚度 m	河道砂比例 %	储量比例 %	化学驱阶段采出程度 %
A 类井	6	9.3	7.7	85.3	17.8	21
B 类井	20	13.1	9.5	68.5	59.5	40.1
C 类井	10	9.4	5.5	34.4	22.7	25.2

从图 7-7 中可以看出：A 类井含水率变化呈 "V 形"，含水率下降速度快、回升快；B 类井含水率变化呈 "倒梯形"，含水率下降早、低含水稳定期长，含水率回升速度慢；C 类井含水率变化呈 "对勾形"，含水率下降晚、低含水稳定期长，含水率上升减缓。分类型井采出程度对比，B 类井开发效果最好。

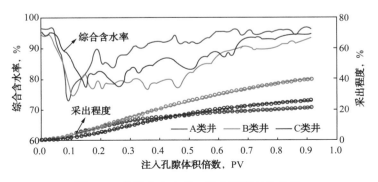

图 7-7　分类井含水率、采出程度对比曲线

4. 全过程剖面动用比例高，特别是薄层动用状况改善明显

二类油层化学驱的开采对象为河道砂及有效厚度大于或等于 1.0m、渗透率大于或等于 0.1D 的非河道砂。北一断东二类油层强碱三元复合驱试验区严格执行射孔界限，开采对象有效厚度大于或等于 1.0m 的层数比例为 58.4%，有效厚度比例为 89.5%。渗透率大于或等于 0.1D 的层数比例为 84.3%，有效厚度比例为 97.0%。

试验区自 2006 年 11 月 10 日注入三元复合体系主段塞以后，通过对三元复合体系中聚合物分子量的调整，结合分层调整措施，油层动用厚度比例不断增加。水驱阶段层数动用比例、厚度动用比例分别为 40%、63.4%，随着化学剂溶液的注入，动用状况逐渐改善；到三元复合体系副段塞阶段，试验区油层层数动用比例、厚度动用比例分别达 68.7%、84.6%，其中有效厚度大于 2m 的油层厚度动用比例达到 90.2%，整体上试验区仍以厚油层动用为主。

虽然试验区厚油层动用比例较高，但薄层动用状况改善也比较明显。水驱阶段有效厚度小于 1m 油层的层数动用比例、厚度动用比例分别为 16.1%、25.0%，到三元复合体系副段塞阶段，层数动用比例、厚度动用比例分别达到 45.2%、54.5%（表 7-13）。

表 7-13 试验区不同阶段油层动用状况对比表

厚度 h m	空白水驱		三元主段塞						三元副段塞	
			分子量 1500×10⁴		分子量 1900×10⁴		分子量 2500×10⁴		分子量 2500×10⁴	
	动用层数比例 %	动用厚度比例 %	动用层数比例 %	动用厚度比例 %	动用层数比例 %	动用厚度比例 %	动用层数比例 %	动用厚度比例 %	动用层数比例 %	动用厚度比例 %
$h \geqslant 2$	82.6	89.0	82.6	90.0	87.0	91.3	91.3	90.0	82.6	82.3
$1 \leqslant h < 2$	50.0	54.9	61.1	64.6	50.0	55.7	66.7	67.5	83.3	82.9
$h < 1$	16.1	25.0	35.5	47.4	41.9	39.7	48.4	44.2	45.2	54.5
合计	45.8	75.0	56.9	80.2	58.3	78.4	66.7	80.3	66.7	79.1

水驱阶段有效渗透率 0.1～0.3D 油层的层数动用比例、厚度动用比例分别为 13.3%、21.2%，到三元复合体系副段塞阶段，层数动用比例、厚度动用比例分别达 66.7%、76.0%（表 7-14）。

表 7-14 试验区不同阶段油层动用状况对比表

渗透率 D	空白水驱		三元主段塞						三元副段塞	
			分子量 1500×10⁴		分子量 1900×10⁴		分子量 2500×10⁴		分子量 2500×10⁴	
	动用层数比例 %	动用厚度比例 %	动用层数比例 %	动用厚度比例 %	动用层数比例 %	动用厚度比例 %	动用层数比例 %	动用厚度比例 %	动用层数比例 %	动用厚度比例 %
<0.10	8.3	18.9	16.7	27.0	50.0	45.9	58.3	51.4	25.0	35.1
0.1～0.3	13.3	21.2	26.7	26.0	46.7	48.1	60.0	62.5	66.7	76.0
0.3～0.5	55.6	56.9	77.8	80.4	33.3	45.1	44.4	56.9	77.8	73.5
0.5～0.7	60.0	68.3	40.0	87.6	70.0	84.7	80.0	84.2	70.0	71.3
0.7～0.9	72.7	84.9	63.6	74.5	45.5	62.2	72.7	90.4	72.7	86.5
≥0.9	73.3	88.7	86.7	92.5	93.3	95.7	80.0	83.6	86.7	82.8
合计	45.8	75.0	51.4	80.2	58.3	78.4	66.7	80.3	66.7	79.1

与聚合物驱相比，三元复合驱调整剖面能力更强，尤其是薄差层动用程度明显好于聚合物驱。相同注入时期对比，三元复合驱整体厚度动用比例高于聚合物驱达 14 个百分点，特别是渗透率低于 0.1D 和在 0.1～0.3D 范围内的油层，三元复合驱的厚度动用明显高于聚合物驱，分别比聚合物驱高出 8.2% 和 30.5%（表 7–15）。

表 7–15　三元复合驱与聚合物驱油层动用情况对比表

渗透率分级 D	聚驱动用厚度比例 %	三元复合驱动用厚度比例 %	差值 %
≤ 0.1	37.7	45.9	8.2
0.10～0.30	40.7	71.2	30.5
0.30～0.60	45.7	74.7	29.0
0.60～1.00	78.3	89.9	11.6
≥ 1.00	69.6	83.1	13.5
合计	66.4	80.4	14.0

5. 采出液出现乳化，化学剂没有出现明显的色谱分离，三元复合体系化学剂协同作用好

（1）试验区出现较明显的乳化现象，乳状液稳定时间长。

2007 年 4 月开始（三元复合体系注入 4 个月后），试验区有 3 口井出现乳化现象。其中北 1–44– 斜 E62 乳化后含水率由 90.5% 下降到 45.2%，采出液无游离水，采出液为深棕黄色乳状液，在 45℃条件下黏度约为 120mPa·s，乳化类型为油包水型，持续时间 6 个月，之后随含水率回升，乳化液黏度下降，采出液中油相颜色加深，水相呈浅棕黄色，乳状液为不稳定的水包油型乳状液。采出液出现严重乳化现象的绝大部分为中心井（18 口），乳化类型均为油包水型乳状液（表 7–16 和表 7–17）。

表 7–16　试验区部分乳化井基本情况表

序号	井号	乳化前含水率 %	乳化时间	乳化期含水 %	乳化期结束含水 %	乳化期表面活性剂质量浓度 mg/L	乳化期碱质量浓度 mg/L	乳化期pH值
1	北 1–42–E63	92.6	2007 年 5 月—2007 年 8 月	55.7	68.5	1.7	0	8.6
2	北 1–42–E65	92.0	2007 年 7 月—2009 年 6 月	56.0	62.1	0.0	0.01	7.88
3	北 1–44– 斜 E62	90.5	2007 年 4 月—2007 年 10 月	45.2	79.6	1.7	0.01	8.4
4	北 1–51–E63	82.1	2007 年 4 月—2007 年 9 月	47.7	75.5	3.4	0.02	7.99
5	北 1–55–E63	94.4	2007 年 12 月—2008 年 3 月	65.1	68.9	3.4	0	8.4

表 7–17　试验区部分乳化井黏度测定数据表

序号	井号	检测时间	乳化水比例 %	含水率 %	黏度 mPa·s
1	北 1–42–E65	2009 年 1 月	60	63.4	266～487
2	北 1–44–SE62	2009 年 9 月	56.7	58.0	88～170
3	北 1–61–P245	2009 年 1 月	44.9	46.0	156～433

强碱三元复合驱乳状液转型点是含水率为 50% 左右，即在含水率降至 50% 左右，采出液是 W/O 型乳状液，之后随含水率回升，乳状液转型为 O/W 型。在转型点附近，可能会有多重型乳状液出现；碱和表面活性物质的存在使乳化更易发生，由于活性物质在界面膜上吸附改变了界面膜的性质，对乳化的发生及乳状液类型产生了一定的影响。室内岩心驱油实验表明，乳化可以提高驱油效果，在有乳状液存在的情况下，三元复合驱可进一步提高采收率。

（2）部分井采出液可达到超低界面张力，三元复合体系中化学剂在油层中的协同作用好。

试验区共有 44 口采出井的采出液能够达到低界面张力。36 口中心采出井中有 32 口采出液达到低界面张力，其中 28 口达到超低界面张力。从统计数据可以看出，达到低界面张力时采出液聚合物质量浓度大于 900mg/L，pH 值大于 9，表面活性剂平均质量浓度大于 100mg/L，CO_3^{2-} 质量浓度达 4000mg/L 以上。

根据现场采出液分析结果，室内模拟现场采出液化学剂浓度配制三元复合体系进行界面张力检测，所得结果与现场基本一致，试验区采出液保持低界面张力井数多，说明注入的三元复合体系在油层中发挥了较好的洗油作用（表 7-18 和表 7-19）。

表 7-18 试验区采出井采出液界面张力检测结果

界面张力分级	井数	比例 %	采出液聚合物质量浓度 mg/L	采出液表面活性剂质量浓度 mg/L	CO_3^{2-} 质量浓度 mg/L	pH 值	HCO_3^-/OH^- 质量浓度 mg/L
10^0	4	11.1	768	41	1620	9.75	3768
10^{-1}	2	5.56	900	36	1519	9.4	3882
10^{-2}	2	5.56	1059	108	4045	10.1	1372
10^{-3}	13	36.1	996	165	6081	12.4	1540
10^{-4}	15	41.7	1163	258	6061	11.3	1022

表 7-19 试验区室内模拟实验结果表

序号	表面活性剂质量分数 %	CO_3^{2-} 质量浓度 mg/L	HCO_3^-/OH^- 质量浓度 mg/L	pH 值	聚合物质量浓度 mg/L	界面张力 mN/m
1	0.02	4000	0/1500	12.5	1000	3.49×10^{-3}
2	0.02	5000	0/500	11.8	1000	6.92×10^{-3}
3	0.02	4000	1500/0	10.5	1000	2.87×10^{-2}
4	0.02	5000	500/0	9.8	1000	5.45×10^{-3}

四、矿场试验取得的经济效益

北一区断东二类油层强碱三元复合驱试验区基建油水井 112 口，其中采出井 63 口，注入井 49 口，建成产能 9.26×10^4t。按最终含水率达 98% 计算，试验年限 2006—2013 年，期限为 8 年。计算期内最高产量 17.2×10^4t/a，计算期内累计采出原油 79.5×10^4t，阶段采出程度 33.0%（表 7-20）。

表 7-20 试验区开发数据表

参数	2006 年	2007 年	2008 年	2009 年	2010 年	2011 年	2012 年	2013 年	合计
年产液，10^4t	112.8	114.1	126.5	116.4	117.5	114.3	131	130	962.5
年产油，10^4t	6.4	16.0	17.2	13.7	10.2	8.3	4.5	3.2	79.5
年产水，10^4t	106.3	98.1	109.3	102.6	107.2	106.0	95.1	95.1	819.8
含水率，%	94.3	86.0	86.4	88.2	91.3	92.7	96.9	97.7	
年注水，10^4m³	84	87.9	88.4	92.1	88.6	84.2	84.2	84.2	693.6

该项目总投资 101916.3 万元。按历年实际结算油价计算，税后财务内部收益率为 18.01%；油价按 65 美元 /bbl 计算，税后财务内部收益率为 24.58%，高于 12% 的行业基准收益率。三元复合驱经济效益可行，具有广阔的应用前景。

第二节 北二区西部二类油层弱碱三元复合驱矿场试验

为探索二类油层大幅度提高采收率技术，加快三元复合驱工业化进程，2005 年开展了北二西二类油层弱碱三元复合驱矿场试验，历经 9 年攻关，试验中心井区最终提高采收率 25 个百分点以上，明确了二类油层弱碱三元复合驱开采规律及调整方法，形成了相关采油和地面配套工艺技术。

一、矿场试验的目的、意义

2004 年在萨北开发区小井距试验区开展的萨Ⅱ12 油层弱碱三元复合驱先导性试验，取得了中心井提高采收率 20 个百分点以上的好效果。北二区西部二类油层弱碱三元复合驱矿场试验继小井距试验后，进一步扩大弱碱三元复合驱试验规模，探索合理的井网、井距及层系组合方法，通过油藏、采油和地面工程三大系统联合攻关，研究在油层发育厚度和渗透率明显小于葡一组油层的萨尔图油层大幅度提高采收率方法，力争形成一套适合萨北开发区二类油层的弱碱三元复合驱开发配套技术，为大庆油田可持续发展提供支撑。

二、矿场试验区基本概况及方案实施

1. 试验区概况

1）地质概况

试验区位于萨北开发区北二区西部（图 7-8），面积为 1.21km²，地质储量为 116.31×10^4t，孔隙体积为 219.21×10^4m³，采用 125m×125m 五点法面积井网，共有注采井 79 口，其中注入井 35 口，采出井 44 口，中心采出井 24 口。试验目的层为萨Ⅱ10-12 油层，平均单井射开砂岩厚度为 8.1m，有效厚度为 6.6m，有效渗透率为 0.533D（表 7-21）。

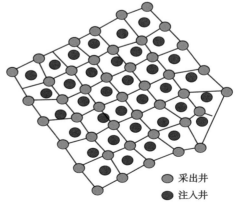

○ 采出井
● 注入井

图 7-8 北二西二类油层弱碱三元复合驱试验区井位图

表 7-21 试验区基本情况表

项目	全区	中心井区
面积，km^2	1.21	0.79
地质储量，10^4t	116.31	75.64
孔隙体积，10^4m^3	219.21	142.66
砂岩厚度，m	8.1	8.8
有效厚度，m	6.6	7.1
有效渗透率，D	0.533	0.529

2）开发简史

试验区自 1964 年基础井网萨尔图、葡萄花主力油层投入开发以来，先后经历了 3 次大的调整，共有 6 套井网（表 7-22）。

表 7-22 北二西三元复合驱试验区开发简况表

井网	开采层系	开采年份	注水方式	井排距离，m
基础井网	萨尔图主力油层	1964	行列井网	500×500（500，300）
				600×500（500，400）
	葡萄花主力油层		行列井网	900×500（500，400）
				1100×500（500，400）
一次加密	葡二、高台子中、低渗透层	1981	反九点	250×（250～300）
二次加密	萨尔图薄差层	1994	反九点	250×250
	东块葡二、高台子薄差层		五点法	
聚合物驱井网	葡一组主力油层	1994	五点法	250×250
三元复合驱井网	萨 II 10-12 油层	2005	五点法	125×125

1964 年，基础井网萨尔图、葡萄花主力油层投入开发，萨尔图油层和葡萄花油层分两套层系，采用行列注水井网开发。萨尔图层系切割距为 1.8km，第一排采出井排距为 500～600m，井距为 500m；第二排采出井排距为 400m，井距为 500m；采出井井位互相错开，注水井井距为 300～400m；葡萄花加高台子层系切割距为 2.8km，第一排采出井排距为 900～1000m，井距为 500m；第二排采出井排距为 400～500m，井距为 500m，注水井距都为 400m，采出井井位互相错开。

1973—1976 年，对萨尔图、葡萄花主力油层的中间井排进行点状注水和完善断层区块注采关系进行了注采系统调整。

1981 年，针对基础井网部分油层动用状况较差的问题，对葡二、高台子中、低渗透油层进行了一次加密调整，井间加井，排间加排，形成井距为 250～300m 的不规则反九点法面积井网。

1986 年，对基础井网、一次加密调整井网进行全面转抽。

1994 年，对萨尔图、葡二、高台子薄差层进行全面二次加密调整，其中萨尔图油层二次加密调整在全区进行，采用注采井距为 250m×250m 反九点面积井网；对调整区东块葡二、高台子油层二次加密调整仅在东块进行，采用注采井距为 250m×250m 五点法井网。

1996 年，对葡Ⅰ组主力油层进行了聚合物驱开采，其中北二西西块调整对象为葡Ⅰ1-4 油层，北二西东块调整对象为葡一组油层，均采用注采井距为 250m×250m 的五点法面积井网。

3）沉积特征

试验区萨二油层组属于河流—三角洲沉积，其中萨Ⅱ9 ~ 萨Ⅱ13+14b 分为 6 个沉积单元，即萨Ⅱ9、萨Ⅱ10+11a、萨Ⅱ10+11b、萨Ⅱ12、萨Ⅱ13+14a、萨Ⅱ13+14b。萨Ⅱ9 沉积单元为三角洲内前缘相枝坨过渡状砂体，试验区目的层的 3 个沉积单元萨Ⅱ10-12 均属低弯曲分流平原相沉积，萨Ⅱ13+14a 沉积单元为三角洲内前缘相枝状砂体，萨Ⅱ13+14b 沉积单元为三角洲内前缘相坨状砂体（表 7-23）。

表 7-23 北二区西部萨二组油层组沉积特征表

序号	沉积类型	层号	层数
1	三角洲枝坨过渡状砂体	萨Ⅱ9	1
2	低弯曲分流平原相砂体	萨Ⅱ10+11a、萨Ⅱ10+11b、萨Ⅱ12	3
3	三角洲内前缘枝状砂体	萨Ⅱ13+14a	1
4	三角洲内前缘坨状砂体	萨Ⅱ13+14b	1

（1）试验区萨Ⅱ10+11a 沉积单元属低弯曲分流平原相沉积，位于分流平原的主体河道砂内，河道规模与完钻前基本相当，呈现分流河道的南北水流方向性，河间砂呈珠状分布。平均砂岩厚度为 2.47m，有效厚度为 1.92m，渗透率为 $423×10^{-3}D$。河道砂的钻遇率为 59.64%，较试验井完钻前降低了 0.36 个百分点，河间砂体的钻遇率为 28.31%，较试验井完钻前增加了 6.09 个百分点。零星分布的河间砂面积小，分布不规则，这类砂体普遍是砂体变差部位而不是砂泥岩薄差层。2 口试验井（北 2-360-E69、北 2-360-E61）钻遇表外，3 口试验井（北 1-310-E64、北 2-361- 检 E68、北 2-363-E67）在该层钻遇尖灭。

（2）试验区萨Ⅱ10+11b 与萨Ⅱ10+11a 沉积单元沉积特征相似，发育在低弯曲分流平原相河道砂的主体部分，河道内连续性较萨Ⅱ10+11a 沉积单元好，试验区中部偏北的部分是砂体连片最好的。平均砂岩厚度为 2.49m，有效厚度为 2.08m，渗透率为 $504×10^{-3}D$。河道砂的钻遇率为 67.47%，较萨Ⅱ10+11a 沉积单元多出了 7.83 个百分点，河间砂体的钻遇率为 23.49%。试验区内平面相变剧烈，河道的复合带内有多处河间砂，发育有多处决口。2 口试验井（北 2-362-E64、北 2-60-450）钻遇表外，4 口试验井（北 2-354-E60、北 2-354-E61、北 2-361-E62、北 2-353-E64）钻遇尖灭。

（3）试验区萨Ⅱ12 沉积单元依然属低弯曲分流平原相沉积，河道沉积是试验区 3 个目的层河道砂分布最厚的，大部分地区为大中型的分流河道，具有向东砂体变厚的明显趋势，砂体的连通性较好。平均砂岩厚度为 2.70m，有效厚度为 2.29m，渗透率为 $570×10^{-3}D$，河道砂的钻遇率为 73.49%，较萨Ⅱ10+11a 和萨Ⅱ10+11b 沉积单元均高，河间砂的钻遇率为 18.67%。仅在西北部的边缘出现小片河间沉积，其他部位河道规模较大，河间砂零星分布其中，且河间砂多数是砂体变差部分而不是砂泥薄互层的沉积。2 口试验井（北 2-352-E61、北 2-360-E61）钻遇表外，3 口试验井（北 2-354-E61、北 2-361-E62、北 2-360- 斜 E62）钻遇尖灭。

（4）萨Ⅱ13+14a沉积单元属于内前缘相枝状三角洲砂体沉积，试验区内只有一条约200m宽的小型河道沉积，河道砂体呈不规则条带、枝状分布，总体上显示出南北走向，河道砂体规模较小。河道砂的钻遇率为22.89%，河间砂的钻遇率为15.66%，尖灭的钻遇率达到了46.99%。试验区在河道发育处萨Ⅱ12层下切萨Ⅱ13+14a沉积单元，有两个井组射开了萨Ⅱ13+14a沉积单元，射孔统计的平均有效厚度为1.74m，渗透率为660×10^{-3}D，其中包括了一个以注入井北2-360-斜E66为中心的完整井组。

4）剩余油分布特点

（1）密闭取心分析。

北二西完钻的密闭取心井萨Ⅱ10-12油层水洗状况统计结果表明，萨Ⅱ10+11油层由于受油层发育的影响，部分地区水洗程度较差，还有75%的油层处于弱、未水洗状态，部分地区油层发育好，注采关系完善，弱、未水洗的比例仅为30%，而萨Ⅱ12油层发育较好，经过长期注水开发水洗程度较高，中、强水洗比例达到了70%以上。试验区2005年新钻的密闭取心井北2-361-检E68井试验层全层见水，层内水洗比例为65.58%，中、强水洗厚度比例为47.23%，弱水洗厚度比例为18.36%，未水洗厚度比例为34.42%，由于该检查井萨Ⅱ10+11a油层钻遇尖灭，萨Ⅱ10+11b油层又处于河道沉积的边部，因此，中、高水洗层段主要在萨Ⅱ12层（表7-24）。

（2）新井测井解释。

根据新钻加密井的水淹层测井解释分析，萨Ⅱ10+11a层的高水淹比例仅为8.90%，低、未水淹比例高达到44.08%，平均含水饱和度仅为43.27%；萨Ⅱ10+11b层的高水淹比例也仅为27.07%，中水淹比例最大，达到了53.64%，平均含水饱和度54.70%；萨Ⅱ12层的高水淹比例却高达了51.78%，平均含水饱和度71.70%，而低、未水淹比例仅为14.21%。从上述数据可以看出，试验区剩余油的潜力在纵向上主要分布在萨Ⅱ10+11a、萨Ⅱ10+11b等2个层内（表7-25）。

表7-24 萨北开发区北二区检查井试验层岩心水洗状况统计表

井号	小层号	水洗状况								采出程度%
		强水洗		中水洗		弱水洗		水洗合计		
		比例%	驱油效率%	比例%	驱油效率%	比例%	驱油效率%	比例%	驱油效率%	
北2-350-检45（2002年）	萨Ⅱ10+11a	14.36	61.04	7.18	49.38	21.55	31.74	43.09	44.45	20.94
	合计	14.36	61.04	7.18	49.38	21.55	31.74	43.09	44.45	20.94
北2-362-检P25（2004年）	萨Ⅱ10+11b	41.88	70.44	29.46	44.85	3.82	30.47	75.16	58.38	40.25
	萨Ⅱ12	18.26	60.44	60.00	47.08	14.78	28.60	93.04	46.76	44.10
	合计	38.22	69.70	34.19	45.46	5.52	29.70	77.93	56.23	40.84
北2-361-检E68（2005年）	萨Ⅱ10+11b			13.27	36.31	29.25	22.23	42.52	26.62	13.89
	萨Ⅱ12	25.33	60.21	65.5	43.99	4.37	24.21	95.2	47.4	45.32
	合计	11.09	60.21	36.14	42.4	18.36	22.44	65.58	39.83	27.65

表 7-25　北二西弱碱三元复合驱试验区新钻井水淹状况统计表

层位	高水淹				中水淹				弱、未水淹			
	有效厚度，%			含水饱和度 %	有效厚度，%			含水饱和度 %	有效厚度，%			含水饱和度 %
	<0.5m	≥0.5m	小计		<0.5m	≥0.5m	小计		<0.5m	≥0.5m	小计	
萨Ⅱ10+11a	0.25	8.65	8.90	65.14	4.51	42.51	47.02	53.75	10.41	33.67	44.08	43.27
萨Ⅱ10+11b	1.43	25.64	27.07	67.65	3.55	50.09	53.64	54.70	4.73	14.56	19.29	44.11
萨Ⅱ12	3.98	47.79	51.78	71.70	3.55	30.52	34.02	55.71	2.74	11.46	14.21	44.40
合计	1.99	28.42	30.42	69.58	3.80	40.50	44.35	54.66	5.79	19.45	25.24	43.70

（3）动态监测统计。

统计试验区 2005 年 21 口开采萨尔图油层基础井的剖面资料，萨二组、萨三组油层的动用程度为 80% 左右，其中有效厚度小于 0.5m 的薄差油层和表外层动用比例较低，薄差层动用比例在 70% 左右，有效厚度大于 1m 的油层动用程度达到 90% 以上（表 7-26）。

表 7-26　北二西弱碱三元复合驱试验区动用状况统计表（2005 年）

有效厚度分级 m	萨二组			萨三组		
	层数比例，%	砂岩比例，%	有效，%	层数比例，%	砂岩比例，%	有效，%
≥2.0	95.5	94.4	95.7	93.3	92.9	93.2
1.0~2.0	91.9	91.5	93.0	90.4	90.1	90.2
0.5~1.0	80.3	84.3	83.9	81.1	83.9	84.1
<0.5	67.2	70.3	71.1	70.3	69.5	72.5
表外	43.5	45.1		41.3	43.2	
合计	75.5	77.5	86.4	74.2	75.1	84.2

试验区新钻井的空白水驱阶段的吸水、产液剖面统计表明，油层纵向吸水不均匀，层间差异大。3 个目的层的吸水量、吸水厚度比例向下依次变大。试验区萨Ⅱ10+11a 层的吸水层数和厚度比例均在 60% 附近，吸水量比例为全井的 20%，萨Ⅱ12 层的两者比例均高达 90% 以上，吸水量比例达到了总水量的近 50%。通过近三年的水驱空白开采，监测的吸水剖面发生了较大的变化，表现为上部吸水情况逐步变差，下部吸水量增加（表7-27）。试验区产液剖面统计结果表明，产液层数、厚度比例相对均匀，产液量与吸入剖面统计结果基本相当，向下依次增高（表 7-28）。

表 7-27　北二西弱碱三元复合驱试验区注入井动用状况统计表

层位	2006 年同位素剖面			2007 年同位素剖面			2008 年相关流量剖面		
	层数比例 %	厚度比例 %	吸水量比例 %	层数比例 %	厚度比例 %	吸水量比例 %	层数比例 %	厚度比例 %	吸水量比例 %
萨Ⅱ10+11a	61.8	64.3	21.7	68.9	70.9	19.1	60.3	58.2	16.4
萨Ⅱ10+11b	79.4	82.3	33.8	91.2	93.2	32.7	94.9	94.9	34.5
萨Ⅱ12	92.7	92.0	44.5	93.1	94.4	48.3	100	100	49.1
小计	74.1	79.4	100.0	83.0	85.7	100.0	82.67	83.5	100.0

表 7-28　北二西弱碱三元复合驱试验区采出井动用状况统计表

层位	2006 年			2007 年			2008 年		
	层数比例 %	厚度比例 %	吸水量比例 %	层数比例 %	厚度比例 %	吸水量比例 %	层数比例 %	厚度比例 %	吸水量比例 %
萨Ⅱ10+11a	100.0	98.3	17.7	89.7	89.7	11.6	88.2	92.0	21.8
萨Ⅱ10+11b	92.4	94.8	29.3	100.0	100.0	25.0	97.6	97.9	23.7
萨Ⅱ12	92.9	92.4	53.0	100.0	100.0	63.4	89.7	94.0	54.5
小计	95.0	95.0	100.0	96.2	96.2	100.0	91.3	94.4	100.0

（5）剩余油分布及成因。

根据北二西二类油层精细地质解剖及动静态资料分析，将试验区剩余油按成因归纳为 5 种类型：井网控制不住型剩余油，这类剩余油比例砂岩厚度占 20.3%，有效厚度占 22.2%；河道正韵律顶部剩余油，这类剩余油比例较大，砂岩厚度占 50.9%，有效厚度占 52.6%；河道砂内零星心滩型剩余油，这类剩余油比例砂岩厚度占 6.9%，有效厚度占 5.7%；河道边部席状砂中的剩余油，这类剩余油比例砂岩厚度占 11.3%，有效厚度占 9.7%；成片分布的差油层，这类剩余油比例砂岩厚度占 10.6%，有效厚度占 9.8%。

综合以上研究表明，二类油层经过 40 年的注水开发已层层见水，其水洗厚度比例达到 70% 以上，水洗段驱油效率在 50% 左右，还有不足 30% 的厚度处于弱未水淹状态。剩余油潜力分布较为零散，平面上主要分布在原井网控制程度低、注采不完善造成动用较差或不动用的部位，以及老井网的采出井排附近，纵向上多集中在厚油层顶部的低、未水淹段内。

2. 试验方案实施情况

1）试验区设计方案

采用 2500×10^4 分子量的聚合物。

前置聚合物段塞：注入 0.0375PV 的聚合物溶液，聚合物质量浓度为 1350mg/L，体系黏度为 45mPa·s。

三元复合驱主段塞：注入 0.35PV 的三元复合体系，碳酸钠质量分数为 1.2%，石油磺酸盐表面活性剂质量分数为 0.3%，聚合物质量浓度为 1750mg/L，体系黏度为 45mPa·s。

三元复合驱副段塞：注入 0.20PV 的三元复合体系，碳酸钠质量分数为 1.0%，石油磺酸盐表面活性剂质量分数为 0.1%，聚合物质量浓度为 1750mg/L，体系黏度为 45mPa·s。

后续聚合物保护段塞：注入 0.25PV 的聚合物溶液，聚合物质量浓度为 1350mg/L，体系黏度为 45mPa·s。

2）方案实施情况

试验区 2005 年 11 月 26 日开始空白水驱，2008 年 10 月 24 日注入前置聚合物段塞，2009 年 3 月 30 日投注三元复合驱主段塞，2011 年 5 月 6 日注入三元复合驱副段塞，2012 年 3 月 14 日注入后续聚合物保护段塞，2013 年 4 月 13 日—2014 年 5 月 31 日注入后续水驱。化学驱累计注入化学剂溶液 $212.0174 \times 10^4 m^3$，相当于 0.9672PV（表 7-29）。全区累计产油 $45.0100 \times 10^4 t$，阶段采出程度为 38.70%。中心井区累计产油 $26.6283 \times 10^4 t$，阶段采出程度为 35.20%，化学驱提高采收率为 25.46%（图 7-9）。

表 7-29 北二西三元复合驱试验区注入方案及执行情况表

阶段	注入方案					方案执行情况					注入孔隙体积倍数 PV
	注入孔隙体积 PV/a	聚合物质量浓度 mg/L	碱质量分数 %	表面活性剂质量分数 %	注入孔隙体积倍数 PV	时间	注入孔隙体积 PV/a	聚合物质量浓度 mg/L	碱质量分数 %	表面活性剂质量分数 %	
空白水驱	0.24				0.060	2005 年 11 月—2008 年 10 月	0.24				0.7236
前置段塞	0.24	1350			0.038	2008 年 10 月—2009 年 3 月	0.20	1350			0.0801
三元主段塞	0.24	1750	1.2	0.3	0.350	2009 年 3 月—2011 年 5 月	0.16 ~ 0.26	1750 ~ 1980	1.2	0.3	0.4284
三元副段塞	0.24	1750	1.0	0.1	0.200	2011 年 5 月—2012 年 3 月	0.25	1940 ~ 1980	1.0	0.1	0.2203
后续保护段塞	0.24	1350			0.250	2012 年 3 月—2013 年 4 月	0.23	1500			0.2384
化学驱合计	0.24				0.838		0.24				0.9672

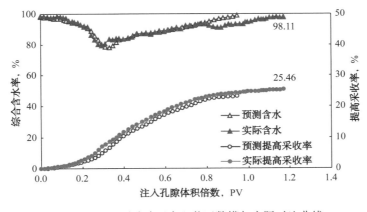

图 7-9 北二西试验区中心井区数模与实际对比曲线

（1）空白水驱阶段。

试验区 2005 年 11 月 29 日—2008 年 10 月 23 日注入空白水驱，累计注水 $158.6318 \times 10^4 m^3$，相当于 0.7236PV。水驱结束时，全区注入井平均注入压力为 5.92MPa，日注量为 1440m³，注入速度为 0.24PV/a，视吸水指数为 0.78m³/（d·m·MPa）；全区累计产油 $7.0561 \times 10^4 t$，阶段采出程度为 6.07%，日产液 2904t，日产油 44t，综合含水率为 98.45%；中心井区累计产油 $4.6742 \times 10^4 t$，阶段采出程度为 6.18%，日产液 2073t，日产油 27t，综合含水率为 98.76%。

（2）前置聚合物段塞阶段。

试验区 2008 年 10 月 24 日—2009 年 3 月 29 日注入前置聚合物段塞，注入聚合物溶液 $17.5698 \times 10^4 m^3$，相当于 0.0801PV。前置聚合物段塞结束时，注入井日注量为 1144m³，注入速度为 0.20PV/a，平均注聚合物质量浓度为 1261mg/L，注入黏度为 22mPa·s，平均注入压力为8.17MPa，与水驱对比注入压力上升2.25MPa，上升幅度为38.0%，视吸水指数为0.64m³/（d·m·MPa），与水驱相比下降幅度为17.9%；全区累计产油7.6016×10⁴t，阶段采出程度为6.54%，日产液2242t，日产油33t，综合含水率为98.53%；中心井区累计产油5.0942×10⁴t，阶段采出程度为6.74%，阶段提高采收率为0.56%，日产液1675t，日产油24t，综合含水率为98.57%。

（3）三元复合驱主段塞阶段。

试验区2009年3月30日—2011年5月5日注入三元复合驱主段塞阶段，累计注入三元复合体系93.8972×10⁴m³，相当于0.4284PV。三元复合驱主段塞阶段结束时，注入井日注量为1680m³，注入速度为0.26PV/a，平均注聚合物质量浓度为1748mg/L，注碱质量分数1.2%，注表面活性剂质量分数为0.3%，体系黏度为58mPa·s，平均注入压力为9.41MPa，与水驱相比上升了3.49MPa，上升幅度达59.0%，视吸水指数为0.73m³/（d·m·MPa），与水驱相比下降幅度为6.4%；全区累计产油24.6236×10⁴t，阶段采出程度为21.17%，日产液2639t，日产油390t，综合含水率为85.23%；中心井区累计产油16.5297×10⁴t，阶段采出程度为21.86%，阶段提高采收率为15.68%，日产液1799t，日产油229t，综合含水率为87.29%。

（4）三元复合驱副段塞阶段。

试验区2011年5月6日—2012年3月13日注入三元复合驱副段塞阶段，注入三元复合体系48.2920×10⁴m³，相当于0.2203PV。三元复合驱副段塞阶段结束时，注入井日注量为1639m³，注入速度为0.25PV/a，平均注聚合物质量浓度为1983mg/L，注碱质量分数为1.0%，注表面活性剂质量分数为0.1%，体系黏度为60mPa·s，平均注入压力为10.28MPa，与水驱相比上升了4.36MPa，上升幅度达73.7%，视吸水指数为0.65m³/（d·m·MPa），与水驱相比下降幅度为16.7%；全区累计产油33.5322×10⁴t，阶段采出程度为28.83%，日产液2657t，日产油250t，综合含水率为90.59%；中心井区累计产油21.1641×10⁴t，阶段采出程度为27.98%，阶段提高采收率为21.80%，日产液1607t，日产油110t，综合含水率为93.15%。

（5）后续聚合物保护段塞阶段。

试验区2012年3月14日—2013年4月12日注入后续聚合物保护段塞。后续保护段塞注入聚合物溶液51.73×10⁴m³，相当于0.2384PV。后续聚合物保护段塞结束时，注入井日注量为1460m³，注入速度为0.23PV/a，平均注聚合物质量浓度为1366mg/L，体系黏度为61mPa·s，平均注入压力为10.12MPa，与水驱相比上升了4.2MPa，上升幅度为70.95%，视吸水指数为0.61m³/（d·m·MPa），与水驱相比下降幅度为19.7%；全区累计产油41.4763×10⁴t，阶段采出程度为35.66%，日产液2165t，日产油183t，综合含水率为91.55%；中心井区累计产油25.0415×10⁴t，阶段采出程度为30.81%，提高采收率为24.63%，日产液1363t，日产油91t，综合含水率为93.35%。

（6）后续水驱。

试验区2013年4月13日—2014年5月31日注入后续水驱。后续水驱阶段累计注水42.7182×10⁴m³，相当于0.2046PV。后续水驱结束时，注入井平均注入压力为7.91MPa，日注量为1160m³，注入速度为0.19PV/a；全区累计产油45.01×10⁴t，阶段采出程度为38.70%，日产液1162t，日产油41t，综合含水率为96.44%；中心井区累计产

油 $26.6283 \times 10^4 t$，阶段采出程度为 31.64%，提高采收率为 25.46%，日产液 869t，日产油 20t，综合含水率为 97.96%。

三、矿场试验取得的成果及认识

1. 125m 井距适合二类油层弱碱三元复合驱开发

（1）125m 井距聚合物驱控制程度高、提高采收率幅度大。

室内研究表明，随着井距缩小，聚合物驱控制程度不断提高。现场试验表明，注采井距为 125m 的条件下，聚合物驱控制程度可达到 90.02%，较 150m 井距条件下提高 4.39 个百分点；"河道—河道"的一类连通率达到 82.33%，较 150m 井距条件下提高 6.7 个百分点。此后，随着井距进一步缩小，聚合物驱控制程度和"河道—河道"的一类连通率提高幅度变小（表 7-30）。

表 7-30 不同井距条件下河道砂钻遇率及聚合物驱控制程度统计表

单元	150m 井距			125m 井距			106m 井距		
	河道砂钻遇率 %	聚合物驱控制程度 %	"河道—河道"连通率 %	河道砂钻遇率 %	聚合物驱控制程度 %	"河道—河道"连通率 %	河道砂钻遇率 %	聚合物驱控制程度 %	"河道—河道"连通率 %
萨Ⅱ10+11a	78.42	78.47	72.05	82.40	83.16	77.19	84.81	84.85	80.19
萨Ⅱ10+11b	88.91	92.04	83.24	90.40	94.62	85.95	91.90	95.94	87.45
萨Ⅱ12	79.85	86.68	74.11	83.3	89.74	79.07	85.43	91.32	81.05
合计	82.39	85.63	75.63	85.63	90.02	82.33	87.38	90.70	82.43

（2）125m 井距可以建立起有效的驱动压力体系。

随着化学剂溶液不断注入，试验区注采大压差逐渐增大。空白水驱阶段，试验区注采大压差为 8.02MPa，前置聚合物段塞为 8.93MPa，三元复合驱主段塞为 12.44MPa，三元复合驱副段塞阶段为 13.17MPa，注采大压差逐渐增大表明三元复合驱驱油能量逐步增强（图 7-10）。

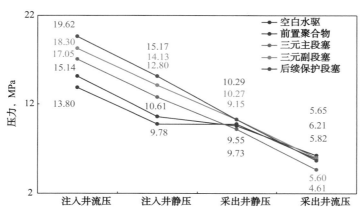

图 7-10 北二西弱碱三元注采大压差曲线

2. 2500×10^4 分子量聚合物—石油磺酸盐—弱碱三元体系适合二类油层开发

（1）岩心流动实验表明注入 2500×10^4 分子量聚合物可实现 80% 以上储量动用。

聚合物分子量与可通过油层的最低渗透率呈线性关系，2500×10^4 分子量聚合物通过岩心最低渗透率为 $230 \times 10^{-3}D$，试验区渗透率小于 $200 \times 10^{-3}D$ 的油层厚度占累计厚度的 15.84%，可以实现 80% 以上的储量动用。岩心驱替实验也表明，2500×10^4 分子量聚合物可以很好通过。

（2）2500×10^4 分子量聚合物—石油磺酸盐—弱碱三元复合体系具有较宽的超低界面张力范围，且界面张力稳定性好。

2500×10^4 分子量聚合物—石油磺酸盐—弱碱三元复合体系体系在碱质量分数为 0.18%~1.6%、表面活性剂质量分数为 0.05%~0.3% 的较宽范围内达到 $10^{-3}mN/m$ 超低界面张力（图 7–11），且现场检测合格率达到 100%，界面张力 90d 后仍能达到超低，黏度保留率在 60.0% 以上，稳定性较好。

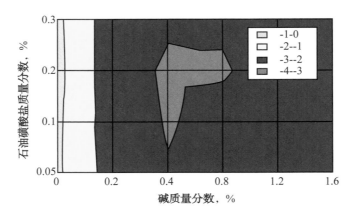

图 7–11 2500×10^4 分子量聚合物—石油磺酸盐—弱碱三元
复合体系界面活性图

3. 弱碱三元复合驱具有较强的注采能力

（1）弱碱三元复合驱注入压力上升幅度高于聚合物驱，低于强碱三元复合驱。

北二西弱碱三元复合驱试验区化学驱注入压力平稳上升，三元复合驱主段塞平均注入压力为 10.03MPa，与空白水驱相比上升了 4.11MPa，升幅为 69.42%，注入压力最大上升幅度为 72.6%，北一断东强碱三元复合驱试验区注入压力最大上升幅度为 110.2%，北二西聚合物驱注入压力最大上升幅度为 58.5%，弱碱三元复合驱注入压力最大升幅比强碱三元复合驱低 38.6 个百分点，比聚合物驱高 13.1 个百分点。

（2）弱碱三元复合驱视吸水指数下降幅度低于聚合物驱和强碱三元复合驱，具有较强的注入能力。

北二西弱碱三元复合驱试验区视吸水指数最大下降幅度为 23.08%，北一断东强碱三元复合驱试验区视吸水指数最大下降幅度为 58.60%，北二西聚合物驱视吸水指数最大下降幅度为 59.00%，弱碱三元复合驱视吸水指数最大降幅较强碱三元复合驱和聚合物驱分别低 35.52 和 35.92 个百分点（图 7–12）。

（3）三元复合驱后渗流阻力增大，三元复合体系控制油水流度比能力逐渐增强。

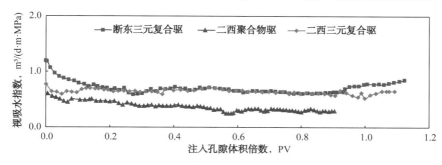

图7-12　不同区块视吸水指数对比曲线

北二西弱碱三元试验区三元复合驱阶段阻力系数升高，试验区霍尔曲线表明，空白水驱阶段曲线的回归斜率为0.1197，前置聚合物驱阶段斜率为0.2266，三元复合驱主段塞阶段斜率上升至0.2284，阻力系数由1.89上升至1.91，说明三元复合体系控制油水流度比、扩大波及体积的能力增强，起到了提高采收率的作用。

（4）弱碱三元复合驱产液量降幅低于聚合物驱及强碱三元复合驱。

北二西弱碱三元复合驱试验区化学驱期间无因次产液量为0.87，北一断东强碱三元复合驱试验区无因次产液量为0.80，北二西聚合物驱无因次产液量为0.67，弱碱三元复合驱无因次产液量高于强碱三元复合驱和聚合物驱，说明其产液能力较强。

（5）弱碱三元复合驱产液指数降幅低于聚合物驱和强碱三元复合驱。

北二西弱碱三元复合驱试验区产液指数最大下降幅度为31.31%，北一断东强碱三元复合驱试验区产液指数最大下降幅度50.55%，北二西聚合物驱产液指数最大下降幅度为48.68%，弱碱三元复合驱产液指数最大降幅较强碱三元复合驱和聚合物驱分别低19.24和17.37个百分点（图7-13）。

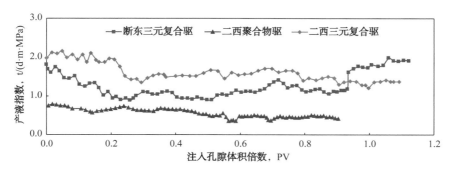

图7-13　不同驱替方式产液指数对比曲线

4.弱碱三元复合驱增油降水效果显著

（1）弱碱三元复合驱含水降幅及提高采收率与强碱三元复合驱相当，高于聚合物驱。

北二西弱碱三元复合驱试验区中心井区含水最大降幅为19.06个百分点，比北二西聚合物驱和强碱三元复合驱分别多下降7.56和1.57个百分点，最终提高采收率为25.46%，相同注入孔隙体积倍数下与强碱三元复合驱相当，较北二西聚合物驱高10.75个百分点（表7-31）。

表 7–31　不同区块含水最大降幅和提高采收率对比表

试验区	含水变化，%		提高采收率，%	
	含水最大降幅	差值	提高采收率	差值
北二西三元复合驱	19.06		25.46	
北二西聚合物驱	11.50	7.56	14.71	10.75
北一断东强碱三元复合驱	17.49	1.57	28.19	−2.73

（2）弱碱三元复合驱见效高峰期采油速度是强碱三元复合驱和聚合物驱的 1～2 倍。

北二西弱碱三元复合驱试验区中心井区在注入化学剂溶液初期，日产油没有明显变化，进入见效期后，日产油开始持续增加，在化学剂溶液注入 0.29PV 时，进入见效高峰期，采油速度为 11.81%。北一断东强碱三元复合驱试验区最高采油速度为 9.49%，北二西聚合物驱最高采油速度为 5.44%，见效高峰期弱碱三元复合驱的采油速度是强碱三元复合驱的 1.24 倍，是聚合物驱的 2.17 倍。

（3）弱碱三元复合驱见效高峰期增油倍数是强碱三元复合驱和聚合物驱的 2.5～6.5 倍。

北二西弱碱三元复合驱试验区见效高峰期日增油 295t，增油倍数 9.93 倍，北一断东强碱三元复合驱试验区最大增油倍数为 3.70 倍，北二西聚合物驱最大增油倍数为 1.53 倍，见效高峰期弱碱三元复合驱的增油倍数是强碱三元复合驱的 2.68 倍，是聚合物驱的 6.49 倍。

5. 及时有效的个性化调整是取得较好效果的保证

北二西弱碱三元复合驱试验区油层层系单一、井距小、平面和层内矛盾大、采出井见效后受效不均匀。9 年来，针对化学驱不同见效阶段的主要矛盾，以精细地质研究成果为基础，结合单井组特点，借助动、静态资料，适时实施各种有针对性的个性化跟踪调整，形成了弱碱三元复合驱注入方案调整、注采井压裂和注入井分层等综合调整技术（表 7–32），取得了显著效果，保证了弱碱三元复合驱的高效开发。

表 7–32　北二西弱碱三元复合驱试验区不同开发阶段综合调整对策表

开发阶段	存在问题	调整措施	调整目的
未见效期	（1）井间压差较大； （2）注采能力不平衡	（1）注入方案调整； （2）高浓度段塞调剖	（1）保证注入质量； （2）均衡压力系统； （3）平衡注采关系； （4）调整吸入剖面
含水率下降期	（1）注入压力不均衡，整体水平较低； （2）含水率下降缓慢； （3）层间矛盾大	（1）注入方案调整； （2）注入井解堵； （3）注入井分层	（1）调整吸入剖面； （2）改善注入状况； （3）调整层间矛盾； （4）促进采出井见效
含水率低值期	（1）部分采出井产液量下降； （2）采出井见效不均匀	（1）注入方案调整； （2）注入井压裂； （3）采出井压裂； （4）深度调剖； （5）采出井堵水	（1）增强注采能力； （2）扩大增油效果； （3）调整层内矛盾； （4）控制含水率回升
含水率回升期	（1）含水率回升速度快； （2）采出化学剂浓度上升快	（1）注入方案调整； （2）深度调剖； （3）注入井压裂； （4）采出井压裂	（1）减缓含水率回升； （2）控制低效循环； （3）改善油水剖面； （4）调整层内矛盾

未见效期重点做好注入体系质量的跟踪调整，保证注入质量方案符合率达到95.0%以上；加强注入井跟踪调整，保证压力系统均衡性；实施注入井注化学剂前期调剖，改善油层动用状况。（1）针对注入井注入压力不均衡，部分采出井流压高、油层动用差异大的情况，在保证注入质量的同时，以调整注采平衡和均衡压力系统为主，共实施注入参数提速、提浓调整68井次。（2）为更好地均衡井间注入压力和改善吸水剖面的不均匀，注前置聚合物段塞前期选择试验区7口注入井采用高浓度聚合物调剖。调整后注入井注入强度由5.38m³/（d·m）上升到5.87m³/（d·m），注入质量浓度由1350mg/L上升到1835mg/L，注入压力由5.92MPa上升到8.15MPa。

含水率下降期重点是实施个性化方案调整，促使采出井均衡受效；实施注入井分层，改善油层动用状况。（1）针对注入压力整体水平仍较低和采出井含水下降缓慢的井区，在进一步均衡井间压力和平衡注采关系的基础上，开展以调整吸水剖面和促进采出井见效为主的综合调整。实施注入井平面、层间调整61井次。（2）针对含水率下降期，注入井吸水状况和采出井受效状况，在注入压力有余地的前提下，对满足条件的4口注入井进行分层。调整后注入井注入压力整体水平上升了0.93MPa，吸入状况得到改善，吸入层数和厚度比例分别由调整前的78.95%和81.16%增加到82.30%和82.54%，分别增加了3.35个和1.38个百分点，全区采出井月含水率下降速度由0.23%上升到0.73%。

含水率低值期是采出井见效的关键期，重点是尽最大可能延长采出井低值期稳定时间。（1）针对采出井产液量下降和受效不均匀的情况，开展调整平面矛盾和进一步扩大驱油效果为主的综合调整。共实施注入参数调整148井次。（2）选择平面、层内矛盾突出的5口注入井进行耐碱聚合物微球＋凝胶调剖，以控制注入溶液低效无效循环，促进采出井均衡受效。（3）开展注采井压裂，增强注采能力，扩大试验效果。通过以上调整，含水率低值期注入压力持续缓慢上升，注入压力上升到10.16MPa，与水驱相比上升了4.24MPa，上升幅度达71.62%。视吸水指数基本稳定，保持在0.65~0.73m³/（d·m·MPa）之间。综合含水率大幅下降至最低点，中心井区最低点含水率下降到79.70%，与空白水驱相比，综合含水率下降了19.06个百分点，低值稳定期达到25个月，产油量也达到峰值，中心井区高峰期采油速度达12.95%，增油9.93倍。产液指数快速下降至最低点1.36t/（d·m·MPa），降幅为31.31%，并通过调整、压裂等措施回升至1.55t/（d·m·MPa）左右，保持稳定。

含水率回升期重点是控制采出井含水率回升速度和化学剂突进以及剖面反转。（1）针对试验区存在部分井区注入压力不均衡、平面矛盾大，部分采出井含水率回升速度快、见剂浓度高等问题，开展以减缓含水率回升速度和控制化学剂突进为主的综合调整。共实施注入方案调整75井次。（2）为减缓层间矛盾，控制含水率回升，选择层间矛盾突出，周围采出井含水率回升快的6口注入井进行体膨颗粒＋复合离子凝胶调剖。（3）注采井压裂增强注采能力，扩大试验效果。试验区注入井在含水率回升期压裂9口井。通过以上调整，含水率回升期注入压力继续缓慢上升到后续聚合物保护段塞结束，注入压力最高上升到10.80MPa，与水驱相比上升了4.88MPa，上升幅度为82.43%。视吸水指数略有下降，保持在0.54~0.67m³/（d·m·MPa）之间。综合含水率开始缓慢回升，期间通过综合调整措施呈二次见效，但受到井距小，层数少影响，时间较短。产油量逐渐下降，但采油速度仍然保持在5%左右。产液指数稳定在1.4~1.5t/（d·m·MPa）。

6. 油层动用状况改善，驱油效率提高

试验区三元主段塞、三元副段塞和后续聚合物保护段塞阶段，吸水层数比例分别比水驱增加 6.76、11.32 和 13.53 个百分点，吸水厚度比例分别比水驱增加 6.65、9.01 和 11.57 个百分点，无反转现象（表 7-33）。尤其是有效渗透率小于 0.1D 的差油层吸入厚度比例比水驱增加 12.3 个百分点，有效厚度小于 1.0m 的薄油层吸入厚度比例比水驱增加 18.4 个百分点。

采出井采出原油的饱和烃含量由水驱时 63.22% 下降到 58.03%，非烃含量由水驱时的 16.93% 上升到 23.30%，原油重质组分增加，表明采出水驱难以动用的剩余油，三元复合驱驱油效率得到提高（表 7-34）。

表 7-33 北二西试验区不同沉积单元动用状况变化情况表

层位	空白水驱			三元复合驱主段塞			三元复合驱副段塞			后续保护段塞		
	层数比例 %	厚度比例 %	吸水量比例 %	层数比例 %	厚度比例 %	吸水量比例 %	层数比例 %	厚度比例 %	吸水量比例 %	层数比例 %	厚度比例 %	吸水量比例 %
萨II 10+11a	50.00	54.29	13.8	62.50	67.03	19.44	82.89	79.06	23.92	85.53	81.89	27.71
萨II 10+11b	88.46	94.45	40.58	95.65	99.60	36.13	92.31	94.07	35.23	94.87	97.46	33.27
萨II 12	100.00	100.00	45.63	100.00	100.00	44.43	95.83	96.59	40.85	97.22	98.03	39.02
合计	78.95	81.16	100.00	85.71	87.81	100.00	90.27	90.17	100.00	92.48	92.73	100.00

表 7-34 原油物性变化表

时间	饱和烃含量 %	芳烃含量 %	总烃含量 %	非烃含量 %	沥青质含量 %	灰分含量 %	平均分子量
空白水驱	63.22	19.85	83.07	16.93	1.03	0.02	398.2
前置段塞	59.91	19.04	78.95	21.05	0.63	0.04	412.8
三元复合驱	58.03	18.67	76.70	23.30	0.48	0.05	422.2

7. 三元复合体系协同作用较好

（1）采出井乳化现象明显，乳状液稳定，乳化采出井含水率下降幅度大。

三元复合体系注入 0.27PV 时，采出液出现乳化，注入 0.35PV 时，采出液中无游离水，整个乳化过程为 0.1 ~ 0.14PV。乳化采出井含水率下降幅度比未乳化采出井含水率下降幅度多 15% ~ 25%，乳化严重采出井含水率比乳化轻采出井含水率多下降 12%，乳化液类型均为油包水型（表 7-35）。

表 7-35 采出井乳化情况统计表

井号	井数	比例 %	乳化原油黏度 mPa·s	平均粒径 μm	含水下降幅度 %	乳化持续孔隙体积倍数 PV	乳化类型
未乳化井	22	50.0			18.04		
乳化轻井	16	36.4	60.5	8.9	32.6	0.1	油包水
乳化严重井	6	13.6	100.9	13.77	44.6	0.14	油包水

乳化周期分为五个时期，即乳化初期、乳化中期、乳化严重期、乳化稳定期和乳化后期。从乳化液黏度看，随着采出井含水率的下降，采出液中游离水变少，在乳化严重期，采出液中无游离水，黏度最高。从乳化后采出井含水率来看，随着乳化现象出现，采出井含水率开始大幅度下降，乳化稳定期含水率下降到最低，乳化后期随着采出井含水率上升，黏度下降。

（2）试验区见碱和表面活性剂时间差异小，协同作用好。

化学剂溶液注入 0.0640PV 时开始见聚合物，注入 0.1921PV 和 0.2209PV 时开始见碱和表面活性剂，见碱和表面活性剂的时间差仅为 0.0288PV，时间差异较小，表明三元复合体系在地下具有较好的协同效应。

四、矿场试验取得的经济效益

北二西二类油层弱碱三元复合驱矿场试验建设时间为 2005 年。共基建油水井 79 口，其中油井 44 口，水井 35 口，建成产能 $8.47 \times 10^4 t/a$。项目总投资 48158.8 万元，其中建设投资 24381.14 万元、化学药剂投资 15823.0 万元、建设期利息 728.4 万元、流动资金 1444.4 万元、实验研究投入 263.3 万元。

按实际结算油价及商品率计算，生产期内总营业收入为 176768.6 万元，总营业税金为 10207.9 万元。生产期内总成本为 92919.0 万元，利润总额为 73641.6 万元，利税总额为 83849.5 万元，投资利润率为 19.1%，投资利税率为 21.8%。项目所得税后内部收益率为 22.7%。高于行业基准收益率，在经济上可行。

第三节　杏六区东部水平井三元复合驱矿场试验

为进一步挖潜厚油层顶部剩余油，较大幅度提高采收率，2007 年在杏六区东部 I 块开展了水平井三元复合驱现场试验。经过 9 年多的现场试验研究，首创水平井开展强碱三元复合驱，形成了水平井轨迹优化设计技术、水平井三元复合驱开发技术，攻关了水平井三元复合驱技术。试验区提高采收率 29.66 个百分点，预测最终提高采收率在 30 个百分点以上，较单独依靠直井开发多提高采收率 10 个百分点，累计产油量近 $20 \times 10^4 t$，获得直接经济效益 5.3 亿元以上，为油田开辟了一条提高采收率的新途径。

一、矿场试验目的及意义

大庆油田经过 40 多年的水驱开发，已经进入高含水后期的开发阶段，水驱开发已经历了一次、二次加密调整，目前部分区块已进行了三次加密调整。随着对储层认识不断加深，开发调整不断精细，开发效果不断提高，水驱采收率已经达到 40% 以上，油层水淹比例较高，剩余油分布高度零散。继续水驱挖掘剩余油的难度越来越大，且经济效益较差，特别是一类油层仍存在一定比例的剩余油，挖掘潜力仍较大。"九五"期间，根据陆相多层砂岩油田化学驱理论和大量的室内实验、现场试验的结论，聚合物驱可以比水驱提高采收率 10 个百分点左右。从 1996 年开始，大庆油田开始实施一类油层工业化聚合物驱生产，一类油层聚合物驱对高含水后期的稳产起到了重要的作用，成为大庆油田高含水后期增储上产的一项重要技术，到"十五"期间聚合物驱年产量已经达到 $1000 \times 10^4 t$。但由于层内差异等因素影响，水驱、聚合物驱后厚油层顶部都富含一定量的剩余油，因此，开展水平井厚油层顶部剩余油挖潜技术研究，对于大庆油田的可持续发展、创建百年油田有十分重要意义。

为了进一步挖潜厚油层顶部剩余油，较大幅度提高采收率，开展了水平井三次采油现场试验，研究水平井三次采油的可行性以及跟踪调整技术，为厚油层剩余油挖潜提供技术依据。

二、矿场试验区基本概况及方案实施

1. 试验区概况

1）试验区地质概况

试验区含油面积 $0.6km^2$，地质储量为 251.66×10^4t，孔隙体积为 $448.18 \times 10^4m^3$。其中葡 I 1 ~ 3 油层地质储量为 115.50×10^4t，葡 I 3_3 油层地质储量为 55.79×10^4t，占葡 I 1 ~ 3 油层地质储量的 48.30%；葡 I 1 ~ 3 油层孔隙体积为 $205.67 \times 10^4m^3$，葡 I 3_3 油层孔隙体积为 $99.37 \times 10^4m^3$。共有水平井 5 口，方案设计为 2 口采出井、3 口注入井，其中 3 口注入井结束了排液阶段，转为水平注入井，周围分布单采葡 I 3 油层的相关注入直井 8 口、采出直井 10 口。

在葡 I 1 ~ 3 油层中，有效厚度大于 1.0m 油层的地质储量为 84.59×10^4t，占葡 I 1 ~ 3 油层地质储量的 73.25%；有效厚度大于 0.5m 油层的地质储量为 103.12×10^4t，占葡 I 1 ~ 3 油层地质储量的 89.29%，见表 7-36。

表 7-36　试验区葡 I 1 ~ 3 油层地质储量分布情况统计表

沉积单元	有效厚度大于或等于 1.0m 油层		有效厚度大于或等于 0.5m 油层	
	地质储量 10^4t	所占比例 %	地质储量 10^4t	所占比例 %
葡 I 1_1	1.41	27.27	3.02	58.24
葡 I 1_2	3.52	50.87	5.35	77.36
葡 I $2_1{}^1$	0.66	34.06	1.50	76.82
葡 I $2_1{}^2$	13.67	71.22	17.25	89.91
葡 I 2_2	11.97	74.71	14.09	87.97
小计	31.23	63.41	41.21	83.67
葡 I 3_2	6.69	64.10	8.86	84.85
葡 I 3_3	46.67	83.65	53.06	95.09
小计	53.36	80.57	61.92	93.48
合计	84.59	73.25	103.13	89.29

2）开发简史

杏六区东部 I 块三元复合驱水平井试验区自 1968 年开发以来，经历了基础井网排液拉水线、全面投产、注水恢复压力、自喷转抽、一次加密调整、二次加密调整、三次加密调整和三次采油八大开发阶段。截至 2009 年 2 月，区内有基础井网、一次加密调整井网、二次加密调整井网、三次加密调整井网和三元复合驱井网 5 套井网，见表

7-37。试验区内共有油水井 130 口，其中采出井 66 口，注入井 64 口，井网密度 216.7 口 /km²，采出井核实日产液 2700t，日产油 182t，综合含水率为 93.26%，劈分到试验区累计产油 105.4×10⁴t，区块地质储量采出程度为 41.9%；注入井日注 3076m³，累计注入 701.2×10⁴m³，目前平均地层压力为 7.36MPa（表 7-38）。

表 7-37　水平井试验区各套井网基本情况

分项	投产年份	开采对象	井网	井距 m	井数		
					采出井	注水井	合计
基础井网	1968	葡 I 1～3 油层和渗透率较高、厚度较大的非主力油层	行列井网	3～600×400（400，300）	5	0	5
一次加密井网	1987	非主力油层中厚度较小、渗透率较低的差油层及河道砂体的变差部位	斜五点法	200×400	5	5	10
二次加密井网	1997	萨葡高油层中未动用的外前缘相 I、II、III 类油层中有效厚度小于 0.5m 的薄差油层和表外储层	线状注水	200×200	12	10	22
三次加密井网	2007	二类表外储层和一类表外储层及少部分表内薄层	五点法	141	18	21	39
三元复合驱井网		葡 I 1～3 油层			24	25	49

注：三元复合驱井网调整目的层为葡 I 1～3，先对葡 I 3 油层开展三元复合驱，再上返葡 I 1～2 油层。

表 7-38　水平井试验区各套井网生产情况统计表

井网	开井数			动态生产数据（2009 年 2 月）						
	采出井	注入井	小计	核实产液 t/d	核实产油 t/d	综合含水率 %	日注水 m³	井口累计产油 10⁴t	劈分到试验区累计核实产油 10⁴t	累计注入 10⁴m³
基础井网	5	0	5	440	25	94.40	—	184.0	45.7	—
一次加密井网	5	5	10	373	25	93.26	414	70.2	41.3	403.5
二次加密井网	12	10	22	428	35	91.87	711	19.6	13.0	234.2
三次加密井网	18	21	39	261	33	87.33	515	1.6	1.4	24.0
三次采出井网	20	25	45	945	52	94.47	1222	2.4	2.1	35.7
水平井	3	2	5	253	12	95.35	214	2.1	1.9	3.8
合计	63	63	126	2700	182	93.26	3076	279.9	105.4	701.2

基础井网为萨葡高油层合采井，主要开采对象是渗透率高、厚度大的葡 I 1～3 油层和其他渗透率较高、厚度较大的非主力油层。采用行列注水方式，切割距为 2.0km，井网方式为 3～600×400（400，300）m。1968 年 11 月开始在注水井排上排液拉水线，1970 年二、四排采出井投产，1977 年中间井排投产，1983—1986 年由自喷开采全面转为抽油生产。

水平井试验区内射开葡 I 3 油层的采出井共 5 口，均为萨葡高油层合采的基础井网井，2009 年 2 月开井 5 口，平均单井日产液 88.0t，日产油 5.0t，平均综合含水率为 94.3%，累计产油 184.0×10⁴t。

一次加密调整于 1987 年杏六区东部开始进行，调整对象确定为非主力油层中厚度较小、渗透率相对较低的未水淹和低水淹油层。采用井间加注水井，排间加采出井，井距 400m，排距 200m，新加密油水井相互错开 200m 的布井方法，构成斜五点法井网。

二次加密调整于 1997 年杏六区东部区块开始。原则上把萨葡高油层中未动用的外前缘相Ⅰ、Ⅱ、Ⅲ类油层中有效厚度小于 0.5m 的薄差油层和表外储层作为调整对象。采用排间加排、间注间采的布井方式。井位正对老井，正对老采出井的为新采出井，正对老注水井的为新注水井。第一排间距离一次加密调整井排 150m 布新采出井排，新井与老井错开 100m，构成 200×200m 的线状注水方式。

三次加密调整于 2007 年杏六区东部区块开始，原则上把二类表外储层和一类表外储层及少部分表内薄层作为调整对象。通过排间加排、在原一次加密调整井排和二次加密调整井排间布一排三次加密井，形成采出井和注入井排，注入井和采出井错开 100m，形成排距为 100m、井排上井距为 200m、注采井距 141m 的五点法面积井网。

三元复合驱注采井于 2007 年杏六区东部区块开始钻打，调整对象为葡Ⅰ1~3 油层，规划安排先对葡Ⅰ3 油层开展三元复合驱，再上返葡Ⅰ1~2 油层。通过排间加排、在原一次加密调整井排和二次加密调整井排间布一排三次加密井，形成采出井和注入井排，注入井和采出井错开 100m，形成排距为 100m、井排上井距为 200m、注采井距 141m 的五点法面积井网。

同时，在杏六区东部Ⅰ块内部开辟了水平井三元复合驱试验区，钻打了 5 口水平井，形成了 3 注 2 采的水平注采井组。其中，杏 6-1-平 35 和杏 5-4-平 35 两口水平井均平行布在杏 6-1-35 井区的点坝砂体上，水平段间距离 210m，设计水平段长度为 300m，于 2006 年 9 月份完钻，分别于 2006 年 12 月和 2007 年 1 月投产；杏 5-4-平 34、杏 6-2-平 36 和杏 6-2-平 37 三口水平井均平行布在已钻打的两口水平井两侧，水平段间距离 140~210m，设计水平段长度为 300m，于 2007 年 8—9 月完钻，均于 2007 年 11 月投产。5 口水平井的设计井别为 3 注 2 采，3 口注入井投产后进行排液生产，取得了较好的投产及开发效果。杏 5-4-平 34 井和杏 6-2-平 37 井于 2008 年 7 月实施了转注。

3）油层沉积特征及发育状况

首先是目的层地质特征。杏北开发区主力油层葡Ⅰ1~3 属河流—三角洲沉积体系的分流河道砂沉积，试验目的层葡Ⅰ3₃ 单元为三角洲上分流平原的沉积产物，砂体属于高弯曲分流河道砂沉积，河道砂体平面上大面积分布，该单元由河道砂体侧向加积合并而形成的若干个点坝砂体组成，试验区内各井点砂体厚度变化较大，有效厚度约 4~7m。三元复合驱新井钻遇葡Ⅰ3₃ 油层平均砂岩厚度 6.54m，有效厚度 5.45m，未钻遇河间砂。通过钻打试验井，废弃河道钻遇率提高了 7.8 个百分点，由于控制井点增加，废弃河道宽度变窄，平均宽度由 150m 变为不足 100m，识别出的废弃河道更加连续，曲流河形态更加弯曲。点坝形态更加典型，曲流迁回扇特征更加明显，点坝内部滩脊、滩槽清晰可辨。

试验目的层葡Ⅰ3₃ 单元平均渗透率为 $597×10^{-3}D$，其中平均有效渗透率小于 $100×10^{-3}D$ 的有效厚度比例为 0.9%；小于 $200×10^{-3}D$ 的有效厚度比例为 1.3%，而大于 $400×10^{-3}D$ 的有效厚度比例为 79.1%。水平井平均有效渗透率大于 $200×10^{-3}D$ 的射孔井段长度比例均在 70.0% 以上。轨迹位置距离油层顶部 1/7~1/9 之间水平井渗透率在 $(329~369)×10^{-3}D$，相对较低，见表 7-39。

表 7-39 水平井试验区葡 I 33 单元油层渗透率分级统计表

沉积单元	钻遇层数	有效厚度 m	平均有效渗透率 $10^{-3}D$	平均有效渗透率分级									
				$\geq 400 \times 10^{-3}D$		$300 \sim 400 \times 10^{-3}D$		$200 \sim 300 \times 10^{-3}D$		$200 \sim 100 \times 10^{-3}D$		$< 100 \times 10^{-3}D$	
				层数 %	厚度 %	层数 %	厚度 %	层数 %	厚度 %	层数 %	厚度 %	层数 %	厚度 %
葡 I 3₃	124	735.5	597	78.2	79.1	13.7	13.4	6.5	6.2	0.8	0.4	0.8	0.9

二是隔夹层发育状况葡 I 1₁ ~ 3₃ 层段与上部萨Ⅲ 11 间隔层稳定，隔层厚度均大于 2.0m ；与下部葡 I 4₂ 间隔层发育不稳定，且有一定油层比例粘连，井点连通比例为 31.5%。从葡 I 1₁ ~ 3₃ 各沉积单元之间层间连通状况看，各沉积单元间有效厚度纵向连通比例与二类砂岩连通比例均低于 40.0%，一类砂岩连通比例为 9.7% ~ 33.1%。其中葡 I 3₃ 油层与上部葡 I 3₂ 间隔层大于 0.5m 的占 60.5%，一类砂岩连通比例为 33.1%，有效厚度纵向连通比例为 24.2%，见表 7-40 和表 7-41。

表 7-40 水平井试验区沉积单元间隔层厚度分布状况统计表

隔层	$\geq 2.0m$ %	$1.5 \sim 2.0m$ %	$1.0 \sim 1.5m$ %	$0.5 \sim 1.0m$ %	$0.3 \sim 0.5m$ %	连通比例 %
葡 I 1₁→萨Ⅲ 1₁	100	0	0	0	0	0
葡 I 1₂→葡 I 1₁	66.1	6.5	13.7	4.0	0	9.7
葡 I 2₁¹→葡 I 1₂	79.8	2.4	2.4	1.6	0	13.7
葡 I 2₁²→葡 I 2₁¹	71.8	0.8	2.4	4.8	0.8	19.4
葡 I 2₂→葡 I 2₁²	55.6	6.5	4.8	9.7	2.4	21.0
葡 I 3₂→葡 I 2₂	50.0	8.1	8.9	4.8	2.4	25.8
葡 I 3₃→葡 I 3₂	25.0	5.6	11.3	18.5	2.4	37.1
葡 I 4₂→葡 I 3₃	12.9	6.5	18.5	25.0	5.6	31.5

表 7-41 水平井试验区沉积单元间连通关系统计表

分类	二类砂岩连通，%	一类砂岩连通，%	有效厚度连通，%
葡 I 1₁→萨Ⅲ 1₁	0	0	0
葡 I 1₂→葡 I 1₁	9.7	9.7	8.9
葡 I 2₁¹→葡 I 1₂	13.7	12.9	12.9
葡 I 2₁²→葡 I 2₁¹	19.4	15.3	8.9
葡 I 2₂→葡 I 2₁²	21.0	20.2	19.4
葡 I 3₂→葡 I 2₂	25.8	25.8	21.8
葡 I 3₃→葡 I 3₂	37.1	33.1	24.2
葡 I 4₂→葡 I 3₃	31.5	31.5	29.8

侧积夹层是厚油层内部水淹差异的内因。2006 年对试验区葡 I 3₃ 油层开展侧积夹层建模及预测研究，通过水平井取心和测井曲线判断[1,2]。杏 6-1- 平 35 井分布 14 个侧积夹层，最薄的一个夹层为 1.5m，最厚一个夹层为 15.6m，钻遇夹层总厚度为 78.7m，占水平段总长度的 14.67%。杏 5-4- 平 35 井分布 8 条侧积夹层，最薄的一个夹层为 2.0m，最厚

一个夹层为14.0m，钻遇夹层总厚度为50.9m，占水平段总长度的13.56%，见表7-42和表7-43。

表7-42　杏6-1-平35井侧积夹层分布表

标号	顶深，m	底深，m	厚度，m	夹层类别
1	1185.2	1192.6	7.4	I
2	1210.4	1217.1	6.7	II
3	1236.0	1237.8	1.8	III
4	1307.7	1310.8	3.1	III
5	1318.5	1323.5	5.0	II
6	1347.4	1349.7	2.3	II
7	1362.0	1367.2	5.2	II
8	1397.8	1405.4	7.6	II
9	1417.2	1419.2	2.0	III
10	1457.8	1459.3	1.5	III
11	1489.4	1503.5	14.1	II
12	1528.2	1532.0	3.8	I
13	1551.0	1566.6	15.6	II
14	1578.6	1581.2	2.6	III

表7-43　杏5-4-平35井侧积夹层分布表

标号	顶深，m	底深，m	厚度，m	夹层类别
1	1253.0	1267.0	14.0	II
2	1273.4	1277.5	4.1	II
3	1407.4	1420.8	13.4	I
4	1432.6	1439.0	6.4	II
5	1347.4	1450.0	2.6	I
6	1457.2	1462.0	4.8	I
7	1510.4	1514.0	3.6	II
8	1523.6	1525.6	2.0	I

4）试验目的层水淹状况及剩余油分布特征

新井水淹状况分析根据区块91口新井水淹层解释资料统计，葡 I 1~3 油层平均单井钻遇有效厚度14.8m，其中未水淹有效厚度只有0.4m，占总有效厚度的2.6%，水淹厚度比例为97.4%，低水淹比例为20.9%，低未水淹比例为23.5%。

不同的砂体水淹状况不同。河道砂水淹程度最重，高+中水淹比例达到78.2%，其中葡 I 3_3 单元高水淹比例达到50.4%；废弃河道砂高+中水淹比例低于河道砂6.5个百分点，低水淹比例高7.1个百分点；河间砂总水淹比例达到95.6%，但主要以中低水淹为主，中+低水淹比例为85.7%，各单元各类砂体中仍有一定的低未水淹比例存在。

从区块新钻三元复合驱井水淹层解释结果看，原始含油饱和度81.1%，目前平均含水饱和度为 48.4%，各沉积单元平均含水饱和度均在 44.0% 以上。葡 I 3₃ 单元上部、中部、下部含油饱度平均分别为 50.2%、43.3%、33.2%，油层顶部低、未水淹有效厚度比例达到了 48.0%，为剩余油富集段。这类剩余油主要受点坝砂体内侧积夹层的侧向遮挡、正韵律油层以及注水重力作用影响而形成，见表 7-44。

表 7-44　水平井试验区各沉积单元目前含水饱和度状况统计表

沉积单元	河道砂（含废弃河道）		河间砂		平均饱和度 %
	井数	饱和度，%	井数	饱和度，%	
葡 I 1₁	13	45.6	47	52.9	51.4
葡 I 1₂	32	51.6	22	50.4	51.1
葡 I 2₁¹	4	47.0	19	49.8	49.3
葡 I 2₁²	51	48.4	7	55.5	49.2
葡 I 2₂	53	45.9	22	45.5	45.8
葡 I 1～2	—	47.9	—	50.7	49.1
葡 I 3₂	39	50.5	25	52.4	51.3
葡 I 3₃	91	44.0	—	—	44.0
葡 I 3	—	46.0	—	52.4	47.0
葡 I 1～3	—	47.0	—	51.0	48.4

取心井油层水洗状况分析杏 6-12- 检 E24 井是 2008 年钻打的密闭取心井，葡 I 1～2 钻遇 5 个有效层，有效厚度为 9.10m，其中 2 个有效厚度为 0.6m 的表内薄层未见水，3 个层见水动用，水洗厚度为 4.85m，占有效厚度的 53.3%。水洗程度以中水洗为主，中水洗厚度为 4.02m，占水洗厚度的 82.89%，水洗段平均驱油效率为 40.8%。弱水洗与未水洗段处于厚油层层内。分析认为，葡 I 1₁、1₂ 单元河间砂、表外储层相对比较发育，各类砂体间相带分异明显，由于非河道砂体的遮挡作用，使得该井层虽被水洗，但层内仍有一定的未水洗及弱水洗比例[3]。葡 I 2₁² 单元河道砂体相对葡 I 1₂ 单元比较发育，河道砂体连通状况好，这两个油层水洗比例达 48.3%，但由于注采关系相对不完善，致使层内仍有部分未水洗。葡 I 2₂ 单元河道砂体相对比较发育，河道砂体连通状况好，且注采关系完善，水驱动用较好，使水洗厚度比例达到 84.5%，见表 7-45。

表 7-45　147 口新井葡 I 33 沉积单元内部水淹状况统计表

油层部位	平均厚度，m		高水淹，%		中水淹，%		低水淹，%		未水淹，%	
	砂岩	有效	层数	有效	层数	有效	层数	有效	层数	有效
上部	2.4	1.9	9.6	10.2	39.6	41.8	21.8	19.1	29.0	28.9
中部	2.7	2.1	39.2	40.1	46.9	46.5	8.5	9.0	5.4	4.4
下部	2.0	1.9	86.2	86.3	12.9	13.1	0.9	0.6	—	—

杏 6-12- 检 E24 井葡 I 3 钻遇 3 个有效层，有效厚度为 8.5m，均已见水动用，水洗厚度为 6.39m，占有效厚度的 75.18%。水洗程度以中、强水洗为主，强水洗厚度为 3.22m，占水洗厚度的 50.39%，中水洗厚度为 2.91m，占水洗厚度的 45.54%，水洗段平均驱油效率为 59.9%。弱水洗与未水洗段处于厚油层顶部或厚油层内，见表 7-46。

表7-46 杏6-12-检E24密闭取心井葡Ⅰ1～3油层水洗状况统计表

沉积单元	有效厚度 m	水洗厚度		水洗程度						平均驱油效率 %
		厚度 m	比例 %	强水洗		中水洗		弱水洗		
				厚度 m	比例 %	厚度 m	比例 %	厚度 m	比例 %	
葡Ⅰ1₁	0.40	0.09	22.50	—	—	0.09	100	—	—	48.7
葡Ⅰ1₂	1.50	0.23	15.33	—	—	0.12	52.17	0.11	47.83	31.3
葡Ⅰ2₁²	4.30	2.08	48.37	—	—	1.71	82.21	0.37	17.79	37.9
葡Ⅰ2₂	2.90	2.45	84.48	0.35	14.29	2.10	85.71	—	—	43.9
葡Ⅰ1～2	9.10	4.85	53.30	0.35	7.22	4.02	82.89	0.48	9.90	40.8
葡Ⅰ3₂	3.90	2.05	52.56	0.39	19.03	1.40	68.29	0.26	12.68	46.6
葡Ⅰ3₃	4.60	4.34	94.35	2.83	65.21	1.51	34.79	—	—	65.3
葡Ⅰ3	8.50	6.39	75.18	3.22	50.39	2.91	45.54	0.26	4.07	59.9
葡Ⅰ1～3	17.60	11.24	63.86	3.57	31.77	6.93	61.65	0.74	6.58	52.0

分析认为，杏六区东部葡Ⅰ3₃单元河道砂体与废弃河道砂体发育，砂体连通状况好，且注采关系完善，水驱动用较好，使该层水洗厚度比例达到94.35%；葡Ⅰ3₂单元河间砂、表外储层相对葡Ⅰ3₃单元比较发育，由于非河道砂体的遮挡作用，使得该井层虽被水洗，但层内仍有一定的未水洗及弱水洗比例。

另外，从水平井杏6-1-平35井取心水洗状况看，点坝上部水洗层驱油效率为44.5%，点坝中部水洗层驱油效率为57.2%，点坝下部水洗层驱油效率为71.4%。说明厚油层上部存在较多剩余油，见表7-47。

表7-47 杏6-1-平35取心井水洗状况

部位	水洗程度	水洗长度 m	水洗长度比例 %	含油饱和度 %	驱油效率 %
点坝上部（距顶面0.8～1.0m）	弱洗	3.69	1.49	55.9	32.2
	中洗	57.12	23.04	44.9	44.1
	强洗	4.98	2.01	33.5	58.2
	小计	65.79	26.54	44.6	44.5
点坝中部（距顶面3.0～4.0m）	中洗	17.29	42.02	45.2	46.0
	强洗	23.40	56.87	26.5	65.6
	小计	40.69	98.89	34.5	57.2
点坝下部（距底面0.8m）	中洗	2.46	9.07	38.0	48.1
	强洗	24.66	90.93	21.8	73.7
	小计	27.12	100	23.2	71.4

2. 试验区的方案实施情况

1）试验区设计方案

借鉴以往成功的试验，将三元复合驱段塞确定为注入0.45PV，其中三元复合驱主段塞为注入0.3PV、三元复合驱副段塞为注入0.15PV。考虑到水平井注入能力较强，确定开采葡Ⅰ3₃油层的水平井试验区三元复合驱采用如下注入方案。

采用2500×10⁴分子量的聚合物。

前置聚合物段塞：注入 0.075PV 的聚合物溶液，聚合物质量浓度为 1800mg/L，体系黏度为 50mPa·s；部分相关直井采用高浓度调剖，注入质量浓度为 2000mg/L。

三元复合驱主段塞：注入 0.30PV 的三元复合体系，氢氧化钠质量分数为 1.0%，烷基苯表面活性剂质量分数为 0.2%，聚合物质量浓度为 2000mg/L，体系黏度为 40mPa·s，三元复合体系与原油界面张力达到 10^{-3}mN/m 数量级。

三元复合驱副段塞：注入 0.15PV 的三元复合体系，氢氧化钠质量分数为 1.0%，烷基苯表面活性剂质量分数为 0.1%，聚合物质量浓度为 2000mg/L，体系黏度为 40mPa·s，三元复合体系与原油界面张力达到 10^{-3}mN/m 数量级。

后续聚合物保护段塞：注入 0.20PV 的聚合物溶液，聚合物质量浓度为 1400mg/L。

2）方案实施情况

试验区于 2008 年 1 月全部投注进入空白水驱阶段，2009 年 5 月进入前置聚合物段塞注入阶段，2010 年 1 月进入三元复合驱主段塞注入阶段，2012 年 4 月进入三元复合驱副段塞注入阶段，2013 年 4 月进入后续聚合物保护段塞阶段。截止到 2017 年 1 月底，化学驱累计注入 1.272PV，累计产油 18.97×10^4t，阶段采出程度为 34.00%，提高采收率为 29.66%（图 7–14）。

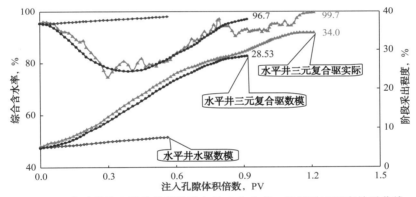

图 7–14 水平井注入孔隙体积倍数与综合含水率、阶段采出程度关系曲线

2008 年 1 月，试验区全部投注进入空白水驱阶段，空白水驱阶段注入井注入能力较强，历时 17 个月，截至 2009 年 4 月底，空白水驱阶段累计注水 19.12×10^4m³，累计产油 1.788×10^4t，阶段采出程度为 3.20%。空白水驱末注入压力为 4.66MPa，视吸水指数为 2.215m³/（d·m·MPa）。

2009 年 5 月，区块进入前置聚合物段塞注入阶段，注入能力下降，注入压力上升，累计注入 0.150PV 的聚合物溶液，注入压力上升到 8.58MPa，较空白水驱末上升了 3.92MPa。前置聚合物段塞末，试验区平均日产液 929t，日产油 40.9t，综合含水率为 95.59%。

前置聚合物段塞阶段累计产油 0.9098×10^4t，阶段采出程度为 1.63%。截至 2010 年 1 月底，累计注入化学剂 0.150PV，化学驱阶段累计产油 2.6976×10^4t，化学驱阶段采出程度为 4.83%。

试验区于 2010 年 1 月进入三元复合驱主段塞注入阶段，与前置聚合物段塞相同，聚合物用 2500×10^4 分子量的，初期下调化学驱注入速度，通过个性化单井聚合物浓度调整，使区块注入压力回升；然后通过改善油层动用状况促使采出井受效。密切跟踪单井及区块动态变化，在单井注入泵满足需求后，又根据单井的具体情况实施一系列的方案调整。三元复合驱主段塞平均注入质量浓度为 2060mg/L，碱质量分数为 1.2%，表面活性剂质量分数为 0.3%，视吸水指数为 1.259m³/（d·m·MPa）。2012 年 3 月，试验区平均日产液 875t，日产油 158.7t，综合含水率为 81.86%，平均沉没度为 531m。三元复合驱主段塞阶段累计注入 0.426PV 的化学药剂，三元复合驱主段塞阶段累计产油 9.7429×10⁴t，阶段采出程度为 17.46%，累计注入 0.574PV 的化学剂，化学驱阶段累计产油 12.4406×10⁴t，化学驱阶段采出程度为 22.29%。

试验区于 2012 年 4 月 1 日进入三元复合驱副段塞注入阶段，用 2500×10⁴ 分子量的聚合物。三元复合驱副段塞平均注入质量浓度为 1944mg/L，碱质量分数为 1.04%，表面活性剂质量分数为 0.21%。2013 年 3 月份，试验区平均日产液 892t，日产油 80.51t，综合含水率为 90.97%，平均沉没度为 632m。三元复合驱副段塞阶段累计注入 0.165PV 的三元复合体系，三元复合驱副段塞阶段累计产油 2.5838×10⁴t，阶段采出程度为 4.63%，累计注入 0.741PV 的三元复合体系，化学驱阶段累计产油 15.0244×10⁴t，化学驱阶段采出程度为 26.93%。

试验区于 2013 年 4 月 1 日进入后续聚合物保护段塞注入阶段，与工业化区块同步，聚合物改用 1900×10⁴ 分子量的。后续聚合物保护段塞平均注入聚合物质量浓度为 1279mg/L，2014 年 10 月后续聚合物保护段塞末，视吸水指数下降为 0.534m³/（d·m·MPa），试验区平均日产液 671t，日产油 48.9t，综合含水率为 92.70%，平均沉没度为 593m。

后续聚合物保护段塞阶段累计注入 0.208PV 的聚合物溶液，累计产油 2.0319×10⁴t，后续聚合物保护段塞阶段采出程度为 3.64%，累计注入化学剂 0.949PV，化学驱阶段累计产油 17.0564×10⁴t，阶段采出程度为 30.57%（图 7-15）。

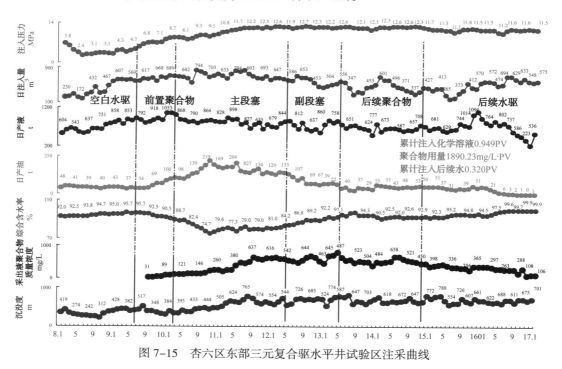

图 7-15　杏六区东部三元复合驱水平井试验区注采曲线

三、矿场试验取得的成果及认识

1. 点坝砂体内部建筑结构精细刻画技术

1）复合点坝夹层分布模式

根据现代沉积研究成果（图7-16），建立起复合点坝体的组合模式。将复合点坝的组合方式分为"相向型"和"同向型"两种（图7-17）。相向型点坝组合，废弃河道凹岸相对，夹层倾向相对；同向型点坝组合，废弃河道凹岸同向，侧积夹层倾向反向。在建立起复合点坝夹层分布模式的基础上，根据废弃河道的组合关系，推测出研究区复合点坝侧积夹层的平面分布形态：点坝A与点坝B属于相向型组合，夹层倾向相对；点坝C与研究区外的点坝D属于同相型点坝，侧积夹层倾向为同向。侧积夹层在平面上呈新月状弧形弯曲条带，垂向上以一定角度向河道侧移方向斜列分布，垂向可达下点坝最大2/3河深。在三维空间其形态就是一个弯曲的曲面（图7-18）。

图7-16 现代沉积图

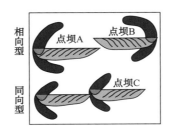

图7-17 复合点坝侧积夹层组合模型

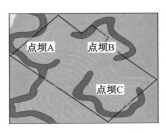

图7-18 夹层平面形态

2）点坝建筑结构参数的求取

在复合点坝夹层分布形态确定的基础上，利用岩心和对子井资料分别求取各个点坝内部的建筑结构参数。下面以点坝B为例论述点坝内部建筑结构参数的求取方法。

倾向：一般为废弃河道凹岸的法线方向，点坝B夹层剖面形态揭示侧积层中心位置倾向为43°，末端倾向分别为21°和83°。

倾角：首先利用杏6-1-平35密闭取心井岩心资料（表7-48），测量在岩心上可以识别出的夹层的倾角，除去投影方向等造成夹层倾角测量误差的数据后，总体上夹层的倾角为3°~8°。然后，利用对子井计算侧积夹层倾角。杏6-丁2-144井与杏6-20-E18井两井相距45m，两井连线方向与侧积方向夹角近68°。杏6-丁2-144井1030m处发育一个0.2m厚的夹层，杏6-20-E18井1029.5m处发育一个0.2m厚的夹层。两夹层为同一层面，夹层高差为2.54m。夹层真倾角为：arctan [2.54/45cos（68°）]=arctan（0.1494）≈ 8°54′。则认为点坝B夹层上部和下部倾角约3°，中部约8°，呈反"S"形（图7-19）。

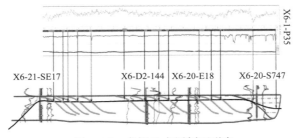

图7-19 点坝B夹层剖面形态

规模：侧积体规模主要包括侧积体宽度和垂向间距侧积层平面间距参数。按 Ethridge Schumm 关系式，计算侧积夹层规模 $WL=2W/3$（W 为废弃河宽，m；WL 为侧积层规模）。由研究区沉积相描述结果显示废弃河道宽度为 $60 \sim 70m$，则侧积层规模为 $40 \sim 46.6m$。由于侧积泥位于侧积体顶部，易受下次洪水冲刷，其宽度通常小于侧积体宽度，因此，该点坝砂体内部侧积夹层宽度通常小于 $46.6m$。统计单井各夹层的垂向间距平均为 $2m$，计算公式为 $\Delta L=\Delta H/\tan\alpha$ [ΔL 为侧积体平面距离，m；ΔH 为单一侧积体厚度，m；α 为侧积体夹层倾角，（°）]，求得夹层平面间距为 $14m$。与杏 6-1- 平 35 井岩心识别夹层外推得到的侧积夹层间距 $9.1m$ 相似。

个数：根据点坝规模和夹层平面具体推测出点坝 B 夹层个数为 17 个。

表 7-48　杏 6-1- 平 35 密闭取心井可识别夹层倾角

夹层编号	1	2	3	4	5	6	7
倾角 α，（°）	2.87	28.43	5.33	7.49	4.64	4.75	4.78
夹层编号	8	9	10	11	12	13	14
倾角 α，（°）	4.35	0.75	2.95	3.91	0.62	4.85	5.94

应用相同的方法求取点坝 A、点坝 C 的建筑结构参数，见表 7-49。

表 7-49　点坝夹层参数表

点坝	点坝砂岩平均厚度 m	夹层倾向 （°）	夹层倾角 （°）	夹层规模			侧积夹层个数取值
				夹层宽度 m	夹层垂向间距 m	夹层平面间距 m	
点坝 A	5.3	43	3 ~ 8	40 ~ 46.6	1.8	12.8	6
点坝 B	6	163	3 ~ 10	40 ~ 46.6	2	14	17
点坝 C	7.2	125	3 ~ 12	40 ~ 46.6	2.5	11.7	8

3）点坝砂体三维地质建模

本次采用"分步式建模方法"建立研究区复合点坝的地质模型。总体思路是将夹层建模与其他属性模型的创建分离开来，后期再将夹层模型整合到属性模型中，分为以下 3 个关键步骤。

第一步：建立侧积夹层模型。根据点坝体在平面上的形态及纵向上侧积夹层的倾角等构型参数，对夹层的平、剖面形态进行标定，并抽象出相应的数学模型，再传化成三维空间曲面模型。该方法有效地实现了侧积夹层空间曲面的精确建模，解决了由于侧积夹层空间采样点少无法利用传统插值方法建立空间曲面的技术难题（图 7-20）。

通过计算侧积夹层空间曲面模型与网格属性的交接关系，确定出能够代表侧积夹层空间形态的网格集，将夹层网格标记为特定的属性，并依据标记点信息单独建立夹层属性空间模型。将侧积夹层空间曲面模型转换为精细相控地质模型。该方法的优势在于，可以利用已有的精细地质建模结果，保持研究工作的持续性和可继承性（图 7-21）。

 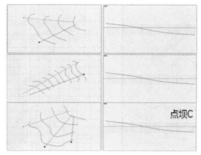 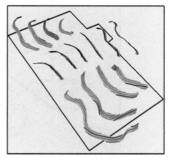

(a) 平面标定　　　　　　　　(b) 纵向标定　　　　　　(c) 侧积夹层三维曲面模型

图 7-20　杏六区东部东部三元复合驱水平井区葡 I332 夹层曲面模型

 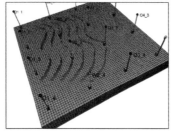 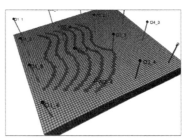

(a) 侧积夹层曲面　　　　　(b) 夹层曲面与网格相交　　　(c) 相交的网格视为夹层

图 7-21　夹层模型建立原理

依据数模软件运算能力（三元复合驱网格数 10×10^4 个左右）设计了模型网格参数。将平面上网格划分为 10m×10m，纵向上划分为 6 个模拟层，共计 101346 个网格。确定模型网格后依据夹层所占模型体积比抽稀选取 15 个侧积夹层建立起了夹层的属性模型（图 7-22）。

第二步：属性模型的建立。利用 Petrel 软件建立沉积相、孔隙度、渗透率、含油饱和度、净毛比属性模型（图 7-23）。

第三步：地质模型的整合。将夹层模型作为一个判别条件与其他属性换算，修改侧积夹层对应网格的渗透特征，达到对侧积夹层遮挡特征的描述（图 7-24）。

这种建模方法的优点在于建模速度快，操作相对简单，能够反映点坝砂体内部侧积夹层对渗流规律的影响，同时也可避免对网格质量造成不利影响，利于接下来的数值模拟研究工作的开展。

2. 水平井组优化布井技术

1）布井原则

（1）有利于提高波及体积系数，充分发挥水平井顶部驱油优势；（2）水平井设计要形成不同井距的水平井注采关系，便于受效状况的对比研究；（3）水平段尽可能垂直点坝内部侧积夹层，确保有效动用夹层间剩余油；（4）分别在不同点坝之间和同一点坝内部形成水平井注采关系，研究侧积夹层对水平井注采受效状况的影响；（5）兼顾水平井与周围直井的注采关系；（6）考虑三元体系的顺利注入，优化水平段轨迹与油层顶部距离。

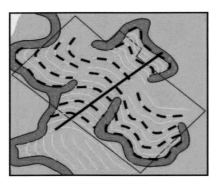

(a) 抽稀建立的夹层面

(b) 侧积夹层属性模型

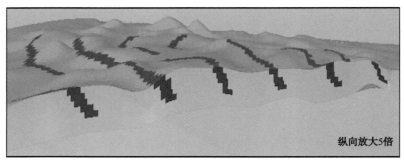

纵向放大5倍

(c) 夹层模型剖面形态

图 7-22　侧积夹层属性模型

(a) 沉积相模型

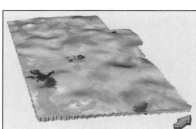

(b) 孔隙度模型

(c) 渗透率模型

(d) 含油饱和度模型

(e) 净毛比模型

图 7-23　属性模型

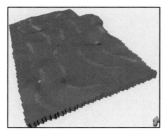
(a) 夹层属性模型

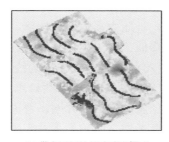
(b) 带夹层属性的孔隙度模型

(c) 带夹层的渗透率模型

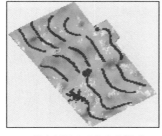
(d) 带夹层的含油饱和度模型

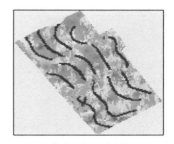
(e) 带夹层的净毛比模型

图 7-24　侧积夹层网格嵌入及属性模型的建立

2）布井参数

（1）水平井井位应布在构造较为平缓区域。

特高含水期剩余油分布零散，在平面上微幅度构造高点是剩余油较富集的部位之一。从水平井钻井难易程度上考虑，应尽量选择在构造平缓区，提高目的层钻遇率。利用线性内插法绘制了葡Ⅰ3₃油层顶面的构造图，葡Ⅰ3₃砂层顶界海拔深度在 –896～–876m 之间。从构造图可以看出，试验区中部为构造高部位，是剩余油挖潜的有利区域。同时，试验区中部也是个微幅度构造相对平缓的区域，有利于钻井轨迹平稳控制。

（2）水平段长度设计为 300m 左右。

对水平井的水平段长度与开发效果的关系进行了数值模拟研究，从结果看，水平段长度为 300m 和 400m 的开采效果差别不大。因此，水平段选择较短的 300m（图 7-25）。

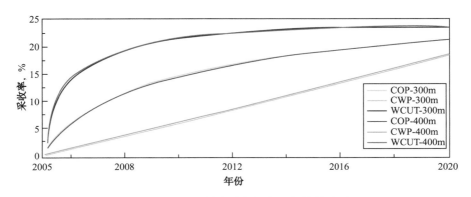

图 7-25　不同水平段长度开发效果预测

（3）相邻两口水平井入靶点应方向相反。

水平井水平段存在压力损失，且压力损失和流体流动方向有关，采出井产液能力自跟端（靶点）到指端（末端）逐渐降低，注入井注入能力自跟端（靶点）到指端（末端）逐渐降低，水平段压力损失使得注入水不能形成理想的线形驱油，影响注入水平面波及效率。据哈得油田水平井数值模拟研究结果：相邻两口水平井入靶点方向相反、两口水平井水平段指端（末端）相邻，即"反向指指"井网，考虑了压降因素，为最佳的水平井井网。另外，从驱油面积最大的角度考虑，两口水平井水平段错开有利于增大井网控制面积（图7-26）。

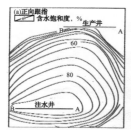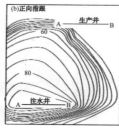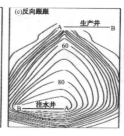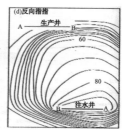

图7-26　水平井不同注采井网示意图

（4）注入井距油层顶部 $h/5$、采出井距油层顶部 $h/3$ 处时效果好。

井轨迹在油层中位置不同对开发影响不同。哈得油田数值模拟结果表明：注入井轨迹距油层顶部 $h/5$（h 为油层厚度，m）、采出井轨迹距油层顶部 $h/3$ 处时注入水突破时间最慢、相同采出程度情况下，含水率最低，因此这种组合为最佳（图7-27）。

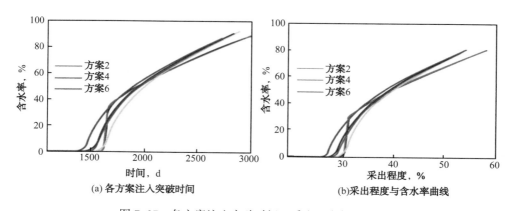

图7-27　各方案注入突破时间、采出程度与含水率曲线

（5）井距越小、控制程度越高，开发效果越好。

按照聚合物驱控制程度计算公式，计算了不同注采井距条件下井网的控制程度 $\eta_{聚}$，以及井网可控孔隙体积 $V_{聚}$。

$$\eta_{聚} = V_{聚} / V_{总} \qquad (7-1)$$

$$V_{聚} = \sum (S_{聚i} \cdot H_{聚i} \cdot \phi) \qquad (7-2)$$

式中　$\eta_{聚}$——化学驱控制程度，%；

　　　$V_{总}$——区块的总孔隙体积，m^3；

$V_{聚}$——井网可控孔隙体积，m^3；

$S_{聚i}$——每个油层井网可控面积，m^2；

$H_{聚i}$——每个油层化学溶液可进入的连通厚度，m；

ϕ——孔隙度，%。

随着井距的缩小，油层控制程度不断提高。在注采井距150m条件下，油层控制程度为76.9%；井距缩小到100m，油层控制程度为87.1%。数值模拟结果表明：油层控制程度直接影响化学驱采收率（图7-28）。

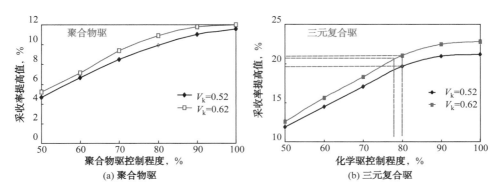

图7-28　数模研究控制程度对三元复合驱驱油效果的影响关系图

由于试验目的层点坝内部同一侧积体连通较好，并且井轨迹较长，控制程度较高，井距可适当扩大。同时，考虑对比研究不同井距水平井开发效果差异，确定杏6平36井与杏6平37井井距为140m，其他井间距在200～210m之间。

3. 不同注采关系组合方式开发效果评价技术

分别利用理想模型和杏六区东部I块实际模型对水平井与直井不同组合方式下的注采关系进行了研究。

1）理想模型水平井直井组合方式注采关系

应用CMG软件的STARS的模块建立了理想模型。地质模型采用笛卡尔直角坐标网格，平面上 X 和 Y 方向都划为41个网格，网格步长均为9.97m，纵向上分为3层[4,5]，3层的地质模型参数分别参考杏六区东部I块水平井试验区葡 $I\ 3_3^2$ 层的上部、中部和下部实际情况，取葡 $I\ 3_3^2$ 层的上部、中部和下部油层的平均值，三层渗透率分别是 522×10^{-3}D、576×10^{-3}D 和 768×10^{-3}D，孔隙度分别为0.265、0.270 和 0.275，有效厚度分别为1.92m、2.14m 和 1.98m。

为了研究不同井网组合方式的开发效果，设计了直井注直井采（VIVP）、直井注水平井采（VIHP）、水平井注直井采（HIVP）、水平井注水平井采（HIHP）4种井网组合（直井采出井：VP；直井注入井：VI；水平采出井：HP；水平注入井：HI），研究水平井注入开发特征。模拟中，VIVP为五点法井网，总井数4口注入井，9口采出井；VIHP以6口直井作注入井，1口水平井作采出井；HIVP以3口直井作采出井，2口水平井作注入井；HIHP以2口水平井作注入井，1口水平井作采出井，三元复合驱液注入速度为0.18PV/a，注采比为1:1，见表7-50。

表 7-50　四种井网直井和水平井井数

井网		注入井数	采出井数	总井数
直井注直井采 VIVP	直井	4	9	
	水平井	0	0	13
	合计	4	9	
直井注水平井采 VIHP	直井	6	1	
	水平井	0	0	7
	合计	6	1	
水平井注直井采 HIVP	直井	0	3	
	水平井	2	0	5
	合计	2	3	
水平井注水平井采 HIHP	直井	0	0	
	水平井	2	1	3
	合计	2	1	

注入方案如下：水驱到含水率为 95%，0.075PV 的前置聚合物段塞（1800mg/L）+0.3PV 的三元复合驱主段塞（2000mg/L 聚合物 +1.2% 碱 +0.3% 表面活性剂）+0.15PV 的三元复合驱副段塞（2000mg/L 聚合物 +1.0% 碱 +0.2% 表面活性剂）+0.20PV 的后续聚合物保护段塞（1400mg/L），后续水驱到含水率为 98%。

4 种井网含水率与采出程度对比如图 7-29 所示。

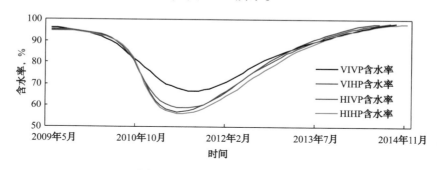

图 7-29　各井网含水率对比曲线

从计算结果可以看出，四种井网组合中，直井注直井采（VIVP）开发效果最差，含水率最低值为 66.70%，含水率仅下降 29.39 个百分点，最终采收率为 68.28%。直井注水平井采（VIHP）和水平井注直井采（HIVP）开发效果相差不大，直井注水平井采（VIHP）含水率最低值为 57.57%，含水率下降了 37.47 个百分点，最终采收率为 71.74%；水平井注直井采（HIVP）含水率最低值为 59.90%，含水率下降了 35.53 个百分点，最终采收率为 71.09%。水平井注水平井采（HIHP）开发效果最好，含水率最低值为 55.92%，含水率下降了 38.80 个百分点，最终采收率为 72.18%。水平井注水平井采（HIHP）比直井注直井采（VIVP）、直井注水平井采（VIHP）和水平井注直井采（HIVP）含水率最低值分别低 10.78 个百分点、1.65 个百分点和 3.98 个百分点，且在三元复合驱含水率上升阶段，含水率上升缓慢，水平井注水平井采（HIHP）比直井注直井采（VIVP）、直井注水平井采（VIHP）和水平井注直井采（HIVP）分别提高采收率 3.90 个百分点、0.44 个百分点和 1.09 个百分点，见表 7-51。

表 7-51　各井网开发效果对比表

井网	含水率最低值 %	含水率下降幅度 %	累计产油 10⁴t	采收率 %
VIVP	66.70	29.39	38.29	68.28
VIHP	57.57	37.47	40.23	71.74
HIVP	59.90	35.53	39.87	71.09
HIHP	55.92	38.80	41.60	72.18

2）实际模型水平井直井组合方式注采关系

应用杏六区东部 I 块水平井试验区葡 I 3_3^2 层实际地质模型，对水平井直井组合方式注采关系进行研究。分别在葡 I 3_3^2 层实际地质模型上设计了直井注直井采（VIVP）、直井注水平井采（VIHP）、水平井注直井采（HIVP）、水平井注水平井采（HIHP）和 5 口水平井 5 种井网组合（直井采出井：VP；直井注入井：VI；水平采出井：HP；水平注入井：HI）。VIVP 采用五点法面积井网，共有 45 口井，其中 24 口采出井，21 口注入井；VIHP 井网共有 26 口井，其中 12 口采出直井，12 口注入直井和 2 口采出水平井；HIVP 井网共有 25 口井，其中 22 口采出直井和 3 口注入水平井；HIHP 采用杏六区东部 I 块水平井试验区葡 I 3_3^2 油层实际的井网，共有 23 口井，其中 10 口采出直井，2 口采出水平井，8 口注入直井，3 口注入水平井；5 口水平井井网为试验区实际的 3 注 2 采水平井。

注入方案如下：0.075PV 的前置聚合物段塞（1800mg/L）+0.3PV 的三元复合驱主段塞（2000mg/L 聚合物 +1.2% 碱 +0.3% 表面活性剂）+0.15PV 的三元复合驱副段塞（2000mg/L 聚合物 +1.0% 碱 +0.2% 表面活性剂）+0.20PV 的后续聚合物保护段塞（1400mg/L），后续水驱到含水率为 98%。

（1）5 种井网开发效果与经济效益对比。

①开发效果对比。

5 种井网采出程度与含水率对比如图 7-30 所示。

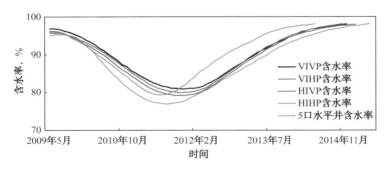

图 7-30　各井网采出程度与含水率对比

从计算结果可以看出，实际地质模型中，由于油层上部 2/3 存在夹层，且油层存在平面非均质性，各井网开发效果明显低于理想模型。5 种井网组合中，直井注直井采

（VIVP）和5口水平井开发效果最差，含水率最低值分别为81.00%和79.42%，含水率分别下降15.83个百分点和16.52个百分点，最终采收率分别为65.97%和65.54%。直井注水平井采（VIHP）和水平井注直井采（HIVP）开发效果中等，直井注水平井采（VIHP）含水率最低值为79.19%，含水率下降了17.00个百分点，最终采收率为68.72%；水平井注直井采（HIVP）含水率最低值为79.96%，含水率下降了15.64个百分点，最终采收率为68.05%。水平井注水平井采（HIHP）开发效果最好，含水率最低值为76.93%，含水率下降了18.09个百分点，最终采收率为73.05%。水平井注水平井采（HIHP）比直井注直井采（VIVP）、直井注水平井采（VIHP）、水平井注直井采（HIVP）和5口水平井含水率最低值分别低4.07个百分点、2.26个百分点、3.03个百分点和2.49个百分点，且在三元复合驱含水率上升阶段，含水率上升缓慢，比直井注直井采（VIVP）、直井注水平井采（VIHP）、水平井注直井采（HIVP）和5口水平井分别提高采收率7.08个百分点、4.33个百分点、5.00个百分点和7.51个百分点，见表7-52。

表7-52　各井网开发效果对比

井网	含水率最低值，%	含水率下降幅度，%	累计产油，10⁴t	采收率，%
VIVP	81.00	15.83	37.00	65.97
VIHP	79.19	17.00	38.54	68.72
HIVP	79.96	15.64	38.16	68.05
HIHP	76.93	18.09	40.97	73.05
5口水平井	79.42	16.52	36.75	65.54

②经济效益对比。

对5种布井方式进行了经济效益对比，各项钻井成本参照《大庆油田有限责任公司2012年经济评价参数选取标准及选取暂行办法》。

从以上计算结果可以看出，直井注直井采（VIVP）总井数为45口，钻井综合成本为4734万元，净收益为19861.21万元；直井注水平井采（VIHP）总井数为26口，其中水平井有2口，钻井综合成本为4276.68万元，净收益为24167.25万元；水平井注直井采（HIVP）总井数为25口，其中水平井有3口，钻井综合成本为4942.22万元，净收益为22564.02万元；水平井注水平井采（HIHP）总井数为23口，其中水平井有5口，钻井综合成本为6273.3万元，净收益为28230.60万元；5口水平井，钻井综合成本为4379.70万元，净收益为19613.71万元。水平井注水平井采（HIHP）虽然钻井综合成本最高，经济效益也最好，水平井注水平井采（HIHP）净收益比直井注直井采（VIVP）多8369.39万元，比直井注水平井采（VIHP）多4063.35万元，比水平井注直井采（HIVP）多5666.58万元，比五口水平井多8616.89万元，见表7-53、表7-54。

表7-53　采出井钻井投资匡算指标

区块	钻井工程综合 元/m	直井钻井工程 元/m	定丛、斜直经工程 元/m	测井工程 万元/口	射孔工程 万元/口	新井压裂 万元/口
直井	1052.00	814.00	1016.00	8.32	26.38	45.58
水平井	875.94（综合）	531（钻井）；30（测井）	261（射孔及压裂）	26（表层）	26（录井）	1.94（废液处理）

表 7-54　各井网钻井及地面投资费用

井网	总井数	直井数	水平井数	钻井综合成本 万元	化学剂费用 万元	增产原油收益 万元	净收益 万元
VIVP	45	45	0	4734	6082.54	38092.24	19861.21
VIHP	26	24	2	4276.68	6082.54	42871.15	24167.25
HIVP	25	22	3	4942.22	6082.54	41706.83	22564.02
HIHP	23	18	5	6273.30	6082.54	50395.75	28230.60
5 口水平井	5	0	5	4379.70	6082.54	37344.99	19613.71

注：原油商品率为 98.00%，原油体积换算系数为 7.3bbl/t，原油价格为 65 美元 /bbl（1 美元 = 6.12 元人民币）。

4. 水平井三元复合驱动态特征

1）水平井三元复合驱动态变化规律

（1）水平井三元复合驱注采能力变化规律研究：

①注入能力下降规律与聚合物驱相似。水平井试验区三元复合驱注入能力下降规律与工业区相似，注入前置聚合物初期，注入能力大幅度下降，注入压力由 5.5MPa 上升到 8.6MPa、上升了 3.1MPa，视吸水指数由 $1.48m^3/$（d·m·MPa）下降到 $1.13m^3/$（d·m·MPa），降幅达 23.6%；三元复合驱主段塞初期注入压力上升幅度和视吸水指数降幅减缓，仍保持稳定上升的趋势，三元复合驱副段塞注入能力降幅进一步减缓，至后续聚合物保护段塞基本稳定，注入压力在低于破裂压力 1MPa 左右、视吸水指数基本稳定在 $0.5m^3/$（d·m·MPa）左右。

②产液量稳定，产液逐步指数下降。开采目的层发育连通好，水平井射开井段长、泄油面积大，采液能力较强，三元复合驱注入过程中做好清防垢工作和检泵维护工作能够实现较长时间的产液量不降，水平井试验区全过程产液速度保持在 0.2PV/a 以上；随着地层压力的逐步上升，产液指数逐步下降，产液指数由空白水驱末的 5.1t/（d·m·MPa）逐步下降到三元复合驱后期的 1.2t/（d·m·MPa），注入 0.6PV 以后基本保持稳定。

（2）水平井三元复合驱含水变化规律研究：

水平井试验区含水最大降幅达 20.6 个百分点，高于工业区直井 3 个百分点以上；含水率下降时间为注入 0.031PV 时，早于其他三元复合驱试验区及工业化区；下降速度与杏六区东部 I 块工业区接近，含水率低值稳定期长达到注入 0.433PV 时，在注入 0.8PV 时通过水平采出井堵水等措施方案调整后，含水率二次下降，降幅达 7 个百分点。目前含水率稳定在 95% 左右，杏六区东部 I 块工业区接近。

（3）采出液离子和化学剂浓度变化规律的研究：

考虑采出见剂情况。采出井先见效、注入 0.13PV 时采出液见聚合物，之后平稳上升，低值期平均质量浓度为 401mg/L，进入回升期后采聚浓度上升速度有所加快，注入 0.71PV 时达到见聚合物峰值，为 785mg/L，之后见聚合物浓度开始下降，三元复合驱后期基本保持在 500mg/L 左右；注入 0.281PV 时见表面活性剂，注入初期质量浓度始终较低，在 10mg/L 左右，注入 0.63 ~ 0.73PV 时达到见表面活性剂高峰，平均达到 46mg/L，之后见表面活性剂浓度逐渐下降；注入 0.35PV 时见碱，之后逐步上升，三元复合驱后期最高值达到 650mg/L 左右。见碱同时采出井开始结垢，采出液 pH 值升高、总矿化度升高、碳酸氢根消失、碳酸根增加。

2）水平井试验区与工业区三元复合驱动态特征对比

水平井在井型、井轨迹长度、井轨迹位置、泄油面积、注采井距等方面与开采相同层位的三元复合驱直井存在一定差异，开发过程中的动态变化特点与直井不同，总体表现为"六高、一晚"的动态特点。

（1）试验区阶段采出程度高于工业区。从整体上看，试验区阶段采出程度高于工业区12个百分点，平均单井累计产油量是工业区的2.2倍，开发效果好于工业区，见表7-55。

（2）试验区含水率降幅高于工业区。试验区在注入化学剂0.075PV时开始受效，含水率最大降幅达到了20.9个百分点，高于工业区3.7个百分点，低值期达到24个月。

（3）试验区见效井比例高于工业区。试验区在注聚合物2个月后采出井开始受效，之后受效井数快速增加，在聚合物用量为644.84mg/L时采出井全部见效，高于相同用量下的工业区25.7个百分点。

表7-55　2015年9月试验区与工业区开发效果对比

区块		水驱空白末		前置聚合物		三元主段塞		三元副段塞		目前		
		含水率 %	采出程度 %	含水率 %	采出程度 %	含水率 %	采出程度 %	含水率 %	采出程度 %	含水率 %	平均单井累计产油 t	采出程度 %
试验区	采出直井	95.7	—	92.2	—	78.6	—	91.6	—	96.4	13948	—
	水平井	95.2	—	84.9	—	83.9	—	85.7	—	94.8	45158	—
	全区	95.7	6	91.8	7.7	79.6	15.1	89.3	25.7	95.3	19149	33.1
工业区（单采葡Ⅰ3）		95.6	2.3	94.3	3.2	80.0	10.0	93.1	16.4	94.9	8668	21.1

（4）试验区增油倍数高于工业区。由于水平井开采目的层为葡Ⅰ3₃顶部，化学驱阶段最高平均单井日产油量达到了18.2t，高于工业区9.3t，最大增油倍数达5.3倍，高于工业区0.5倍，见表7-56。

表7-56　化学驱阶段增油倍数情况统计表

分类	日产油量最低			最大增油倍数				目前		
	日产液 t	日产油 t	含水率 %	日产液 t	日产油 t	含水率 %	增油倍数	日产液 t	日产油 t	含水率 %
试验区	66.0	2.9	95.7	72.0	18.2	74.7	5.3	62.0	2.9	95.3
工业区	42.5	1.5	96.4	41.9	8.9	78.8	4.8	25.1	1.3	94.9

（5）试验区注采能力高于工业区。受井型、发育连通状况等因素影响，试验区水驱空白末平均单井日注入量达到了60.9m³，高于工业区1.42倍，注入能力较强；平均单井最高日产液量达到了87.8t，高于工业区38.1t，见表7-57和表7-58。

表7-57　化学驱阶段注入状况统计表

分类	平均单井日注入量，m³			降幅 %
	空白水驱末	化学驱末	2015年9月	
试验区	60.9	55.0	50.7	9.69
工业区	42.9	36.4	46.1	15.15

表 7-58　化学驱阶段采出状况统计表

分类	平均单井日产液量，t			降幅 %
	空白水驱末	化学驱末	2015 年 9 月	
试验区	84.5	58.7	99.5	30.53
工业区	57.6	31.3	45.1	45.66

（6）试验区油层动用程度高于工业区。从区块开发过程中的油层动用状况来看，试验区化学驱阶段有效厚度动用比例在 70% 以上，并且三元复合驱主段塞阶段动用程度最高，有效厚度动用比例达到了 84.55%，与水驱空白末对比上升了 21.59 个百分点，葡 I 3 油层中上部有效厚度动用比例始终高于开采相同层位的杏六区东部 I 块三元复合驱直井 8 个百分点以上，见表 7-59。

（7）试验区见表面活性剂、见碱时间晚于工业区。试验区采出液中已见到碱和表面活性剂显示，见剂时间、发生垢卡时间晚于工业化三元复合驱区块，见表 7-60。

表 7-59　三元复合驱区块不同开发阶段动用状况统计

区块	油层部位	比例，%									
		水驱空白末		前置聚合物		三元主段塞		三元副段塞		后置聚合物	
		有效	相对吸水	有效	相对吸水	有效	相对吸水	有效	相对吸水	有效	相对吸水
水平井试验区	上部	35.96	18.74	54.81	22.53	72.71	31.54	58.11	21.28	53.79	20.24
	中部	66.75	30.54	71.07	38.91	92.46	40.18	87.24	33.36	86.18	39.47
	下部	86.17	50.72	84.93	38.56	88.49	28.28	81.18	45.36	82.69	40.29
	合计	62.96	—	70.27	—	84.55	—	75.51	—	73.24	—
工业区开采葡 I 3 油层直井	上部	25.04	14.27	33.68	17.86	51.76	23.54	34.73	16.04	32.38	15.98
	中部	61.58	27.57	69.79	30.24	86.02	36.32	73.27	31.65	69.47	33.26
	下部	87.91	58.16	83.52	51.9	93.59	40.14	87.62	52.31	83.21	50.76
	合计	58.18	—	62.33	—	77.12	—	65.21	—	55.95	—

注：试验区统计 5 口井，工业区统计 17 口井。

表 7-60　试验区受效及见碱情况统计

区块	见聚时间注入孔隙体积倍数 PV	见碱时间注入孔隙体积倍数 PV	见表面活性剂时间注入孔隙体积倍数 PV	发现采出井结垢时间注入孔隙体积倍数 PV
试验区	0.130	0.350	0.281	0.409
工业区	0.126	0.288	0.258	0.303

5. 水平井三元复合驱配套工艺技术

1）水平井深抽工艺技术

斜井泵研制过程采用液压内筋复位方式，不采用常规斜井泵使用弹簧强制复位技术，通过采取降低凡尔球跳高，增大凡尔球比重措施，提高斜井泵泵效，延长斜井泵使用寿命（图 7-31）。

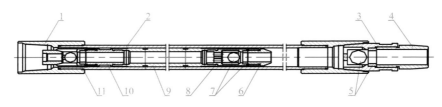

图 7-31　斜井泵示意图

1—接箍；2—泵筒；3—固定阀；4—固定阀接头；5—球阀球座；6—进油堵；

7—阀球阀座；8—进油阀；9—柱塞；10—螺纹；11—出油阀

　　2007 年 11 月 30 日，在杏 5-4- 平 34 井开始泵挂加深，泵深由 699m 加深到 1012m，增加 313m。泵挂加深前后对比，日产液由 75t 增加到 106t，日增液 31t，日产油由 4t 增加到 5t，日增油 1t，流压由 3.5MPa 下降到 0.8MPa，下降了 2.7MPa，功图由供液不足变为正常，斜井泵工作倾角为 51.4°，泵效达到 76.5%。2008 年在杏 5-4- 平 35 井应用，泵挂深度由 621m 加深到 1085.4m；泵距离水平井垂深为 25m；泵工作的井斜角为 61.5°，日产液由 80t 增加到 92t，日增液 12t；日产油由 4t 增加到 7t，日增油 3t，沉没度由 12m 升到 443m，泵效达到了 87%。

　　2）水平井作业配套工艺技术

　　（1）水平井大吨位解卡、打捞技术研究。在 2008 年 400kN 增力打捞器现场试验成功的基础上，为满足大吨位解卡需要，2009 年开展 600kN 增力打捞器研制工作。同时针对增力打捞器现场应用过程中，地面无法直接判断打捞落物是否成功的问题，在研制过程中，对 600kN 增力打捞器结构进行优化设计，使其具有解卡预报功能（图 7-32）。由于增力打捞器只能通过地面打压到额定压力后，通过放压后活动管柱来判断解卡状态。为此，在 600kN 增力打捞器外套上增设外套与中心管连通孔，当中心管完成指定行程后，内外孔连通，向套管内泄压，表明落物已经移动，解卡成功；若不泄压，表明落物未移动，解卡不成功。目前具有解卡预报功能的 600kN 增力打捞器已经试制 2 套。

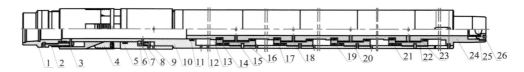

图 7-32　安全解封解卡可视增力打捞器示意图

1—上接头；2—螺杆；3—锥体；4—锚牙；5—推牙活塞；6—锁块；7—推牙剪钉；8—进液孔；9—锁块活塞；10—外筒；

11—密封圈；12—外套释放孔；13—中心管；15—中心管进液孔；14，17，19，21—增力活塞；16，18，20，22—外套接箍；

23—中心管与外套剪钉；24—下接头；25—固定阀球；26—球座

　　当出现依靠油管锚上提方式无法解封时，使用增力打捞器油管锚部分辅助解封机构，通过地面旋转管柱方式，采取螺杆旋转原理，依靠梯形螺纹解封机构，可以靠螺杆旋转上扣，使锥体上移，从而使锚牙向下退出；实现油管锚安全解封（图 7-33）。

　　（2）水平井不停泵连续冲砂工艺技术研究。目前水平井冲砂主要采用连续油管冲砂和连续冲砂装置两种冲砂方式。国外连续油管冲砂比较成熟，但需要连续油管机和连续油管，冲砂成本高；国内普遍采取连续冲砂装置，结构简单，但存在冲砂力小，水平段携砂

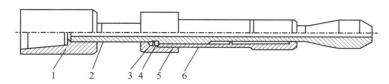

图 7-33 提放式可退捞矛示意图

1—上接头；2—捞矛杆；3—转环；4—销钉；5—压帽；6—矛爪

能力弱的缺点，影响冲砂效果（图 7-34）。目前水平井尚无有效冲砂工艺技术，使用直井冲砂工艺，影响水平段冲砂效果。为此，从地面和井下工艺管柱两方面开展研究，地面研制冲砂专用井口（图 7-35），井下研制冲砂工艺管柱，在下冲砂管柱时，通过连接冲砂换向组合阀与密封环皮碗，实现不停泵连续冲砂，满足水平井作业冲砂需要（图 7-36）。

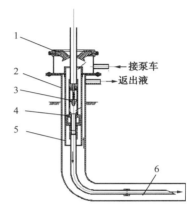

图 7-34 水平井连续冲砂示意图

1—地面冲砂井口；2—套管；3—冲砂换向组合阀；
4—密封环；5—工作筒；6—冲砂笔尖

为验证连续冲砂工艺的可行性，2009 年 9 月，在杏 4-21-617 井开展连续冲砂前期试验，工艺上初步具备实施连续冲砂的条件。该井为补孔施工井，人工井底 1130.3m，实探人工井底 1083.3m，砂柱高度为 47m，实施冲砂后套管放空处见出砂液，油管未见液流，后不停泵连接 4 个油套转换阀，继续下放管柱 4 根，现场冲砂 4 罐水，采取连续冲砂时间约为 40min，达到连续冲砂的目的。

图 7-35 专用井口图

图 7-36 油套转换阀实物图

（3）下井管柱防磨扶正技术研究。为保证下井工具居中，研制专用管柱扶正器（图 7-37）。扶正体采取钢珠扶正，在扶正管上自由旋转，使下井工具在套管内居中。

针对水平井作业油管磨损严重的问题，研制大倒角油管接箍（图 7-38）。

2008—2009 年，在杏六区东部水平井泵挂加深和转注作业过程中，应用常规作业配套技术 5 口井，共应用 8 井次，由于具备常规作业技术，一次作业成功率达到 100%，该项成果在杏北油田杏六区东部水平井现场应用 2 口井，实现斜井段顺利举升提供技术支持。

图 7-37　工具扶正器实物图

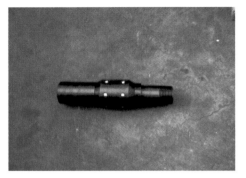

图 7-38　水平井大倒角油管接箍实物图

随着水平井推广应用规模的不断扩大，该项技术的推广应用可以提高水平井开采效果，降低生产成本和提高开采经济效益，具有较好的应用前景。

3）注采工艺

（1）水平井分注工艺。为保证水平井分注管柱安全起下，设计管柱由安全接头、扶正器、封隔器、配水器、导向单流阀组成。采用扶正器保证管柱处于居中位置，安全接头在管柱遇阻可先丢手，再进行后续处理，导向单流阀既可起导向作用，又可反洗井，所有工具均设计一定导角，保证管柱起下顺利（图 7-39）。

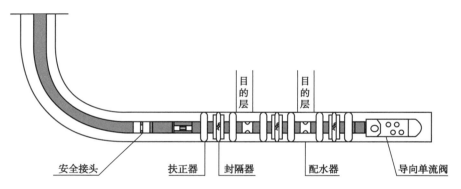

图 7-39　水平井分段注入管柱示意图

水平井密闭式注水封隔器：设计释放单流阀和洗井单流阀，密封胶筒采用帘线结构，与目前的 475-8 封隔器胶筒通用，可以承压 20MPa，且耐磨损，工具内通径为 $\phi 60mm$，可以满足水平井密封、洗井、测试投捞的要求（图 7-40）。

水平井密闭式注水封隔器室内实验：封隔器启动压力为 0.8MPa，最高压力为 20MPa，反复释放 10 次，每次稳压 15min，注水管柱压力不降，说明各工具密封性能较好。从套管反洗井，压力 1.0MPa 时封隔器解封。

水平井密闭式注水封隔器及配套工具下井试验：在杏 5-4- 平 34 调整作业时，将安全接头、管柱扶正器、注水封隔器、单流阀等工具连接在一起下入水平井段，地面用水泥车打压 0.8 ～ 1.0MPa，封隔器开始坐封，最高压力 20MPa，稳压 15 ～ 20min，注水管柱压力不降，说明各工具密封性能较好。从套管反洗井，套管压力 1.0 ～ 1.5MPa，从油管返水，说明封隔器已经解封。

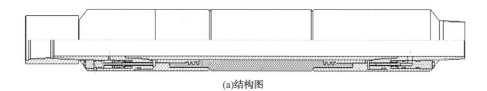

(a)结构图

(b)实物图

图7-40 水平井密闭式注水封隔器

液压安全接头：工具外径 $\phi105mm$，内径 $\phi60mm$，长度425mm，管柱遇卡时，将投胶塞坐到安全接头下部，油管打压为20MPa，剪断释放销钉，释放活塞上行，地面正转管柱倒扣丢手，可以保证遇阻时快速丢开井下管柱（图7-41）。

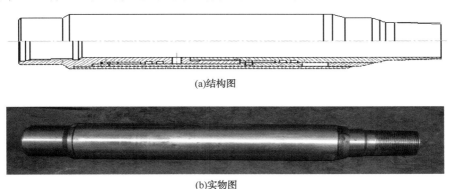

(a)结构图

(b)实物图

图7-41 液压安全接头

活动式管柱扶正器：采用钢性扶正，起下管柱过程中遇阻可以左右运动收回。处于水平段时，在弹簧的作用下，推动刚性扶正体处于最大直径位置，使封隔器始终居中以保证管柱密封效果（图7-42）。

导向单流阀：保证管柱下井顺畅，保证反洗井效果，同时保证管柱密封。球座下有导压槽，钢球在压力作用下强制复位，底部带有一定导向角度，两层筛网可以起到防堵效果（图7-43）。

水平井配注器在结构上采取以下设计：①采用同心配注器结构，配注器最大内径分别为 $\phi58mm$、$\phi56mm$、$\phi54mm$，单井最多可以分三级配注，配注器设计滑套密封结构，当同心堵塞器坐到配注器上，配注通道打开，否则管柱处于密封能够状态；②同心堵塞器液力投送器带钢丝投送，按照直径级差坐到配注器上，此时，配注堵塞器与投送部位脱开。堵塞器可安装陶瓷水嘴和梭形杆，实现注水和注聚合物功能，下部可以连接专用内磁式电磁流量计测试单层流量、压力和温度（图7-44）。

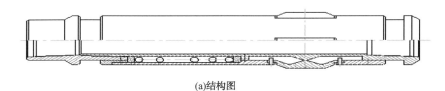

(a)结构图

(b)实物图

图 7-42　活动式管柱扶正器

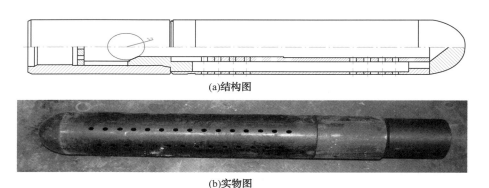

图 7-43　导向单流阀

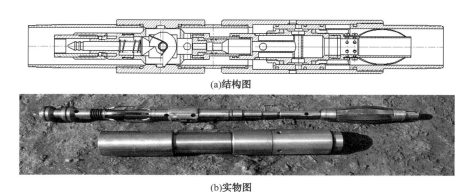

图 7-44　水平井配注器及堵塞器

　　两种液力投送器：设计为橄榄型结构，外部全部为金属叠片，内部为阻水材料，中心管内设计有单流阀。当水流通过时，液力投送器两端产生压差，推动投送器前行将配注堵塞器投送到指定位置。遇配注器变径通道时，投送器外径缩小可通过变径。投送器后部连接测试钢丝，用于投送完成后起出投送器。

2010 年 10 月，在杏 6-2- 平 37 井现场试验，该井 2007 年 11 月投产，2008 年 7 月转注，2009 年 6 月开始注聚合物，2010 年 3 月注三元复合驱主段塞。2009 年 4 月，测试技术服务分公司应用机械人爬行器对该井进行电磁流量测井。全井有 10 个射孔层段，分 10 个测点测量，在 5MPa 的注入压力下，有 2 个层段有注入显示，其中葡 I 3_3（1227 ~ 1553m）段吸入量最高，绝对吸入量为 102.7m³/d，相对吸入量为 91.45%。根据测井资料，将该井分为两个层段，下入分段注入管柱。将液力投送器携带配注堵塞器一起从井口管柱投入，井口压力 11.5MPa，流量 3.5m³/h，配注堵塞器投送到位置后与液力投送器脱开，将液力投送器起出。将液力投送器安装打捞头，再次用液力投送到水平井段，捞出配注堵塞器。经反复的投捞试验，验证了工艺的可行性。

（2）水平井堵水工艺研究。为保证堵水工艺管柱顺利通过水平井最大曲率 12°/25m，工具外径小于 114mm，设计工具总长度不超过 3.0m。采取以下工艺措施：①卡瓦封隔器长度为 1.0m，堵水封隔器长度为 0.8m，最大直径为 100mm，堵水器长度为 0.5m，使封隔器 + 堵水器长度为 2.3m，保证堵水管柱顺利下入水平段；②封隔器胶筒外径设计比刚体外径小，防止下井过程中胶筒出现刮坏，工具上连接刚性扶正器，实现封隔器居中，保证密封效果；③堵水管柱两个封隔器之间安装安全脱开机构，当地层出砂，封隔器拔不动时，两个封隔器之间可以进行分开处理（图 7-45）。

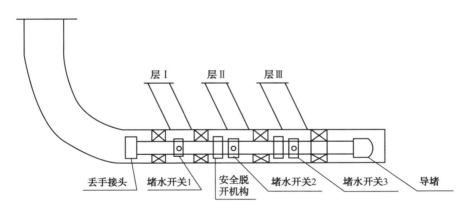

图 7-45　水平井分段堵水管柱示意图

根据地质方案将油层分成 3 个预堵层段作为堵水可调层，并用封隔器将各个层段卡开，在相应层段上下入液压可调开关，见表 7-61，下井时一次下入三级液压可调开关，根据打压次数确定开关状态。然后进行丢手，下泵生产。当需要调层时地面从油套环形空间打压，压力作用在三个开关上，改变开关的工作状态，达到调层的目的（图 7-46）。

表 7-61　调层开关状态组合情况表

各层状态	状态 1	状态 2	状态 3	状态 4	状态 5
开关 I	开	关	关	开	开
开关 II	开	关	开	关	开
开关 III	开	关	开	开	关

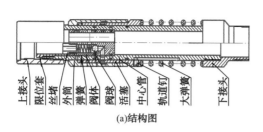

(a)结构图

(b)实物图

图 7-46　液压可调层开关

2010 年 10 月，在杏 5-4-AB092 井开展现场试验，试验了验窜封隔器和堵水封隔器通过性，具备水平井实施条件。

第四节　杏六区东部微生物与三元复合驱结合矿场试验

为验证微生物与三元复合驱结合现场应用的技术效果与经济可行性，2008 年在杏六区东部 I 块开展了微生物与三元复合驱结合矿场试验。矿场试验历时 7 年，中心井区阶段提高采收率 20.57 个百分点，预测最终提高采收率 26.70 个百分点，为油田开发提供了有效的方法和技术储备。

一、矿场试验的目的、意义

三元复合驱能够大幅度提高采收率的原理之一是三元复合体系中的碱与原油中的有机酸反应生成石油酸皂，石油酸皂与加入的表面活性剂发生协同效应从而提高洗油效率。因此，三元复合驱更适合高酸值原油的油藏。大庆油田原油酸值低，为了更好地发挥三元复合驱的作用，开展了利用微生物提高原油酸值，再进行三元复合驱的室内实验研究。结果表明：微生物作用后原油酸值较未作用原油酸值提高 10 倍以上，且原油性质得到改善（黏度降低）；微生物作用后原油与强碱三元复合体系界面张力较未作用原油降低；物理模拟驱油对比实验结果表明，提高采收率较单纯的三元复合驱高 5 个百分点。

为了验证微生物与三元复合驱结合在矿场应用的技术效果与经济可行性，在杏六区东部 I 块开展了微生物与三元复合驱结合矿场试验。

二、矿场试验区基本概况以及方案实施

1. 试验区概况

微生物与三元复合驱结合试验区选择在杏六区东部 I 块三元复合驱区块的西部中块（图 7-47），含油面积 0.37km²，总井数 25 口，其中注入井 9 口，采出井 16 口，为注采井距 141m 的五点法面积井网，孔隙体积为 57.32×10^4m³，地质储量为 30.30×10^4t。开采目的层为葡 I $3_2 \sim 3_3$ 油层，平均单井射开砂岩厚度为 7.00m，有效厚度为 5.77m，平均有效渗透率为 466mD。中心井区面积为 0.16km²，平均单井射开砂岩厚度为 6.52m，有效厚度为 5.39m，平均有效渗透率为 491mD，地质储量为 12.24×10^4t。试验区的地层原油黏度为 6.9mPa·s，平均破裂压力 13.08MPa。

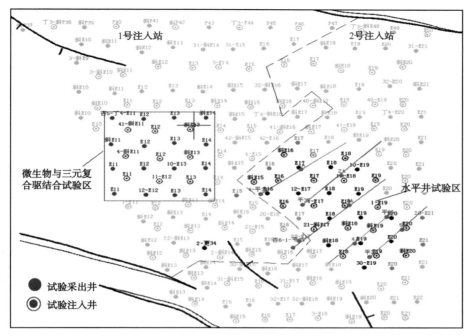

图 7-47　杏六区东部 I 块微生物与三元复合驱结合试验区井位图

2. 试验区的方案实施情况

1）试验区设计方案

微生物与三元复合驱结合注入方案设计。

空白水驱阶段：至少 3 个月；

前置聚合物段塞：注入 0.075PV 的质量浓度为 1700mg/L 的聚合物溶液，要求井口黏度达 50mPa·s 以上；

微生物菌液段塞：注入 0.06PV 的微生物溶液（菌液质量分数为 2%，营养液质量分数为 2%）；

三元复合体系主段塞：注入 0.30PV 的三元复合体系，NaOH 质量分数为 1.0%，重烷基苯磺酸盐表面活性剂质量分数为 0.2%，聚合物质量浓度为 2000mg/L，要求井口体系黏度为 45mPa·s 左右，三元复合体系与原油界面张力达到 10^{-3}mN/m 数量级；

三元复合体系副段塞：注入 0.15PV 的三元复合体系，NaOH 质量分数为 1.0%，重烷基苯磺酸盐表面活性剂质量分数为 0.1%，聚合物质量浓度为 2000mg/L，要求井口体系黏度为 45mPa·s 左右，三元体系与原油界面张力达到 10^{-3}mN/m 数量级；

后续聚合物保护段塞：注入 0.20PV 的质量浓度为 1400mg/L 的聚合物溶液；

后续水驱至含水率为 98.0%。

实施过程中，三元复合体系中聚合物浓度可在保证黏度的条件下来进行调整。

2）方案实施情况

试验区于 2008 年 6 月 9 口注入井全部投注，进入空白水驱阶段，2009 年 9 月进入前置聚合物段塞注入阶段，2010 年 4 月至 5 月注入微生物菌液段塞，2010 年 6 月进入三元复合体系主段塞注入阶段，2012 年 4 月进入三元复合体系副段塞注入阶段，2013 年

4月进入后续聚合物保护段塞阶段。截止到2014年10月底，化学驱累计注入1.237PV（表7-62）。

表7-62　杏六区东部微生物与三元复合驱结合现场试验方案执行情况表

| 段塞 | 注入参数 | | | | | | | | 注入速度 PV/a | | 注入孔隙体积倍数 PV | |
| | 聚合物质量浓度 mg/L | | NaOH质量分数 % | | 表面活性剂质量分数，% | | 微生物菌液质量分数，% | | | | | |
	方案	实际	方案	实际	方案	实际	方案	实际	方案	实际	方案	实际
前置聚驱	1700	2173							0.18~0.20	0.21	0.075	0.182
微生物菌液段塞							2.0	2.07	0.35	0.35	0.06	0.058
三元主段塞	2000	2170	1.0	1.11	0.20	0.25			0.20~0.22	0.24	0.30	0.445
三元副段塞	2000	1963	1.0	1.04	0.10	0.21			0.18~0.20	0.20	0.15	0.203
后续聚合物段塞	1400	1620	与杏六区东部I块工业化区块同步改为1900×10⁴分子量聚合物						0.18~0.20	0.24	0.20	0.348

（1）空白水驱注入阶段。采出井于2007年8月陆续投产，至2007年12月，新钻井投产15口，因征地问题1口采出井于2008年10月10日投产；注入井于2008年3月投注7口，6月份投注2口，9口注入井全部投注。2008年6月试验区进入空白水驱阶段。

在空白水驱阶段注入井注入能力较强，截止到2009年5月30日，空白水驱阶段累计注水14.7461×10⁴m³，累计产油1.2798×10⁴t，水驱阶段采出程度为2.30%；中心井区水驱阶段累计产油2655t，阶段采出程度为2.17%。空白水驱末注入压力为5.84MPa，视吸水指数为1.099m³/（d·m·MPa）。

（2）前置聚合物段塞注入阶段。2009年6月1日，区块进入前置聚合物段塞注入阶段，注入能力下降，注入压力上升到9.24MPa，较空白水驱末上升了3.4MPa。前置聚合物段塞阶段累计注入0.182PV的聚合物溶液。前置聚合物段塞末，试验区平均日产液649t，日产油52.3t，综合含水率为91.9%，沉没度为559m。

前置聚合物段塞阶段累计产油7506t，采出程度1.39%，提高采收率为0.82个百分点；中心井区累计产油1560t，提高采收率1.27个百分点。

（3）微生物菌液段塞注入阶段。试验区于2010年4月1日进入微生物菌液段塞注入阶段，考虑到菌液没有黏度，为了减缓注入压力下降幅度，将注入速度提高到0.35PV/a，注入微生物菌液及营养液质量分数分别为2.07%和2.08%，历时两个月完成了0.58PV的微生物菌液段塞的注入，然后注入井关井3d发酵后开井。微生物菌液段塞后注入能力回升，试验区平均注入压力下降了1.7MPa，注入压力下降到7.52MPa。微生物菌液段塞末，2010年5月，试验区平均日产液611t，日产油54.1t，综合含水率为91.1%，沉没度为617m。且在2010年6月试验区含水率进一步回升，平均日产液608t，日产油47.8t，综合含水率为92.1%，沉没度为615m。中心井区综合含水率由前置聚合物段塞末的96.6%上升到微生物段塞末的98.9%，2010年6月，综合含水率上升到99.5%。

微生物菌液段塞阶段累计产油3350t，采出程度为0.54%，提高采收率0.40个百分点；中心井区累计产油198t，提高采收率0.16个百分点。

（4）三元复合体系主段塞注入阶段。试验区于2010年6月1日进入三元复合体系主段塞注入阶段，与前置聚合物段塞相同，用 2500×10^4 分子量的聚合物，初期下调化学驱注入速度，通过个性化单井聚合物浓度调整，使区块注入压力回升，然后通过改善油层动用状况促使采出井受效。密切跟踪单井及区块动态变化，在单井注入泵满足需求后，又根据单井的具体情况实施一系列的方案调整。三元复合体系主段塞平均注入质量浓度为 2170mg/L，NaOH 质量分数为 1.11%，表面活性剂质量分数为 0.25%，视吸水指数为 $0.623m^3/$（d·m·MPa）。2012 年 3 月，试验区平均日产液 639t，日产油 83.8t，综合含水率为 86.9%，平均沉没度为 338m。

三元复合体系主段塞注入阶段，累计注入三元体系 0.445PV，累计产油 5.3447×10^4t，采出程度为 8.48%，提高采收率 7.52 个百分点；中心井区累计产油 5822t，提高采收率 4.76 个百分点。

截止到 2012 年 3 月底，累计注入化学剂 0.685PV（含微生物菌液），化学驱阶段累计产油 6.4303×10^4t，化学驱阶段采出程度 10.41%，阶段提高采收率 8.74 个百分点；化学驱阶段中心井区累计产油 7580t，阶段提高采收率为 6.19 个百分点。

（5）三元复合体系副段塞注入阶段。试验区于 2012 年 4 月 1 日进入三元复合体系副段塞注入阶段，用 2500×10^4 分子量的聚合物。由于 2012 年试验区注入井管线频繁穿孔，注入时率低，至三元复合体系副段塞注入末期，注入井全部恢复注入，所以视吸水指数上升为 $0.708m^3/$（d·m·MPa）。副段塞聚合物平均注入质量浓度为 1963mg/L，碱质量分数为 1.04%，表面活性剂质量分数为 0.21%。2013 年 3 月，试验区平均日产液 787t，日产油 47.8t，综合含水率为 93.9%，平均沉没度为 434m。副段塞阶段累计注入 0.204PV 的三元复合体系，累计产油 2.4398×10^4t，采出程度为 4.67%，提高采收率 4.26 个百分点；中心井区累计产油 7096t，提高采收率 5.80 个百分点。

截止到 2013 年 3 月底，累计注入化学剂 0.889PV（含微生物菌液段塞），化学驱阶段累计产油 8.8701×10^4t，化学驱阶段采出程度为 15.08%，阶段提高采收率 13.00 个百分点；化学驱阶段中心井区累计产油 1.4676×10^4t，阶段提高采收率 11.99 个百分点。

（6）后续聚合物保护段塞注入阶段。试验区于 2013 年 4 月 1 日进入后续聚合物保护段塞注入阶段，用 1900×10^4 分子量的聚合物。后续聚合物保护段塞平均注入聚合物质量浓度为 1620mg/L，2014 年 9 月，视吸水指数下降为 $0.483m^3/$（d·m·MPa）。2014 年 10 月，试验区平均日产液 567t，日产油 37.8t，综合含水率为 93.3%，平均沉没度为 479m。后续聚合物保护段塞阶段累计注入 0.348PV 的聚合物溶液，累计产油 2.4248×10^4t，后续聚合物保护段塞阶段采出程度为 5.47%，提高采收率 4.86 个百分点；中心井累计产油 9446t，采出程度为 7.72%。

截止到 2014 年 10 月底，累计注入化学剂 1.237PV（含微生物菌液段塞），化学驱阶段累计产油 11.2949×10^4t，阶段采出程度为 20.56%，阶段提高采收率 17.86 个百分点；化学驱阶段中心井区累计产油 2.5176×10^4t，阶段提高采收率 20.57 个百分点。

三、矿场试验取得的成果及认识

1. 进一步明确了微生物与三元复合驱结合的驱油机理

1）所用的以烃类为碳源的菌种在油藏条件下能生长繁殖

试验所应用的菌种是从大庆油田含油污水中采用定向筛选方法分离筛选得到、具有自主知识产权的蜡状芽孢杆菌 HP 和短短芽孢杆菌 HT。菌种以原油为唯一碳源，在油藏条件下生长繁殖，不需要外加碳源，从而降低了成本（图 7-48）。

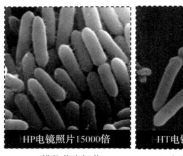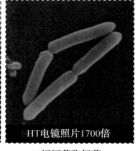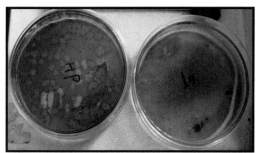

(a)蜡状芽孢杆菌　　　　(b)短短芽孢杆菌　　　　(c)筛选的菌种以原油为碳源生长情况

图 7-48　应用菌种电镜照片及生长照片

矿场试验结果表明，在微生物菌液段塞注入后，通过对采出井单井采出液中的微生物浓度进行检测，井微生物浓度可以增长 2~3 个数量级，说明所用的菌种能够适应油藏条件并生长繁殖。随着 0.25PV 的三元复合驱主段塞的注入，绝大多数采出井达到了本底浓度。

2）微生物作用后原油酸值提高且界面张力进一步降低

微生物与原油作用后，产生的有机酸和表面活性剂与三元复合体系中的碱具有较好的协同效应，使微生物作用后的原油与三元复合体系间表现出更好的界面张力行为，不但动态界面张力大幅度下降（图 7-49），而且使平衡界面张力区域进一步拓宽（图 7-50 和图 7-51）。

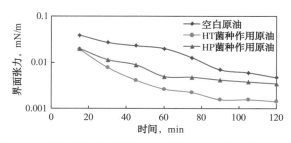

图 7-49　微生物作用后原油与三元复合体系界面张力降低

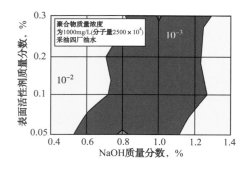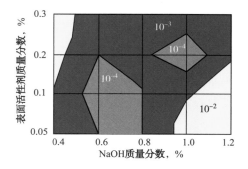

图 7-50　三元复合体系与原油界面活性图　　　图 7-51　三元复合体系与经微生物作用后的原油界面活性图

室内实验结果表明，微生物在油相代谢产生高碳脂肪酸，提高原油酸值。利用 GC/MS 对原油中极性含氧物质分析表明，HP、HT 作用于大庆原油后，含量由 1.05% 分别升高到 60.05% 和 61.02%。HP、HT 作用于原油后酸值由 0.01mg KOH/g 分别升高到 0.181mg KOH/g 和 0.243mg KOH/g，酸值增加 20 倍左右。

矿场试验结果表明，微生物段塞注入后，井口脱水原油酸值均有提高，微生物作用后原油酸值由 0.03mg KOH/g 增加到最高值 0.42mg KOH/g，提高了 13 倍。随后随着三元复合体系主段塞的注入逐渐下降，但仍保持一个较高的酸值 0.22mg KOH/g。

3）微生物段塞后试验井脱水原油饱和烃轻质组分增加

从试验井的井口脱水原油饱和烃气相色谱分析结果看，微生物段塞前后对比，轻质组分增加，说明微生物消耗了相对较多的重质组分（图 7-52）。

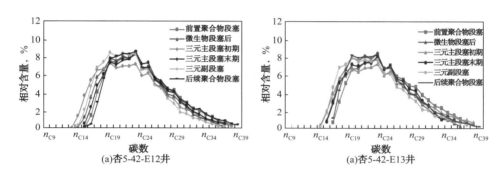

图 7-52　试验井微生物段塞前后原油饱和烃气相色谱分析对比图

4）试验区脱水原油含蜡、含胶质明显降低

从各个注入阶段可追溯对比的 5 口井资料来看，微生物菌液段塞后及三元复合体系主段塞初期胶质含量明显下降，胶质含量由 18.8% 减少到 14.7%，蜡含量也由 20.0% 减少到 18.6%（表 7-63）。

表 7-63　试验井在不同注入阶段原油含蜡含胶分析结果表

项目	不同注入阶段				
	空白水驱	聚合物驱后	微生物后	三元复合体系主段塞初期	三元复合体系副段塞
蜡含量，%	19.4	20.0	20.3	18.6	20.5
胶质含量，%	18.2	18.8	17.2	14.7	19.7

2. 明确微生物与三元复合驱结合的开采动态规律

1）微生物与三元复合驱结合驱油采出液乳化现象明显

微观模拟驱油实验表明，由于微生物的迁移作用和在位繁殖效应，就地生成生物表面活性剂和助剂，产生局部乳化（图 7-53），使大油滴变成小油滴，在孔隙中分布趋于均匀（图 7-54）。若与三元复合驱结合，可进一步改善化学驱效果。

矿场试验结果表明：微生物与三元复合驱结合驱油采出液乳化现象明显。中心井的乳化率达到 75%。其中杏 5-42-E12 井自 2012 年 4 月以来，一直保持较好的乳化状态，且以油包水型乳化为主，阶段提高采收率达 23.0 个百分点（图 7-55 和图 7-56）。另外杏

6-10-E12 井在三元复合驱主段塞，受效处于含水率低值期，7 个月保持较好的油包水型乳化状态；杏 5-42-E13 井乳化状态以水包油型为主。

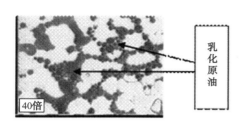 

(a)微生物作用前　(b)微生物作用后

图 7-53　微生物作用后孔隙中的原油被乳化　　　图 7-54　原油在孔隙中分布趋于均匀

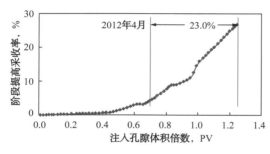 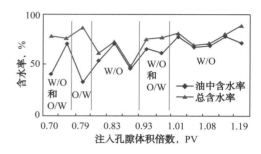

图 7-55　杏 5-42-E12 井开采效果曲线　　　图 7-56　杏 5-42-E12 井含水率变化曲线

2）试验区具有较高的注入能力

试验区中心井区面积为 0.16km²，地质储量 12.24×10⁴t，孔隙体积为 23.15×10⁴m³，平均单井射开有效厚度为 5.39m，平均渗透率为 491mD。对比区为工业化区块内开采层系与试验区相同的 32 口中心井区，面积为 1.47km²，地质储量为 134.36×10⁴t，孔隙体积为 252.34×10⁴m³，平均单井射开有效厚度为 6.20m，平均渗透率为 610mD。

由于微生物的迁移作用和在位繁殖效应，就地生成生物表面活性剂和助剂，在产生乳化的同时，也具有一定的解堵作用。对比区的发育状况好于试验区中心井，但试验区具有较高的注入能力。从试验区与对比区注入井视吸水指数变化对比曲线看（图 7-57），试验区整个过程除前置聚合物段塞外，注入能力均高于对比区，在三元复合体系段塞及后续聚合物保护段塞末期，试验区的视吸水指数下降幅度均小于对比区。其中在三元复合体系主段塞注入末期（2012 年 3 月），试验区与对比区的视吸水指数下降幅度分别为 43.6% 和 62.7%；在三元复合体系副段塞注入末期（2013 年 3 月），试验区与对比区的视吸水指数下降幅度分别为 32.5% 和 67.8%；在后续聚合物保护段塞中后期（2014 年 8 月）试验区与对比区的视吸水指数下降幅度分别为 52.3% 和 70.2%。

3）微生物与三元复合驱结合扩大波及体积作用明显提高

试验区开采目的层的动用状况，微生物段塞与前置聚合物段塞对比，由于注入压力下降，葡 I 3 油层动用状况变差。但在三元复合体系主段塞注入初期，葡 I 3 油层的动用状况有所改善，有效厚度动用比例由 49.7% 提高到 55.9%；至三元复合体系主段塞注入末期，葡 I 3 油层有效厚度动用比例提高到 87.6%，油层动用状况得到很大改善。

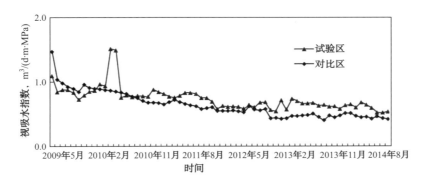

图 7-57　试验区与对比区注入井视吸水指数变化对比曲线

对比区油层动用状况，葡 I 3 油层的有效厚度动用比例由前置聚合物段塞阶段的 61.4% 提高到三元复合体系主段塞末期的 69.1% 。由于对比区油层发育状况好于试验区，在前置聚合物段塞阶段，油层动用程度高于试验区，但微生物段塞后，无论在三元复合体系主段塞初期还是末期，试验区与普通三元复合驱对比，动用比例较对比区高 7 个百分点以上（图 7-58）。

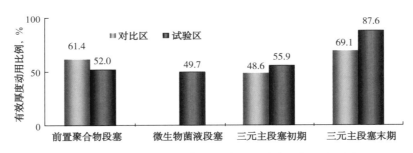

图 7-58　试验区与对比区各注入阶段油层动用状况对比图

3. 把握增产增注时机可取得较好的措施效果

为加强供液，保持注采平衡，对注入能力较低井实施了压裂。对于处于受效期的液量及沉没度下降幅度大的井及时实施压裂增产。在三元复合体系主段塞注入中期阶段的含水率低值期，2011 年对 3 口采出井实施压裂，取得了压裂初期日增油 9.7t 的好效果，平均单井增油 4484t，有效期 669d。在三元复合体系副段塞注入初期阶段，含水率回升期，2012 年 5 月，先后对 3 口井实施压裂，取得了初期平均单井日增油 14.1t，含水率下降 10.6 个百分点的好效果，平均单井增油 1963t，有效期 375d（表 7-64）。

表 7-64　试验区采出井压裂措施效果表

井号	措施日期	措施前日产能力			措施后日产能力			日产能力差值		
		液 t	油 t	含水率 %	液 t	油 t	含水率 %	液 t	油 t	含水率 %
杏 5-42-E14	2011 年 4 月 16 日	23.1	3.7	84.0	122.3	14.3	88.3	99.2	10.6	4.3
杏 6-12-E11	2011 年 4 月 15 日	17.0	3.1	82.0	45.3	10.9	75.9	28.3	7.9	-6.1
杏 6-12-E14	2011 年 6 月 5 日	24.2	2.6	89.0	38.1	13.4	64.9	13.8	10.7	-24.1

续表

井号	措施日期	措施前日产能力			措施后日产能力			日产能力差值		
		液 t	油 t	含水率 %	液 t	油 t	含水率 %	液 t	油 t	含水率 %
小计	2011 年	64.3	9.4	85.4	205.7	38.6	81.2	141.3	29.2	-4.2
杏 5-D4-E11	2012 年 5 月 15 日	25.8	2.4	90.6	57.2	8.4	85.3	31.4	6.0	-5.3
杏 5-42-SE11	2012 年 5 月 15 日	22.1	2.3	89.5	108.7	33.3	69.4	86.6	31.0	-20.1
杏 6-10-E11	2012 年 5 月 9 日	17.0	3.4	80.2	52.0	8.6	83.4	35.0	5.2	3.2
合计	2012 年	64.9	8.1	87.5	217.9	50.3	76.9	153.0	42.2	-10.6

4. 验证了微生物与三元复合驱结合驱油技术效果显著

截至 2014 年 10 月底，试验区累计注入化学剂 1.237PV（含微生物菌液段塞），化学驱阶段累计产油 11.2949×10⁴t，阶段采出程度 20.55%，阶段提高采收率为 17.86 个百分点；中心井区化学驱阶段累计产油 2.5176×10⁴t，阶段提高采收率为 20.57 个百分点（图 7-59）。

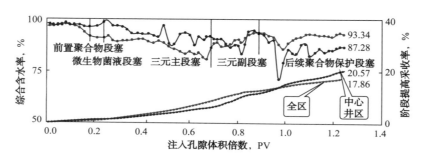

图 7-59　试验区中心井区和对比区中心井区实际与预测效果曲线

2014 年 10 月，中心井区含水率只有 87.28%，预测至含水率为 98% 时，中心井区最终提高采收率可达到 26.70 个百分点（图 7-60），较三元复合驱对比区可提高 5 个百分点。

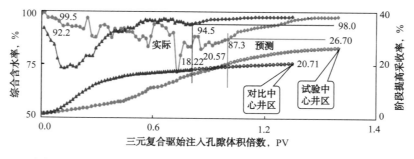

图 7-60　试验区中心井区和对比区中心井区实际与预测效果曲线

四、矿场试验取得的经济效益

利用有无对比法，按实际结算油价及商品率计算，项目所得税后财务内部收益率为 31.40%，财务净现值为 5284 万元，投资回收期为 4.43a，各项指标均优于行业基准指标，项目在经济上可行，利润总额达 23269 万元。

试验区吨油化学剂（含微生物）成本为 445 元。试验新增微生物菌液及注入费用为 714.3608 万元，多注入化学剂费用为 821.2811 万元，预计阶段提高采收率为 5 个百分点，增油 1.5150×10^4 t，新增收入 6161 万元，投入产出比 1：4.0，扣除吨油操作成本投入产出比为 1：3.6。

大庆油田从 20 世纪 80 年代开始坚持三元复合驱油技术攻关，并突破低酸值原油不适合三元复合驱的理论束缚，经过大量室内研究，筛选出两种可与大庆原油形成超低界面张力的表面活性剂，驱油效果良好，研究出适合大庆原油条件的复合体系配方；20 世纪 90 年代，利用进口表面活性剂先后在不同地区开展了 5 个先导性矿场试验，比水驱提高采收率 19.4 ~ 25.0 个百分点；2000 年，开展了国产强碱和弱碱表面活性剂研制及配套工艺技术研究，并先后开展了 6 个工业性矿场试验，均取得了显著的效果，实现比水驱提高采收率 20 个百分点以上的好效果；2014 年，随着三元复合驱油藏、采油、地面三大工程技术的逐步配套，并在示范区取得一定效果的基础上，开始工业化推广，截至 2017 年底，工业化区块达到 29 个。累计动用地质储量达到 2.34×10^8 t，油水井数 9170 口。

参 考 文 献

[1] 闫百泉，张鑫磊，于利民，等.基于岩心及密井网的点坝构型与剩余油分析 [J].石油勘探与开发，2014（05）：597-604.

[2] 胡荣强，马迪，马世忠，等.点坝建筑结构控渗流单元划分及剩余油分布研究 [J].中国矿业大学学报，2016（01）：133-140，156.

[3] 陈程，宋新民，李军，等.曲流河点砂坝储层水流优势通道及其对剩余油分布的控制 [J].石油学报，2012（02）：257-263.

[4] 何宇航，宋保全，张春生，等.大庆长垣辫状河砂体物理模拟实验研究与认识 [J].地学前缘，2012（02）：41-48.

[5] 徐慧，林承焰，雷光伦，等.水下分流河道单砂体剩余油分布规律与挖潜对策 [J].中国石油大学学报：自然科学版，2013（02）：14-20，35.

第八章 技术展望

经过几十年的攻关研究，三元复合驱技术基本成熟配套，已在大庆油田工业化规模应用，并取得明显的提高采收率效果，在国内外陆相砂岩高含水油藏推广应用前景非常广阔。但随着油价长期处于低位徘徊、未来可利用储量资源的品味变差、技术推广应用范围的不断拓展，复合驱技术面临着如何实现"降本增效"的严峻挑战，需要针对现有技术的局限性，持续攻关发展适合复杂条件、不同类型油藏的复合驱油藏工程、采油工程和地面工程技术，促使复合驱技术成为更加成熟、更加高效、更加经济的油田开发主导技术。

第一节 复合驱油藏工程技术展望

通过"十二五"的攻关研究，在三元复合驱机理、表面活性剂设计及合成、驱油方案设计、矿场跟踪调整技术等方面取得了实效进展，促进了三元复合驱技术的发展。针对三元复合驱化学剂成本偏高、的开发油藏条件不同，还需要研发适合不同油藏条件的表面活性剂、聚合物等驱油剂，深化复合驱微观机理，优化三元复合体系配方，以提高三元复合驱技术经济效果，扩大三元复合驱的应用范围。

一、驱油剂多元化发展

经过多年技术攻关，大庆油田实现了传统的烷基苯磺酸盐表面活性剂和石油磺酸盐表面活性剂的规模化工业生产，推动了三元复合驱的工业化推广。通过表面活性剂分子结构设计，研制出适用于无碱二元复合驱的新型芳基烷基甜菜碱表面活性剂、改性烷基醇酰胺表面活性剂、阴非离子型表面活性剂、孪连表面活性剂等新型表面活性剂，为三元复合驱技术的发展提供了基础。

随着三次采油对象逐渐向渗透率低、黏土矿物含量高的二、三类油层以及更加复杂的油藏的转变，这对三元复合驱用表面活性剂、聚合物的性能提出了更高的要求。在表面活性剂方面，需要进一步深入开展表面活性剂分子结构与性能关系研究，不断开发出绿色、高效、廉价的适用于低弱碱或无碱条件下的新型表面活性剂。在新型聚合物方面，应加强新型功能单体的设计开发，研发新型耐碱聚合物，降低聚合物用量。通过新型化学剂的研发，降低三元复合体系化学剂用量，提高三元复合体系性能，进一步拓展三元复合驱技术推广应用空间。

在高温、高矿化度的油藏条件下，往往常规的碱、表面活性剂、聚合物等驱油剂均难以满足开发要求。因此，研发出适用于不同高温、高矿化度油藏条件的耐温抗盐驱油剂也势在必行。针对不同条件的高温、高矿化度油藏条件，通过分子结构设计、原料与合成工艺的优化，开发出系列高效、价格适宜、耐温抗盐性能优越的表面活性剂和聚合物产品，以满足不同高温、高矿化度油藏的开发要求。

油气田的开发目标主要有两个方面：（1）提高经济采收率，充分利用油气资源；

（2）提高油气开发的经济效益。高渗透率、高含水的油田存在剩余油分布零散的问题，如何最大幅度提高高含水油田的采收率成为有待解决的问题；低渗透率油田往往存在注入压力高、注入困难等问题。因此，需要全新的技术来解决上述问题。纳米材料技术是近些年新兴的一项技术，国内外也正在探索将纳米技术及纳米材料应用于油田开发方面，并已取得一些认识和进展。在复合体系性能改善方面，可利用改性纳米材料提高复合驱用表面活性剂界面活性，也可以应用纳米材料增强泡沫复合体系的泡沫稳定性，形成对环境相应的智能泡沫，有望实现更大幅度提高采收率。因此，还需要加强智能纳米驱油剂在驱油机理、研制及评价等方面攻关研究，为实现油田最经济有效的开发提供全新途径。

此外，还要进一步加强驱油剂对环境的影响研究，努力实现复合驱无碱化，确保复合驱工业化应用环境绿色友好。

二、深化机理及配方优化研究

经过多年研究，在三元复合驱机理方面，明确了超低界面张力提高洗油效率、流度控制机理扩大波及体积等主要机理对复合体系性能的影响，取得较大进展。但目前三元复合驱机理研究仍停留在宏观性能的表征及影响程度分析上，在微观界面特性对驱油效果的影响等方面仍存在较多未知因素。近期研究结果表明，在界面张力数量级相同条件，具有不同界面特性的驱油体系提高采收率存在明显差异，界面特性对原油的启动与聚并、乳化与破乳有重要影响，良好的界面特性有利于降低界面张力和形成稳定的油水乳化层。因此，三元复合驱需进一步深化微观界面特性等驱油机理，探索三元复合体系性能改进方向，指导新型表面活性剂研制及体系配方优化。

传统观点认为降低油水界面张力是三元复合驱最主要的驱油机理。近些年研究发现，三元复合体系能与原油形成明显的 Winsor Ⅲ 型乳化对提高采收率的贡献比较大，而现有以界面张力、乳化、抗吸附等单因素性能为主要指标的三元复合体系性能评价方法，无法综合体现出三元复合体系超低界面张力、乳化等性能与驱油效率间的关系，导致筛选优化的复合体系并不是较优的三元复合体系。因此，三元复合体系评价方法的适应性也有待进一步完善，尽快建立更先进的三元复合体系性能综合评价新方法，为三元复合体系配方优化提供基础。

从现有三元复合体系配方来看，化学剂用量大、成本高所引起的经济问题是影响三元复合驱发展的主要因素。虽然目前有大量新型驱油剂涌现，但是尚未形成完整的低成本高效驱油体系，难以适应复合驱工业化大规模推广的需要。因此，必须加快廉价新型驱油剂的研发进度，利用三元复合体系性能综合评价新方法，尽早形成新型低成本高效驱油体系，以适应不同油藏三元复合驱工业化大规模推广的需要。

三、发展完善矿场跟踪技术

三元复合驱技术 2014 年开始在大庆油田工业化规模推广应用，其中强碱三元复合驱技术在"十二五"末规模化推广，弱碱复合驱技术在"十三五"逐步推广。主要面临的挑战有两方面：（1）工业性试验和已结束推广区块证明复合驱可大幅度提高采收率，但逐步推广的部分工业化区块效果未达到预期目标，分析其影响效果受多因素影响，需进一步明确技术界限和开发管理原则；（2）"十一五"和"十二五"期间试验和示范对象主要为萨尔图油田 I 类油层、II A 类油层和杏北油田 I 类油层，而未来三元复合驱工业化推广开采对象将由 II A 油层转向 II B 油层，平面及纵向非均质性变强，需要进一步优化驱油方案设计和跟踪调整技术。

为此，需要在深化复合驱机理研究的基础上，发展完善复合驱油藏工程理论方法和数值模拟及跟踪技术，并综合分析地质条件、开发过程、体系配方等各项影响因素，结合物模和数模研究结果，进一步深化复合驱开发合理指标界限，优化注采参数和注入方式，建立基于全过程压力合理控制的综合调整技术、合理的注采制度以及分阶段调整措施预判方法，同时建立三元复合驱油藏开发工作平台，大幅度提高三元复合驱技术成果应用效率和人员的工作效率，确保三元复合驱工业化推广应用技术效果和经济效益。

第二节　复合驱采油工程技术展望

一、化学驱分注技术

经多年攻关发展，大庆油田三元复合驱分注方面已研发了三元复合驱分质分压注入技术，一套管柱可满足不同驱替介质的需要，配套的高效测调技术实现了分注井测试的边测边调，测试效率大幅提高。但随着开发的不断深入，为了实现三元复合驱的进一步提效，还有以下问题需要解决：

（1）现有分注技术属于"点—点"间断测试，不能真实反映油藏变化规律。以测调周期为 3 个月计算，单井一年仅测试 4 次，数据存在偶然性，不能真实反映油藏复杂变化情况，且测试受天气影响因素大。

（2）目前三元复合驱开发区块的注入参数，是根据室内实验渗透率与注入参数匹配关系图版进行确定的，无法现场验证其真实匹配程度，地层压力变化是地层问题还是管理问题，不能明确判断。亟需一种技术手段，确定出注入参数和渗透率的现场匹配程度，实现更加高效地驱油。借助水驱智能注水技术原理，通过攻关三元复合驱智能配注器、井下流量控制单元及投捞对接系统、预制电缆信息传输系统、高精度大通径内磁式流量计，形成一套适用于三元复合驱的智能分注工艺。实现三元复合驱分注井免测试，井下数据自动采集，分层流量、压力实时监测及流量自动调节，井下流量控制单元可投捞更换，与水驱、聚合物驱全面兼容。整套管柱井下工作寿命 3 ~ 5a，分层流量测试精度在 10% 以内，压力测试精度为 0.1%。

二、化学驱物理化学清防垢举升技术

经过多年持续攻关，强碱三元复合驱机采井平均检泵周期已经接近 400d，但与聚合物驱相比仍有较大差距。

（1）井下抽油泵防垢能力仍需提高，进一步延长检泵周期。井下抽油泵是井筒的核心部件，其防垢能力的强弱直接影响检泵周期的长短；（2）现有防垢剂硅垢的防垢率在 80% 左右，有进一步再提高的空间；（3）结垢判断及处理措施的执行还是以经验为主，还不能完全实现一井一方案的个性化治理。

1. 新型高效硅酸盐垢防垢剂研发

现有防垢剂分子链侧基上羧酸基团与原硅酸通过氢键作用，阻碍其聚合成硅垢，但由于高分子链为直链结构、构象卷曲造成对硅胶团吸附分散作用较弱，硅垢的防垢率在80%左右，再提高10个百分点，可进一步延长检泵周期。

技术原理：原硅酸与一价原硅酸根碰撞成硅胶团，含有羟基和负电荷，加入阴离子型共聚物，利用氢键相互作用吸附在二氧化硅胶团上，把二氧化硅胶团变成软粒子，阻止其团聚；根据分子链空间位阻效应，引入树状高分子结构基团，提高对硅胶团吸附分散作用；室内小样表明，硅垢的防垢率可达90%以上。

2. 低表面能防垢抽油泵研制

三元复合驱在用抽油泵技术主要以长柱塞短泵筒抽油泵和敞口式防垢抽油泵为主，这两种抽油泵主要是通过结构改进，预防或延缓抽油机卡泵，达到延长检泵周期的目的。表面强化工艺主要是镀镍化处理，其在结合强度、耐磨和抗腐蚀方面表现出较大的优势，但是防结垢性能不强。因此，优选具有抗结垢、抗腐蚀、抗磨损和结合能力强的防垢涂层是进一步延长检泵周期的重要方向。

钨合金防垢涂层技术：钨合金产品具有高耐磨、高耐腐蚀、高机械强度、环保、成本低等优点，是镍基合金、双相钢、超级13Cr的理想替代材料，能有效解决三元复合驱油井的结垢问题。

3. 建立三元复合驱机采井清防垢专家系统

目前形成了结垢预测方法、系列清防垢剂、多种举升工艺及现场管理办法等一整套综合治理方案，但由于结垢时机、速度及成分不同，需要个性化治理措施，采油厂一线技术人员难以实施。

集成已有研究成果，融合计算机、数据库等技术，在数据库平台的基础上，开发一套复合驱清防垢工作平台，将数据分析、结垢预测、方案设计和工艺应用进行模型化、定量化，现场技术管理及操作中隐形经验显性化，实现采出井结垢的诊断预测、清防垢方案制订，现场人员只需简单输入动静态相关参数，即可达到"清防垢专家级"水平，措施及时、有效、针对性强，实现一井一工程的"精准"治理。

第三节　三元复合驱地面工程技术展望

三元复合驱地面工艺技术通过多年的系统攻关，稳步推进，已经形成了基本满足工业化应用的技术系列，在工业化应用过程中，还需进一步降本增效，完善提高。

一、三元复合驱配注系统优化和防垢防腐技术研究

三元复合驱配注工艺经过多年研究，已经实现了主要设备国产化，开发了适应大面积工业化推广的集中配制、分散注入的配注工艺流程，满足了工业化应用的需要。针对现有配注系统管道和设备易结垢、清垢周期短的问题，三元复合驱配注工艺将进一步开展配注系统化学防垢及配套工艺技术研究。针对现有配制工艺存在的装置投资及能耗高、维护成本高的问题，将开展配注设备橇装化和重复利用技术研究；开展配注系统对新型化学剂的适用性评价及研究；开展普通污水配注三元体系配套工艺技术研究，以满足不同的开发要求。

通过多年来对三元复合驱地面工程腐蚀问题的系统研究，目前已经形成了一套经济合理的腐蚀控制技术，并在大庆油田逐步推广应用，在三元驱降本增效，优化防腐资源配置等方面取得了很好的效果。但是，三元复合驱地面工程腐蚀控制技术对外输出仍面临诸多挑战。如在一些高温、高硫、高氯、高矿化度油藏，三元驱腐蚀性增高，腐蚀机理改变。这种情况下，仅在文献检索以及大庆油田三元复合驱选材经验的基础上开展类比设计明显存在不足。为此，需要建立一套三元复合驱腐蚀控制技术适应性快速评价方法，根据目标油田的实际情况，快速摸清其腐蚀特点及规律，快速评价腐蚀控制技术的适应性，并结合大庆油田三元驱的腐蚀控制选材经验，合理调整腐蚀控制措施，做到快速评价、合理调整、优化集成。同时，从设备设施全生命周期的角度看，如果非金属设施能在三元复合驱顺利应用，其经济性将在长期使用过程中逐渐发挥优势，而目前非金属在三元复合驱中的应用研究水平还需要进一步提高，所以，还需要加大非金属三元复合驱适应性的研究力度，为三元复合驱进一步降本增效提供技术支撑。

二、三元复合驱采出液原油脱水平稳运行技术研究

三元复合驱采出液处理技术通过先导试验区和工业性示范区全过程跟踪研究，研发了填料可再生的游离水脱除器、组合电极电脱水器及配套供电设备，开发了两段脱水技术，试验区和工业示范区总体平稳运行，两段脱水技术成为标准化设计定型技术。针对原油脱水设备淤积污染，供电装置输出能力不足的问题，将进一步开展提高电脱水设备运行稳定性技术研究，优化设备结构，研发绝缘部件防污染的新型电脱水器，解决绝缘部件易损毁问题，提高设备运行平稳性，根据生产运行过程中出现的问题，采取相应的技术措施，保证生产的平稳运行。开展三元复合驱采出液和聚合物驱采出液掺混处理试验研究，进一步研究确认采出液性质对脱水设备处理效果的影响界限，进行三元复合驱采出液和聚合物驱采出液掺混处理研究，降低三元复合驱化学剂返出高峰期时采出液的处理难度，同时为多种驱油方式并存情况下采出系统的优化探索新的途径。进行高机械杂质含量和高乳化 W/O 型原油乳状液的探索性研究，降低复杂乳状液对脱水系统的冲击。同时进一步完善三元复合驱采出液脱水设备选用和操作规程，保障原油脱水技术有效转化为生产力，脱水技术进一步专业化运作和推广。

三、低成本三元复合驱采出液和采出水处理药剂研究

三元复合驱采出液和采出水处理药剂研究已经开发了三元复合驱采出液处理的化学药剂，优化确定了加药点和药剂加药量。针对三元复合驱采出液性质差异大，处理药剂种类多，加药量大，费用高的问题，三元复合驱采出系统处理药剂将进一步开展深入的研究。

三元复合驱采出液中 W/O 型原油乳状液的乳化和稳定机制研究。通过三元复合驱采出液中 W/O 型原油乳状液的成分、结构、体相流变性、油水界面张力、油水界面流变性、相分离特性、乳化倾向的评价，揭示三元复合驱采出液中 W/O 型原油乳状液的乳化和稳定机制，在此基础上提出降低三元复合驱采出液中 W/O 型原油乳状液稳定性的物理和化学方法。

多功能组合药剂研制。研究破乳剂、消泡剂、污油破乳剂和不同类型水质稳定剂间的配伍性和协同作用，在研制和应用消泡破乳剂的基础上，开发破乳剂＋污油破乳剂、兼有

抑制硅酸和碳酸盐功能的水质稳定剂、兼有抑制硫化亚铁和碳酸盐功能的水质稳定剂、兼有抑制硅酸和硫化亚铁功能的水质稳定剂，降低三元复合驱采出液和采出水处理药剂的种类和加药量。

高效低成本药剂研制。在深入认识三元复合驱采出液性质和变化规律的基础上，根据影响三元复合驱采出液和采出水处理的主要因素变化范围将三元复合驱全过程细分为 4 ~ 9 个细分区间，针对每个区间中的三元复合驱采出液性质分别进行处理药剂优化，在满足采出液和采出水处理效果的前提下，优先选用低成本药剂，降低三元复合驱全过程的采出液和采出水处理药剂费用。

建立三元复合驱采出液和采出水处理药剂应用专家系统。深化对三元复合驱采出液性质和变化规律认识，优化采出液和采出水处理药剂的基础上，建立三元复合驱采出液和采出水处理药剂应用专家系统，为三元复合驱工业化区块采出液性质监测、采出液和采出水处理药剂应用管理提供有效工具。

四、三元复合驱采出水处理优化技术研究

三元复合驱采出水处理技术经过多年的科研攻关和现场试验，已经形成了序批沉降 + 两级过滤的主体处理工艺，实现了三元复合驱采出水的达标处理，但仍存在三元复合驱采出水处理工艺耐冲击性差、不能稳定达标的情况，水处理设施建设投资高等问题，需要在三元复合驱采出水处理技术方面持续开展技术研究和试验工作，降低三元复合驱采出水的处理成本并实现三元复合驱采出水处理的稳定达标。

三元复合驱采出水处理过程中悬浮固体增加成因和对策研究。由于三元复合驱采出水过饱和悬浮固体持续析出，导致水处理过程中悬浮固体逐级增加，致使目前采出水处理工艺对悬浮固体去除能力变差，无法有效发挥对其去除作用，如序批式曝气沉降能使进水平均含油量由 140mg/L 降至 79.2mg/L，但对悬浮固体没有去除效果，并出现反值，同时在掺混试验研究过程中也发现存在着部分三元复合驱采出水与含聚合物采出水掺混后悬浮固体含量高于两种原水的情况，造成三元复合驱采出水掺混处理悬浮固体去除困难。需要对三元复合驱采出水在掺混、曝气等处理过程中导致悬浮固体增加的因素进行研究，确定其增加的成因及影响因素，研究抑制采出水处理过程中悬浮固体增加的技术措施，使现有水处理工艺设备对悬浮固体的去除作用得到有效发挥。

三元复合驱采出水处理稳定达标及参数优化技术研究。在目前基本定型的三元复合驱采出水处理工艺中存在着设备结构复杂、操作水平要求高，并且在驱油剂返出高峰时期在用工艺及设备表现出诸多的不适应性，使处理后水质达标困难。

需要对已建三元复合驱采出水处理站水质特性进行跟踪测试，对典型的三元复合驱采出水处理站在确保水质达标的情况下，进行运行参数优化试验。开展序批式工艺参数优化试验研究，在保证处理效果的基础上进行不同工艺流程的运行参数优化，提高现有沉降罐处理效率。针对目前处理工艺中过滤段过滤效率低、反冲洗"跑料"等问题，开展滤料最佳滤速，反冲洗水洗强度优化等试验研究。通过对现有的三元复合驱采出水处理工艺优化、改进及新技术探索应用，实现处理后水质稳定达标。

三元复合驱采出水与聚合物驱水掺混处理试验研究。目前基本定型的三元复合驱采出水生产站建设投资大，同等规模三元水处理站工程投资比高浓度站高 54.5%，掺混处理技

术可实现对已建聚合物驱含油污水处理站剩余能力的有效利用，通过地面建设方案的合理优化，减少三元复合驱采出水处理站的建设规模，节省地面工程建设投资。

前期进行了三元复合驱采出水与含聚合物采出水掺混降低三元复合驱采出水处理难度的室内实验，实验仅是初步探索研究，对掺混的界限并没有掌握，而且没有经过现场验证，需要进一步研究三元复合驱采出水与含聚合物采出水掺混处理技术，实现对已建聚合物驱含油污水处理站剩余能力的有效利用，最终实现三元复合驱采出水处理站主体处理设备工程投资降低 20%（与"十二五"末期工程投资相比）。